当代小城镇规划与设计丛书

小城镇详细规划设计

黄耀志　陆志刚　肖　凤　编著

中国建筑工业出版社

图书在版编目（CIP）数据

小城镇详细规划设计/黄耀志等编著.—北京：中国建筑工业出版社，2009
（当代小城镇规划与设计丛书）
ISBN 978-7-112-11039-1

Ⅰ．小… Ⅱ．黄… Ⅲ．城镇-城市规划-设计 Ⅳ．TU984

中国版本图书馆 CIP 数据核字（2009）第 096045 号

本书对小城镇规划建设过程中的诸多要素进行了全面分析和综合论述。在分析小城镇的概念、类型和特征的基础上，明确了规划编制中基础资料收集的要求，从小城镇控制性详细规划、住宅组群及住区规划、中心区详细规划、街道景观规划、广场规划设计、绿地及小城镇历史文化遗产保护等方面做了全面、系统的介绍。此外，就当前快速城镇化进程中容易引起的生态问题，对以往相关论著中鲜见涉及的小城镇生态规划设计做了重点介绍。

责任编辑：黄　翊　陆新之
责任设计：张政纲
责任校对：兰曼利　梁珊珊

当代小城镇规划与设计丛书
小城镇详细规划设计
黄耀志　陆志刚　肖　凤　编著
*
中国建筑工业出版社出版、发行（北京西郊百万庄）
各地新华书店、建筑书店经销
北京嘉泰利德公司制版
北京佳信达欣艺术印刷有限公司印刷
*
开本：889×1194 毫米　1/16　印张：20　字数：640 千字
2009 年 10 月第一版　　2009 年 10 月第一次印刷
定价：**148.00 元**
ISBN 978-7-112-11039-1
　　（18284）

版权所有　翻印必究
如有印装质量问题，可寄本社退换
（邮政编码 100037）

《小城镇详细规划设计》编委会

主　　编　黄耀志

副 主 编　陆志刚　肖　凤

撰稿人员　第 1 章　李晓西　高文文
　　　　　第 2 章　卢一沙　仇春晖
　　　　　第 3 章　彭　科　李清宇
　　　　　第 4 章　周　薇　罗　曦
　　　　　第 5 章　楼琦峰　费一鸣
　　　　　第 6 章　韦祎祎　姜建涛
　　　　　第 7 章　吕　勤　邓春凤
　　　　　第 8 章　李春辉　高　钰
　　　　　第 9 章　许鹏程　蒋千之
　　　　　第 10 章　邓春凤　蔡世雄　蒙春运

前　言

　　积极发展小城镇是我国城市化发展的基本策略。小城镇规划建设对大力推进城镇化，实现城乡协调，资源与环境协调发展，创造有中国特色的城市化与现代化道路具有特殊重要的意义，是我国社会经济发展的迫切需要。小城镇规划建设具有"小而全"的特点，它不仅包含了城市规划建设中的所有问题，还包含了城乡环境处理的特殊性问题，具有区别于城市的独有特点与规律。所以，中国建筑工业出版社和苏州科技学院策划出版了"当代小城镇规划与设计丛书"，奉献给从事于小城镇规划设计与建设管理的同行们，并希望它能符合当前发展的需要，为提高我国小城镇规划建设水平做出贡献。

　　考虑到小城镇与城市及乡村的特殊关系，并结合规划建设实践的发展需要，《小城镇详细规划设计》一书参考了《小城镇规划标准研究》的技术框架，同时吸纳了近年来国内一系列小城镇研究方面的成果，诸如《小城镇建设·设计丛书》、《城市规划资料集》、《小城镇规划资料集》、《城镇规划与设计》、《小城镇规划与建设管理》、《小城镇住宅区规划与居住环境设计》、《小城镇规划技术指标体系与建设方略》；《小城镇中心区小城镇设计理论方法及控制导则研究》、《小城镇公共中心环境设计》；《小城镇街道和广场设计》、《小城镇城市设计》、《城市广场设计》；《城市园林绿地系统规划》《城市园林绿地规划与设计》、《现代城市更新》、《小城镇生态规划》以及《城市生态与城市环境》等的研究成果，在这里要特别提出来表示感谢。应该说明的是，本书是基于小城镇发展的需求，综合归纳了详细规划在小城镇层面上的内容，其中相当部分是借鉴和引用了同行们的规划实践经验和研究成果。

　　此外，本书还列举了近年来国内小城镇详细规划建设若干优秀实例，当然，也包括了编著者多年来从事小城镇规划设计研究的实践经验。应该指出的是，本书执笔于《中华人民共和国城乡规划法》（以下简称《城乡规划法》）颁布实施之际，因此，从编写指导思想上说，本书在秉承和优化小城镇规划设计等传统编制方法的同时，又立足于《城乡规划法》中有关小城镇详细规划设计方面的法规和原则，旨在使本书更好地符合目前小城镇建设和今后发展的需要。

编者
2009 年 6 月 5 日

目 录

1 小城镇详细规划设计概述 ... 1
1.1 小城镇的界定、类型及特征 ... 1
- 1.1.1 小城镇的界定 ... 1
- 1.1.2 小城镇的类型 ... 4
- 1.1.3 我国小城镇的发展演化特征 ... 6

1.2 小城镇详细规划的编制基础 ... 7
- 1.2.1 小城镇详细规划的工作特点 ... 7
- 1.2.2 小城镇详细规划原则与指导思想 ... 8
- 1.2.3 小城镇详细规划中应注意的问题 ... 9

1.3 小城镇详细规划的编制内容 ... 10
- 1.3.1 小城镇详细规划基础资料收集 ... 10
- 1.3.2 小城镇详细规划的内容及深度 ... 12
- 1.3.3 小城镇详细规划成果的表现形式 ... 15

1.4 小城镇建设管理法规体系 ... 17
- 1.4.1 建设法的概念 ... 17
- 1.4.2 建设法体系 ... 17
- 1.4.3 小城镇建设管理法规文件 ... 17

2 小城镇控制性详细规划的编制 ... 19
2.1 控制性详细规划在小城镇规划建设中的意义与内涵 ... 19
- 2.1.1 控制性详细规划在小城镇规划建设中的意义 ... 19
- 2.1.2 控制性详细规划的内涵 ... 19

2.2 小城镇控制性详细规划编制的方法 ... 20
- 2.2.1 我国控制性详细规划编制的发展历程 ... 20
- 2.2.2 《城市规划编制办法》中涉及小城镇控制性详细规划的要点 ... 21
- 2.2.3 小城镇建设中控制性详细规划的特殊性 ... 22

2.3 控制性详细规划编制的任务、内容及深度、原则要求 ... 23
- 2.3.1 控制性详细规划的任务 ... 23
- 2.3.2 控制性详细规划的内容 ... 23
- 2.3.3 控制性详细规划的深度 ... 24
- 2.3.4 控制性详细规划的原则要求 ... 26
- 2.3.5 控制性详细规划的期限 ... 26

2.4 小城镇控制性详细规划的技术和控制指标体系 ············ 26
2.4.1 小城镇控制性详细规划技术特点 ············ 26
2.4.2 小城镇控制性详细规划控制指标体系的内容 ············ 27
2.4.3 小城镇控制性详细规划指标的类型 ············ 32
2.4.4 控制性详细规划指标的确定方法 ············ 32
2.4.5 控制性详细规划对小城镇的不同适应性 ············ 33

2.5 小城镇控制性详细规划阶段的城市设计引导 ············ 35
2.5.1 小城镇控制性详细规划中的城市设计内涵 ············ 35
2.5.2 详细规划阶段的小城镇城市设计 ············ 35
2.5.3 小城镇控制性详细规划中的城市设计法规体系 ············ 41
2.5.4 城市设计导则 ············ 43

2.6 小城镇控制性详细规划的成果与成果表达 ············ 43
2.6.1 小城镇控制性详细规划的成果 ············ 43
2.6.2 小城镇控制性详细规划文本的内容和格式 ············ 45
2.6.3 小城镇控制性详细规划的法定图则 ············ 48

3 小城镇住宅组群规划设计 ············ 50

3.1 小城镇的住文化与居住需求 ············ 50
3.1.1 小城镇住文化的构成及其影响 ············ 50
3.1.2 农村转移人口的居住需求 ············ 51
3.1.3 城市转移人口的居住需求 ············ 53
3.1.4 居民家庭变迁下的居住需求 ············ 53

3.2 小城镇住宅的类型及其性能指标 ············ 56
3.2.1 经营、居住混合型住宅 ············ 56
3.2.2 多代合居型住宅 ············ 58
3.2.3 公寓型住宅 ············ 60
3.2.4 小城镇住宅的性能指标确定 ············ 61
3.2.5 小城镇住宅的性能指标说明 ············ 61

3.3 小城镇住宅群的建筑与规划设计 ············ 64
3.3.1 小城镇住宅群的一般要求 ············ 64
3.3.2 小城镇住宅建筑的设计 ············ 66
3.3.3 小城镇住宅群的规划设计 ············ 68

3.4 小城镇住宅群的整体形象与人居环境 ············ 71
3.4.1 住宅群的整体形象 ············ 71
3.4.2 营造人居环境的措施 ············ 73

4 小城镇住区规划 ············ 75

4.1 小城镇居住区、小区的规划布局结构 ············ 75
4.1.1 居住区规划设计的基本任务与要求 ············ 76

  4.1.2 小城镇居住区、居住小区的规模和结构形式 …… 78
  4.1.3 住宅区建筑的布置形式 …… 80

4.2 小城镇居住区、小区道路系统的规划设计 …… 80
  4.2.1 小城镇居住区、小区道路规划设计 …… 80
  4.2.2 居住区道路设计的主要因素、规划原则和基本目标 …… 83
  4.2.3 居住区路网设计 …… 85
  4.2.4 居住区道路设计的基本要求 …… 87
  4.2.5 居住区停车设施设计 …… 89

4.3 小城镇居住区、小区公共服务设施的规划布置和设计 …… 90
  4.3.1 小城镇居住区、小区公共服务设施的主要问题 …… 90
  4.3.2 小城镇居住区、小区公共配建设施的原则与内容 …… 90
  4.3.3 小城镇居住区、小区公共配建设施的分级与特点 …… 91
  4.3.4 住宅区公共服务设施的规划布局 …… 92

4.4 小城镇居住环境的规划设计 …… 94
  4.4.1 小城镇居住环境规划设计的原则和途径 …… 94
  4.4.2 居住环境设计的主要内容和深度要求 …… 95
  4.4.3 小城镇居住区绿地规划设计 …… 98
  4.4.4 居住区景观与环境规划设计方法 …… 101

4.5 小城镇居住小区技术经济指标体系研究 …… 106
  4.5.1 小城镇居住小区规划技术指标体系的内容 …… 106
  4.5.2 小城镇居住小区规划技术指标体系相关标准 …… 107
  4.5.3 小城镇居住小区规划技术指标体系实施细则 …… 114

5 小城镇中心区的详细规划 …… 117

5.1 小城镇中心区的概念和不同中心的特点 …… 117
  5.1.1 小城镇中心区的概念、地位与职能 …… 117
  5.1.2 小城镇中心区的基本内容 …… 119
  5.1.3 小城镇中心的类型 …… 120

5.2 小城镇中心区规划的依据、原则和基本内容 …… 120
  5.2.1 小城镇中心区的规划依据 …… 120
  5.2.2 小城镇中心区的规划原则 …… 121
  5.2.3 小城镇中心区规划的基本内容 …… 121

5.3 小城镇中心区规划设计 …… 121
  5.3.1 小城镇中心区的空间构成要素、类型及特征 …… 121
  5.3.2 小城镇中心区的空间布局形式 …… 124
  5.3.3 小城镇中心区的交通特性及组织 …… 125
  5.3.4 小城镇中心区历史文化的"有机更新"与保护 …… 129

5.4 小城镇中心区的建筑与空间形态 …… 131
  5.4.1 小城镇中心区建筑空间组合原则 …… 131
  5.4.2 小城镇中心区各种功能的建筑形态及其空间组合 …… 132

5.5 小城镇中心的环境设计与特色的创造 ········· 136
5.5.1 小城镇中心区环境的构成内容 ········· 136
5.5.2 小城镇中心区环境的设计原则 ········· 139
5.5.3 小城镇中心环境特色的创造 ········· 141

6 小城镇街道景观详细规划与设计 ········· 144

6.1 小城镇街道的发展 ········· 144
6.1.1 传统小城镇街道 ········· 144
6.1.2 当代小城镇街道 ········· 145

6.2 小城镇街道分类及街景影响因素 ········· 146
6.2.1 街道功能分类 ········· 146
6.2.2 街道景观要素及其分析 ········· 148

6.3 小城镇街道规划与设计要求 ········· 156
6.3.1 街道空间设计要求 ········· 156
6.3.2 小城镇住区生活性道路的规划设计要求 ········· 157
6.3.3 小城镇商业街的规划设计要求 ········· 161
6.3.4 街道设施的规划设计要求 ········· 165

6.4 小城镇街景改造的思路和方法 ········· 168
6.4.1 改造的针对性 ········· 168
6.4.2 街景综合整治的构思 ········· 169
6.4.3 街道形象设计内容 ········· 170

7 小城镇广场规划设计 ········· 171

7.1 小城镇广场概述 ········· 171
7.1.1 小城镇广场的渊源及定义 ········· 171
7.1.2 小城镇广场的分类 ········· 171
7.1.3 小城镇广场的设计理念 ········· 174

7.2 广场设计的基本原则 ········· 178
7.2.1 贯彻以人为本的人文原则 ········· 178
7.2.2 把握小城镇空间体系分布的系统原则 ········· 183
7.2.3 倡导继承与创新的文化原则 ········· 184
7.2.4 地方特色原则 ········· 184
7.2.5 效益兼顾原则 ········· 186
7.2.6 突出主题原则 ········· 186

7.3 小城镇广场的设计手法 ········· 187
7.3.1 整体构思 ········· 187
7.3.2 总体布局 ········· 189
7.3.3 广场设计的空间构成 ········· 189
7.3.4 广场设计的空间组织 ········· 193

7.4 小城镇广场的客体要素设计 ·········· 195
 7.4.1 广场水景设计 ·········· 195
 7.4.2 广场绿化设计 ·········· 196
 7.4.3 广场地面铺装 ·········· 198
 7.4.4 广场小品 ·········· 199
 7.4.5 广场色彩设计 ·········· 201

8 小城镇绿地详细规划 ·········· 203

8.1 小城镇绿地的类型及特点 ·········· 203
 8.1.1 小城镇绿地的特点 ·········· 203
 8.1.2 小城镇绿地的类型 ·········· 204
 8.1.3 绿地类型的适用性 ·········· 208

8.2 小城镇绿地系统规划 ·········· 210
 8.2.1 详细规划设计的原则及任务 ·········· 210
 8.2.2 小城镇绿地系统的布局 ·········· 212
 8.2.3 小城镇绿地布局中的总体控制 ·········· 214
 8.2.4 小城镇绿地规划应注意的几个问题 ·········· 216

8.3 小城镇绿地规划设计 ·········· 217
 8.3.1 各类绿地修建性详细规划设计的要点 ·········· 218
 8.3.2 植物配植规划 ·········· 225
 8.3.3 古树名木保护 ·········· 231

8.4 景观小品设计 ·········· 232
 8.4.1 休憩性景观小品 ·········· 232
 8.4.2 装饰性景观小品 ·········· 232
 8.4.3 展示性小品 ·········· 233
 8.4.4 服务性小品 ·········· 234
 8.4.5 游戏健身类小品 ·········· 235

9 小城镇历史文化遗产保护 ·········· 236

9.1 小城镇历史文化遗产保护概述 ·········· 236
 9.1.1 总体概况介绍 ·········· 236
 9.1.2 保护的必要性和迫切性 ·········· 236
 9.1.3 保护的意义 ·········· 237
 9.1.4 法律依据 ·········· 237

9.2 小城镇历史文化遗产保护 ·········· 238
 9.2.1 保护体系和框架 ·········· 238
 9.2.2 建筑保护 ·········· 239
 9.2.3 历史地段的保护 ·········· 242
 9.2.4 城镇整体环境的保护 ·········· 246

  9.2.5 历史文化遗产的保护范围 ·············· 248
  9.2.6 小城镇人文旅游开发 ·············· 249
 9.3 **小城镇更新** ·············· 251
  9.3.1 小城镇更新概述 ·············· 251
  9.3.2 小城镇更新的方式 ·············· 252
  9.3.3 旧居住区的整治与更新 ·············· 253
  9.3.4 中心区的再开发与更新 ·············· 259

10 小城镇详细规划中的生态规划设计 ·············· 262

 10.1 **小城镇生态规划概述** ·············· 262
  10.1.1 生态规划的发展历程 ·············· 262
  10.1.2 小城镇生态规划的发展历程 ·············· 262
  10.1.3 小城镇生态化建设的意义 ·············· 264
  10.1.4 小城镇的生态优势和特色 ·············· 264
  10.1.5 小城镇生态规划的目标、任务和原则 ·············· 265
  10.1.6 小城镇生态规划的内容 ·············· 267
 10.2 **控制性详细规划阶段的小城镇生态规划设计** ·············· 267
  10.2.1 小城镇用地适用性评价 ·············· 267
  10.2.2 小城镇土地利用的生态适宜度分析 ·············· 269
  10.2.3 小城镇生态环境的控制 ·············· 272
  10.2.4 小城镇生态网络系统规划 ·············· 273
  10.2.5 小城镇水系规划 ·············· 279
  10.2.6 小城镇用地与生态环境的设计方法 ·············· 283
 10.3 **修建性详细规划阶段的小城镇生态规划设计** ·············· 286
  10.3.1 小城镇生态建筑设计 ·············· 286
  10.3.2 小城镇广场的生态化设计 ·············· 288
  10.3.3 小城镇停车场的生态化处理 ·············· 290
  10.3.4 小城镇生态工业规划设计 ·············· 292
  10.3.5 小城镇滨水区的生态化处理 ·············· 295
 10.4 **小城镇生态化管理** ·············· 298
  10.4.1 生态管理的内涵 ·············· 298
  10.4.2 小城镇建设存在的问题 ·············· 299
  10.4.3 小城镇生态化管理的目的 ·············· 300
  10.4.4 小城镇生态化管理的内容 ·············· 300
  10.4.5 小城镇生态化管理的政策 ·············· 301

参考文献 ·············· 306

1 小城镇详细规划设计概述

1.1 小城镇的界定、类型及特征

1.1.1 小城镇的界定

1.1.1.1 聚落的形成与发展

（1）聚落

聚落（Settlement）是以住宅为主，人类聚居在一起的生活与活动的场所，即今我们通常所言的居民点。

（2）农村聚落

聚落不是从来就有的，而是人类社会发展到一定历史阶段的产物。在原始社会早、中期，人类过着依附自然的采集和狩猎生活，没有固定的居所。约在距今七八千年前的新石器时代，由于生产工具的进步，人类逐步学会了耕作，发展了种植业，人类社会劳动出现了第一次大分工，农业与狩猎、畜牧业慢慢分离。而耕作有比较固定的范围，于是人类开始了定居，形成了最初的聚居之地——农村聚落。

（3）城市聚落

人类社会发展到金石并用时代，随着金属冶炼的出现，金属工具的制造技术和纺织技术的提高，手工业得到发展，劳动生产力水平有了很大的提高，劳动产品有了剩余。人们将剩余产品用来交换，出现了最初的商品交易，商业也发展起来。于是人类社会劳动出现了第二次大分工，即手工业、商业与农业分离，同时使最初的原始的农村聚落分化，其中一部分形成了以手工业和商业为主的非农村聚落——城市聚落。

（4）两种聚落的差异

城市聚落和乡村聚落在"质"与"量"上具有明显的差异。从"质"上讲，城市聚落的功能特征是以非农业的第二和第三产业为主，而且生活方式与农村聚落相比，节奏要快得多，内容也丰富得多。由于是以第二和第三产业为主，因而城市聚落更为关注的是流通与交换，而不仅仅只是加工。因此有的学者认为，城市的本质在于流通与交换。从"量"上讲，城市聚落的人口数量多，密度大，生产的集约化程度要比农村聚落高得多。

（5）城市（聚落）诞生的意义

城市的诞生具有非常重要的划时代意义。首先，城市把人类带入了文明时代，使人类从野蛮、愚昧中挣脱出来。城市是人类进入到文明时代的三大标志（文字出现、金属工具使用、城市建造）之一。其次，城市促进了人类生产方式与生活方式的真正形成。随着城市的问世，人类开始把原始自然改造为人工自然，提高了自然物与自然力的使用价值，从而获得较多的财富。随着生产工具的不断改进、生产力的提高和剩余产品的分配关系的改变，生产方式逐渐形成。同时城市的诞生促进了人类追求更高的物质文明和精神文明，成为形成真正生活方式的主体。最后，城市的形成促进了人类思维能力的飞跃。人类的思维能力从低水平向高水平发展，到了学会建造城市后，发生了质的飞跃。人类开始脱离自然界的统治，开始了由屈服自然、改造自然到顺应自然的转变。

1.1.1.2 城市、城镇、小城镇

目前，世界上的城市多如繁星，但因各国的自然环境、人口多寡、社会经济发展水平相差甚远，城市设置标准有极大的差别。如丹麦、乌干达等国，人口规模达300人便可设市。而现在有的城市人口已超过2000万（如墨西哥城）。一般来讲，把人口规模较大的城市聚落称为城市，把人口数量较少、与农村还保持着直接联系的城市

聚落称为城镇。虽然人口的多少没有一个严格的界定，但总的说来是人口数量多，国土面积较大的国家，设置城市的人口标准要相对较高。

(1) 英文中 City 与 Town 的含义差别

英文中"城市"（City）一词，在美国指大于城镇（Town）的重要城市，在英国指有大教堂的特许市。而"镇"（Town）一词有狭义和广义之分：狭义上 Town 是大于村（Village）而非城市（City）的地方；广义上是与乡村（Country）相对而言，它不仅包括城市（City）和自治市（Borough），甚至连市区（Urban District）亦可称为 Town。

(2) 我国城市与城镇的差异

①城市

在我国，城市为人口数量达到一定规模，人口结构（尤其是劳动力结构）和产业结构达到一定要求，基础设施达到一定水平，或有军事、经济、民族、文化等特殊要求，并且经过国务院批准设置的具有一定行政级别的行政单元。这些城市我们通常称为建制市。截至2007年底，我国已有建制市655个，其中直辖市4个，副省级市15个，地级市287个，县级市368个。

②城镇

在我国，除了上述建制市以外的城市聚落都称之为镇。其中具有一定人口规模，人口结构（主要是劳动力结构）和产业结构达到一定要求，基础设施达到一定水平，并且被省（直辖市、自治区）人民政府批准设置的镇为建制镇，其余的则为集镇。建制镇是县以下的一级行政单元，而集镇则不是一级行政单元。

③小城镇

小城镇一般是介于设市城市与农村居民点之间的过渡性居民点，其基本主体是建制镇，也可视需要适当上下延伸（上至20万人以下的设市城市，下至几千人的集镇）。

本书中所涉及的小城镇是指建制镇和集镇。

(3) 不同学界对小城镇含义的理解的差异

小城镇前面冠以"小"字，是相对于城市而言，人口规模、地域范围、经济总量、影响能力等较小而已。但是不同的学界，由于所处的角度和视点不同，对小城镇的含义还有理解或研究重点上的差异。

社会学界对小城镇更注重其社会意义，即处在城市与乡村之间的过渡部位的社会形态、演变形式以及相关政策等，以推动整个社会的发展。

地理学界偏重于小城镇地域形态的变化以及相应的城镇体系的空间结构演变、城镇人口等级结构的演变和城镇职能结构的演变。

经济学界对小城镇更为关注的是其经济结构的演变、经济发展模式的形成、经济发展方向，特别是主导产业部门的确定，以及与此相关的经济政策和发展战略的制定。

城市规划学界重点关注小城镇的内部空间结构及功能布局、基础设施的建设、不同类型地区（不同自然环境、不同发展水平、不同特色）小城镇的规划布局要求和方法。

1.1.1.3 镇的由来与演变

"镇"作为地名的通名经历了长期的演变过程。

(1) 北魏

"镇"这一名称，出现于公元4世纪的北魏，是当时国家设置于沿边各地的军事组织，既不是地名的通名，也不是一级行级单元。军事组织的指挥者镇将权力极大。

(2) 唐代

到唐代，镇演变为一种小的军事据点。《新唐书·兵志》记载："兵之戍边者，大曰军，小曰守捉，曰镇。"镇的品秩仅等于县令。唐朝中期，为边防需要，于边境设十个节度使辖区，即方镇。后来为平息安史之乱在全国普遍设方镇，并且与"道"（相当于今之省）相结合，形成既握兵权，又管民事的节度使。结果节度使变为世袭，财赋不交国库，户口不上版籍，成为占据一方的藩镇，史称"藩镇割据"。这不仅促使唐朝垮台，而且造成了中国历史上第二次分裂的五代十国的局面。

(3) 五代

至五代，镇的设置遍于内地，镇的官员为镇使，除掌军权外，还握有地方实权。

(4) 宋代

到宋朝，为加强中央集权，大部分镇被罢废，地方实权归于知县，少部分没有被罢废的镇仅置监镇。与此同时，随着经济的发展，特别是商品交换的需要，在原有的草市、集市的基础上，涌现出了一批乡村小市镇，有些小市镇就是原来的军事据点，监镇也转变为管理市镇事务的官员，于是镇演变成县以下市镇地方的行政建制。如《宋史·地理志》记载："熙宁五年（1072年），升崇阳县通城镇为县；绍兴五年废为镇；十七年，复。"上述表明，镇已由原来的军事据点演变为县以下的一级行政建制。

(5) 清代

清代于1909年颁布《城镇乡地方自治章程》，实行城乡分治，规定府、厅、州、县治城厢为"城"，城厢以外的为镇、村庄、屯集。其中人口满5万者设"镇"，不足者设"乡"。

(6) 民国时期

1928年南京国民政府颁布《特别市组织法》、《普通市组织法》和《县组织法》，规定特别市为中央直辖市（如上海），普通市为省辖；县以下城镇地区设"里"的建制。次年重订了《县组织法》，将"里"改为镇。但后来有少数县以下的镇改为市的实例，如吉林省延吉县的延吉市（新中国成立后升为县级市）。

(7) 中华人民共和国

1955年6月，国务院发布《关于设置市、镇建制的决定》："镇是居于县、自治县领导的行政单位。"至此，镇的行政地位便定型。

1.1.1.4 我国城镇设置标准的演变

(1) 建国以前的设镇标准

建国以前的县以下城镇地方行政建制的设置标准大都包括两条：①一定的人口数量，幅度从500~50000人不等，但以3000~10000人居多；②某种特定条件，其中大都包括政治上的（县治城乡），兼及经济上及军事上的条件。

(2) 建国以后的设镇标准

第一次是1955年国务院公布的《关于设置市、镇建制的决定》，规定"县级或县级以上的地方国家机关所在地，可以设置镇的建制。不是县级或者县级以上地方国家机关所在地，必须是聚居人口在2000人以上，有相当数量的工商业居民，并确有必要时方可设置镇的建制，少数民族地区如有相当数量的工商业居民，聚居人口虽不足2000人，确有必要时，亦得设置镇的建制。"

第二次是经过三年经济困难时期后于1963年在《中共中央、国务院关于调整市镇建制，缩小城市郊区的指示》中，对原设镇人口标准提高到2500人以上，而且总人口中的非农业人口的比例也具体化了，同时取消了政治上有特殊条件（如县治）可设镇这一点。这样，全国镇的数量大大减少。1963年底全国小城镇只有4429个，1980年又减少为2874个，1982年第三次人口普查时只剩下2664个。山西省在1980年仅有45个建制镇，其中33个是县城关镇，12个工矿镇，而有66个县没有建制镇。

第三次是1984年，随着经济体制改革的深入，原来的规定不适合形势的发展。1984年10月，国务院发出通知，同意民政部关于调整建镇标准的报告。"①凡县级国家机关所在地，均应设置镇的建制。②总人口在2万以上的乡、乡政府驻地非农业人口占全乡人口10%以上的，也可以设置镇的建制。③少数民族地区、人口稀少边远地区、山区和小型工矿区、小港口、风景旅游区、边境口岸等，非农业人口虽不足2000，如确有必要，也可设置镇的建制"。截至1984年底，全国2366个县有6211个县辖建制镇，每个建制镇平均总人口为2.165万，其中非农业人口为8417人。此外还有8万多个乡镇（或称"非建制镇"）。

此后，建制镇数量逐年增加。截至2007年底，全国共有建制镇19249个，县城关镇为1635个，集镇15120个，全国小城镇合计（建制镇和集镇）

达 36004 个。

1.1.2 小城镇的类型

截至 2007 年底,我国总人口为 13 亿,包括乡集镇在内的小城镇总数为 36004 个。根据不同的需要,为实现不同的目的,依据不同地区的特点,可以多层面、多视角地对小城镇进行类型划分。

1.1.2.1 小城镇的等级层次分类

小城镇位于宏观城镇体系的尾段,是宏观城镇体系的有机组成部分,兼有"城"与"乡"的特点,是城乡联系的桥梁和纽带。

①小城镇的现状等级层次一般分为县城关镇、县城关镇以外的建制镇、集镇三级。

县城关镇:我国的县治是一个历史悠久、长期稳定的基层行政单位,县城关镇对所辖乡镇进行管理,是县域内的政治、经济、文化中心。城镇内的行政机构设置和文化设施比较齐全。2007 年,我国共有 1635 个县城关镇,平均人口为 70948 人。

建制镇:县城以外的建制镇是县域内的次级小城镇,是农村一定区域内的政治、经济、文化和生活服务中心。我国 2007 年底有建制镇 19249个,平均人口为 6810 人。

集镇:按国家规定,"集镇"包括"乡、民族乡人民政府所在地"和"经县人民政府确认的由集市发展而成的作为农村一定区域经济、文化和生活服务中心的非建制镇"两种类型。我国 2007年底有集镇 15120 个,平均人口为 2371 人。

②小城镇的规划等级层次一般分为县城城关镇、中心镇、一般镇三级。

县城城关镇:多为县域范围内的中心城市(广义)。

中心镇:系指居于县(市)域内一片地区相对中心位置且对周边农村具有一定社会经济带动作用的建制镇,为带动一片地区发展的增长极核,分布相对均衡。

一般镇:是指县城关镇、中心镇以外的建制镇和乡政府所在地的集镇。这类乡镇的经济和社会影响范围限于本乡(镇)行政区域内,多是农村的行政中心和集贸中心,镇区规模普遍较小(2000~5000 人),基础设施水平也相对较低,第三产业规模和层次较低。

③为体现政府的政策导向,适应并满足规划管理工作的需要,在规划中除明确"中心镇"以外,还应确定规划期内拟重点扶持发展的"重点镇",其在地区分布上往往是不均衡的。

重点镇:系指条件较好,具有发展潜力,政策上重点扶持发展的小城镇。

1.1.2.2 小城镇的规模分类

我国 2007 年底小城镇总人口为 10.56 亿,数量 36004 个,平均每个小城镇总人口为 29330 人。其中县城关镇 1635 个,平均每镇总人口 70948 人,平均建成区用地面积 $8.56km^2$;建制镇 19249 个,平均每镇总人口 6810 人,平均建成区用地面积 $170hm^2$;集镇 15120 个,平均每镇总人口 2371 人,平均建成区用地面积 $54hm^2$,由此可见,小城镇的人口规模和用地规模差异很大,以下分析主要针对非县城建制镇和集镇。

我国改革开放后人口的流动大为活跃,农民兼业或进城务工经商的越来越多。如果像过去一样,仅仅以非农业户籍人口的多少作为确定"城镇"的标准已完全不能真实地反映城镇的现实状况了。因此,由按性质、按户籍统计转变为按实际居住地域统计,以在所居住地域事实上"从事非农产业活动"的人口集聚程度来衡量小城镇的规模将会更贴近"城镇"的实际,也更适应城镇经济结构和劳动力结构的变化。因此,各地目前多以镇区驻地总人口来衡量小城镇的人口规模,镇区总人口中从事非农产业活动为主的人口应占 50% 以上。

我国小城镇现状规模普遍偏小,少数镇区人口超过 1 万人,多数在 6000 人以下。根据对东部、中部、沿海、内陆几个不同类行政地域的个案分析,在非县城的小城镇中,如按个数比重统计,镇区人口规模在 0.3 万~0.6 万等级的小城镇居多，其次为 0.6 万~1 万人等级，再次为 0.3 万人以下等级。合计起来规模在 0.6 万人等级以下的城镇约占小城镇总数的 60%~65%，1 万人以下的小城镇约占小城镇总数的 85%~90%，1 万人以上的城镇较少，3 万人以上的更少。因各地条件的差异，相同规模类型的小城镇在不同地区有不同的发展速度。

小城镇规模过小，严重影响小城镇的集聚能力和辐射功能，也严重影响小城镇基础设施效益的发挥、小城镇健康发展和城镇化水平的提高。

根据各地条件的不同，小城镇按镇区人口规模划分有以下几种类型：县城关镇 2 万~8 万人；中心镇 1 万~4 万人；一般镇 0.2 万~2 万人。

从规划的角度，我们可以根据各地的发展条件，将小城镇分为三个规模等级层次：

一级镇：县城城关镇；经济发达地区镇区人口 2 万以上的中心镇；经济发展一般地区镇区人口 2.5 万以上的中心镇。

二级镇：经济发达地区一级镇外的中心镇和镇区人口 2.5 万以上的一般镇；经济发展一般地区一级镇外的中心镇；镇区人口 2 万以上的一般镇；经济欠发达地区镇区人口 1 万以上县城关镇以外的其他镇。

三级镇：二级镇以外的一般镇和在规划期将发展为建制镇的集镇。

1.1.2.3 小城镇的职能分类

因所处区位不同，资源禀赋条件不同，加之受其他种种因素影响，每个小城镇都有不同的主要职能。按主要职能划分，小城镇可大致分为如下类型。

商贸型：以商业贸易为主，商业服务业较发达的小城镇。这类城镇的市场吸引辐射范围较大，设有贸易市场或专业市场、转运站、仓库等，有些甚至发展成为区域内综合性和专业性的生产资料和生产成品市场。

工业主导型：工业发展已达到一定水平并在乡镇经济中占主导地位，或依附于大中型工业厂矿，并作为其生产生活基地为其服务的小城镇。

交通枢纽型（进一步可分为港口型、公路枢纽型等）：凡具有航空、铁路、公路、水运等一种或几种交通运输方式，以其便利的交通条件和特殊的区位优势而成为客货流集散中心的小城镇。

旅游服务型：凡依附于某类具有开发价值的自然景观或人文景观，并以为其开发或旅游服务为主的小城镇。

"三农"服务型：以为本地"三农"（农民、农村、农业）服务为主的小城镇。

其他专业型：以某种特殊专业职能存在且难以按上述类型归类的可称之为其他专业型城镇，如边贸口岸城镇、军事要塞城镇等。

综合型：凡具备上述全部或某几种职能的，可称之为综合型城镇，其规模比单一型的城镇大，县城镇和中心镇一般多为综合型城镇。

总而言之，小城镇多数具有多职能和兼容性。同时，随着镇、县城经济的发展，其职能也会相应变化，总的趋势是单一职能型小城镇将向综合型的小城镇转化。

1.1.2.4 小城镇的经济发展水平分类

按地区经济水平，小城镇可分为经济发达地区、经济中等发达地区、经济欠发达地区三种类型小城镇。

在此，主要以农民人均纯收入衡量地区的经济发展水平。经济发展水平是动态变化的，许多地方的经验表明农民人均纯收入在 3000 元以上，就具有了较强的经济实力，是农民有进城意愿的基本起点。按现状农民人均纯收入水平可分为：

经济发达地区：农民人均纯收入 3500 元以上，主要指东部沿海地区，沿江、沿河、沿路地区，大中城市周边地区。

经济中等发达地区：农民人均纯收入 2000~3500 元，主要指东部沿海地带内的经济低谷地区，沿江、沿河、沿路经济隆起带的边缘地区，城市远郊区，中西部地区的平原地带。

经济欠发达地区：农民人均纯收入 2000 元以下的地区，主要指西部地区以及中部地区的部分经济落后区域,以山地、丘陵、高原为主,多属林区、牧区、半林半牧区。

1.1.2.5 小城镇的空间位置分类

从形态上划分,可将我国小城镇从整体上分为两大类:一类以"城镇连绵带"形态存在,一类以完整、独立的形态存在。

以"城镇连绵带"形态存在的小城镇的特点是:城与乡、镇域与镇区已经没有明确界线,城镇村庄首尾相接,密集连片,城镇一般以公路为轴,沿路发展,形成一条带状的工业区和居民区,"城镇连绵带"主要存在于我国沿海经济发达省份的局部地区。

以完整、独立形态存在的小城镇占据城镇的主流,按照空间位置,它又可分为三种类型,如图1-1所示。

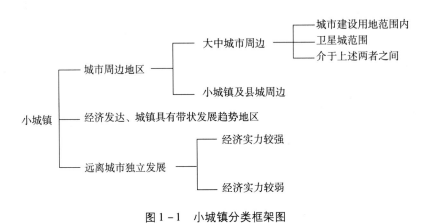

图1-1 小城镇分类框架图

(资料来源:城市规划资料集——第三分册. 中国建筑工业出版社,2002.)

1.1.3 我国小城镇的发展演化特征

1.1.3.1 我国小城镇历史演化的过程特征

(1) 小城镇建制演化特征

行政主导是促进小城镇发展的重要手段。改革开放以来,我国小城镇数量迅速增加,城市化水平也得到了稳步提高。但总体来说,是行政主导建设超前于经济发展,经济发展超前于基础设施建设,基础设施建设超前于城市文明建设。在计划经济体制向市场经济体制过渡转轨时期,我国这种逆向发展的小城镇发展之路一直延续到现在也没有得到根本性的改变。

(2) 小城镇发展演化总体特征

具有中国特色的小城镇发展的综合集成。我国小城镇发展是落后与先进并存,传统与现代并存,工业与农业并存,衰退与发达并存。因此,我国小城镇发展具有鲜明的中国特色。首先,在传统农业基础上,我国小城镇担负起现代农业产业化的艰巨任务;其次,我国小城镇必须完成经济城市化、基础设施城市化、社会服务城市化的艰巨任务;第三,在落后生产力基础上,我国小城镇还要被动接受经济全球化、区域经济集团化、社会制度市场化、信息化和知识化的渗透;第四,在大量农业人口的基础上,我国小城镇还要主动担负起人口城市化的艰巨任务;第五,基于城乡二元结构的基础,我国小城镇还要接受城乡一体化和融合的演化过程。

综上所述,我国小城镇发展演化具有鲜明的中国特色,就是在计划经济体制下所形成的条块分割、城乡分割、工农分割、产业与市场分割的二元结构基础上来完成我国小城镇发展历程和规划调控。

1.1.3.2 我国小城镇现状演化的过程特征

跨入21世纪,我国整个城市与区域系统运动环境在不同时间尺度和空间层面上都发生了深刻变化甚至变革。

①经济全球化和区域经济集团化的冲击：小城镇边缘化。经济全球化和区域经济集团化是世界经济一体化的客观必然，是全球经济体系形成发展的主要动力机制，它影响到社会经济系统的各个层面和城镇系统发育的各个空间尺度。小城镇作为社会经济系统的基层细胞，作为城镇系统的末梢，作为整个城市和区域系统的组成单元，也避免不了经济全球化和区域经济集团化的冲击，从中心城市开始逐步影响到地方城市及小城镇。

②市场经济体制的渗透：农业产业发展。市场经济体制的建立，使整个小城镇社会经济系统要素资源的配置都发生了变化，尤其是农业资源要素的配置，同时，对农业产品流通体系产生了重大影响。这就要求小城镇要纳入全球化体系，至少是全国社会经济体系。

③集团经济和跨国经济要素的引入：小城镇外向度逐步提升。目前，随着市场经济体制的建立，我国企业成长已经逐步打破了地域封闭发展的格局，走向了以市场区位为主导的现代化集团经济和跨国经济，公司的企业区位空间布局在不同地域的消费市场区域空间、交通经济区位空间已经扩散到小城镇空间层次。

④信息化和知识化辐射：缩短城乡距离。信息化的快速发展，不仅缩短了全球城市体系之间的时空距离，减少了空间上的地理差异，也减少了城市与小城镇的时空约束。知识化时代的到来，不仅决定了中心城市产业结构升级，也决定了中心城市对小城镇产业的辐射和带动，促进小城镇产业经济系统科技含量的提升。因此，我国小城镇发展是在信息化和知识化时代的基础上成长发育的。

⑤生态回归自然的现代消费观念的兴起：农业资源的再开发产业兴起。随着中心城市社会经济水平的提高，中心城市消费取向逐步上升到回归自然，出现了对农村地域绿色资源的生态消费。这就要求重新审视农业资源再开发和混合滚动开发。

⑥城市区域化和区域城市化初现端倪：纳入城市经济发展体系。随着区域中心城市的快速崛起，城市区域化步伐加速，小城镇逐步纳入城市区域化空间范畴。同时，随着小城镇的逐步发展，整个区域也逐步跨入到城市化时代。因此，小城镇已经成为了整个城市区域系统运动不可分割的部分。

1.2 小城镇详细规划的编制基础

小城镇详细规划是指导城镇建设与管理的直接依据，是对上一级城镇总体规划的完善和深化，是城镇规划体系的组成部分，是促进小城镇经济社会协调发展的重要手段。通过合理规划，提高投资效益，对加快小城镇的发展具有十分重要的意义。

1.2.1 小城镇详细规划的工作特点

小城镇详细规划关系到国家的建设和人民的生活，涉及政治、经济、技术和艺术等方面的问题，内容广泛而复杂。为了对小城镇规划工作的性质有比较确切的了解，必须进一步认识小城镇详细规划的工作特点。

1.2.1.1 综合性

小城镇详细规划需要统筹安排小城镇的各项建设。小城镇建设涉及面比较广，包括有农、林、牧、副、渔、工、商、文、教、卫等各行各业，又涉及人们衣、食、住、行和生、老、病、死等各个方面。概括起来，主要包括生产和生活两大方面。要通过规划工作把这样繁杂、广泛的内容有机地组织起来，统一在小城镇详细规划之内，进行全面安排、协调发展。因此，小城镇详细规划是一项综合性的技术工作，它涉及许多方面的问题。例如，当考虑小城镇建设条件时，就涉及气象、水文、工程地质和水文地质等范畴的问题；当考虑小城镇性质和规模时，又涉及大量的技术经济工作；当具体布置各项建设，研究各种建设方案，制定具体的技术标准时，又涉及大量工程技术方面的工作；至于小城镇空间的组合、建筑的布局形式、小城镇面貌、绿化的安排等，则又是从建筑艺术的角度来研究处理的。而这些问题都是密切相关，不能孤立对待的。小城镇规划不仅反映单项工程设计的要求和发展计划，而且还综合各项工程设计相互之间的关系，协调解决各单项工程设计相互之间在技术和经济等方面的种种矛盾。这就要求规划工作者应具有广泛的知识，能树立全局观点，具有综合问题和解决问题的能力。

1.2.1.2 政策性

小城镇详细规划几乎涉及城镇建设的各方面，在小城镇详细规划中，一些重大问题的解决关系到国家和地方的一些方针政策。例如，小城镇性质、规模、生产项目配置、宅基地、公共建筑指标以及容积率等具体指标控制，都不单纯是技术和经济的问题，而是关系到生产力发展水平、城乡关系、消费与积累比例等重大问题。另外，就小城镇建设的项目而言，它包括有国家的、集体的，还有农民个人的，其中主要是集体的和个人的。因此，要处理好国家、集体和个人之间的关系；处理好公共利益、集团利益与个人利益的关系；要调动和保护集体、农民个人对小城镇建设的积极性；要把集体和农民个人的力量和智慧吸引和汇聚到小城镇详细规划中来。因此，小城镇详细规划是一项政策性很强的工作。这就要求规划工作者必须加强政策观念，努力学习各项方针政策，并能在规划工作中认真地贯彻执行。

1.2.1.3 地方性

我国地域辽阔，各地的自然条件、经济条件、风俗习惯和建设要求都不相同。每个小城镇在国民经济中的任务和作用不同，各自有不同的历史条件和发展条件，尽管在很多情况下小城镇之间存在条件相似的情况，但其在人文、地域和环境等方面的差异必然体现出不同的特征。这就要求在小城镇详细规划中具体分析小城镇的条件和特点，因地制宜，反映出当地小城镇特点和特色，决不能"一刀切"。因此，小城镇详细规划又具有地方性的特点。

1.2.1.4 长期性

小城镇详细规划着重解决当前建设问题，但也要考虑中远期的发展要求。也就是说，小城镇详细规划工作既要有现实性，又要有一定的预见性。社会是在不断发展变化着的，在小城镇建设的过程中，影响小城镇发展的因素也在变化着。因而，由于人们认识的不同和时代的局限，不可能准确地预计小城镇未来的发展，必须随着小城镇发展因素的变化而不断地调整和完善。因此，小城镇详细规划还是一项长期性和经常性的工作。

虽然规划要适时地进行修改和补充，但每一时期的小城镇详细规划还是根据当时的政策和建设计划，经过调查研究而制定的，有一定的现实意义，可以作为该时期指导小城镇建设的依据。

1.2.2 小城镇详细规划原则与指导思想

1.2.2.1 小城镇详细规划原则

（1）宏观指导性原则

①城乡统筹原则：建设城乡统筹的城乡规划体系，体现了党的十七大提出的"城乡、区域协调互动发展机制基本形成"的目标要求，有利于在规划的制定和实施过程中将城市、镇、乡和村庄的发展统筹考虑，促进城乡居民享受公共服务的均衡化。

②合理布局原则：编制城乡规划，要从实现空间资源的优化配置，维护空间资源利用的公平性，促进能源资源的节约和利用，保障城乡运行安全和效率方面，综合研究城镇布局问题，促进城乡的协调发展。

③节约土地原则：要切实改变铺张浪费的用

地观念和用地结构不合理的状况，始终把节约和集约利用土地、严格保护耕地作为城乡规划制定与实施的重要目标，要根据产业结构调整的目标要求，合理调整用地结构，提高土地利用效率，促进产业协调发展。

④集约发展原则：编制城乡规划，必须充分认识我国长期面临的资源短缺约束和环境容量压力的基本国情，认真分析城镇发展的资源环境条件，推进城镇发展方式从粗放型向集约型转变，建设资源节约环境友好型城镇，增强可持续发展能力。

⑤先规划后建设原则：坚持"先规划后建设"，是《城乡规划法》确定的基本原则。这是根据我国城乡快速发展的实际，从保障城镇发展的目标出发而提出的。

⑥公共政策原则：城乡规划应作为一种公共政策，维护公共利益，关注民生问题，维护弱势群体。

（2）详细规划技术原则

①完整性原则：小城镇详细规划应全面考虑各项规划影响因素，完善各项规划内容。

②独特性原则：小城镇详细规划应挖掘地方特色要素，强化地域特色。

③灵活性原则：小城镇详细规划应注重适应性，加大规划弹性，留有发展余地。

④连续性原则：小城镇详细规划应尊重历史，尊重现状，近远期结合，滚动发展，注意开发时序。

⑤可操作性原则：小城镇详细规划应着眼长远，立足现实；政策到位，措施得力；强化规划的可操作性。

⑥市场化原则：小城镇详细规划应充分发挥市场化的动力，合理开发建设。

1.2.2.2 小城镇详细规划指导思想

①规划建设小城镇，带动周边农村经济和社会发展，加速城市化进程。

②规划建设小城镇应尊重规律，循序渐进；因地制宜，科学规划；深化改革，创新机制；统筹兼顾，协调发展。

③规划建设小城镇应突出重点，以点带面，强调其集聚性和发挥服务功能。

④规划建设小城镇应严格执行有关法律、法规，并通过政策指导和规范化，推动小城镇建设。

⑤规划建设小城镇应坚持适度标准，提高基础设施服务水平。

⑥保护耕地，集约利用土地，保护生态环境，优化人居环境。

⑦规划建设小城镇，要注意保护文物古迹及自然景观，形成风貌特色。

1.2.3 小城镇详细规划中应注意的问题

控制性详细规划应注意的问题包括：

①要保证工作的及时、到位。镇人民政府必须坚决按照法律规定的"先规划后建设"的重要原则，高度重视控制性详细规划的制定工作，保证控制性详细规划编制人力、财力的投入，高效、高质量地编制控制性详细规划，保证规划在城镇发展建设中的先导和统筹作用，切实做到以依法定程序批准的控制性详细规划指导土地的划拨、出让和开发建设，保证城镇建设健康有序进行。

②要保证控制性详细规划在空间范围上的有效覆盖，根据各阶段城镇旧城改造和新区开发重点，分片区、分阶段推进控制性详细规划的编制工作。要保证控制性详细规划超前覆盖到城镇发展所使用的每一块建设用地，注意优先开展近期规划涉及地块的规划编制工作。同时也应当注意，一方面，实现规划的适度超前是必要的；另一方面，由于法律对控制性详细规划的修改作出了十分严格的程序规定，如果过于简单地强调控制性详细规划的"全覆盖"，对远期发展的建设用地的控制性规定可能会出现针对性差而又不易修改的问题。

③要保证工作程序中每一个环节的深度要求。编制工作要在全面、深入研究和分析的基础上进

行，要注意与近期建设规划、国民经济和社会发展五年规划相衔接，要深入理解和把握镇总体规划的有关内容要求，深入分析和研究编制控制性详细规划的地块和城镇整体在环境、容量、景观、相邻关系等方面的协调，科学确定各项控制指标和建设要求，以科学的规划保证规划的权威性和严肃性。

④要加强控制性详细规划制定和实施过程中的公共参与。《中华人民共和国物权法》（以下简称《物权法》）已于2007年10月1日开始实施，其中加强了对私人和集体产权的保护。控制性详细规划作为城镇政府直接调控城镇建设的公共政策，必须通过公示和公告，广泛征求各方意见，促进规划的实施，保护各利益团体的合法产权。

⑤加强控制性详细规划对土地出让和开发建设的综合调控。必须明确：国有土地使用权的出让必须在控制性详细规划的指导下进行，没有法定程序批准的控制性详细规划，该地块的国有土地使用权不得出让；国有土地使用权出让前，必须由城乡规划主管部门依据控制性详细规划提出规划设计条件，并纳入土地出让合同，否则土地出让合同无效；土地出让后的开发建设过程中，建设主体和任何部门，不经法定程序，不得随意修改规划设计条件中的任何控制指标。

对于当前要进行建设的地区，应当编制修建性详细规划。修建性详细规划的主要任务是依据控制性详细规划确定的指标，编制具体的、操作性的规划，作为各项建筑与工程设施设计和施工的依据。

1.3 小城镇详细规划的编制内容

1.3.1 小城镇详细规划基础资料收集

1.3.1.1 基础资料的收集内容

为了使编制的小城镇详细规划能够从实际出发，指导小城镇建设，在编制小城镇详细规划前，必须首先对规划的对象进行深入细致的了解，即必须做好基础资料的收集、整理和分析工作。

小城镇详细规划中基础资料的收集，一般主要包括以下几个方面的内容。

（1）小城镇详细规划的依据

①总体规划。总体规划是城镇在一定时期内各项建设发展的综合部署，是指导城镇建设的蓝图。

②国民经济各部门的发展规划。

③党和国家以及各级地方政府对小城镇规划的有关方针、政策和当地干部群众对本地域发展的设想。

（2）自然条件资料

①地形图

编制小城镇详细规划，必须具备适当比例尺的地形图。它为分析地形、地貌和建设用地条件提供了依据。随后，通过踏勘和调查研究，可以在地形图的基础上绘制现状分析图，作为编制规划方案的重要依据和基础。

②自然资源资料

包括规划范围内的自然资源，有生产、开发的价值和发展前景。自然资源一般指地下矿藏、地方建材资源、农副产品资源等。

③气象资料

a. 气温。气温资料需要收集以下内容：平均温度（年、月）、最高和最低温度、昼夜平均温度、无霜期、开始结冻和解冻的日期及最大冻土深度，同时必须注意"逆温"现象。"逆温"就是在气温日差较大的地区，常因夜晚地面散热冷却比上部空气快，形成了下面为冷空气，上面为热空气的情况。于是小城镇上空出现逆温层，此时如遇静风状态，则有害的工业烟尘不易扩散，滞留在小城镇上空。

b. 风向与风玫瑰图。风在小城镇规划中从防风、通风、工程抗风等方面产生重要影响，同时还起着输送和扩散有害气体和粉尘的作用，因此在环境方面影响甚大，必须掌握风向的资料。

c. 日照。日照是指太阳光直接照射地面的现象。确定道路的方位、宽度，建筑物的朝向、间距以及建筑群的布局，都要考虑日照条件。

④水文资料

水文是指小城镇所在地区的水文现象，如降水量、河湖水位、流量、潮汐现象以及地下水情况等。我国古代选择城址就有"东有流水，西有大道，南有泽畔，北有高山"，以及"高勿近阜而水用足，低勿近水而沟防省"的考虑，可见水文在小城镇详细规划中占有很重要的地位。

a. 降水量。降水量是指落在地面上的雨、雪、雹等融化后未经蒸发、渗透、流失而积聚在水平面上的深度，单位为mm。掌握降水资料对防洪、江河治理等十分重要。

b. 洪水。主要了解各河段历史洪水情况，重点放在近百年内，包括洪水发生的时间、过程、流向情况，灾害及河段水位的变化。在山区还应注意山洪暴发时间、流量以及流向。

c. 流量。流量指各河段在单位时间内通过某一横断面的水量，以 m^3/s 为单位。需要了解历年的变化情况和一年之内各个季节的流量变化情况，如洪水季节的最大流量、枯水期的流量、平均流量等。

d. 地下水。主要搜集有关地下水的分布、运动规律及其物理、化学性质等资料。地下水可分为上层滞水、潜水和承压水三类（图1-2），前两类在地表下浅层，主要来源是地面降水渗透，因此与地面状况有关。潜水的深度各地情况相差悬殊。承压水因有隔水层，受地面影响小，也不易受地面污染，具有压力，因此常作为小城镇的水源。

⑤地质资料

a. 冲沟。冲沟对小城镇的不良影响是将小城镇分割成许多零碎的地段，造成诸多不便。对冲沟的预防方法是：首先是整治地面水，在冲沟上修截流水沟，使水不流经冲沟；其次是保护地表覆盖及用铺砌法加固冲沟边坡。冲沟地段应加强绿化以保持水土，改造环境。

b. 喀斯特现象。喀斯特现象就是石灰岩等溶洞。在喀斯特现象严重地区，地面上会有大陷坑、坍坑，地面下有大的空洞，这些地区是不能作为

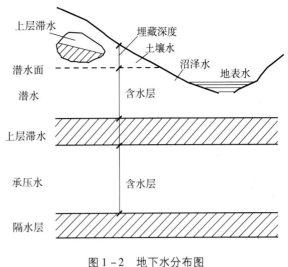

图1-2 地下水分布图
（资料来源：作者自绘）

小城镇建设用地的。因此，必须查清地下的空洞及其边界，以免造成损失。

c. 滑坡与崩塌。滑坡是斜坡在风化作用、地表水或地下水、人为的原因，特别是重力的作用下，使得斜坡上的土、石向下滑动。这类现象多发生在丘陵或山区。在选择小城镇建设用地时，应避免不稳定的坡面。同时在规划时，还应确定滑坡地带与稳定用地边界的距离，在必须选有滑坡可能的用地时，则应采取具体工程措施，如减少地下水或地表水的影响，避免切坡和保护坡脚等。崩塌是由于地质构造、地形、地下水或风化作用，造成大面积的土壤沿弧形下滑的物理现象。成因主要是岩层或土层的层面对山坡稳定造成的影响。在小城镇建设用地选择时，应尽量避免在崩塌的地段，对于崩塌的治理也应针对具体原因做排除地面水、地下水，防止土壤继续风化及修建挡土墙等工程措施。

d. 地震。我国属于地震多发地区，在规划时必须认真研究当地历史上发生的地震情况、当地的地震基本烈度以及地质构造是否有发生地震危险的活动性断层等。

抗震设防要求必须严格按照由中国地震局制定，国家质量技术监督局发布的《中国地震动参数区划图》（GB 18306—2001）执行。所有新建、扩建、改建的一般建设工程的抗震设防要求必须

以《中国地震动参数区划图》所标示的地震动参数进行设计和施工，不得随意提高或降低建设工程的抗震设防要求，以保证建设工程的合理投资和安全运营。

（3）历史沿革

包括小城镇的历史成因、年代、沿袭的名称和各历史阶段的人口规模，小城镇的扩展与变迁，交通条件及其兴衰的情况，小城镇的历史文化遗产及当地的民俗等。

（4）小城镇的分布和人口资料

小城镇分布资料包括城镇发展概况、分布状况和相互间的关系，以及小城镇分布存在的问题。人口分布资料主要是指现有人口规模、人口构成及比例关系、人口的年龄构成及文化程度、历年人口的变化情况和人口的流动情况等。

（5）小城镇土地利用资料

在小城镇范围内，应了解其耕地、林地、养殖用地、荒山、荒地、未利用水域等所占的面积和比例，重点了解耕地中的粮食作物、经济作物等所占面积和比例。

（6）小城镇居住建筑资料

搜集住宅的等级、层数、建筑面积、给水排水情况及住宅基本情况和主要附属建筑（厨房、仓库）等资料，为拆迁、改造、新建等环节提供依据。

（7）小城镇主要公共建筑和工程设施资料

搜集各类主要公共建筑的分布、面积、层数、质量、建筑密度等资料和工程设施，包括交通运输、给水、排水、供电、电信、防灾等工程设施的现状和存在问题，以及今后的发展计划或设想等。

上述资料是编制小城镇详细规划必不可少的最基本的资料，有时还需根据实际情况补充收集一些其他有关资料，以满足编制规划的需求。

1.3.1.2 基础资料的收集方法

在开展调查以前，要做好充分的准备工作。首先要把所需资料的内容及其在规划中的作用和用途了解清楚，做到目的明确，心中有数。在此基础上拟定调查提纲，列出调查重点，然后根据提纲要求，编制各个项目的调查表格。表格形式根据调查内容自行设计，以能满足提纲要求为原则。

规划所需要的各种资料，一般都分散在各个有关部门。如上级机关、计划、统计部门、农业部门对有关经济发展资料都掌握。与各项专业资料有关的主管部门，如公交、财政、公安、文教、商业、卫生、气象、水利、房管、电业等部门对相关资料都清楚。因此，必须依靠并争取这些部门的配合。

规划人员必须亲临规划区现场，掌握第一手资料。各方面的规划人员，对于某些关键性的资料，不仅要掌握文字、数据，还应把这些内容同实际情况联系起来逐项核对。

1.3.1.3 基础资料的表现形式

基础资料的表现形式可以多种多样，可以是图表，也可以是文字，也可以图表和文字并举，有的还需要绘成图纸等。究竟如何表现，以能说明情况和问题为准，因地制宜，不求一致。有些资料，如用表格的形式表现出来，更能一目了然。

1.3.2 小城镇详细规划的内容及深度

目前，小城镇详细规划一般按照城市详细规划的标准进行编制，且我国目前尚无小城镇详细规划的明确规定，因此小城镇详细规划的内容（图1-3）与深度基本上参照城市详细规划的标准。

1.3.2.1 控制性详细规划

（1）规划内容

①详细规定规划用地范围内各类用地的界线和适用范围，规定各地块建筑高度、建筑密度、容积率、绿地率等控制指标；

②规定各类用地内适建、不适建、有条件可建的建筑类型；

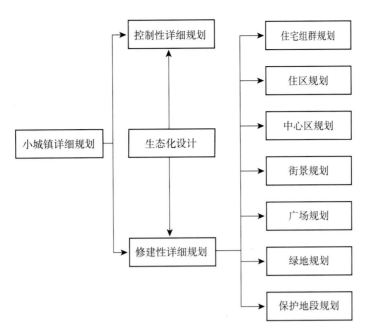

图 1-3 小城镇详细规划内容框图

（资料来源：作者自绘）

③规定交通出入口方位、停车泊位、建筑后退红线距离、建筑间距等；

④确定规划范围内的路网系统及其与外围道路的联系，确定各条道路的红线位置、控制点坐标和标高；

⑤确定绿地系统；

⑥确定各单项工程管线的走向、管径、控制点坐标和标高以及工程设施的用地界限；

⑦根据需要确定编制修建性详细规划的面积、范围；

⑧制定相应的规划实施细则。

（2）规划的深度

按城市控制性详细规划要求进行编制。

1.3.2.2 修建性详细规划

（1）规划内容

①建设条件分析及综合经济论证，找出现状存在的问题及规划应注意解决的主要问题和措施；

②做出建筑、道路和绿地等的空间布局和景观规划设计，布置总平面图；

③道路交通规划设计；

④绿地系统规划设计；

⑤工程管线规划设计；

⑥竖向规划设计；

⑦估算工程量、拆迁量和总造价，分析投资效益。

（2）规划的深度

按城市修建性详细规划要求进行编制。

1.3.2.3 其他相关规划

（1）小城镇住宅组群规划

①规划内容

a. 小城镇住宅性能指标的确定；

b. 小城镇住宅群组合的一般方法；

c. 小城镇住区建筑规划布置；

d. 小城镇住宅群体形象的规划设计。

②规划的深度

按城市居住区详细规划要求进行编制。

（2）小城镇居住区规划

①规划内容

a. 根据村镇总体规划确定居住区用地的空间位置及范围（注意与之相连的周边环境）；

b. 根据居住人口数量确定居住区规模、用地大小；

c. 根据居住区的规模，拟定居住建筑类型及公共服务设施的内容、规模、数量、层次、分布和布置方式；

d. 拟定各级道路的线形、宽度、断面形式，确定居住区对外出入口的位置；

e. 拟定居住区停车场、库的位置、数量和停车泊位；

f. 拟定公共活动中心的位置和大小；

g. 拟定不同层次的绿地和室外活动场地的数量、规模和位置；

h. 拟定给水排水、燃气、供配电等相关市政工程设施的规划设计方案；

i. 根据现行国家有关规范拟定各项技术经济指标以及预算、估算。

②规划的深度

按城市居住区详细规划要求进行编制。

（3）小城镇中心区详细规划

①规划内容

a. 确定小城镇中心用地的布局形式、空间位置及范围，全面、细致勘查现场，结合四周环境特点及规划、建设部门对小城镇中心设计的要求和设想，拟定各类公共建筑的分布位置、规模大小和建筑类型；

b. 拟定小城镇中心道路的宽度及其与小城镇道路的连接方式；

c. 拟定绿化、广场、停车场的数量、分布和布置形式；

d. 拟定小城镇中心的竖向设计及给水排水、燃气、供配电等市政工程的规划设计方案；

e. 进行小城镇中心的景观分析与设计；

f. 根据国家有关规范拟定各项技术经济指标以及投资估算；

g. 根据委托方的要求进行主要建筑的平面、立面以及建筑群沿街立面的设计。

②规划的深度

按城市中心区详细规划要求进行编制。

（4）小城镇街景详细规划

①规划内容

a. 根据村镇总体规划确定各级道路的线形、宽度、断面形式，选取合适的车行道和人行道路面材质；

b. 根据道路的不同功能，合理安排沿路建筑的布局方式和体量尺度，统一控制建筑风格；

c. 根据行人对不同功能道路的需求，安排不同层次的道路绿化和街头绿地；

d. 根据不同功能道路的需求，拟定各种街头设施，如路灯、坐椅、花坛、垃圾桶、公交车站等的数量与位置，并控制其风格；

e. 控制商业广告、路牌等各类型指示性标牌的大小、颜色以及设置位置，统一风格；

f. 拟定小城镇道路的给水排水、燃气、供配电等相关市政工程设施的规划设计方案；

g. 根据现行国家有关规范拟定各项技术经济指标以及预算、估算；

h. 根据委托方的要求进行沿路主要建筑立面、道路绿化植物以及街道设施搭配的设计。

②规划的深度

按城市道路景观详细规划要求进行编制。

（5）小城镇广场规划

①规划内容

a. 依据上一级规划，确定小城镇广场的空间位置和范围；

b. 依据现状和实际需求，拟定小城镇广场的功能、类型和规模；

c. 依据当地的地域特色和周边建筑、道路等环境条件，拟定小城镇广场的风格、基调和形制；

d. 拟定小城镇广场的出入口位置，组织好人行和必要的车行流线；

e. 进行小城镇广场的绿化、铺装、环境小品等景观分析与设计；

f. 拟定小城镇广场的竖向设计以及排水、配电等相关市政工程设施的规划设计方案。

②规划的深度

按城市广场详细规划要求进行编制。

（6）小城镇公共绿地规划

①规划内容

a. 详细规定规划范围内各类绿地的性质和边界。确定各类用地内适建、不适建或者有条件地允许建设的绿地类型；

b. 根据该地区的自然、人文特点，确定各类绿地的分布、规模及控制指标，确定各地块的绿地率控制指标；

c. 确定公共设施配套要求、步行交通设施，县政府所在镇的县级公园还应确定公园绿地、风景名胜区等大型绿地的交通出入口方位、停车泊位、周边建筑高度及后退红线等要求；

d. 提出各类绿地的植物配置、植物种植形式、植物观赏特性的引导性要求；

e. 提出相关绿地中各类景观小品的色彩、规模等适宜度，绿地中的铺装形式及铺装中绿地所占面积的比例，绿地中的设施内容等一系列规划设计要素的引导性要求；

f. 确定市政工程管线位置、管径和工程设施的用地界线，进行管线综合；

g. 制定相应的绿地使用与建筑管理规定。

②规划的深度

按城市绿地系统专项规划要求进行编制。

（7）小城镇重点保护地段规划

①规划内容

a. 对小城镇中的建筑、街道及城镇内外的景观环境进行细致的调查，确定需要保护或维持的主要内容，并划定历史文化遗产保护规划的具体范围；

b. 对小城镇的社会经济发展和城市建设历史进行研究，提出历史城区的未来发展策略，并与小城镇总体发展方向和总体规划的空间布局相协调，确定历史城区保护与城镇发展的关系；

c. 划定文物保护单位的保护范围和建设控制地带、历史地段的保护范围和小城镇外围环境控制区；

d. 结合实际情况，制定小城镇整体环境、历史地段和建筑的保护策略，并对景观环境、交通组织、居住环境、基础设施、街道格局、建筑单体等提出具体的保护或改造措施；

e. 制定小城镇更新改造的总体策略和具体方式，对小城镇中的特殊地区如中心区、旧居住区等应有专门的更新措施；

f. 统计小城镇非物质文化遗产的数量，并制定相应的保护政策；

g. 与小城镇旅游相结合，在"保护第一"的前提下，制定文物保护单位等的利用原则和方式。

②规划的深度

一般参照城市重点保护地段详细规划要求进行编制。

1.3.3 小城镇详细规划成果的表现形式

1.3.3.1 镇区控制性详细规划

控制性详细规划成果包括规划文件和规划图纸两个部分。规划文件包括规划文本和附件，附件又包括规划说明书和基础资料汇编。

（1）规划文本

规划文本采用条文形式写成，文本格式要规范，文字要准确、肯定。

（2）规划图纸

规划图纸是规划成果的重要组成部分，与规划文本具有同等的效力。规划图纸所表现的内容要与规划文本相一致。图纸比例尺为1/1000~1/2000。具体应包括如下图纸：

①位置图

a. 标明控制性详细规划的范围及与相邻地区的位置关系。

b. 比例尺视总体规划图纸的比例尺和控制性详细规划的面积而定。

②用地现状图

a. 分类标明各类用地范围（县城镇按《城市用地分类与规划建设用地标准》（GBJ 137—90）分至小类，县城以下的建制镇按《村镇规划标准》（GB 50188—93）分至小类，标绘建筑物现状、人口分布现状、市政公用设施现状。

b. 比例尺 1/1000～1/2000。

③土地利用规划图

a. 标明各类规划用地的性质、规模和用地范围及路网布局。

b. 比例尺 1/1000～1/2000。

④地块划分编号图

a. 标明地块划分界线及编号（与文本中控制指标相一致）。

b. 比例尺 1/5000。

⑤各地块控制性详细规划图

a. 标明各地块的面积、用地界线、用地编号、用地性质、规划保留建筑、公共设施位置，标注主要控制指标，标明道路（包括主、次干路和支路）走向、线形、断面，主要控制点坐标、标高，停车场和其他交通设施用地界线。

b. 比例尺 1/1000～1/2000。

⑥各项工程管线规划图

a. 标绘各类工程管线平面位置、管径。

b. 比例尺 1/1000～1/2000。

（3）规划说明书（含基础资料汇编）

规划说明书是对规划文本的具体解释，内容包括现状概况、问题分析、规划意图、对策措施。具体编写内容如下：

①工作概况

②总体规划对该控制性详细规划范围的规定和要求

③对以往相关规划的意见和评价

④对控制性详细规划范围内各项建设条件的现状分析

⑤建设用地控制规划

⑥道路系统规划

⑦绿地系统规划

⑧各专项工程管线规划

⑨规划实施细则

1.3.3.2 镇区修建性详细规划

修建性详细规划成果包括规划设计说明书和规划设计图纸。

（1）规划设计说明书

说明书内容如下：

a. 现状条件分析；

b. 规划原则和总体构想；

c. 用地布局；

d. 空间组织和景观特色要求；

e. 道路和绿地系统规划；

f. 各项专业工程规划及管线综合；

g. 竖向规划；

h. 主要技术经济指标：总用地面积，总建筑面积，住宅建筑总面积、平均层数，容积率、建筑密度，住宅建筑容积率、建筑密度，绿地率；

i. 工程量及投资估算。

（2）规划图纸

图纸比例尺 1/500～1/2000。具体应包括如下图纸：

a. 规划地段位置图

● 标明规划地段在城市中的位置以及和周围地区的关系。

● 比例尺：根据总体规划或控制性详细规划的图纸比例尺而定。

b. 规划地段现状图

● 标明自然地形地貌、道路、绿化、工程管线及各类用地建筑的范围、性质、层数、质量等。

● 比例尺：1/500～1/2000。

c. 规划总平面图

● 标明规划建筑、绿地、道路、广场、停车场、河湖水面的位置和范围。

● 图纸比例尺同规划地段现状图。

d. 道路交通规划图

● 标明道路的红线位置、横断面、道路交叉点坐标标高、停车场用地界线。

● 图纸比例尺同规划总平面图。

e. 竖向规划图

● 标明道路交叉点、变坡点控制高程、室外地坪规划标高。

● 图纸比例尺同规划总平面图。

f. 工程管网规划图（根据需要可按单项工程

出图或出综合管网图)

• 标明各类市政公用设施管线的走向、管径、主要控制点标高,以及有关设施和构筑物位置。

• 图纸比例尺同规划总平面图。

g. 表达规划设计意图的模型或鸟瞰图。

1.3.3.3 其他相关规划

由于小城镇其他相关规划成果内容目前尚无统一形式,具体编制时可参照城市相关规划成果表现形式。

1.4 小城镇建设管理法规体系

1.4.1 建设法的概念

建设法是调整建设关系的法律规范的总称,是我国法律的重要组成部分,反映了全国人民的根本利益,是保障我国社会主义现代化建设的工具之一。其适用范围是制定法规的国家机关所管辖范围内的建设活动,调整对象是建设活动中所产生的各种社会关系。它有如下主要特征。

①它是国家机关依照规定程序和权限制定或认可的。

②它所调整的是人们的社会关系,它对全体社会成员(包括自然人、法人及其他社会组织)具有普遍的约束力。

③它是以国家的强制力保证其实施的,法一经制定,国家就凭借其掌握的暴力工具,迫使社会全体成员在一定的法律关系里承担相应的权利和义务,遵守法律的各项规定,违法者要承担法律责任,受到法律制裁。

1.4.2 建设法体系

建设法律体系以宪法为统帅,由建设法律、建设行政法规、建设地方性法规、建设部门规章和地方规章,以及与建设活动关系密切的相关法律、法规、规章所组成。建设法体系的建设是我国法制建设的重要组成部分,它一方面必须依照现有已生效的法律、法规和规章来调整保障社会关系,另一方面又必须针对社会关系的变化,不断调整、充实和提高。

1.4.3 小城镇建设管理法规文件

小城镇建设管理法规是国家关于小城镇建设方针政策的条文化、具体化和定型化,是城市建设管理法规体系的重要组成部分,是小城镇建设管理的依据和行为准则。

城镇建设法规依其内容大致可分为:城市建设与管理法规、村镇建设与管理法规、城镇土地和建设用地管理法规、房地产开发与管理法规、环境卫生和绿化管理法规、城建统计和档案管理法规、建设行政管理与执法法规。

1.4.3.1 城镇规划与管理法规

包括《中华人民共和国城乡规划法》、《城市规划编制办法》、《城市规划编制办法实施细则》、《关于进一步加强城市规划工作的请示》、《村镇规划编制办法》。

其中 2008 年 1 月 1 日正式施行的《中华人民共和国城乡规划法》是我国城市和建制镇规划、建设的基本法律。它的制定是从我国国情和各地实际出发,以多年的城市和乡村规划工作经验为基础,借鉴国外规划立法经验,进一步强化城乡规划管理的具体体现。对于提高我国城乡规划的科学性、严肃性、权威性,加强城乡规划监管,协调城乡科学合理布局,保护自然资源和历史文化遗产,保护和改善人居环境,促进我国经济社会全面协调可持续发展具有长远的重要意义。

1.4.3.2 小城镇规划建设管理综合性法规

《建制镇规划建设管理办法》(1995 年 6 月 29 日建设部),包括规划管理、设计与施工管理、房地产管理、市政公用设施管理和环卫管理,是建制镇建设管理的综合性法规；《村庄和集镇规划建设管理条例》（1993年10月1日国务院第116号令），这一文件是集镇规划建设的综合法规，对集镇规划、设计施工、公用设施和环境卫生管理作了规定；《关于加强小城镇建设的若干意见》（1994年建设部等）；《小城镇综合改革试点指导意见》（1995年国家体改委等）；《关于进一步加强村镇建设工作的请示》（1991年国务院批转）；《关于列为建设部小城镇建设试点镇（第二批）的批复》（1995年建设部）。以上文件从坚持正确的指导方针，强化小城镇功能等方面提出了指导性意见，是推动我国小城镇建设的重要文件。

1.4.3.3 市政公用事业管理法规

《城市容貌标准》、《城市市容和环境卫生管理条例》、《中华人民共和国水法》、《城市供水条例》、《城市排水许可管理办法》、《城市节约用水管理规定》、《市政公用事业法》。

1.4.3.4 工程建设与建筑业管理法规

《中华人民共和国城乡规划法》、《中华人民共和国建筑法》、《中华人民共和国合同法》、《中华人民共和国招标投标法》、《建设工程勘察设计管理条例》、《市政工程施工企业营业管理暂行条例》、《建筑工程监理管理规范》、《施工企业资质管理规定》、《建设工程质量管理条例》。

1.4.3.5 城镇土地和房地产管理法规

《中华人民共和国土地管理法》、《中华人民共和国土地管理法实施条例》、《国土资源部关于建立土地有形市场促进土地使用权规范交易的通知》、《建设项目用地预审管理办法》、《中华人民共和国城镇国有土地使用权出让和转让暂行条例》、《外商投资开发经营成片土地计划管理暂行办法》、《关于严格依法审批土地的紧急通知》、《建设用地计划管理暂行办法》、《中华人民共和国城市房地产管理法》、《城市房屋拆迁管理条例》、《城市房地产市场估价管理暂行办法》、《城市私有房屋管理条例》、《城市房地产开发经营管理条例》、《城镇个人建造住宅管理办法》、《房屋接管验收标准》。

1.4.3.6 环境保护法规

《中华人民共和国环境保护法》、《中华人民共和国环境噪声污染防治条例》、《工业企业噪声卫生标准》、《城市绿化条例》、《城市道路绿化规划与设计规范》、《公路环境保护设计规范》、《建设项目环境保护管理办法》、《中华人民共和国水污染防治法》、《中华人民共和国大气污染防治法》、《中华人民共和国环境噪声污染防治条例》、《国务院关于环境保护若干问题的决定》、《城市区域环境噪声标准》。

1.4.3.7 建设行政管理与执法法规

《关于进一步加强城建管理监察工作的通知》、《城建监察规定》、《建设行政执法监督检查办法》、《中央机构编制委员会关于地方各级党政机构设置的意见》、《法律援助条例》。

2 小城镇控制性详细规划的编制

2.1 控制性详细规划在小城镇规划建设中的意义与内涵

2.1.1 控制性详细规划在小城镇规划建设中的意义

城市建设的规划管理和控制,就是要依据城市总体规划和各分区规划的要求,通过详细规划对城市各项建设用地进行微观描绘,从而达到整体规划、合理布局、因地制宜、配套建设的目的。控制性详细规划作为对城市总体规划的一个必要深化阶段,同时又为下一步的深入实施具体的规划设计提供理论上和数据化的指导,其线性联系作用是其他规划方法所无法替代的。小城镇向中等城市的发展过程中,城市建设已不再是东一点、西一块零敲碎打式的,规模企业和规模小区将建设用地成片地纳入建设者和规划管理者的视野,小规模、小范围的修建性详细规划已不能适应其指导和控制需要,人们需要站在更高层次上看问题,对土地利用和布局需要有一个较为宏观的印象和相对微观的概念。控制性详细规划在此时便显得格外重要,它对土地管理与规划管理部门在土地利用、综合配套设施布置方面的意义是显而易见的。控制性详细规划的开展与应用,是20世纪80年代后期我国规划理论与改革开放的市场经济相互协调发展的一种规划方法的尝试,也是城市规划工作不断发育、完善的必然成长过程。在大中城市它早已成为实施规划管理和土地管理的有效手段,经过多年的应用和完善,现已形成了较为系统的理论,它的实用性也正在被小城镇的规划、土地管理部门所认同,并越来越受到重视。

2.1.2 控制性详细规划的内涵

控制性详细规划与修建性详细规划同属于详细规划范畴,只是适应于不同的要求,前者用指标体系体现规划意图,侧重于管理上的需要,后者用形体布局的直接手法去体现规划意图,侧重于实施建设。总体规划作为宏观纲领性文件对土地及规划管理部门来说操作面太广,可实施性不强,而修建性详细规划和单体设计规划其范围较小,无法从整体上反映出土地利用和规划布局的要求。控制性详细规划正是界于这两者之间的规划控制阶段,通过定性和定量的指标来实现对上级规划的贯彻和对下一阶段实施设计的指导,使规划体系更连贯。这也是小城镇建设管理发展到一定阶段时必须融入控制性详细规划阶段的原因所在。控制性详细规划在管理上显示出的优越性在于其微观里的灵活性。控制性详细规划所对应的区域一般是一个相对独立完整的区域(居住区、工业区、综合区等),其设计深度基本上能够反映出该区域的模型;其内容可以是全面的,也可能是独立的一个系统或一个方面。控制性详细规划的主要指标包括规定性指标和指导性指标。规定性指标的产生是根据上一级规划的内容要求,结合区域特点及开发要求,依据相关的规划条例,为规划管理部门提供较为系统的理论上的管理依据;指导性指标的确定是设计者结合周边环境及自身规划构想,对下阶段的深入设计提供的指导性构思,是对于形体及环境空间的一种控制方法,不具有规定性效应。控制性详细规划正是通过对规定性指标的规范控制和对指导性指标的引导控制,达到城市建设量的控制和质的提高。控制性详细规划体现出对土地使用的政策性、科学性、法规性，同时又照顾到了市场经济的相应规范性和调节作用。依靠其控制手段的严密性与规范性，在完善规划体系、适应市场发展方面发挥了其应有的效应。控制性详细规划适用性强，操作起来具有弹性，并能有效结合地方实际条件实现土地利用上的合理性，为土地有偿使用和房地产综合开发创造了条件。也因此，控制性详细规划为土地管理部门和规划管理部门广泛接受。

2.2 小城镇控制性详细规划编制的方法

编制小城镇控制性详细规划是以城市总体规划、镇总体规划为依据，对一定时期内城镇局部地区的土地利用、空间环境和各项建设用地指标做出具体安排。小城镇控制性详细规划是引导和控制小城镇建设发展最直接的法定依据，是具体落实城市、镇总体规划各项战略部署、原则要求和规划内容的关键环节。

2.2.1 我国控制性详细规划编制的发展历程

我国的控制性详细规划是在借鉴国外土地分区管制原理的基础上，根据我国城市的实际情况，对城市建设项目具体的定位、定量、定性和定环境的引导和控制。其产生发展历程中有如下的具有标志性意义的事件：

1980年，美国女建筑师协会访华进行学术交流，带来了一个新概念——土地分区规划管理。

1982年，上海虹桥开发区的规划，为适应外资建设的要求，编制了土地出让规划，首先采用8项指标对用地建设进行规划控制。

1986年8月，上海市城市规划设计院承担了部级科研课题"上海市土地使用区划管理研究"，课题对国内外城市土地使用区化管理情况进行了深入研究，在消化吸收国外区划技术的基础上，从我国的实际出发，提出了我国城市采取的土地使用管理模式应是规划区划融合型，即使控制性规划图则、区划法规结合的匹配模式。通过研究，编制了《城市土地使用区划管理法规》、《上海市土地使用区划管理法规》文本及编写说明，制定了适合上海市的城市土地分类及建筑用途分类标准，并对综合指标体系中的各种名词作了详尽的阐述，减少了解释的随意性，具有普遍意义。1990年，建设部组织专家对该课题进行评审，肯定了区划技术对土地有偿使用和规划管理走向立法控制的重大作用。

1987年，厦门、桂林等城市先后开展了控制性详细规划编制工作。同济大学编制的厦门市中心南部特别区划，通过10项控制指标把城市规划的意图落实到具体地块上。

1987年，广州开展了覆盖面积达到70km²的街区规划，并制定颁布了《广州市城市规划管理办法》和《实施细则》两个地方性法规，使城市规划通过立法程序与管理结合起来。

1988年，温州城市规划管理局编制了温州市旧城控制性详细规划，制定了《旧城区改造规划管理试行办法》和《旧城土地使用和建设管理技术规定》两个地方性城市法规。

1989年8月，江苏省城乡规划设计研究院承接了省建委"苏州市古城街坊控制性详细规划研究"课题。课题对控制性详细规划中规划地块的划分、综合指标的确立、新技术运用以及它同分区规划的关系等方面作了较详细的研究，并据此编写了《控制性详细规划编制办法》（建议稿）。

1991年，东南大学与南京市规划局共同完成的"南京市控制性详细规划理论方法研究"课题，对控制性详细规划作了较为系统的总结。

1991年，建设部颁布实施了第12号部长令《城市规划编制办法》，明确了控制性详细规划的编制内容和要求。

1992年，建设部下发了《关于搞好规划，加强管理，正确引导城市土地出让转让和开发活动的通知》，进一步明确，出让城市国有土地使用权之前应当制定控制性详细规划。

1995年，建设部制定了《城市规划编制办法实施细则》，进一步明确了控制性详细规划的地位、内容与要求，使其逐步走上了规范化的轨道。

1996年，同济大学开设控制性详细规划本科课程。

1998年，深圳人大通过了《深圳市城市规划条例》，把城市控制性详细规划的内容转化为法定图则，为我国控制性详细规划的立法提供了有益的探索。

2005年10月28日，建设部第76次常务会议讨论通过《城市规划编制办法》，自2006年4月1日起施行。其中提到国务院建设主管部门组织编制的全国城镇体系规划和省、自治区人民政府组织编制的省域城镇体系规划，应当作为城市总体规划编制的依据。控制性详细规划由城市人民政府建设主管部门（城乡规划主管部门）依据已经批准的城市总体规划或者城市分区规划组织编制。

2007年10月28日通过的《中华人民共和国城乡规划法》提到镇规划分为总体规划和详细规划，详细规划分为控制性详细规划和修建性详细规划。镇总体规划以及乡规划和村庄规划的编制，应当依据国民经济和社会发展规划，并与土地利用总体规划相衔接。

2.2.2 《城市规划编制办法》中涉及小城镇控制性详细规划的要点

以往颁布的小城镇规划技术性法规，多局限于技术工作，未能强调规划的公共政策属性，保护公众利益不够充分。2005年新修订的《城市规划编制办法》发布，强调规划出台前的公众参与，改变了规划制定、批准之后才公布的历史。其实只有广泛征询民意、被百姓认可的规划，才是得民心的规划，才有可能顺利实施。也只有大多数市民而不是少数的专家、学者，才能勾勒出城市应有的容貌。

2005年年底，建设部下令发布新的《城市规划编制办法》，自2006年4月1日起施行。新《办法》规定，保障城市持续发展的资源利用、环境保护、区域协调发展、公共安全和公众利益等方面的内容，以及各地块的主要用途、建筑密度、建筑高度、容积率、绿地率、基础设施和公共服务设施配套等，都是必须严格执行的强制性内容。

此《办法》中适用于小城镇的部分要点如下：

（1）总则

①本《办法》适用于城市，县级政府所在镇参照本办法执行。

②城镇规划是政府调控城镇空间资源，指导城乡发展与建设，维护社会公平，保障公共安全和公众利益的重要公共政策之一。

③编制城镇规划，应当以科学发展观为指导，以构建社会主义和谐社会为基本目标，坚持五个统筹，即统筹城乡发展、统筹区域发展、统筹经济社会发展、统筹人与自然和谐发展、统筹国内发展和对外开放。走中国特色的城镇化道路，节约和集约利用资源，保护生态环境和人文资源，尊重历史文化，因地制宜确定城镇发展目标与战略，促进城镇全面协调可持续发展。

④编制城镇规划应考虑人民群众需要，改善人居环境，方便群众生活，关注中低收入人群，扶助弱势群体，维护社会稳定和公共安全。

⑤编制城镇规划，应当遵循政府组织、专家领衔、部门合作、公众参与、科学决策的原则。

⑥城镇规划分为总体规划和详细规划两个阶段。城镇详细规划分为控制性详细规划和修建性详细规划。

⑦国务院建设主管部门组织编制的全国城镇体系规划和省、自治区人民政府组织编制的省域城镇体系规划，是编制城镇总体规划的依据。

（2）城镇规划编制要求

①妥善处理城乡关系，引导城镇化健康发展，体现布局合理、资源节约、环境友好的原则，保护自然与文化资源，体现城镇特色，考虑城镇安全和国防建设需要。

②涉及城镇发展长期保障的资源利用和环境保护、区域协调发展、风景名胜资源管理、自然

与文化遗产保护、公共安全和公众利益等方面的规划内容，应确定为必须严格执行的强制性内容。

③城镇总体规划包括镇域城镇体系规划和中心镇区规划。应当先组织编制总体规划纲要，研究确定总体规划中的重大问题，作为编制城镇总体规划成果的依据。

④编制城镇总体规划，应当以全国城镇体系规划、省域城镇体系规划以及其他层次法定规划为依据，从区域经济社会发展的角度研究城镇定位和发展战略，按照人口与产业、人口与就业岗位的协调发展要求，控制人口规模、提高人口素质，按照有效配置公共资源，改善人居环境的要求，充分发挥中心城镇的区域辐射和带动作用，合理确定城乡空间布局，促进区域经济社会全面、协调和可持续发展。

⑤安排城镇土地利用、人口分布、公共服务设施和基础设施配置，提出编制控制性详细规划的指导要求。

⑥编制城镇近期建设规划，应当依据已经依法批准的城镇总体规划，明确近期内实施城镇总体规划的重点和发展时序，确定城镇近期发展方向、规模、空间布局、重要基础设施和公共服务设施选址安排，提出自然遗产与历史文化遗产保护、城镇生态环境建设与治理的措施。

⑦编制城镇控制性详细规划，应当依据已经依法批准的城镇总体规划或分区规划，考虑相关专项规划的要求，提出具体地块的土地利用和建设控制指标，作为规划建设主管部门拟订建设项目规划许可的依据。

编制城镇修建性详细规划，应当依据已经依法批准的控制性详细规划，对所在地块的建设提出具体的安排和设计。

⑧历史文化名城的城镇总体规划，应当包括专门的历史文化名城保护规划。历史文化街区也应当编制专门的保护性详细规划。

⑨城镇规划成果的表达应当清晰、规范，明确区分规划文件、图件与附件，及其说明、专题研究、分析图纸等，而且应有纸质书和电子文件两种。

⑩城镇规划编制单位应当严格依据法律、法规的规定编制城镇规划，提交的规划成果应当符合本办法和国家有关标准。土地用途、建筑密度、建筑高度、容积率、绿化率、规划地段基础设施和公共服务设施配套建设的规定等，并将其规定为强制性内容。

2.2.3 小城镇建设中控制性详细规划的特殊性

小城镇建设由于受到投资、基础设施配套等因素影响，建设项目和建设规模相对较小也相对分散，而建设用地选择的随机性和制约因素则较大，给控制性详细规划的编制和实施带来一定难度，这就要求编制的控制性详细规划要有更大的灵活性。对于新区，某个系统或方面的控制性详细规划在规划管理中就显得更具优越性，比如道路系统的控制性规划、市政设施及公共设施的控制性规划、工业区控制性规划、绿地系统控制性规划等，这样的控制性详细规划能较为有效地控制土地的开发利用，使总体规划所制订的用地布局和各项配套建设通过道路系统、绿地系统、市政公共设施等的控制性详细规划落到实处，并严格控制实施；而对于居住用地、工业用地、仓储用地和其他综合用地，则应该给予更多的灵活性，让投资者能合理开发，使土地利用更加合理，土地规划管理更加灵活。以工业用地为例，投资方可能是需要数十公顷的大企业，也可能是需要不到 $1hm^2$ 的小企业，为更多适应投资者要求，就要制订不同层次的控制性详细规划。在大路网下的用地控制和在小路网下的用地控制是不能用同样的指标要求来控制的，这就要求规划编制人员深入调查研究，结合土地出让和开发的实际情况，针对性地提出灵活多样的控制指标和手段，使各层次的投资商都能在此找到适合自己的建设用地。对于新规划区的居住用地或综合用地，除必须外，规划控制地块划分越细，控制指标越详尽则其实施的可能性越小，适应性越差，管理的灵活性越差，此时反不如修建性详细规划具有更好的指导作用，因为规模较小的建设需要更强的完整性和内部路网与布局的灵活性，而零散用地则更注重用地的使用效益。所以控制性详细规划在小城镇规划建设管理的应用中应更强调其与小城镇经济发展状况的协调，更注重因地制宜，实事求是。控制性详细规划在小城镇规划建设管理中的应用刚刚起步，我们应该遵循一切从实际出发的原则，运用大中城市已经较为成熟的控制性详细规划的理论和方法，深入分析小城镇经济发展状况和城市发展水平，提高小城镇规划建设管理水平。

2.3 控制性详细规划编制的任务、内容及深度、原则要求

2.3.1 控制性详细规划的任务

以镇（乡）总体规划为依据，控制建设用地性质、使用强度和空间环境。控制性详细规划是镇区规划管理的依据，并指导修建性详细规划的编制。

2.3.2 控制性详细规划的内容

①详细规定规划用地范围内各类用地的界限和适用范围，规定各地块的建筑高度、建筑密度、容积率、绿地率等控制指标；

②规定各类用地内的适建、不适建、有条件可建的建筑类型；

③规定交通出入口方位、停车泊位、建筑后退红线距离、建筑间距等（图2-1）；

④确定规划范围内的路网系统及其与外围道路的联系，确定各条道路的红线位置、控制点坐标和标高；

⑤确定绿地系统；

⑥确定各单项工程管线的走向、管径、控制点坐标和标高，以及工程设施的用地界限；

⑦根据需要确定编制修建性详细规划的面积、范围；

⑧制订相应的规划实施细则。

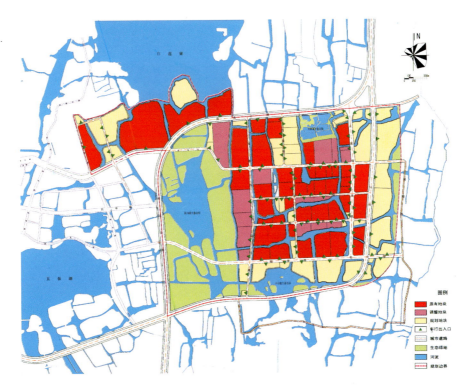

图2-1 锦溪生态产业区出入口分布图

（资料来源：黄勇文等．苏州科大城市规划设计研究院．锦溪生态产业区控制性详细规划，2008．）

2.3.3 控制性详细规划的深度

按城市控制性详细规划进行编制，深度因地而异（表2-1、表2-2）。以江苏省为例，《江苏省控制性详细规划编制导则》关于各类功能区规划控制深度的要求中提出，详细控制除了满足基本控制的深度要求，还应满足以下要求：对现状建筑进行保护与更新方式的综合评定，可分为保护、保留、改善和整饬、更新等类别，相应确定各类用地的规划控制要求；重点研究空间肌理、建筑风格、地块改造方式及开发模式等问题，对地区制高点及景观视廊、建筑风格与形式、河道景观设计、巷弄景观设计、开敞空间等提出明确的规划控制要求；可根据需要进行建筑形体规划，作为控制指标确定的依据；进行土地开发经济分析研究，作为合理确定用地类别和开发强度的依据，保证土地开发的可行性（图2-2）。我们在小城镇控制性详细规划中可以部分参照。

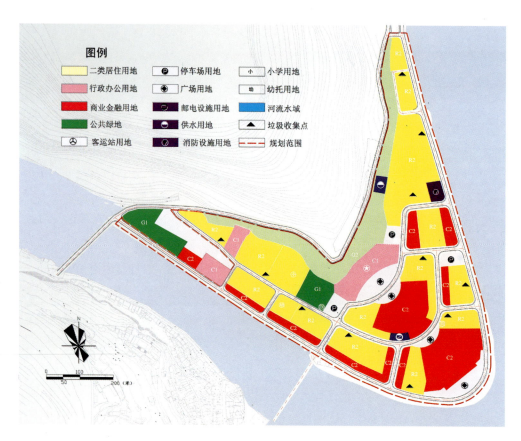

图2-2 峨边县城土地利用规划图

（资料来源：黄耀志，邓春凤，李晓西等．苏州科大城市规划设计研究院．峨边县城控制性详细规划，2007.）

城市各类功能区规划控制深度一览表　　　　　　　　　　　　　表2-1

规划控制类别	规划控制内容	基本控制				详细控制		
		新建工业区	新建居住区	大型企业、机关、院校	现状保留街区	城市中心区	待改造的旧城区	待定意图区
地块划分	地块划分大小	宜大	宜大	按总平面设计	—	宜小	宜小	宜小
	最小地块规模	参见表2-2	参见表2-2	参见表2-2	参见表2-2	参见表2-2	参见表2-2	参见表2-2

续表

规划控制类别	规划控制内容		基本控制				详细控制		
			新建工业区	新建居住区	大型企业、机关、院校	现状保留街区	城市中心区	待改造的旧城区	待定意图区
土地使用	用地类别		√	√	√	√	√	√	√
	用地界线		√	√	√	√	√	√	√
	用地面积		√	√	√	√	√	√	√
	地块兼容性控制		√	√	√	√	√	√	√
	交通出入口方位		√	√	√	√	√	√	√
	建筑后退用地界线、道路红线部分土地使用要求		△	△	△	△	△	△	√
	用地更新与保护模式		—	—	—	—	△	√	√
土地开发强度	容积率		√(-)	√(+)	√(+、-)	√(+)	√(+、-)	√(+)	√(+)
	建筑密度		√(-)	√(+)	√(+、-)	√(+)	√(+、-)	√(+)	√(+)
	绿地率		√(+)	√(-)	√(+、-)	√(-)	√(-)	√(-)	√(-)
	人口容积率		—	△	—	△	△	△	△
建筑建造控制	建筑后退道路红线距离		√	√	√	√	√	√	√
	建筑高度		—	√	√	√	√	√	√
	建筑退界规定		√	√	√	√	√	√	√
	容积率奖励和补偿规定		—	—	—	—	△	△	△
	地下空间利用控制		√	√	√	√	√	√	√
	现状建筑综合评定		—	—	—	—	△	△	△
	文物和优秀历史建筑保护要求		√	√	√	√	√	√	√
城市设计引导	建筑风格		△	△	△	△	△	△	√
	建筑形式		△	△	△	△	△	△	√
	建筑色彩		△	△	△	△	△	△	√
	建筑体量		△	△	△	—	△	△	√
	沿路建筑界面		△	△	△	△	△	△	√
	广告、标识设置		△	△	△	—	△	△	△
	绿化布置		△	△	△	△	△	△	△
	高层建筑分布与形态控制		△	△	△	△	△	△	√
	天际轮廓线		—	—	—	—	△	△	△
	其他特殊控制		—	—	—	—	△	△	√
"六线"规划控制	红线、黄线、绿线、蓝线、紫线、橙线		√	√	√	√	√	√	√
配套设施	居住小区及以下级公共设施	医疗卫生	—	√	—	√	—	√	√
		文化体育	—	√	—	√	—	√	√
		金融设施	—	△	—	△	—	△	△
		商业服务	—	△	—	△	—	△	△
		行政管理	—	√	—	√	—	√	√
		教育设施	—	√	—	√	—	√	√
		公共绿地	—	√	—	√	—	√	√

续表

规划控制类别	规划控制内容		基本控制				详细控制		
			新建工业区	新建居住区	大型企业、机关、院校	现状保留街区	城市中心区	待改造的旧城区	待定意图区
配套设施	其他公益性公共设施和市政公用设施		√	√	√	√	√	√	√
	交通设施	停车泊位	√(-)	√(-)	√(-)	√(-)	√(-)	√(-)	√(-)
		人行通道	—	—	—	—	△	△	△
		其他交通设施	√	√	√	√	√	√	√
经济效益引导	土地投资强度		—	△				△	
	土地产出效益		—	△			△		

注：√—强制性内容，△—引导性内容，——不作具体要求，(+)—不突破该指标上限值，(-)—不低于该指标下限值，(+、-)—指标以幅度控制。

各类地块划分面积推荐表　　　　　　　　　　　　　　　　　　表2-2

用地类别	地块面积（hm²）		地块最小面积（hm²）	备　　注
	新区	旧城区		
居住	10.0~30.0	3.0~20.0	2.0	
商业	1.0~2.0	0.5~1.5	0.5	特殊控制时地块可划分到0.5hm²
工业	>2.0	—	1.0	最小控制面积以产业门类生产需要为依据
绿地			0.04	居住区绿地、公园面积参照专项规划确定
其他			—	依据规划要求及专业要求确定

2.3.4　控制性详细规划的原则要求

①依法实施城市规划的基本保障，提高规划科学性，落实规划可行性，缩小自由裁量权，科学合理；

②集约发展，符合城市总体规划，集约、节约利用各类资源，重视生态，建设美好人居环境，保护和利用人文资源，培育城市特色；

③以人为本，关注公平，考虑人民群众需要，方便群众生活，充分关注中低收入人群，扶助弱势群体，维护社会稳定和公共安全；

④统筹兼顾，和谐发展，贯彻落实科学发展观，构建和谐社会，统筹兼顾各类要素，妥善处理相互关系；

⑤公共政策利益协调，公共政策是以政府为主的公共机构为确保社会朝着政治系统所确定、承诺的正确方向发展，通过广泛参与和连续的抉择以及具体实施产生效果的途径，利用公共资源达到解决社会公共问题，平衡、协调社会公众利益目的的公共管理活动过程。

2.3.5　控制性详细规划的期限

视具体控制管理情况而定。

2.4　小城镇控制性详细规划的技术和控制指标体系

2.4.1　小城镇控制性详细规划技术特点

规划编制方法的技术依据包括：①上级区域规划和城市总体规划、城镇体系规划；②相关土地利用、环境保护规划等专项规划；③小城镇规划指标体系；④其他相关规划设计规范及标准等内容。

在规划技术层面上，小城镇与城市的控制性详细规划无根本差别，但因小城镇的总体规模较小，控制性详细规划对城镇整体布局影响大。所以小城镇控制性详细规划的技术有如下特征：小城镇控制性详细规划技术层次较少，成果内容较简单，但对小城镇总体发展影响大，所以规划成果对城镇发展具有举足轻重的作用；小城镇控制性详细规划的内容和重点应因地制宜，强调解决问题的目的性；小城镇控制性详细规划指标体系的地域性较强，具有特殊性；小城镇控制性详细规划资料收集及调查对象相对集中，但因基数较小，数据资料具有较大的变动性；小城镇原有规划技术水平和管理技术水平相对较低，更需正确引导，以达到规划的科学性和合理性；小城镇控制性详细规划更注重近期建设，强调规划的可操作性。

2.4.2 小城镇控制性详细规划控制指标体系的内容

因我国规划控制指标体系各地方不尽相同，在此试举例说明。《江苏省控制性详细规划编制办法》中，规划控制指标体系分为强制性指标和引导性指标两大类。

强制性指标一般包括以下11项：用地性质、容积率、建筑密度、建筑高度、绿地率、公益性公共设施及市政公用设施、建筑后退红线距离、建筑后退用地边界距离、停车泊位、地块交通出入口方位和允许开口路段、地下空间利用控制。

引导性指标一般包括：人口容量、建筑形式、体量、艺术风格、色彩、标识物等规划设计要素。

对于特定意图区，根据实际情况，某些引导性内容应转化为强制性内容。于小城镇而言具体如下：

2.4.2.1 规划控制指标体系的内容

任何城市建设活动，其构成内容都包括土地使用、设施配套、建筑建造、行为活动四个方面。

（1）土地使用

包括土地使用控制和环境容量控制。

①土地使用控制是对建设用地上的建设内容、位置、面积和边界范围等方面做出规定。其控制内容为土地使用性质、土地使用的相容性、用地边界、用地面积等。土地使用性质按用地分类标准规定建设用地上的建设内容，土地使用相容性通过土地使用性质宽容范围的规定或适建要求，为规划管理提供一定程度的灵活性（图2-3）。

②环境容量控制是为了保证城市良好的环境质量，对建设用地能够容纳的建设量和人口聚集量作出合理规定。其控制内容为容积率、建筑密度、人口容量、绿地率等。容积率为空间密度的控制指标，反映一定用地范围内建筑物的总量；建筑密度为平面控制指标，反映一定用地范围内的建筑物的覆盖程度；人口容量规定建设用地上的人口聚集量；绿地率表示建设用地中绿地所占的比例，反映用地内的环境质量和效果。这几项控制指标分别从建筑、环境、人口三个方面综合、全面地控制了环境容量。

（2）设施配套

设施配套包括公共设施配套和市政公用设施配套，是生产生活正常进行的保证，即对建设用地内的公共设施和市政设施建设提出定量配置要求。公共设施配套包括文化、教育、体育、医疗卫生设施和商业服务业等配置要求。市政设施配套包括机动车、非机动车停车场（库）及市政公用设施容量规定，如给水量排水量、用电量、通讯等。设施配套控制应按照国家和地方规范（标准）做出规定。

（3）建筑建造

包括建筑建造控制和城市设计引导。

①建筑建造控制是对建设用地上的建筑物布置和建筑物之间的群体关系作出必要的技术规定。其控制内容为建筑高度、建筑间距、建筑后退等，还包括消防、抗震、卫生、安全防护、防洪及其他方面的专业要求。

②城市设计引导是依照美学和空间艺术处理

图 2-3 四川乐山市犍为新区土地利用规划图
（资料来源：黄耀志，刘翊，李潇等．苏州科大城市规划设计研究院．四川乐山市犍为新区控制性详细规划，2003.）

原则，从建筑单体环境和建筑群体环境两个层面对建筑设计和建筑建造提出指导性综合设计要求和建议。其中建筑单体环境的控制引导，一般包括建筑风格形式、建筑色彩、建筑高度等内容，另外还包括绿化布置要求及对广告、霓虹灯等建筑小品的规定和建议。建筑色彩一般从色调、明度和彩度上提出控制引导要求；建筑体量服从建筑竖向尺度、建筑横向尺度和建筑形体三方面提出的控制引导要求；对商业广告、标识等建筑小品的控制则规定其布置内容、位置、形式和净空限界。建筑群体环境的控制引导即对由建筑实体围合成的城市空间环境及其周边其他环境要求提出的控制引导原则，一般通过规定建筑群空间组合形式、开敞空间的长宽比、街道空间的高宽比和建筑轮廓线示意等达到控制城市空间环境的空间特征的目的。

（4）行为活动控制

行为活动控制是从外部环境要求出发，对建设项目就交通活动和环境保护两方面提出控制规定。其控制内容为：交通出入口方位、数量，规定允许出入口方向和数量；交通运行组织规定地块内允许通过的车辆类型，以及地块内停车泊位数量和交通组织；装卸场地规定装卸场地位置和面积。环境保护的控制通过制定污染物排放标准，防止在生产建设或者其他活动中产生的废气、废水、废渣、粉尘、恶臭气体、放射性物质以及噪声、振动、电磁波辐射等对环境的污染和危害，达到环境保护的目的。

控制内容的选取受多种因素的影响，对每一规划地块不一定都需要从四个方面来控制，而应视用地的具体情况，选取其中的部分控制内容。

2.4.2.2 规划控制的方式

针对不同用地、不同建设项目和不同开发过程，应采用多手段的控制方式。

（1）指标量化

①含义：通过一系列控制指标对建设用地进行定量控制，如容积率、建筑密度、建筑高度、

绿地率等。

②适用范围：适用于城市一般用地的规划控制。

（2）条文规定

①含义：通过一系列控制要素和实施细则对建设用地进行定性控制，如用地性质、用地使用相容性和一些规划要求说明等。

②适用范围：当对规划地块需作使用性质规定或提出其他特殊要求时采用。

（3）图则标定

①含义：用一系列控制线和控制点对用地和设施进行定位控制，如地块边界、道路红线、建筑后退线、绿化绿线、控制点等（图2-4）。

②适用范围：当需要对规划地块的划分和建筑的布置做出标示时采用。

（4）城市设计引导

①含义：通过一系列指导性综合设计要求和建议，甚至具体的形体空间设计示意，为开发控制提供管理准则和设计框架。如建筑色彩、建筑形式、建筑体量、建筑群空间组合形式、建筑轮廓线示意图等。

②适用范围：在小城镇重要景观地带和历史保护地带，为获得高质量的城市空间环境和保护城市特色时采用。

2.4.2.3 规划控制指标的名词解释及计算规定

控制性详细规划中的名词概念，在《中华人民共和国城乡规划法》以及《城市规划编制办法》中已经给出了法定的解释。

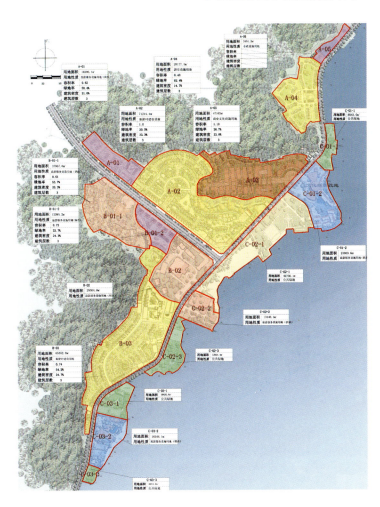

图2-4 玉溪市江川县小马沟图则

（资料来源：黄耀志，应文，洪亘伟等．苏州科大城市规划设计研究院．玉溪市江川县小马沟控制性详细规划，2003.）

①用地面积：规划地块划定的面积。

②用地性质：用地使用功能，根据国标用地分类标注至小类乃至小小类（如 R21 表示幼儿园、R222 表示小学、R223 表示中学等）。

③土地使用的相容性：土地使用性质兼容范围规定或适建要求，以"允许设置"、"有条件的允许设置"和"不允许设置"来表示。

④建筑密度：建筑占地面积与规划地块面积之比，以百分比计。

⑤容积率：规划地块总建筑面积与规划地块面积之比。

⑥人口容量：规划地块内每公顷用地的居住人数。

⑦绿地率：地块内绿地面积与规划地块面积之比，以百分比计。

⑧停车泊位数：规划地块内规定的停下车位数量，包括机动车位数和非机动机车位位数。

⑨交通出入口方位及数量：规划地块内允许设置出入口的方向、位置和数量。

⑩交通运行组织：规定规划地块内允许通行的车辆类型，做出合理的交通运行组织。

⑪装卸场地规定：对规划地块内货物装卸场地位置和面积的规定。

⑫建筑高度：由室外明沟面或散水坡面量至建筑物主体最高点的垂直距离。

⑬建筑后退：建筑相对于规划地块某方位边界后退的距离。

⑭建筑间距：为满足日照、消防、卫生、安全和建筑保护等要求而规定的与相邻建筑之间的距离。

2.4.2.4 地块划分、土地使用性质与兼容控制地块划分

（1）地块划分的目的

为便于规划管理分块批租、分块开发和分期建设，统一制订控制指标而将规划用地分成许多地块。

（2）地块的概念和特性

地块是控制性详细规划为更好地控制土地使用所规定的最基本用地。地块的特性：①制订文本图则时编码与指标的载体；②使用性质相对单一，但不排除混合使用；③与开发的规模、时序相一致；④地块面积根据开发方式、管理方式决定，小至建筑批地，大至一个单位、一个厂矿企业不等；⑤根据开发、管理方式的变化，地块可以重组。

（3）地块划分的依据

划分地块要考虑用地现状和土地使用调整意向，考虑建设的控制引导原则，以规划布局结构为依据，参照下列因素综合考虑：

①用地功能性质的区别。用以杜绝不相容使用，尽可能保证地块性质单一。

②用地产权或使用权边界：土地使用单位利益与土地有偿使用，使产权边界日益重要，一个基本地块原则上不能跨越这一边界。

③考虑土地价值的区位级差。因区位不同，地块管理要求也会不一样。

④不超越分区界或片区界，以利于规划管理。

⑤与开发规模尽可能一致。

⑥兼顾基层行政管辖界线，以利于现状资料收集统计。

上述诸因素，基本上具有一定独立性，只要 7 项因素能考虑周全，用地划分则较为科学合理。

（4）城市"六线"规划等专业规划要求

各个地方城市"六线"的规定不尽相同。一些地方规定"六线"为确定城镇建设与发展用地的空间布局和功能分区，以及镇中心区、主要工业区等位置、规模，建立城镇拓展区规划控制黄线、道路交通设施规划控制红线、市政公用设施规划控制黑线、水域岸线规划控制蓝线、生态绿地规划控制绿线、历史文化保护规划控制紫线等"六线"规划控制体系。还有些地方采用四线，如宜丰县确定四线如下：一是"绿线"控制，将城区建设项目绿化界线管制纳入工程建设报批程序，由园林绿化部门严格把关，确保城市建设项目绿化达标；二是"紫

线"控制，对崇文塔等文物古迹遗存划定保护界线，设置绝对保护区和建设控制地带，并相应建立景观视线通廊；三是"蓝线"控制，严格设置城区水域保护界线，严禁在溪河城区段内建设有碍城市行洪的构（建）筑物，禁止一切填湖毁塘等缩小城区水体面积的行为发生；四是"黄线"控制，严禁在城市基础设施用地界线范围内进行其他设施建设，严禁损毁或损坏城市基础设施和影响城市基础设施安全运转的行为发生。

《江苏省控制性详细规划编制导则》规定六线为：

①道路红线：确定各级城市道路的红线宽度、位置、断面形式、控制点坐标、交叉口形式与渠化措施、公交港湾停靠站、道路缘石半径、出入口方位及行人过街设施（包括地下过街通道）位置和控制要求。

②城市黄线：重点明确城市公共交通设施、公共停车场、城市轨道交通线和高压线走廊等城市基础设施的用地面积和线位，确定其用地界线和线位的地理坐标，规定其控制指标和具体要求。

③城市绿线：确定公共绿地、生产防护绿地的边界和规模，确定各类绿地控制指标和建设要求。

④城市蓝线：划定城市地表水体保护和控制的地域界线，明确河道断面形式和水位（内河）控制标高，提出护坡（驳岸）建设控制要求，并附有明确的蓝线坐标和相应的界址地形图。

⑤城市紫线：明确标出各级文物保护单位的保护范围及建设控制地带的边界线、历史街区和确定保护的其他历史文化遗存的范围和边界线，明确相关控制要求。

⑥廊道橙线：包括各种景观视廊、微波通道、机场净空保护范围等，明确线位及控制要求（图2-5）。

图2-5　锦溪生态产业区四线控制图

（资料来源：黄勇文等．苏州科大城市规划设计研究院．锦溪生态产业区控制性详细规划，2008．）

(5) 土地使用性质及其兼容控制
①用地分类

基本上按照国标《城市用地分类与规划建设用地标准》（GBJ 137—90）分类，根据所在城镇规模、小城镇特征、所处区位、土地开发性质等确定土地细分类别。一般规律是老城区分类多，新开发区分类少；中心区分类多，边缘区分类少。

②兼容控制

土地使用性质的兼容主要由用地的适建表来反映，给规划管理提供一定程度的灵活性，并应作为技术法规立法通过执行。各地应根据具体情况和特殊性制订切合实际的适建范围规定表。有的地方采用三种土地使用性质的方法，表示有条件可容许的土地使用性质的灵活性。

2.4.3 小城镇控制性详细规划指标的类型

控制指标分为规定性、指导性以及有条件的规划许可条款。控制性指标是必须遵照执行的，指导性指标是参照执行的。

2.4.3.1 规定性指标

①用地性质；
②建筑密度（建筑基底总面积/地块面积）；
③建筑控制高度；
④容积率（建筑总面积/地块面积）；
⑤绿地率（绿地总面积/地块面积）；
⑥交通出入口方位；
⑦停车泊位及其他需要配置的公共设施。

2.4.3.2 指导性指标

①人口容量（人/hm²）；
②建筑形式、体量、风格要求；
③建筑色彩要求；
④其他环境要求。

小城镇控制性详细规划文本要求包括各地块控制指标条款，其中的地块划分和使用性质、开发强度、配套设施、有关技术规定等规定性（限制性）、指导性条款要求，以及有条件的规划许可条款，经批准后将成为土地使用和开发建设的法定依据。有条件的规划许可条款一般指容积率变更的奖励和补偿。

对土地使用强度等控制指标的决定应更严肃慎重，通过大量调查分析或形体示意，力求做到有根有据，经得起推敲。

2.4.4 控制性详细规划指标的确定方法

指标是控制性详细规划的核心内容。实践中采用的指标赋值方法多种多样，一般有城市整体密度分区原则法、环境容量推算法、人口推算法、典型实验法、经济推算法和类比法。

城市整体密度分区原则法：根据微观经济学区位理论，从宏观、中观、微观三个层面，确定城市开发总量和城市整体密度（此处的密度既开发强度），建立城市密度分区的基准模型和修正模型，进行各类主要用地的密度分配，为确定地块容积率，制订地块密度细分提供原则性指导。

环境容量推算法：基于环境容量的可行性来制定控制指标，即根据建筑条件、道路交通设施、市政设施、公共服务设施的状况及可能的发展规模和需求，按照规划人均标准推算出可容纳的人口规模及相应的容积率等各项指标。这种方法的优点在于计算比较简便，结果在一定的情况下较为准确，缺点是指标确定因素较单一，综合适应性不强。环境容量指标较多，这里就供水容量推算主要控制性指标过程介绍如下：

建设用地面积 = 现状或规划用水量/单位建设用地综合用水量；

人口容量 = 建设用地面积/人均建设用地指标值；

建筑总量 = 规划人均建筑面积 × 人口容量；

人口推算法：根据总体规划对控制性详细规划范围内的人口容量和城市功能的规定，提出人口密度和居住人口的要求；按照各个地块的居住用地面积，推算出各地块的居住人口数；再根据规划近期内的人均居住用地、人均居住建筑面积等，就可以推算出某地块的容积率、建筑密度、建筑高度等控制指标。此方法资料收集简单，计算方法简易，缺点是对上级规划依赖性强，对新出现的情况适应性不强，且只适用于以居住为主的地块。人口推算法推算主要控制性指标过程如下：

规划范围内居住用地总面积 = 人口容量×人均居住用地面积；

按功能分区组织要求划分地块，分配居住用地；

地块人口容量 = 地块居住用地面积/近期人均居住用地面积；

地块居住建筑量 = 地块人口容量×人均居住建筑面积；

同理，计算出其他类型建筑量，与地块居住建筑量加和求得地块建筑总量；

地块容积率 = 地块建筑总量/地块面积；

根据上级城市设计及其他法定规划、规范对建筑限高的控制，综合确定建筑限高值和建筑平均层数；

地块停车位个数 = 地块建筑量×停车位配置标准。

典型实验法：根据规划意图，进行有目的的形态规划，依据形态规划平面计算出相应的规划控制指标，再根据经验指标数据选择相关控制指标，两者权衡考虑，用作地块的控制指标。这种方法的优点是形象性、直观性强，便于掌握，对研究空间结构布局较有利，缺陷在于工作量大并存在较大局限性和主观性。

经济测算法：地块的不同容积率有着不同的产出效益，经济测算法就是根据土地、房屋搬迁、建设等价格和费用的市场信息，在对开发项目进行成本—效益分析的基础上，确定一个合适的容积率，使开发商能获得合适的利润回报，保证项目的顺利实施。这种方法的优点是科学性和可实施性强，缺点在于采用静态匡算的方法，而一些重要测算指标如房地产市场供求与价格等处于不断变化中，难免导致测算结果不够准确。

类比法（经验归纳统计法）：通过分析比较与项目性质、类型、规模相类似的控制性详细规划项目案例，选择确定相关控制指标，如容积率、建筑密度、绿化率等。这种方法的优点是简单、直观、明确，缺点是只能在相类似的规划项目中选取控制指标数值，如有新情况出现，则难以准确把握。

以上总结归纳了当前控制性详细规划编制工作中主要控制指标确定的一般方法。这些方法适应了我国经济体制改革以来，城市大规模快速发展对城市土地使用控制和开发的需要。同时，近年来，随着城市规划学科体系和行业实践不断向前推进，控制性详细规划编制的系统性、科学性及合理程度越来越受到关注，经济测算法和城市整体密度分区原则法等指标确定方法和工作方法，就是在这样的背景下产生的。

以上指标赋值方法各有特点，根据规划项目条件、内容、目标的不同，可针对性地选择使用，而每种方法在确定指标时都难免存在不足之处。所以，实际工作中一般鼓励采用多种方法相互印证，综合运用上述方法来确定规划控制指标。

2.4.5 控制性详细规划对小城镇的不同适应性

对不同规模、不同特点的城市，以及同一城市内不同地区不同情况下的控制性详细规划应采取不同的深度、做法和要求，采用多种不同的方式进行控制。应该努力扩大控制性详细规划的覆盖面，以适应市场对建设用地的需要，这也是达到"公平"的必要条件。而所谓全覆盖是在采取不同深度和要求的情况下进行的。

应从控制指标体系、土地使用性质和实施管理制度上完善现有规划方法、体制，增强控制性详细规划的适应性。

一般情况下，开发强度确定时应注意：

①从土地使用性质考虑：商业、金融等公共设施用地及二、三类居住用地的开发强度宜高。

②从土地所处位置考虑：可达性较好的地段开发强度可适当提高，而可达性差的地区则要降低开发强度，处于视线走廊控制区的地段也要适当降低其开发强度。

③从现状容积率考虑：考虑到市中心地区的土地价值和开发者的利益，对所开发地段一般均要使开发强度高于现状使用强度。

容积率与空间布局的关系是：

①高强度开发区（带）：中心花园、广场周围地段，市政中心、医疗中心、商业区、中高层住宅区等地带。

②次高强度开发区：多层以下的生活居住小区及城镇中心的一般地段。

③低强度开发区：主要是大片绿地区、广场、绿地较集中的区域、不宜建多层建筑的区域和不能建多层的设施等。根据城市用地的不同地段和用地性质，采用高、中、低相结合全面铺开的空间布局（图2-6）。

④各建设项目建筑风格应符合当地的风土人情和建筑使用特点，一般可采用现代建筑风格、具有地方特色的建筑风格、坡层顶形式（包括坡顶、类坡顶、局部坡顶等）以及欧洲建筑风格和其他建筑风格。

小城镇控制性详细规划的内容深度问题有待进一步研究。小城镇控制性详细规划的主要任务是保障公共利益不受分割，包括公共环境、政府的土地收益等，要研究在市场经济中什么情况下严格控制什么内容，哪些内容可以由市场主体自由发挥。小城镇控制性详细规划的指标体系不是越庞大越好，内容越多越好，而多到什么程度，简化到什么程度，还有待进一步探讨。

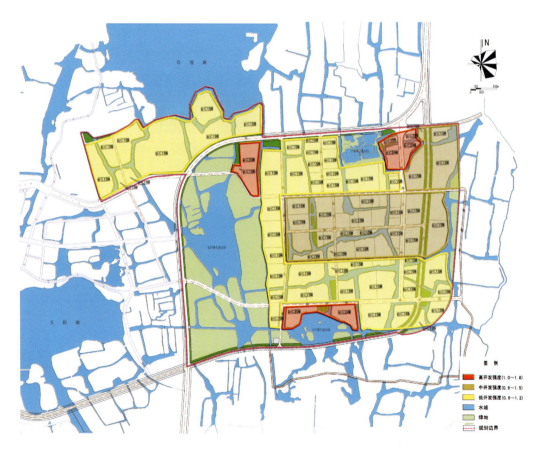

图2-6 锦溪生态产业区开发强度分布图

（资料来源：黄勇文等. 苏州科大城市规划设计研究院. 锦溪生态产业区控制性详细规划，2008.）

2.5 小城镇控制性详细规划阶段的城市设计引导

控制性详细规划必须要贯彻城市设计思想，控制性详细规划的工作开展要以形体规划层面下的城市设计为基础，所以我们讲小城镇控制性详细规划就不得不讲其中的城市设计。

2.5.1 小城镇控制性详细规划中的城市设计内涵

现代城市设计方法能有效地控制城市物质环境的建成效果，因而越来越多地被采用到城市建设的各个方面和各个阶段。城市在呼唤城市设计，小城镇亦在呼唤城市设计。对于目前小城镇空间环境存在的问题和弊病，我们应该在小城镇的规划设计中积极地引入城市设计方法。

小城镇的城市设计并不仅仅局限于总体或详细规划阶段的形体设计工作，而首先应是一种融纳文化、形体、措施设计的思想。它实际贯穿在区域—城镇总体—详细规划的各个阶段层次，这其中既有分析与策划的内容，又有具体形体表达的内容。

小城镇的城市设计与大中城市进行的城市设计在本质上是一致的。但由于小城镇处于城市和乡村之间，规模较小，接近大自然和其固有的人文历史、民族、民俗等特色，与大中城市还是有一定区别的。因此，小城镇的城市设计除了遵循城市设计应进行的各项工作程序和内容外，一般都较简洁、单一，工作量也较小，但必须特别注重对小城镇的特殊性在城市设计中如何体现的研究，以期在有限的空间内、有限的资金和建设量的情况下使小城镇的面貌焕然一新，取得事半功倍的效果。因此，小城镇的城市设计不仅要对城市设计有恰当的认识，更重要的是对小城镇城市设计问题的特殊性要有所研究，尤其是对小城镇城市设计在城镇总体规划阶段应有何内容与要求进行探讨，从理论研究到规划的实践探索都极为必要。就目前小城镇建设面貌已暴露出来的问题来看，这种研究与探索已到了必须引起各界关注的时候。

2.5.2 详细规划阶段的小城镇城市设计

详细规划需要上承总体规划，下启建筑设计，其设计内容跨越两个层面。因此，相对应的城市设计也应要求既包含总体规划的城市设计内容（中观层面），又要指导建筑设计（微观层面）。这就要求详细规划阶段的城市设计要注重连续性。一方面，城市设计应服从总体规划，尤其是总体规划中景观规划的构思和规定，同时城市设计可视具体情况对其进行合理的修正、调整，特别是总体规划对待定的地段没有具体构思，城市设计需要从整体环境角度，对其进行详尽的城市设计运作，从而保证城市整体的艺术水准和环境质量。另一方面，城市设计既要构思巧妙、匠心独运，又要避免规定过多、过死，应为后续设计工作留有较大的创作余地和弹性。

详细规划编制分为两个层次。第一层次是控制性详细规划，重点是确定用地功能的组织，并制订各项规划控制条件；第二层次是修建性详细规划，重点是进行建筑与设施的具体布局。因此，在控制性详细规划阶段要进行策略型城市设计，而在修建性详细规划阶段，则是策略型与形态型城市设计相结合，或者是形态型城市设计。

2.5.2.1 小城镇城市设计与控制性详细规划的关系

城市设计与控制性详细规划密不可分，互为补充。控制性详细规划决定着城市设计的内容和深度，而城市设计研究的深度直接影响着控制性详细规划的科学性和合理性；控制性详细规划的内容为"定性、定量、定位"，这就要求相应的城市设计要重视"实施性"；城市设计应注意与控制性详细规划文本及规划图则的配合，例如在土地利用控制、容积率、绿地率、用地性质等方面一般是由规划文本确定的，城市设计工作应根据设计过程中的分析进行修正或补充，直至融合，而不应仅出于城市设计的构想，完全建立一套新的控制指标，造成与详细规划脱节。尽管城市设计与控制性详细规划存在许多交叉内容，相辅相成。但是，它们之间是有区别的。

控制性详细规划评价标准较多涉及各类技术经济指标，其中适用经济和与上一层次总体规划的匹配是其评价的基本标准。它是作为城市建设管理的依据，较少考虑与人活动相关的环境和场所。而城市设计则更多地与具体的城市生活环境和人对实际空间体验的评价，如艺术性、可识别性、舒适性、心理满足程度等难以用定量形式表达的相关标准，从更深层次体现了"以人为本"的思想。

控制性详细规划的研究对象主要反映用地性质、建筑、道路、园林绿化、市政设施等的平面安排，是对二维平面的控制。而城市设计更侧重于建筑群体的空间格局、开放空间和环境的设计、建筑和小品的空间布置、设计等，强调三维空间的合理艺术安排，注重空间的层次变化、建筑的体量风格等（图2-7）。

控制性详细规划的工作内容更多涉及工程技术问题，体现的是规划实施的步骤和建设项目的安排，考虑的是建筑与市政工程的配套、投资与建设量的配合。而城市设计虽然也有涉及工程技术的问题，但更多考虑感性（尤其是视觉）认识及其在人们行为、心理上的影响，表现为在法规控制下的具体空间环境设计。

图2-7 中山市坦洲镇城市设计总平面

（资料来源：上海同济大学城市规划研究院. 中山市坦洲镇行政中心城市设计，2003.）

控制性详细规划的规模有十分明确的地域界限。而相应的城市设计则不能局限在规定的地域范围内，应跨越"时空"界限，更注重"整体性"，应从区域乃至城市的整体环境入手，回过头来研究局部问题；还需从历史文化、民俗风情等方面，或从整体城市文脉中寻找灵感。

2.5.2.2 小城镇控制性详细规划阶段的城市设计内容

详细规划阶段的小城镇城市设计的主要内容包括：

（1）建筑群体形态设计

建筑群体形态的设计以总体规划阶段的小城镇城市设计和区块的详细规划为依据，研究每个地块、建筑以及地块与地块、建筑与建筑相互之间的功能布局和群体空间组合的形态关系，区分主次，建立联系，使建筑群体形成有机和谐、富有特色的小城镇建筑群体形象，为确定该地块建筑的体量大小、高低进退以及建筑造型提供依据。这些依据将作为设计要求提供给建筑师，使他们在设计单幢建筑时能符合小城镇城市设计的要求。在这一阶段，一般不需要对每幢建筑进行平、立、剖设计，有的即使做了，也只是作为研究建筑整体形态是否可行的手段，而不是作为今后审定建筑设计的依据。

（2）小城镇公共空间设计

小城镇公共空间与其中的建筑群实体是相辅相成的。小城镇公共空间的设计实际上是与建筑群体形态设计同时进行的。小城镇公共空间通常主要由建筑群体围合形成，其形态、尺度、界面、特征、风格受到围合它的建筑布局、建筑形态、尺度的影响很大。小城镇公共空间的设计包括空间系统组织、功能布局、形态设计、景观组织、尺度控制、界面处理等许多方面。其目的是在满足功能要求的前提下，创造尽可能多的为市民大众提供各种丰富多彩活动内容的场所，包括大小广场、大小绿地、有趣味的街道或步行休闲空间等。一个优美宜人的中心广场，会吸引大量市民从事游憩、观赏、健身、娱乐、庆典、休息、交往等多种活动，最能反映小城镇生活的丰富多彩和勃勃生机（图2-8）。

图2-8　中山市坦洲镇城市设计透视图

（资料来源：上海同济大学城市规划研究院. 中山市坦洲镇行政中心城市设计，2003.）

(3) 道路交通设施设计

现代小城镇中道路交通作为一项主要的城市要素而存在。对于道路交通设施的设计是在满足道路交通功能的前提下，从小城镇空间环境和景观质量的角度提出设计要求，协调道路交通设施与建筑群体及公共空间的关系，确定设计范围内的道路网络、静态交通和公共交通的组织。一般行车道路着重对道路交叉口的形式尺度、道路的局部线形和断面组织、道路景观设计等。步行街和生活道路则注重在人的尺度进行空间的塑造，增加人行的活动范围，同时强化各类活动特征。公交站点和交通标志等的设计是对其提出要求和建议。详细规划阶段的小城镇城市设计的道路交通设施设计，主要解决了以往由道路交通工程师仅仅从工程和交通的角度设计城市道路，而难以提高城市街道的环境景观质量的问题。

(4) 绿地与建筑小品设计

详细规划阶段的小城镇城市设计要设计绿地和建筑小品，包括绿地的布局和风格，植物的选择和配置，建筑小品的设计意图、布点和设计要求，并使之成为系统（图2-9）。如绿地的比例，乔、灌木的搭配，树型的特征，花卉的花期、花色。建筑小品包括雕塑、碑塔、柱廊、喷泉水池等的位置与设计要求，作为绿化和小品专项施工设计的依据。

(5) 色彩和建筑风格

色质和建筑风格在总体规划阶段的小城镇城市设计中对小城镇整体空间及形象塑造中有着广泛而深远的影响。因此，在详细规划阶段的小城镇城市设计中应尽量传承优秀的空间形式、色彩肌理的风格，发扬小城镇建筑形象的特色。建筑形象除了前述色质以外，大至立面和造型，小至窗扇陈设均应反映地区或小城镇的个性，或凝重，或清秀。尤其是作为民间建筑，设计反映实用、自然、美观的小城镇建筑特色。其组合更应反映建筑与环境的独到之处。

图2-9　中山市坦洲镇城市设计景观分析图

（资料来源：上海同济大学城市规划研究院. 中山市坦洲镇行政中心城市设计，2003.）

（6）小城镇夜景设计

一个完整的小城镇城市设计应包括白天和夜间两部分的设计。小城镇夜景可使其在夜幕降临时也能凸显其魅力，美丽的夜景可以从一个侧面展现其经济、社会发展和科技文化水平。夜间景观环境可以提供居民夜生活所需要的舒适、休闲、娱乐、购物及交往的空间场所，尤其是在文化名镇和旅游城镇，更能使在小城镇游览的游客流连忘返，推动小城镇旅游业的发展。城市夜景观是室外照明与景观的结合体，与小城镇的交通体系、文化背景、镇民消费观念息息相关。夜景观可以通过居民的夜生活展现，如商贸活动、娱乐活动、交通活动、节日活动等。城市设计要对设计地段的照明设计提出设想和要求。对于广场、街道、建筑群和绿化小品的照明方式、照度、灯光形式、布置和色彩以及节日照明提出分区、分级照明设计方案。

（7）广告、招牌和环境设施

环境设施包含的内容甚广，一般是指小城镇中除建筑、构筑物、绿化、道路以外用于休息、娱乐、游戏、装饰、观赏、指示、商务、市政、交通的所有人工设施。如坐椅、花坛、喷泉、候车厢、售货亭、广告、招牌、公共电话亭等城市家具，以及商品展示窗、公共厕所、邮筒、垃圾箱、导游牌、路灯等。这些设施体量不大，如果设计得好能对小城镇环境起到锦上添花的作用。小城镇城市设计就是要对这些设施的布置和造型提出设计要求，对这些设施的设计进行审定。

为便于将小城镇城市设计成果纳入城市规划，其城市设计的阶段划分也宜等同于城市规划。结合实际情况，将小城镇城市设计的分为三个层次，这在某种程度上也表明了小城镇城市设计作为一种连续的决策和运作过程并不是一种终极的产品，每一个层次的设计既有大量的调查工作和客观分析，也要对体型环境进行综合的感性创作，从而提炼并创造出具有特色的小城镇空间环境。同时，作为"对设计的设计"，每一层次的小城镇城市设计在对后续设计提出制约和引导的指导纲要的同时，亦要"预留发展弹性"，充分保证和鼓励后续设计的创造性发挥，丰富小城镇的多样性和特色化。因此，小城镇城市设计作为一种设计活动，对规划师、建筑师和城市管理者都是新的挑战。

2.5.2.3 小城镇控制性详细规划中城市设计的要点

详细规划阶段的小城镇城市设计，是当前我国小城镇城市设计进行较多的层次。它主要是把总体规划的小城镇城市设计要求进一步深化、具体化，以人作为设计主体，从静态和动态两方面，即进行的各类活动的视觉要求，对小城镇的环境空间做出具体安排。这一阶段的小城镇城市设计的对象是小城镇的局部空间，这一阶段的设计较前两个规划阶段的设计更加接近生活中的人。如果说在区域规划和总体规划阶段的小城镇城市设计是以人群为主体，以人使用的交通工具为主体的话，那么，详细规划阶段的小城镇城市设计则是以个人，主要是步行的人为主体，即这个阶段的设计以在地面活动的人的生产、生活、交往、游憩、出行活动为设计的主体。

小城镇详细规划阶段的城市设计主要体现在下述几个方面：对近邻的自然环境的分析，明确其在片区中的作用；对片区内自然或历史保护区划定后，确定其四周的保护带宽度；在上述两条的基础上，划定允许建设和禁止建设的界限；对片区内已建的人工环境进行分析，从改善环境质量和创造宜人活动的角度出发，提出改造和利用的构思方案；按居民的活动内容，将人的静态与动态活动在公共空间内的分布分别做出安排，包括水环境的设计和对人在公共空间的停留、进出集散、交通等提出构思方案；公共空间的布局与设计，包括广场系列、广场自身、通道、园林绿化等的位置和用地，同时按人的不同活动划定用地布局；公共空间的围合设计，包括主要空间的类型、造型与规模，地形标高的利用，地面铺装按空间内容的分布，围合体设计（建筑群、绿化、水面、山体、视觉围合体）空间出入口设计，围合体接近人流步行活动的宜人景物的设置，空间引导，主要标志的设计；空间照明、雕塑、喷泉、水池、小品等，包括主要景观视点的布置，近景与远景设计，地标建筑的数量、位置与高度，建筑群的总体轮廓、景点设计。小城镇详细规划阶段的城市设计应当要特别注意小城镇的文脉设计，突出它们与大中型城市的区别。

在此，我们提出小城镇城市设计需要研究的几方面内容：

（1）城镇形态的可感知性与城镇空间的可识别性研究

小城镇总体规划往往对城镇形态与城镇主要空间的形成起到了决定性影响。从目前的小城镇规划现状来看，城镇形态的形成主要取决于用地布局的合理性，而缺乏对城镇形态感知方面的考虑，可谓合理而不一定合情。小城镇参照城市的"模样"，营造大马路、大广场和现代建筑，造成"千镇一面"的景象。由于城市形态的可感知性与城镇空间的可识别性差，人们区分不出是到了什么镇。我们认为城镇的形态应该是可感知的，一个可感知的城镇形态是居民认同城镇并产生归属感的基本条件，也是形成可识别的城镇空间的基础，同时城镇个性特征也体现于此。城镇形态的可感知因素包括中心、标志物、边界、路径、空间与建筑物特征等几个方面。城镇总体规划阶段的城市设计工作，可着眼于对城镇形态的可感知性研究，结合土地利用、交通规划等构建城镇整体布局意向。我国至今仍保存着的一些历史传统古镇，它们普遍具有较强的城镇形态的可感知性和城镇空间的可识性，如一些标志性的建筑、街巷、中心等。人们从外部进入该镇，有的行至边界时就一目了然地知晓到哪里了。这方面的例子举不胜举，例如浙江省兰溪市诸葛镇（诸葛村）坐落于山丘环绕的一片谷地中和周边的小山冈上，岗埠自西北走向东南，房屋多数建在山岗上，以免占用谷地的农田及水塘。村子的主要脉络是顺着岗埠延伸的，除了两条对外联系的道路外，大部分街道平行于等高线，垂直等高线的则多为小巷，曲折的街巷形成了著名的诸葛八卦村，加上村中心的钟池，由一口大水塘和以晒谷、休闲、集会多功能的小广场及四周民居组成，成为一种独有的标识。又如云南丽江除了有土木结构的"三坊一照壁，四合五天井，走马转角楼"式的瓦屋楼房外，加之几乎每条街巷一侧伴有潺潺流水的小溪，和采用五彩石铺砌，平坦洁净，晴不扬尘，雨不积水的街巷特征，无疑成为丽江独有的感知和识别系统。古镇的一些塔、寺、祠、桥、堡等建筑物、构筑物也是一种明显的标志，如浙江泰顺的廊桥、山西阳城郭峪的堡门、灵石的王家大院、平遥的商家大院等等。

对景观素材的详细记录、分析的基础上，设计人员可充分认识城镇表象和潜在的城市设计素材。小城镇总体规划阶段的城市设计工作要提出强化这些景观特色、塑造城镇形象个性的方法与措施。这些方法与措施在小城镇总体布局时须作为一个重要因素考虑，使其能真正落实。

（2）小城镇的尺度问题

尺度这一术语以前常在建筑学中运用。事实上城镇也有个尺度问题，城镇的尺度也就是建立人与城镇、建筑和空间之间的尺度关系以及在小城镇中建筑实体之间、空间之间及实体与空间之间的一种和谐的尺度关系。这个问题在我国历史上的小城镇中有着很好的选择。这些小城镇的尺度是以人为中心的一种亲切宜人的尺度，其存在的主要依据是步行出行，可称为步行尺度。当今，我们应该研究这种以人为中心的尺度如何运用及在多大程度上运用的问题，以及随着城镇规模的扩大与机动交通的介入，城镇应当建立怎样的空间尺度或空间尺度体系。这些年来，一些小城镇开辟了60m宽甚至是100m宽的大街，盲目套用大城市大马路，倡导所谓的"做大做强"，与两侧建筑物的体量、高度很不相称，出现了街道空间的极度不和谐，常使人感到空旷与冷漠。

小城镇总体规划对城镇尺度的建立有着根本性的影响。如何运用城市设计的手法恰当地建立小城镇的尺度，应该作为小城镇城市设计考虑的重要问题。

（3）城镇的空间轮廓设计

城镇规划中用地布局对空间景观轮廓的构成同样有着重大影响，因而在小城镇总体规划阶段应考虑城镇空间轮廓设计，这也是小城镇城市设计的一个内容。它包括对现有空间轮廓的分析、规划的设计空间轮廓及其变化趋势，要保护小城镇空间轮廓的完美，进行制高点的布局，做好视域平面和视域剖面的控制，并应研究小城镇轮廓与区域背景、自然背景的关系，保护和加强小城镇的自然特征和历史文脉，并积极构筑新景观，提供良好的景观点，创造良好的小城镇空间轮廓线。

（4）小城镇的绿化问题

在目前大力提倡园林城市设计的形势下，各地小城镇都要特别重视环境保护，绿化、美化、净化更是小城镇建设的目标。在小城镇建设中，绿化用地指标不断提高，这本是好的现象。但问题是，目前在很多地方，小城镇的规模较小，且被农田等自然环境包围，可以不需要建设大广场、大绿地、大公园，农田、山野是绝好的天然绿化防护绿地和大环境绿化，这样的小城镇再搞大公园绿地和大广场绿地即是一种浪费。因此，在小城镇城市设计中，小城镇绿化应根据当地实际，因地制宜，充分利用自然环境条件来设计规模和布局合理的小城镇绿化。

以上四个方面是针对近年来若干小城镇规划设计实例与一些小城镇现状暴露的问题而提出的，它是小城镇城市设计的主要内容。若能结合规划设计实际，从区域规划阶段就开始重视小城镇的城市设计问题，并从上述五个方面着手研究与实践，将有助于小城镇城市设计工作的展开与深入，有助于从总体规划阶段就建立小城镇形态与空间设计框架，并作为城镇建设活动中落实与深化设计要求的依据，使城市设计工作在整个规划程序上步步衔接。

2.5.3 小城镇控制性详细规划中的城市设计法规体系

我国城市规划是一种行政执法过程，城市规划的贯彻实施具有比较完整的法规体系的保障，城市规划具有一定的法律地位。由于城市设计在我国还处于初始发展阶段，将城市设计作为城市规划的一部分进行编制的实践活动还寥寥无几，所以我国尚未建立完整的城市设计体系，更谈不上确立城市设计在《城乡规划法》中的地位。只是在现行的《城市规划编制办法》（建设部第14号令）第一章第八条中规定："在编制城市规划的各个阶段，都应该运用城市设计的方法综合考虑自然环境、人文因素和居民生产、生活的需要，对城市空间环境做出统一规划，提高城市的环境质量、生活质量和城市景观的艺术水平。"

笔者提出在小城镇规划，尤其是总体规划的编制通过后，随即进行策略型城市设计是一个切实可行、具有一定现实意义的做法。设计主体可以是同一的，并且可以先于大城市进行。由于小城镇的地域条件和城镇环境比大城市简单，在小城镇推行这种方式也就相对比较容易。但是，不管在大城市或小城镇，城市设计的法律地位的确立和法规体系的构建都是非常必要的。城市设计如果没有法律效力，就失去了对开发建设强有力的约束，就无法发挥城市设计对城市景观环境塑造的高效作用力。

《城市规划编制办法》虽然在第一章第八条中有上述规定，但是对城市设计编制的内容、层次等均无明确规定。目前，我国有几个城市已将城市设计纳入了地方法律文件。比如，深圳市在1998年实行的《深圳市城市规划条例》中，确定了城市设计分为整体和局部两个层次和阶段，对城市设计的范围区域做出了规定，并对城市设计的编制、审批制度做出了规定。苏州工业园区也因城市设计与城市规划同步进行，且严格按照设计方案来执行而获得现在成功的城市风貌。基于我国城市规划设计一体化体制的背景，应将城市设计纳入规划体系，与规划一并获得法律效力，这样才能更有利于我们的城市建设。

2.5.3.1 城市设计的法律地位

一般可分为两种方式：①一种是将城市设计的内容纳入城市规划文本体系，作为城市规划成果的组成，一并获得法律效力。在城市总体规划、控制性详细规划和修建性详细规划中，应该在现有城市规划编制办法所规定的城市设计内容要求的基础上，进一步加强对城市设计观念的体现，同时深化和完善各项城市设计控制引导内容，以专题、附件等形式，使之系统地进入城市规划文本体系，一并获得法律效力。这即是我们所提倡的在小城镇规划中将城市设计与规划同步进行的方式。当前按现行城市规划编制方法进行的大部分城市规划均没有做到这一点。②另一种是将城市设计作为城市规划的第二阶段内容，独立进行，但附属于城市规划体系，同样赋予其法律效力。这种方式可用于大城市或者针对前一轮城市总体规划基本上已经完成，但是缺少城市设计控制引导的具体内容情况。城市设计可以同城市交通、园林绿地系统和城市防灾系统一样作为一个专项规划进行，对城市形体环境进行专门的研究，从而获得作为专项规划的法律效力。

同时，通过建立相关的法规，强化和实现法律效力。当前城市设计在规划体系中的地位已在《城乡规划法》和《城市规划编制办法》中有了规定，但是在更进一步的具体要求尚未统一之前，地方各城市在实际规划管理操作中就缺乏依据。除了确立城市设计的法律地位关系以外，由于城市设计同时还是一项复杂而长期的规划管理操作过程，管理过程涉及的诸如设计评审、环境设计与实施验收管理、广告牌匾管理等所有涉及城市环境品质的微观要素规划管理细节内容，都需要有一定层次的法律效力才能形成约束力量。

2.5.3.2 城市设计的法律地位应与现有城乡规划法规体系相对应

城市设计法规体系是城市设计工作的依据和前提，它包括国家法规、地方法规、城市一般法规、建筑法规和在此基础上针对某一地段所制订的城市设计成果。城市设计师将把这些成果转换成法令，形成一套适应当地工作程序和特点的包括城市规划、城市设计和建筑管理的法规体系，作为城市设计成果的实施工具。城市设计与城市规划一样，它的实现有赖于系统和严密的法规体系。城市设计的法规体系可由下列四个部分组成。

（1）城乡规划法律法规

城市设计是城市规划的重要内容和有机组成部分，因此城市规划的各项法律、法规、章程都是城市设计的基本法规，是城市设计法规建设的基础，也是保障城市设计工作有效贯彻实施的基本工具。这些法规包括：

①城乡规划法；
②城市规划编制办法及其实施细则；
③建设项目选址规划管理办法；
④省级城市规划条例；
⑤地方城市规划条例；
⑥城市总体规划；
⑦城市控制性详细规划；
⑧城市规划的其他有关法律、法规、章程。

（2）相关专业法律法规

城市设计和城市规划具有广泛的综合性，涉及城市资源、环境、建设等各个方面。这些相关方面的法律法规都是城市设计的基本法规，例如：

①土地管理法；
②环境保护法；
③矿产资源法；
④房地产管理法；
⑤建筑法；
⑥绿化条例；
⑦上述法律的各级地方条例；
⑧其他有关法律法规。

（3）地方城市设计基本法规

城市设计政策是整个城市的行动框架，它因城市而异，是对法令的有效补充。总体城市设计导则可以作为整体城市设计政策的内容，在此基础上提出有关行政、法律、技术等各方面的实施管理措施，从而上升为地方城市设计法规。地方城市设计法规可以是地方人大立法的"城市设计条例"或以城市政府名义发布的"城市设计管理办法"，使之具有较高层次的效力。地方城市设计基本法规应该包括城市设计的管理、编制、审批、实施、法律责任等内容，并体现地方自身特有的城市设计目标、政策和措施等。

（4）地方城市设计专项法规与规章

一个系统的地方城市设计基本法规，是从整体、宏观的角度对城市设计工作进行控制，但它无法顾及细部或要素系统方面的管理和控制。因此，专项法规与规章的建立是对基本法规的有效细化和补充，有利于建立配套严密的地方城市设计法规，完善城市设计管理制度。比如，对建筑设计、公共空间建设、环境景观要素构建、户外广告规划、历史保护等方面建立配套的管理办法。同样，这些管理办法或者法规规章也可以建立在专项城市设计内容的基础上，将专项城市设计内容法令化或政策化。

2.5.4 城市设计导则

城市设计这项任务涵盖大、中、小城市乃至小城镇或者某特定的城市地段，如历史文化街区、金融商贸区、行政办公区等。所以，城市设计导则没有单独针对小城镇的特定范式。

城市设计导则是实现城市设计目标的具体操作手段，为建立良好的空间环境提供基本的准则。城市设计导则作为城市设计成果的一部分内容，是对未来城市形态环境元素和元素组合方式的文字描述，是为城市设计实施建立的一种技术性控制框架。它将城市设计的构想和意图用文字条款进行表述。在城市设计策略中，城市设计导则有指令性和指导性两种，也称指令性城市设计导则和指导性城市设计导则。指令性的城市设计导则强调达到目标所应采取的具体设计手段，规定环境要素和体系的基本特征及要求，是下一阶段设计工作应体现的模式和依据，是必须严格遵循的，因而容易掌握和评价，如建筑物的高度、体量、比例的具体尺寸，特定的材质、色彩和细部等。指导性设计导则解释说明对设计的要求和意向建议，并不构成严格的限制和约束，提供的是启发创作思维的环境，如建筑物的形体、风格和色彩应与周边环境保持和谐，而不是规定某一特定的形体、风格和色彩。

指令性导则较为具体，为设计审议提供较为明确的评价标准，但往往又对实体的设计活动形成过多的制约，如果过于强调会影响实体设计的创造性，导致城市景观的单调划一。指导性的设计导则提倡达到设计目标的多种可能途径，鼓励实体设计的创造性，有助于塑造丰富和生动的城镇景观，但对于设计控制的实施会提出更高的要求。在实际的设计中，往往会采用指导性和指令性相结合的方式，分别适用于不同的控制元素。一般的情况下，策略型城市设计应强调以指导性的设计导则为主，以确保达到设计控制目标但不限制具体手段，除非地区特征（如历史保护地区的文脉特征）表明采取指令性的设计导则是必要的、合理的和可行的；形态型的城市设计一般则采用指令性。

2.6 小城镇控制性详细规划的成果与成果表达

2.6.1 小城镇控制性详细规划的成果

镇区详细规划的成果包括规划文件和规划图纸两部分。规划文件包括规划说明书和基础资料汇编。

2.6.1.1 规划文本

规划文本采用条文形式写成，文本格式和文字要规范、准确、肯定。

2.6.1.2 规划图纸

规划图纸是规划成果的重要组成部分，与规划文本具有同等的效力。规划图纸所表现的内容要与规划文本相一致。图纸比例尺为1/1000～1/2000。具体应包括如下图纸：

（1）位置图

①标明控制性详细规划的范围及相邻地区的位置关系。

②比例尺视总体规划图纸的比例尺和控制性详细规划的面积而定。

（2）用地现状图

①分类标明各类用地分类（建制镇按《城市用地分类与规划建设用地标准》（GBJ 137—90）分至小类，集镇按《村镇规划标准》（GB 50188—93）分至小类），标绘建筑物现状、人口分布现状、市政公用设施现状。

②比例尺1/1000～1/2000。

（3）土地利用规划图

①标明各类规划用地的性质、规模、用地范围及路网布局。

②比例尺1/1000～1/2000。

（4）地块划分编号图（图2-10）

①标明地块划分界限及编号（与文本中控制指标相一致）。

②比例尺1/5000。

（5）各地块控制性详细规划图

①标明地块的面积、用地界限、用地编号、用地性质、规划保留建筑、公共设施位置；标注主要控制指标；标明道路（包括主、次干路和支路）走向、线形、断面，主要控制点坐标、标高；停车场和其他交通设施用地界限（图2-11）。

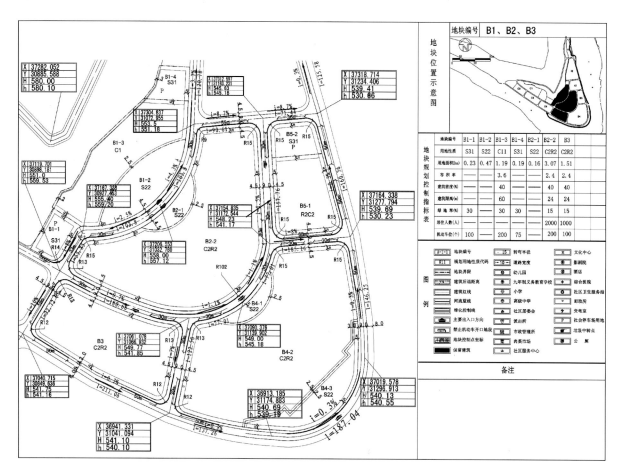

图2-10 峨边县城分区图则

（资料来源：黄耀志，邓春凤，李晓西等．苏州科大城市规划设计研究院．峨边县城控制性详细规划，2007.）

图 2-11 峨边县城道路竖向设计

（资料来源：黄耀志，邓春凤，李晓西等．苏州科大城市规划设计研究院．峨边县城控制性详细规划，2007．）

②比例尺 1/1000~1/2000。

（6）各项工程管线规划图

①标绘各类工程管线平面位置、管径件。

②比例尺 1/1000~1/2000。

2.6.1.3 规划说明书（含基础资料汇编）

规划说明书是对规划文本的具体解释，内容包括现状概况、问题分析、规划意图、对策措施。具体编写内容如下：

①工作概况；

②总体规划对该控制性详细规划范围的规定和要求；

③对以往相关规划意见和评价；

④对控制性详细规划范围内各项建设条件的现状分析；

⑤建设用地控制规划；

⑥道路系统规划（图 2-12）；

⑦绿地系统规划；

⑧各专项工程管线规划；

⑨规划实施细则。

2.6.2 小城镇控制性详细规划文本的内容和格式

控制性详细规划文本分为规定性条款和指导性条款，规定性条款包括建设用地的用地范围、用地性质、用地使用强度、交通出入口方位、道路及停车场、建筑退后红线、绿地率及建筑体量等指标，其中的用地使用强度主要是控制其建筑高度、建筑密度、容积率、建筑间距等。指导性条款包括建筑体型、建筑风格、综合景观效果、色彩和其他环境要求。

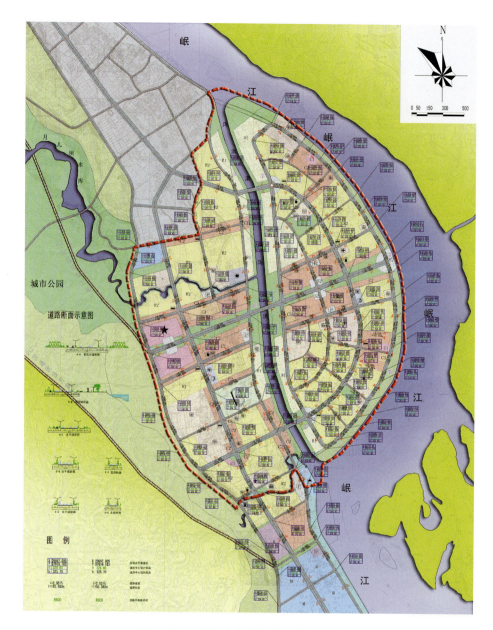

图 2-12　四川乐山市犍为新区道路系统规划

（资料来源：黄耀志，刘翊，李潇等．苏州科大城市规划设计研究院．四川乐山市犍为新区控制性详细规划，2003．）

小城镇控制性详细规划文本要求条款简练、明确。其中的地块划分和使用性质、开发强度、配套设施、有关技术规定等规定性（限制性）、指导性条款要求，以及有条件的规划许可条款，经批准后将成为土地使用和开发建设的法定依据。

2.6.2.1　文本的内容

（1）总则

阐明制订规划的目的、依据和原则、主管部门和管理权限。

（2）土地使用和建筑管理通则

①各种使用性质用地的适建要求；

②建筑间距的规定；

③建筑物后退道路红线距离的规定；

④相邻地段的建筑规定；

⑤市政公用设施、交通设施的配置和管理要求；

⑥其他有关通用规定。

（3）地块划分以及各地块的使用性质、规划控制原则、规划设计要点

各地块控制指标条款控制指标分为规定性、

指导性以及有条件的规划许可条款。

①规定性条款一般为以下各项：用地性质、建筑密度（建筑基底总面积/地块面积）、建筑控制高度、容积率（建筑总面积/地块面积）、绿地率（绿地总面积/地块面积）、交通出入口方位、停车泊位及其他需要配置的公共设施。

②指导性条款一般为以下各项：人口容量（人/hm²），建筑形式、体量、风格要求，建筑色彩要求，其他环境要求。

③有条件的规划许可条款一般指容积率变更的奖励和补偿。

（4）有关名词解释

①地块：由镇区道路或自然界线围合的大小不等的镇区用地。

②建筑限高：地块内建筑物地面部分最大高度限制值。

2.6.2.2 小城镇控制性详细规划的文本格式

（1）总则
①编制背景；
②基本依据；
③适用范围；
④规划原则；
⑤主管部门和管理权限。

（2）土地使用和建筑规划管理通则
①用地分类及控制
a. 关于用地分类的一般原则及必要的说明；
b. 用地使用分类一览表；
c. 用地与建筑相容性规定；
d. 用地性质可更动范围的规定；
e. 用地控制要求，用地控制分为规定性和指导性两类（A类和B类）。前者是必须遵照执行的，后者是参照执行的。

A类（规定性指标）：用地性质、建筑密度、建筑控制高度、容积率、绿地率、交通出入口方位、停车泊位及其他需要配置的公共设施；

B类（指导性指标）：人口容量、建筑形式、体量、风格要求、建筑色彩要求、其他环境要求。

②地块建设容量控制
a. 建筑密度规定；
b. 建筑间距规定；
c. 容积率规定；
d. 容积率奖励和补偿规定。

③建筑高度控制
a. 一般原则；
b. 住宅建筑高度控制；
c. 沿街建筑高度控制；
d. 沿道路交叉口建筑高度控制；
e. 其他。

④建筑后退的控制
a. 沿路建筑退道路红线和道路边界规定；
b. 相邻地块建筑退地块边界的规定。

⑤街坊或地块交通设施的配置和管理
a. 区内各级道路的宽度；
b. 地块配建停车场车位的规定；
c. 出入口位置的规定。

⑥配套设施的控制
a. 配套设施项目；
b. 配套设施数量、用地面积、建筑面积；
c. 关于变更的一般原则。

（3）绿地控制
①绿地控制的基本内容；
②对市、区级公共绿地的控制；
③对地块绿地面积的控制；
④绿地指标。

（4）景观控制（图2-13）
①单体建筑的控制（形体、色彩等要求）；
②高层建筑的控制；
③标志物控制；
④相邻地段的建筑规定；
⑤特殊地段的控制（城市广场、广场环境、街景、中心区、历史地段等）。

（5）附则
①规划成果的组成；
②解释权；
③其他。

图 2-13 景观控制规划

(资料来源：苏州科大城市规划设计研究院. 四川乐山市犍为新区控制性详细规划, 2003.)

2.6.3 小城镇控制性详细规划的法定图则

小城镇控制性详细规划的法定图则明确而肯定地表明用地的使用性质和各类用地的使用强度，以保证各类土地内部的互补性和相邻土地的相容性；保证基础性、公益性用地不被侵占，其他用地适应市场机制；保证城市合理的容量。法定图则可以分片进行，先做成草案公布，广泛征求意见，同时开始试行，经修改后批准施行。

法定图则是规划管理的基本依据，实施规划意图的主要手段，是规划编制、规划立法和规划实施管理三者的结合点。控制规划由于其图纸、文字繁多，其图纸和解释性说明本身并不能直接成为法定图则，而只宜作为技术文件，成为法定图则的说明和技术支撑。我们知道深圳市的法定图则定位于控制性详细规划层面，而这里的法定图则定位于控制规划，即相当于分区规划的层面，适用于一般大城市；对于小城镇而言，可以直接在控制性详细规划的基础上提炼成法定图则。

法定图则是对城市发展进行管理的最基本，也最重要的法规性文件，应由有关的地方法规规定其法律地位、作用和审批、修改等程序，确保其法律效力的严肃性。

控制性详细规划是对各个地块的使用性质、建筑容量、工程管线和各项控制指标的详细规定，为规划管理提供更为具体的技术支撑，图纸比例不小于1/2000。

控制性详细规划由县级及县级以上人民政府规划行政主管部门组织编制，报同级人民政府审批；法定图则由县级及县级以上人民政府规划行政主管部门组织编制，报同级人大常委会或其授权的机构审批。市域内其他城镇的控制规划除另有规定者外，由市规划行政主管部门或县级人民政府组织编制，报同级人民政府审批；法定图则报市人民政府审批。变更按原审批程序报批。

3 小城镇住宅组群规划设计

3.1 小城镇的住文化与居住需求

3.1.1 小城镇住文化的构成及其影响

"建筑必须反映生活，而生活则离不开文化的根。"

住文化是孕育居住建筑的土壤。正是由于有了这片土壤，我国形形色色的民居在当代现实生活中才仍有"记忆中的活力"，从而因住文化自身的积淀和发展，使民居建筑的内在精神和外在风格得以延续。这种现象在我国目前的小城镇及农村表现尤为突出。但是我们看到，这种延续不是一种简单的沿袭，而是有所取舍。于是，广大的民居不同程度地发生有意或无意的变化。何以我们过去热衷研究并认为是合情合理的一些东西，到现在却被居住者抛弃而变得荡然无存呢？而一些我们不以为然的东西如今却开始崭露头角甚至走上舞台？解释这样的困惑，只有从住文化本身去寻根探源。

3.1.1.1 小城镇住文化的构成

任何文化都有三个方面的要素，或者说三个不同的层面，小城镇的住文化也不例外。物质要素包括生产工具、建筑材料、类型与式样以及其他物质产品等；心理要素即住文化的精神层面，包括构筑观念、思维模式、价值观等；行为要素即住文化行为方式层面，如规范、风俗、习惯、制度等。

再看住文化本身，其构成要素之间按性质和关系可以划分为三个界层，即基本界层、中界层和情感界层。基本界层是指人的行为和居住的空间、结构以及形式之间缔结的稳定的逻辑关系，它与住文化的构成要素无关，四者之间的关系是永恒的；中界层即结构层，指住文化的构成要素之间具体的主次、重要位置关系，它对住文化的发展起决定作用；情感界层着重于人的观念与实体或空间场所之间所建立的关系，它在住文化的演化过程中具有保守性。由于人的情感和富有情感内涵的建筑实存或行为之间特有的逻辑关系，被情感结构控制的住文化内容往往可以得以延续。

3.1.1.2 住文化对小城镇住宅的影响

当住文化的主体——人，随社会和时代变化，其意识形态、价值观念、风俗习惯、伦理观念等发生变化时，必然带来居住模式的改变。当这种适应性的调节也难以承受住文化背景环境的整体综合压力时，住文化本身才会发生质变，从而产生新的住文化以及新的居住模式和住宅形制。所以，我们应正确认识我国小城镇住宅自发的改变。首先应分析其住文化要素本身有怎样的变化，这种变化有没有构成对原住文化的完全否定。如果是一种适应性调节，建筑师应分析研究这种变化和调节，才可能把握住文化的发展规律。住文化的自发改变并不一定都是积极的，而是往往伴有副作用。对于这种有害于持续发展的改变，建筑师应予以高度重视，充分利用自己的知识和技能，指导使用者走上正确的轨道。

所以对于小城镇住宅选型，我们应客观地加以分析，不能在怀古心理的作用下一味为之叹息，也不能以历史虚无主义的态度对之过度赞赏。广大生活用住宅则应顺应住文化的发展，合理地加以改造。另外，住文化只有根植于当时当地人的现实生活，才有生命力，才是尊重人性的，才是有机的，才是可发展的。

3.1.2 农村转移人口的居住需求

农村人口进入城镇后，居住、工作、生活都有一个适应过程，居住方式的变化带来了居住需求的不同。了解个体、家庭的整体变迁过程对居住需求的影响，可以帮助我们在宏观上对小城镇居住需求从各层面进行初步的把握。

3.1.2.1 经济层面的适宜与居住需求

适宜的经济支撑是农民在城镇生活经济层面适宜的主要方面。农民收入水平低的现实决定了其外出务工的大趋势。抛弃不能快速致富的农村土地，进入城镇寻找就业机会成为农村人口迁移的主要动力。农民进镇后的首要生存目的便是他们的基本经济需求，为在城镇生活提供必要的经济保障。

在经济层面，大部分农民处于廉价劳动力的职业状态，因此收入水平不高。但农民生活方式的最大特点是节俭，在消费上大多奉行能省就省的原则，除了衣食住行等必要的消费外，其他需求消费很少，原因在于他们的生活标准参考对象是身处农村时期的自己而不是城镇市民，这种标准在观念上有利于他们对物质消费的渐进发展。因此，这种需求体现在居住上就显得较为简单，大多只是满足其休息和基本的日常生活的需要，居住方式具有最初的原始性。所以，对应于居住需求的住宅特点有两点：其一，适合于经济收入渐进发展的"生长式"住宅，可分期实施建设；其二，适合于经济收入增加的混合住宅，实现"产、销、住"的一体化。在符合以上两个特点的住宅中，适宜的住宅模式有以下三种：

（1）庭院式

在庭院中进行的瓜果蔬菜的种植及鸡鸭鹅等家禽的饲养是集镇居民常见的增收方式之一（图3-1）。对于刚刚离开土地的农民来说，不仅仅为其经济行为提供空间场所，在精神层面的意义是其从依赖土地生存向城镇生活转型的一个过渡方式，为其提供一个安宁的住宅空间。

图3-1 庭院式

（资料来源：百度图片网. http://image.baidu.com.）

（2）手工坊式

小城镇中的手工作坊式住宅是转型农民实现增收的重要方式之一（图3-2）。对于集镇居民来说，其手工作坊的种类非常丰富，可以大致分为以下三类：其一，以农副产品的相关加工为主；其二，以第二产业的小型手工制作小商品为主；其三，以第三产业的居民生活配套服务为主的加工作坊。

图3-2 手工坊式

（资料来源：百度图片网. http://image.baidu.com.）

（3）临街商铺式

临街住宅设置商业门面也是集镇居民实现增收的重要方式之一，而且也是最普遍和常见的方式。由于进镇农民的文化素质普遍不高，大多没有接受到高等教育和必要的专业培训，因此其就业方式也受到极大限制，居民的商业经营活动多从事小零售、小批发、小餐馆等（图3-3）。

商业铺面需要临街，且主要以底层为主，因此对住宅的空间组合产生了重要的影响。这与手工作坊对住宅的影响相似。

图3-3 临街商铺式

（资料来源：百度图片网. http://image.baidu.com.）

综上所述，农民生存方式转型阶段其对生存的需求体现在住宅上，应从平面布局和空间机能组织上进行研究（图3-4）。

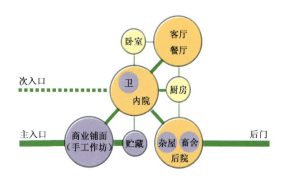

图3-4 农村转移人口建筑空间机能

（资料来源：作者自绘）

3.1.2.2 社会层面的适宜与居住需求

社会层面的适宜，是指农民的社会交往与日常生活方式的适宜。社会层面的适宜反映了农民在生理、安全等方面需求的满足，以及对相属关系和爱的需要。常见的表面的社会适宜就是日常生活中的模仿行为。不论是在外在形象上，还是在言谈举止上，农民的日常生活都开始向城镇居民靠拢。这反映出农民进入集镇以后，对自身从农民到市民的角色转换的认同以及适宜这一转换的主动性。

农民入镇以后的社会交往方式和范围都发生了较大变化。传统方式中以血缘、宗缘、地缘为纽带的社会关系网络，在进入集镇以后转变为以业缘、地缘关系作为社会交往、社会依赖的纽带。这对居住的需求的影响是多方面的，一个重要的表现是其内部功能空间的转换过程。

3.1.2.3 心理层面的适宜与居住需求

农民进镇以后的深层适宜反映在心理适宜层面。它要求农民内化城镇的生活方式、价值观念和文化，在心理上获得满足，在情感上找到归宿。从农村到集镇的农民，在找到一份相对稳定的职业收入以后，最基本的生存适宜也随之完成。但他们在观念、心理等方面的差距是内在的，不容易趋同、缩小。而只有农民完成了心理的适宜，才算完成了真正意义上的适宜过程。

3.1.2.4 个体居住需求变化与空间组织

个体适宜过程中的低起点阶段，居住功能通常被弱化，而以产、销等增加收入的功能空间为主。但在其后的社会、心理适宜阶段，收入的提高与城市文化的冲击必然会使其对空间组织巨大的变化（图3-5）。

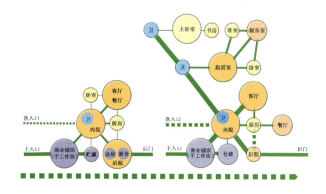

图3-5 农村转移人口居住建筑空间机能演化趋势

（资料来源：作者自绘）

3.1.3 城市转移人口的居住需求

城市分散化是城市化进程未来发展的必然趋势。当城市规模扩大时，由于土地面积的限制，人口密度必然增大，这就造成了拥挤成本的加大。再加上拥挤导致的环境恶化，迫使一部分人和机关迁出城外，这一趋势已经发生在发达国家的许多城市中。

人们做出向郊区转移的决定是经过成本效益的仔细核算的，其中最重要的一项成本就是交通通信。于是降低交通通信成本便成为能否向郊区扩散的决定性因素。

城市转移人口大多来自两种类型：一种类型是在居住环境良好的集镇安置或修建"二居所"的有车族，在集镇居住是为了"拥抱自然"，追求所谓的"诗意的栖居地"；另一种类型是以养老为目的的休闲度假的居住地。

城市转移人口的居住需求当然与农村转移人口的居住需求有很大不同。至少他们无须一个艰难的生存适宜过程，而且在社会、心理层面的适宜上同样站在高起点上。但是，由于家庭结构、家庭生命、生活周期以及生活方式的变化等原因也将导致其居住需求的变化，因此对于城市人口转移，也应采用适宜生长的住宅设计。

3.1.4 居民家庭变迁下的居住需求

3.1.4.1 家庭结构变迁与居住需求

农业生产经营依赖土地和劳动力，低效率的生产方式需要依靠大量的人力来支持，因此逐渐形成几代人相互依存，共同生活的"宗族"家庭结构。但现代社会的发展打破了用于维系土地的传统"宗族家庭"关系，传统几代同居的形式被迫分离。生产力水平的提高使得劳动者不再受土地自然资源局限，对"宗族"的依赖关系也下降了，独立生存能力大大提高，再加上计划生育政策和生活节奏加快等原因，家庭结构规模日趋缩小成为了家庭结构演变的总体趋势。其主要表现是：一方面，户均人口逐渐减少，不论是农村还是城镇的户均人口都在减少；另一方面，在家庭规模上，小家庭呈快速增加的趋势。

在家庭类型上，总的趋势是核心家庭是家庭结构的主要类别，家庭规模的缩小提高了人数少、代际关系简单的小家庭的比重，家庭结构呈现核心化、小型化、多元化趋势。但是在这一总体趋势下，乡镇地区也具有自身的特点：除了一代户在增加外，三代户等还有少许的增长。增长的主要原因在于家庭功能的社会化受阻。当代家庭规模的缩小，使得部分家庭功能被弱化和被专门的社会组织所取代，如子女的教育功能、赡养功能和保障功能等等。但是这些功能的转移必须依赖国家社会福利的保障。因此，在居住规模小型化的同时，近期还需要鼓励并提倡一定比例的居家养老的联合家庭住宅。

3.1.4.2 家庭生命周期与居住需求

家庭，在人类学的意义上是指父、母、子三者之间关系的家庭。它常被看作是一个生育单位，所以家庭这种组织通常就与所有生物一样具有产生、发展、收缩的生命过程。而且，就整个人类历史看，这一过程明显地呈现一种周期性，即新的家庭不断产生，老的家庭也不断消亡。因此，我们将家庭组织这种新陈代谢的过程称为家庭生命周期。一般地，家庭生命周期有着明显的阶段性，通常按照家庭人口变动和家庭主妇的年龄增长，家庭生命周期可分为六个阶段，即家庭形成、扩展、稳定、收缩、空巢、消亡阶段（图3-6）。

（1）家庭全生命周期的复杂化与特点

由于信息的传播加速以及人口的不断迁移，乡镇居民对现代生活方式、价值观念的吸收，使得妇女与青年独立意识逐步加强，逐步出现了丁克家庭、单身家庭以及由于妇女地位的提高和婚姻观念的转变形成的单亲家庭等等。使得乡镇居民的家庭生命周期呈现复杂化的趋势。家庭全生命周期的复杂化对住宅设计中对生长的适宜提出了更高的要求。

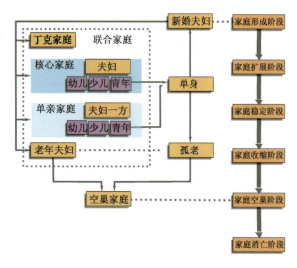

图 3-6 家庭全生命周期规律

（资料来源：作者自绘）

（2）生命周期中居住需求的阶段性

集镇家庭全生命周期随时间动态发展的同时，居住需求呈现出阶段性的变化规律，其中核心家庭的循环周期最具有代表性。

首先，在家庭处于单身期、新婚期时，家庭成员少，经济、工作、生活正处于和社会相适宜的阶段，不稳定因素多，易受外界环境的影响而发生变动。经济收入上可能会出现大起大落，工作变更频繁，生活消费品需求追求新产品，生活方式易受社会新观念的冲击。居住需求稳定性少，一般只有短期性要求。家庭这时期希望在居住空间中体现一定的个性特色。

其次，家庭步入成长期后，家庭生活的重点从追求自我价值转向教育子女，安定期后有可能负担赡养老人的任务。家庭生活注重家庭内部的发展变化，与外界社会交往减少。工作上、经济收入上进入稳定期。最后，家庭代际分离后步入老年夫妻期及致孤寡、死亡，人口逐渐减少。退休以后，经济支出大于收入，物质需求减少。相对而言，对居住空间数量的需求减少，对社会的依赖程度随年龄增长、身体健康状况下降而逐渐强烈。

另外，对于特殊循环，如丁克家庭—核心家庭、单亲家庭—复合家庭的小循环不具有广泛性，并且自身持续时间短。具有多变性、阶段性不明显的特点。

（3）生命周期与居住需求

为适宜家庭生命周期对居住需求带来的动态变化，需要在居住空间的数量、功能等多方面具有灵活性。一方面，通过在外部空间预留余地的情况下，向外或向纵深方向扩展居住空间；另一方面，也可以通过内部房间的分隔或使用房间功能的改变，以适宜人口的增长与居住质量提高的要求。

3.1.4.3 家庭生活周期与居住需求

对于每日循环规律而言，由于农民进镇以后将不再是务农而以第二、三产业的就业为主，因此其日循环周期发生了巨大变化，向现代城镇居民的规律靠拢。比如生活节奏的加快，农村的劳动与生活节奏较慢，时间弹性大，但是在集镇的乡镇企业就业以后，他们由每日无时间约束的劳动变成了严格的上下班制度，生活节奏处在加快之中，这是集镇家庭生活方式变化的共性以及总趋势。

对于每周循环规律而言，主要依据每周工作的周末休闲而变化。大多数集镇居民家庭周末在家时间长，家庭聚会次数多，餐厅与起居在周末的利用率比较高。家庭聚会最频繁的是年循环规律中的年重要节假日——春节。在这些重要的节日中，平日来往很少的朋友与亲戚也开始互相走动，多人的餐饮空间以及客厅在节日期间变得更为重要。

3.1.4.4 家庭生活方式与居住需求

由于城乡生活方式截然不同，进镇农民从乡村来到集镇后，不可避免地受到城镇文明对其生活方式的冲击，因此生活方式自然而然地随之变化，向城镇生活方式靠拢，因此也可称为进镇农民的生活方式城市化。生活方式的一个重要侧面就是闲暇时间的安排。在农村，农民并没有太多的丰富多彩的业余生活。而进入集镇以后，随着人口和第三产业的聚集以及基础建设的支持，他们开始有了更多的选择，业余生活已经有了很大的丰富和提高。因此农民入镇后居家的时间将开始逐渐减少，而将更多地投入到社会生活中去。

再有，随着收入与教育水平等方面的提高，居民对居住的个性化需求开始增加。因此在设计中很难完全兼顾各种个性化的需要，只能根据其共性需求的统计与预测设计出菜单式的可选方案之后，通过加强居民参与设计和居民自建来实现其动态的个性化要求。

3.1.4.5 家庭居住需求变化与设计要点

综上所述，农民进镇后家庭变迁导致的居住需求变化与设计要点可以归纳如表3-1。

集镇居民家庭的变迁　　　　表3-1

	家庭结构	家庭自身微循环		家庭生活方式
		生命周期	生活周期	
变化趋势	家庭结构规模日趋缩小。家庭类型趋向核心家庭，同时联合家庭有所增加	家庭全生命周期更趋复杂化	日、周、年循环周期向现代城镇居民的规律靠拢，生活节奏加快	向城镇生活方式靠拢，社会生活增多，人性化需求增多
家庭的居住需求变迁与居住要点	应适应低起点住宅向3～5人为主的核心、联合家庭变迁的趋势。在联合家庭的居住建筑中，应充分考虑老年人的需求	需要住宅具有伸展扩建与弹性改建等能力，以适应其居住需求呈现的阶段性变化	生活节奏的加快使得卧室功能简单化趋向减小，而公共空间如餐厅、客厅、起居室则趋向增大。设计中需要通过演进过程逐步适应这种需求	通过弹性改建方式，强化可变性、适宜性，以适宜居民更加个性化的需求

3.1.4.6 居住需求演变与设计阶段划分

根据上述分析，我们将居民居住需求演变对应的设计阶段划分为起步阶段、过渡阶段和完善阶段（表3-2）。住宅的演进过程则大致对应于这样一个阶段划分。需要说明的是：首先，对于大量性集镇居住建筑而言，不同地区、不同家庭、不同时间的生长阶段都有可能不同，因此没有必要进行过于精确的划分，只要达到便于设计与建设的目的即可；其次，这三个阶段与人的需求层级一样，更多地具有波浪式前进的性质。

居住需求不间断的渐进变化过程　　　　表3-2

		起步阶段	过渡阶段	完善阶段
阶段	A	必须	必须	必须
	B	可选	可选	必须
适宜层面	A	经济适宜层面	社会适宜层面	心理适宜层面
	B	无		
阶段特点	A	经济收入方式由对土地的依赖转向到集镇就业，生存问题迫使其选择"产、销、住"三位一体的低起点建筑	社会交往、日常生活方面的深刻变化。居住功能以外部扩展为主	城镇生活方式、价值观念和文化的内化。居住功能以内部更新完善为主
	B	大多不会在集镇就业或存在经济困难，选择低起点是为了节省投资或居住要求不高	以适宜家庭结构、生命生活周期、生活方式等导致的居住需求变迁为主，阶段性不明显。可根据居民需要选择	
阶段划分与设计要点	A	通过庭院经济以及增加生产等方式，加强生存能力 除满足基本功能需求的生活用房外，其他用房应尽量减少。这一时期的核心是需要成本低廉、可分期实施的居住建筑	初期的集约用房开始分离，各功能空间独立分离出来，并要求一定的空间质量。这一时期居住建筑的生长是以伸展扩建为主，使低起点的住宅功能更加细化	除了居住功能空间进一步细化扩展，内部功能空间的布局和设置都开始体现城市文明的生活方式。这一时期居住建筑的生长是以弹性生长为主，住宅功能更加完善
	B	增加收入的举措对其意义不大，但还是可以通过功能空间的适度精简达到节省投资的目的。庭院种植以身心的娱乐为主	根据家庭结构变迁对居住空间进行扩建	根据家庭结构等变迁对居住空间进行内部更新

注：A代表"农村集中化带来的转移人口"；B代表"城市分散化带来的转移人口"。

3.2 小城镇住宅的类型及其性能指标

3.2.1 经营、居住混合型住宅

小城镇作为城市和乡村的中间纽带，其经济的一个重要组成部分就是以家庭经营为主的小商业和小手工业。随着我国小城镇、乡村集市整体建设步伐的加快，以及县乡、乡村两级公路的修建，为发展个体形式的手工业、加工业、商业、服务业等街道型经济提供了可能。小城镇临街经营型住宅已经成为小城镇住宅的一个主要类别。

3.2.1.1 经营、居住混合型住宅的特点

这类住宅的显著特征是临街"一"字排开，每户一个开间或者两个开间。一个开间宽度大致在3.6~4.8m，两个开间宽度大致在5.4~8m，进深15m左右，其层数一般为2~3层。由于都是私人投资建造，其经济实力有限，故要求此类建筑结构简单、施工方便、能就地取材、造价低廉，同时还有一定的适应性和灵活性。随着居住者经济收入的增长和家庭构成的变化，居住者有可能对此类建筑进行扩建。其适应性和灵活性具体表现为面积可大可小，层数可高可低，可分期施工，套型可由一户变为多户。经营型住宅本身具有两层涵义：既要满足经营需要，同时也要满足居住的需要。这就要求功能分区相当明确，具体做法为：一般是把从事生产经营的商业部分临街布置，满足生产和经营的需要，生活辅助部分布置在后院，并有单独的进出门，居住用房布置在楼上。这样，便可做到动静分离，经营与居住分区明确，形成前厅、后院、楼上协调统一的整体，既方便经营生产，又体现尊重个人隐私的需要。经营型混合住宅的平面布置一般呈带状分布，横向多户并列，沿街道组合并向两端延伸。这样便于小城镇整体统一规划，以形成统一的建筑造型和艺术风格，避免点式建筑标新立异，追求强调自我而与周围建筑格格不入。临街经营型混合住宅应以宜人的尺度，组成前后参差不齐、高低错落、层次丰富、虚实相间的建筑轮廓。采用简化的具有地区特征的建筑符号，使建筑物既富有浓郁的民居特色，又富有鲜明的时代气息。

3.2.1.2 经营、居住混合型住宅的设计构成

经营型混合住宅平面设计包括两个方面，经营部分设计、居住部分设计。经营部分设计是设计者根据用户生产经营的需要而决定该部分建筑面积的大小。因为，用户所从事经营类型的不同对此部分建筑面积大小的要求也不同，如用户从事餐饮服务业和商品零售业对这部分建筑面积的要求是截然不同的。与经营部分密切相关的就是库房，因为无论用户从事什么类型的产业，总是有一些商品或物品需要库存的。库房须与经营部分有紧凑的联系，面积可大可小。可以利用楼梯的潜空间设置库房，这样既能满足使用功能，同时又显著提高住宅内部空间的使用效率。居住部分设计要合理组成卧房、客厅、厨房、卫生间等功能分区，做到交通便捷、联系紧凑、动静分离、公私分开，既能体现家庭融洽和睦的气氛，又能体现出家庭成员的相对独立性，为用户营造一份舒适宁静的居住环境。一般做法是将厨房和客厅布置在一楼。居住部分布置在楼上，卫生间每层均设。

3.2.1.3 经营、居住混合型住宅实例分析

下面两实例均为面窄进深大的经营型住宅楼。图3-7面宽7.2m，图3-8面宽为4.5m。一层临街为商业用房，还配备库房和客厅，便于业主和顾客之间谈生意、交流信息。生活区布置在后院并有单独出入口，与营业区相对独立，居住用房布置在楼上。为了解决因面窄进深大影响中部采光、通风问题，可采用独户内天井，这样既可

有效地解决通风与采光问题，改善居住条件，又可组织内部空间分区，排除视线干扰，形成临街经商、后院生活、楼上居住三者既有联系又相互独立的建筑空间。图3-8的二楼设平台，三楼设晒台、坡屋顶。晒台和坡屋顶缩短了房屋间距，保证了室内有充裕的日照时间和良好的日照质量。平台作为休息和户外活动空间，为用户创造良好的居住环境。晒台的存在使建筑立面层次丰富、造型优美，同时又为扩建、分期施工提供可能。实例运用简化的混凝土吊脚、线条流畅的波形瓦挑檐，使建筑蕴含着传统民居韵味，充满了浓郁的乡土气息。立面处理以白色为基调，大面积贴

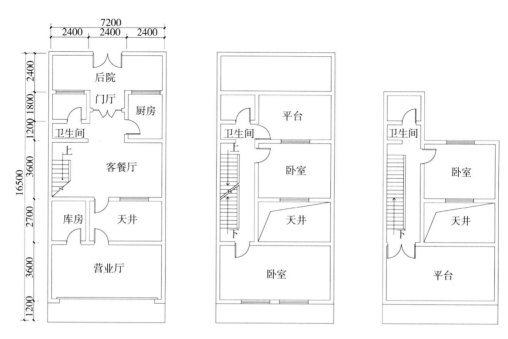

图3-7 经营、居住混合性住宅平面实例一
（资料来源：作者自绘）

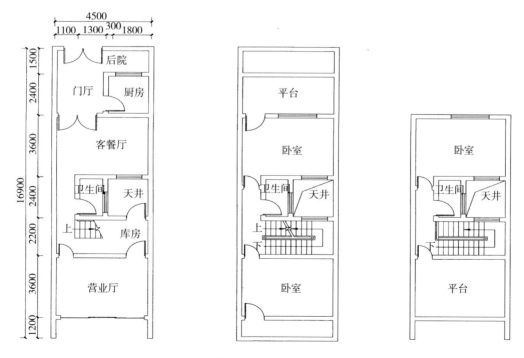

图3-8 经营、居住混合性住宅平面实例二
（资料来源：作者自绘）

白色面砖，显得朴素、大方，挑檐采用橙红色波形瓦，打破了大面积白色面砖所形成的单调、沉闷、呆板的建筑外形。这样白与红色的强烈对比，使建筑既富有住宅朴素、大方的建筑内涵，同时也富有商业建筑活泼、明快的建筑外延。经营型混合住宅是一种非常灵活的住宅，随着经营方式和经营规模的改变，业主也应当具有自我建设的余地。在有的小城镇还出现了几栋联排商业型住宅将底层打通从而获得更大经营规模的实例。

临街经营型建筑量大面广，是我国小城镇住址的主要模式之一，也是今后我国住宅一个新的生长点。它的蓬勃发展，促进了农村向城市的渐进转换，缩小了城乡差别，加快了城乡一体化进程。临街经营型住宅的设计应当注意功能上的合理分区，在保证经营需要的同时保证合理的居住需求。

3.2.2 多代合居型住宅

3.2.2.1 老龄化问题的由来

按国际现行标准，年龄大于60岁的老人占总人口超过10%或年龄大于65岁老人占总人口超过7%为老龄化社会。我国2000年65岁以上老人已达到6.95%，60岁以上老人已达10%。可以说，我国已经全面进入老龄社会，这一发展速度比发达国家快得多。但同时据相关资料分析，世界上先于我国跨入老龄化社会的国家和地区的人均国民生产总值，发达国家为1万美元以上，在一般国家人均国民生产总值至少也在5000美元左右。而我国在跨入老龄化国家行列时，人均国民生产总值约1000美元。这说明我国人口老龄化的速度超过了我国的经济发展速度，面临的是发展中国家经济和人口结构的矛盾，导致国家与社会经济负担过重。因而，在现阶段和相当长的一段时期内，我国的养老模式将不同于国外以社会养老为主的模式。未富先老，经济起点水平低，决定了我国只能走家庭养老和社会养老相结合的"居家养老"道路。

小城镇作为我国的主要人口聚居地，老龄化问题也日趋引人关注。相对于大中型城市而言，小城镇的经济起点水平低，社会养老福利设施更不健全，在老年人居住方式中，社会托养模式的比重更小，主要采取的是同社区环境相结合的居家养老模式。同时，小城镇发展居家养老模式也有自己独特的优势。第一，小城镇地区的传统观念较强，"置房添业"、"世代相传"、"养儿防老"、"儿孙满堂"仍是老年人心目中的重要情结，他们希望和家人居住在自家的房产中；第二，小城镇住宅的兴起往往伴随着小城镇社区的发展，而老年人往往是社区活动的主要力量。随着社区环境的改善，老年人大多选择在自己熟悉的环境里生活；第三，小城镇住宅建设的一个重要组成部分就是居民自建的独立小住宅，由于社会和经济的原因，子女和老年人也都希望能联合建房，以便互相依托。

3.2.2.2 多代合居型住宅

老年人有老年人的活动特点和心理需求，而年轻人则有自己的生活和想法。结合小城镇住宅建设的现实情况，我们应当重点发展一种"多代住宅"。

"多代住宅"就是指老年人与一代或几代共同居住，但同时又保持各自居住独立的住宅。多代住宅既符合老少几代人各自独立生活的愿望，又能互相照顾，共享天伦之乐。针对我国的土地资源情况和小城镇地区的经济建设水平，垂直分层比水平分隔更适宜我国的国情。

在垂直分层型的多代住宅设计中，我们应该注意以下几个问题。

第一，出入口的设计。多代居通常为独立式小住宅，一般有前后两个入口，往往还附带一个后院。针对老年人的活动特点，通常情况下将后门作为老年人的主入口。至少应当将后门作为无障碍设计，尽量不设台阶，而以较缓的坡道代替，并在合适的位置上设置方便老人借力的扶手。

第二，室内空间的设计。阳光无论是对老年人的身体还是心理，都具有无可替代的作用。老年人的卧室和客厅必须保证良好的朝向，以获得充分的日照和良好的通风条件。老年人通常居住在底层，若无特殊情况，底层层高不宜过高，起居室面积不宜过大。部分业主片面追求造型的豪华气派效果，底层层高达4.2～4.5m，起居室也达40m²左右。如此过高过宽的空间，如无合适的家居陈设，容易形成空旷感，而增加老年人孤寂的感觉，不利于老年人的心理健康。通常情况下，多代居中老年人居住空间的层高以3.3～3.6m为宜，起居室大小方便老人之间互相交流、娱乐即可。

第三，在老年人住宅设计中，个人卫生空间的易达性和方便性是很重要的。卫生间应紧临卧室，条件许可的情况下，最好在老年人主卧室里附带一独立卫生间，便于老年人夜间使用。在便器的选择上，以座式马桶为宜，如底层卫生间同时供宾客使用则可以采用蹲式便器，配以马桶式坐椅辅助。

第四，交通空间的设计。保持居住的独立性，并不意味着多代居上下层空间的绝对独立。在有的住宅设计中，采用类似城市公寓住宅的方式设置公共楼梯，同底层的老年人居住空间不发生直接联系，从而造成家庭内部交流的不便，既不利于老年人的心理健康，也不利于下一代对老年人的照顾。多代居住宅设计中，楼梯间宜在室内布置，成为上下层空间的交流枢纽，同时，楼梯的坡度应较缓，扶手设计应便于老年人借力，不宜采用弧形、三角形等异形楼梯设计。

3.2.2.3 多代合居型住宅设计实例分析

如图3-9所示住宅设计，宅基地为10m×10m的方形用地，前后皆临小区道路。应业主要求，既要考虑车库停放，又要考虑老年人合居的问题。由于用地较为紧张，且房屋进深较浅，故未采用后院，而在主入口结合做了无障碍设计。

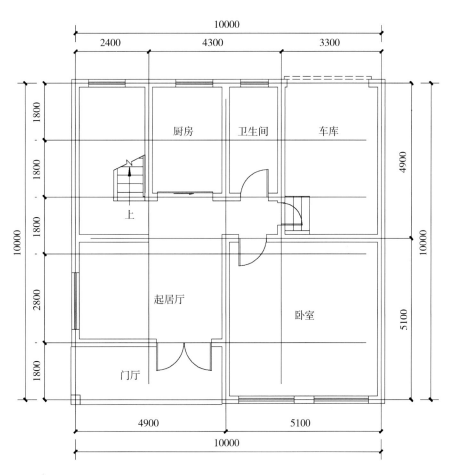

图3-9 多代合居型住宅

（资料来源：作者自绘）

在底层的老年居住空间中，采用了符合老年人生活习惯的大卧小厅设计，起居厅主要起接待作用，而在卧室中则结合设置了休闲空间，整个空间较为紧凑，同时也减少了年轻业主穿行的交通干扰。而楼上应业主要求，采用了上下贯穿的中庭设计，利用跑马廊组织空间。在最后建成投入使用后，业主表示空间效果十分满意，老人也表示非常舒适。

住宅实际上是老年人所有活动的中心。适宜的居住环境和居住方式对于老年人尤为重要。老年人住宅已经成为小城镇住宅的一个重要类型，在住宅设计中，应当充分考虑老年人的身体状况和心理特点，根据现实国情并视各地的具体情况寻求因地制宜的解决方案。

3.2.3 公寓型住宅

我国发展小城镇的一个重要原因就是实现大农业，实现农村土地的集约化管理，从而达到提高农业生产力，节约耕地的目的。同前文介绍的属于独立式住宅的多代居住宅和临街经营居住混合型住宅比较而言，小城镇公寓式住宅更能体现小城镇战略的这一宗旨。随着小城镇经济中非农成分的逐渐减少，居民的生产和生活水平也日益提高，其日常生活同普通城市居民并无太多差异。小城镇住宅作为缓解人口和土地矛盾的有利选择，必将成为下一轮小城镇住宅建设的重点，同时，公寓型住宅也更加符合住宅产业化政策的发展方向。

小城镇公寓型住宅不应只是城市公寓住宅的简单翻版，而应当具有自己的发展方向和建设特点：

其一，小城镇公寓型住宅的用地普遍较为宽松，设计条件比城市住宅更加优越，但在设计中，不能因此放松对面宽和进深的要求，仍需使房型紧凑合理，避免出现过多无谓的交通空间，降低使用系数，造成不必要的浪费。在空间设计上要求实现明厨明卫，动静分离，公私分离，食寝分离，进一步提高广大小城镇居民的居住水平。

其二，小城镇公寓型住宅单套面积一般较大，室内空间类型较丰富，跃层、错层、复式等运用较普遍。在注意室内空间塑造的同时，应注意创造同小城镇居住环境相适宜的室内外交流空间与户外活动空间，避免"社区城市病"的发生。

其三，小城镇公寓型住宅应以中低层为主，层数不宜过多，4~6层较为合适。由于小城镇建筑物体量一般不大，应十分重视小城镇公寓型住宅的造型设计。在建筑造型塑造上，一般宜采用坡屋顶设计，以传统民居建筑符号点缀，从而使之融入小城镇的整体形象。应避免出现千篇一律的火柴盒设计。屋顶、阳台、檐口是小城镇公寓型住宅造型设计的关键点。立面设计应注意虚实对比和节奏感，可采用退台等手法降低小城镇公寓型住宅对街道的压迫感。

如图3-10所示住宅，采用异位跃层手法，每套住户拥有三个不同的标高，住宅内部空间丰富多变，功能分区合理明确，洁污分离，动静分离。在居住可能性上具有多种选择，在建筑底层设车库或储存间的情况下仍可满足最高层住户室内地坪距室外地面为16m高。户内楼梯与走道合一，节省空间。起居室规整独立，便于使用。每户家庭都拥有相当的储存空间。造型上采用坡屋顶，且南高北低，有利于减少日照间距，节约用地。

以上所谈及的只是小城镇住宅常见类型的几种。通过对上述几个方案的分析，我们可以发现，优秀的小城镇住宅设计必须要有小城镇的特点，同小城镇居民的生活相适应，同小城镇所特有的自然环境优势和人文环境特点相结合。小城镇的住宅建设中，自建房和集资房比例相当高，设计中既要从业主的要求出发，有时还应当考虑得比业主更加专业，更加长远。应当先从功能出发，注意空间的创造，而不能仅仅只停留在外在形象的塑造。另外，小城镇住宅设计中应时刻注意利用和保护小城镇所独有的环境优势，合理吸收我国传统居住文化的优秀养分，注意借鉴传统民居的功能组织和造型处理。

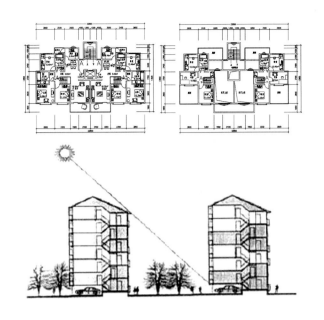

图 3-10 异位跃层型公寓式住宅

（资料来源：作者自绘）

3.2.4 小城镇住宅的性能指标确定

住宅建筑性能就是指住宅满足居住者对于适用、安全、卫生等方面的各种需求的总和。住宅性能评价是对住宅性能与质量的科学定位与估价，是促进住宅产业现代化和住宅商品市场规范化的基础工作。通过对住宅性能的科学评价，可以为商品住宅评定质量，进而排级定位，使住宅租售严格按质论价，从而建立住宅公平交易市场。

对住宅各项性能进行评价，也就是对住宅满足居住者各种需求的综合程度的评价。首先应确定住宅性能评价的指标体系。由于我国地域辽阔，加上住宅类型不同，评价的对象范畴不同，因此有多种评价指标体系。考虑到建设部已从小区整体出发，确定了规划与设计、结构体系与建筑节能、工程质量、厨卫设施水平、小区环境质量、小区物业管理的建立与运行等评价指标，建立了《小康住宅示范小区综合成果验收量化指标体系》，并在每年的小康优秀住宅示范小区的评比中加以实施运用，故本文仅从住宅本身性能的角度考虑，

以影响居住者各类需求满足程度的因素为依据，建立如下评价指标体系：①住宅的平面空间布置；②平面指标；③厨卫设计；④室内环境质量；⑤住宅的安全性；⑥住宅的耐久性；⑦住宅建筑的艺术性。

其中住宅平面空间布置指标主要影响居住者的休息、卫生、交往、私密、活动等项需求；平面指标主要影响休息、活动等需求；厨卫设计主要影响卫生、餐饮、活动等需求；室内环境质量指标主要影响居住者休息、光、空气、噪声控制等项需求；住宅安全性指标主要影响一般居住安全、安全防卫等项需求；住宅耐久性指标主要影响安全、建造等需求；建筑艺术性指标主要影响生活、美感等项需求。

3.2.5 小城镇住宅的性能指标说明

3.2.5.1 平面空间布置

平面空间布置是指住宅内部通过对各组成部分的合理安排而达到的住宅功能分区、房间配置、面积分配、空间划分、户内交通布置等住宅整体宏观质量的综合效果。就住宅的平面空间布置所实现的功能而言，主要解决以下主要问题：

①适合于家庭所有成员的需要，即应有全家公共活动之处，又应有各自生活的独立环境，且随着生活水平的不断提高，后者显得更为突出；

②满足私密性和安全感的要求；

③既要考虑日常生活变化的需要，更要考虑较长时间内人口变化和适应生活发展的需要；

④住宅属于个人生活资料。住宅商品化后更要求适合不同家庭住户的特殊需要。经济条件的变化将对现有住宅提出一系列的改革，如室内装修、设备标准变化等；

⑤针对现代住宅节约用地、面积紧凑、房间有限的特点，如何使居住空间能小中见大，简单中有变化，局限中有自由，封闭中见开敞，室内外结合，创造良好的室内外环境，亦是住宅平面空间布置中需考虑的问题。

在进行住宅平面空间布置时，必须尽量满足以上要求。而对满足程度的衡量，本文就用平面空间布置这一指标。平面空间布置指标又包括平面空间综合效果、层高设计、良好朝向卧室、厅的面积系数、家具易于布置程度、阳台设置水平、储藏设置、楼梯走道及其他公用设施的设置。

3.2.5.2 平面指标

平面指标是体现住宅各部分面积尺寸、满足功能程度及关于住宅使用的各项经济技术效果的重要指标。它主要包括住宅套建筑面积标准、住宅各部分的面积尺寸标准、使用面积系数、住宅每套平均面宽等。

住宅套建筑面积标准表明该住宅的套面积大小是否满足国家相关标准的要求等。该指标的设置是为了防止住宅设计出现盲目求大而出现严重的面积超标现象，同时又可控制住宅面积，防止其过小，不利于使用。住宅各部分的面积尺寸表明住宅各部分的设计是否能满足住宅各项功能的实现，方便住户的使用，是否满足国家及各地区相应规范或定额对其面积大小和尺寸比例的要求。

$$使用面积系数 = \frac{使用面积（m^2）}{建筑面积（m^2）} \times 100\%$$

住宅使用面积系数是住宅使用面积与住宅建筑面积的百分比。其中建筑面积是指住宅外墙外边线所围的水平面积之和（详细计算规则参见"建筑安装工程预算定额"），包括居住面积、辅助面积、公共辅助面积和结构面积四个部分。使用面积也就是有效面积，为住宅建筑面积扣除住宅结构所占面积的所余部分，包括卧室、起居室、过厅、过道、厨房、卫生间、厕所、贮藏室、壁柜等分户门内面积的总和（参见《住宅建筑设计规范》）。使用面积系数是体现住宅面积使用效果的最有效的指标，是住宅性能评价的有力指标之一。

住宅每套平均面宽是指住宅底层两山墙外皮间的长度被首层或标准层层套数除。在一般情况下，适用于条式住宅。平均每套面宽是反映住宅建设节约土地的一个指标。当建筑面积一定时，缩小面宽，加大进深可以起到节约用地的作用。

3.2.5.3 厨卫设计

厨卫设计是最能体现居住文明程度的地方，它的配置水平是一个国家建筑水平的标志之一。厨房是设备密集和使用密集的地方，然而它又是集中油烟、水蒸气、氮化物、一氧化碳以及苯并芘等有害物质的地方。因此厨房设计水平的高低对住宅功能的完美实现具有举足轻重的作用。卫生间是住宅中所有家庭生活卫生和个人生理卫生的专用空间，改善卫生间功能是保证居民生活健康，提高生活质量的关键措施之一。厨房、卫生间除了要求较高的设施、配置水平外，还要布置合理，且有一定的面积要求。

3.2.5.4 室内环境质量

改善住宅室内环境质量是提高居民生活质量的重要措施之一。目前一些发达国家已不满足于"小康型"住区，而向更富裕的"生态型"住区努力。我国由于经济基础较薄，人口多，人均土地占有率较低等因素的影响，目前住宅室内环境质量较差，因此尽快提高环境质量，建立适合我国国情的环境改善措施及环境质量评价体系更是当务之急。住宅室内环境质量，亦称为住宅的物理性能，它的量化指标包括住宅的热工性能（即保温隔热性能）、住宅的空气质量（通风性能）、住宅的声学性能（隔声性能）、住宅的光学质量（采光性能）。总之，随着人类社会的发展和人类生活水平的不断提高，住宅的室内环境在住宅整体功能中的作用就会越来越大。

3.2.5.5 住宅的安全性

住宅的安全性能关系到人民群众生命财产的

安全,关系到整个建筑的耐久性及生命周期成本,必须引起开发、设计与施工部门的高度重视,否则会缩短住宅使用寿命,增加住宅使用成本,降低住宅功能,甚至会难以抵御重大的自然灾害,造成无法估量的损失。住宅的安全性能指标包括结构安全和安全措施。结构安全指住宅结构体系对于住宅建设条件的合理性,结构体系抵抗地震、台风等自然灾害的能力和住宅工程建设质量的好坏。安全措施指住宅设计中对防盗、防水、防火、防滑、防碰撞等问题的考虑程度及采用的相应措施。

3.2.5.6 住宅的耐久性

住宅的耐久性包括住宅结构体系的可持续性、结构部件的耐久性、材料设备的耐久性以及住宅装修工程的耐久性。住宅结构体系的可持续性是住宅耐久性最重要的部分。住宅功能老化将会造成能源与资金的巨大浪费,阻碍我国经济建设的迅速发展,加大我国住宅供给与需求之间的矛盾。图3-11为一个典型的房屋价值降低过程,由图可看出功能老化的速度大大快于材料的老化。因此,在住宅设计中应加强对结构体系可持续性的研究与考虑,寻找一种合理的、可灵活多变满足不同时期要求的结构体系。对住宅功能的评价也同样要考虑住宅结构体系可持续性对住宅功能的影响与提高。

住宅结构部件的耐久性是指各结构部件的寿命长短,及其寿命之间相互协调一致的程度,应使住宅结构主要部件的寿命与住宅寿命相一致,防止由于个别主要部件寿命的提早结束,而导致住宅寿命的缩短。材料设备的耐久性主要是指住宅所用材料及设备的耐久性。对住宅装修工程耐久性的评价成为对住宅功能评价的一个必要组成部分。

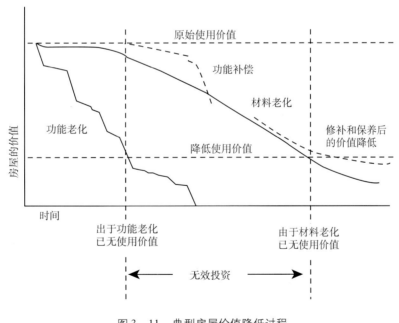

图3-11 典型房屋价值降低过程

(资料来源:作者自绘)

3.2.5.7 住宅建筑艺术

随着人民经济状况的改善,住宅建筑美观问题受到越来越多的重视。美的住宅建筑,既可美化城市形象,提高城市景观效应,又可提高人们生活质量,使人心情愉快、身体健康,增加住宅功能。住宅建筑艺术指标正是对住宅建筑美观问题的衡量。住宅设计时,除注意住宅区的群体设计之外,还应加强对个体住宅建筑艺术的设计。住宅建筑艺术包括住宅室内效果和住宅立面效果。

3.3 小城镇住宅群的建筑与规划设计

3.3.1 小城镇住宅群的一般要求

住宅是居民生活居住的三维空间，住宅群组合布置合理与否直接影响到居民的工作、生活、休息、游憩等方面。因此，住宅群的规划布置应满足使用合理、技术经济、安全卫生和面貌美观的要求。

3.3.1.1 使用要求

住宅建筑群的规划布置要从居民的基本生活需要来考虑，为居民创造一个方便、舒适的居住环境。居民的使用要求是多方面的，例如根据住户家庭不同的人口构成和气候特点选择合适的住宅类型，合理地组织居民户外活动和休息场地、绿地、内外交通等。由于年龄、地区、民族、职业、生活习惯等不同，居民生活活动的内容也有所差异。这些差异必然提出对规划布置的一些内容的客观要求，不应忽视。

3.3.1.2 健康要求

卫生要求的目的是为居民创造一个卫生、安静的居住环境。它既包括住宅的室内卫生要求，良好的日照、朝向、通风、采光条件，防止噪声及空气等污染，也包括室外和住宅建筑群周围的环境卫生；既要考虑居住心理、生理等方面的需要，也应赋予居民精神上的健康和美的感受。

（1）日照

阳光对人的健康有很大的影响，因此，在布置住宅建筑时应适当利用日照，冬季应争取最多的阳光，夏季则应尽量避免阳光照射时间太长。住宅建筑的朝向和间距也就在很大程度上取决于日照的要求，尤其在纬度较高的地区（纬度45°以上），为了保证居室的日照时间，必须要有良好的朝向和一定的间距。为了确定前后两排建筑之间合理的间距，必须进行日照计算。平地日照间距的计算，一般以农历冬至日正午太阳能照射到住宅底层窗台的高度为依据；寒冷地区可考虑太阳能照射到住宅的墙脚为宜。

平地日照间距计算方法如图3-12所示。

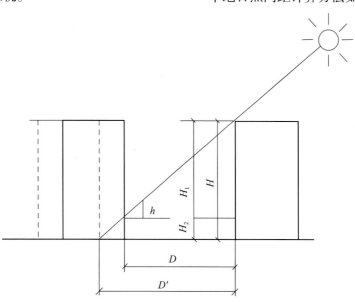

h—冬至日正午该地区的太阳高度角；H—前排房屋檐口至地坪高度；H_1—前排房屋檐口至后排房屋窗台的高差；H_2—后排房屋低层窗台至地坪高度；D—太阳照到住宅底屋窗台时的日照间距；D'—太阳照到住宅的墙脚时的日照间距

图3-12 平地日照间距计算

（资料来源：作者自绘）

由图 3-12 得出计算公式：

$$D = \frac{H - H_2}{\tan h} \qquad D' = \frac{H}{\tan h}$$

当建筑朝向不是正南向时，日照间距按表 3-3 中不同方向的同距折减系数相应折减。

日照间距折减系数　　表 3-3

方位	0°~15°	15°~30°	30°~45°	45°~60°	>60°
折减系数	1.0	0.9	0.8	0.9	0.95

住宅日照要求不仅局限于居室内部，室外活动场地的日照也同样重要。住宅布置时不可能在每幢住宅之间留出许多日照标准以外不受遮挡的开阔地，但可在一组住宅里开辟一定面积的开敞空间，让居民活动时获得更多的日照。如在行列式布置的住宅组团里，将其中的一幢住宅去掉 1~2 个单元，就能为居民提供获得更多日照的活动场地。尤其是托儿所、幼儿园等建筑的前面应有更开阔的场地，获得更多的日照，这类建筑在冬至日的满窗日照不应少于 3h。

（2）朝向

住宅的朝向是指主要居室的朝向。在规划布置中应根据当地自然条件——主要是太阳的辐射强度和风向，来综合分析得出较佳的朝向，以保证居室获得较好的采光和通风。在高纬度寒冷地区，夏季西晒不是主要矛盾，而以冬季获得必要的日照为主要条件，所以，住宅居室布置应避免朝北。在中纬度炎热地带，既要争取冬季的日照，又要避免西晒。在Ⅱ、Ⅲ、Ⅳ气候区，住宅朝向应使夏季风向入射角大于 15°；在其他气候区，则避免夏季风向入射角为 0°。

（3）通风

良好的通风不仅能保持室内空气新鲜，也有利于降低室内温度、湿度，所以建筑布置应保证居室及院落有良好的通风条件。特别在我国南方或由于地区性气候特点而造成夏季气候炎热和潮湿的地区，通风要求尤为重要。建筑密度过大，住宅小区内的空间面积过小，都会阻碍空气流通。

在夏季炎热的地区，解决居室自然通风的办法通常是将居室尽量朝向主导风向，若不能垂直主导风向则应保证风向入射角在 30°~60°之间。此外，还应注意建筑的排列、院落的组织以及建筑的体型，使之布置与设计合理，以加强通风效果，如将院落布置敞向主导风向或采用交错的建筑排列，使之通风流畅。但在某些寒冷地区，院落布置则应考虑风沙、暴风的袭击或减少积雪，而采用较封闭的庭院布置。

（4）防止噪声

噪声对人的心脑血管系统和神经系统等会产生一定的不良作用，如易使人烦躁疲倦，降低劳动效率，影响睡眠，影响人体的新陈代谢或血压增高等；当噪声大于 150dB 时，则会损坏听觉器官。一般认为居住房屋室外的噪声以不超过 50dB 为宜。避免噪声干扰一般可采取建筑退后道路红线、绿地隔离等措施，或通过建筑布置来减少干扰，如将喧闹或不怕喧闹的建筑沿街布置。

（5）空气污染

除来自工业的污染以外，生活区中的废弃物、炉灶的烟尘、垃圾及车辆排放的尾气及灰尘也会不同程度地污染空气，在规划中应妥善处理，在必要的地段上设置一定的隔离绿地等。

3.3.1.3 安全要求

住宅建筑的规划布置除了满足通常情况下的居住生活要求外，还必须考虑一旦发生火灾、地震、洪水浸患时抢运转移的方便与安全。因此，在规划布置中，必须按照有关规范，对建筑的防火、防震、安全疏散等做统一的安排，使之能有利于防灾、救灾或减少其危害程度。

当发生火灾时，为了保证居民的安全、防止火灾的蔓延，建筑物之间要保持一定的防火距离。防火距离的大小随建筑物的耐火等级以及建筑物外墙门窗、洞口等情况而异。《建筑设计防火规范》（GBJ 16—87）中有具体的规定。

地震区必须考虑防震问题。住宅建筑必须采取合理的房屋层数、间距和建筑密度。房屋的层数应符合《民用建筑抗震设计规范》要求，房屋体型力求简单。对于房屋防震间距，一般应为两侧建筑物主体部分平均高度的 1.5～2.5 倍。住房的布置要与道路、公共建筑、绿化用地、体育活动用地等相结合，合理组织必要的安全隔离地带。

3.3.1.4 经济要求

住宅建筑的规划与建设应同小城镇经济发展水平、居民生活水平和生活习俗相适应，也就是说确定住宅建筑标准、院落布置等均需要考虑当时、当地的建设投资及居民的生活习俗和经济状况，正确处理需要和可能的关系。降低建设费用和节约用地是住宅建筑群规划布置的一项重要原则。要达到这一目的，必须对住宅建筑的相关标准和用地指标严格控制。此外，还要善于运用各种规划布局的手法和技巧，对各种地形、地貌进行合理改造，充分利用，以节约经济投入。

3.3.1.5 美观要求

一个优美的居住环境的形成，不是单体建筑设计所能达到的，主要还取决于建筑群体的组合。现代规划理论已完全改变了那种把住宅孤立地作为单个建筑的设计，而应把居住环境作为一个有机整体来进行规划。居民的居住环境不仅要有较浓厚的居住生活气息，而且要反映出欣欣向荣、生机勃勃的时代精神面貌。因此，在规划布置中应将住宅建筑结合道路、绿化等各种物质要素，运用规划、建筑以及园林等设计手法，组织完整、丰富的建筑空间，为居民创造明朗、大方、优美、生动的生活环境，展示美丽的城镇面貌。

3.3.2 小城镇住宅建筑的设计

住宅建筑是住区的主体，在住区规划中，住宅用地占 50% 以上。住宅用地的规划设计合理与否对居民生活质量直接造成影响。住宅用地规划的内容包括对住宅单体进行选型和设计，合理控制住宅的间距、朝向、层数和建筑密度，对住宅的群体组合、空间环境进行设计等。

3.3.2.1 住宅建筑的分类

居住建筑的形式是整个住区风格的基调，对住区的风格起主导作用。因此，在进行村镇住区规划之前，要首先合理地选择和确定住宅的类型。

村镇住宅建筑大致可分为农房型和城市型两类。随着城市化进程的飞快发展，城市型住宅在村镇住区中所占的比例越来越大。但由于村镇用地相对城市用地较为宽松，所以村镇住宅一般多为 3～4 层，每户建筑面积也较大。下面就两类住宅的特点分述如下：

（1）农房型住宅

我国地域辽阔，各地地形、气候条件各不相同，有的差别很大。为适应各种地形和气候条件，就必然会出现多种类型的住宅。另外，即便同一地区的居住对象，由于从事的职业不同，其对住宅的要求也不同。目前，我国农房型住宅类型有以下几种：

①别墅式。这种类型一般适合家庭人员较多，建筑面积在 $100m^2$ 以上的住宅。目前，经济条件较好的地区采用此类型较多，如苏南地区、沿海地区、侨乡等。但这种类型的住宅不利于提高土地利用率，且单体造价也较高。

②并联式。当每户建筑面积较小，单独修建独立式不经济时，可将几户联在一起修建一幢房子，这种形式称为并联式。它比较适合于成片的规划和开发，既可节约土地，又可节省室外工程设备管线，降低工程总造价。

③院落式。当每户住宅面积较大，房间较多又有充足的室外用地时，可采用院落式。根据基地大小，可组合成独用式与合用式院落。在我国南方地区，人们特别喜欢将院子分成前后两个：前院朝南，供休息起居或招待客人，种花植草，养鸟喂鱼，是美化的重点；后院主要是菜园和家禽饲养区。院落式住宅给用户提供的居住环境较接近自然，比较受欢迎。我国农村大多采用此种

形式。

(2) 城市型住宅

所谓城市型住宅就是单元式住宅。由于单元式住宅建筑紧凑，便于成片规划和开发，有利于提高容积率，节约土地，所以近年来这种类型住宅在村镇住区内已大量运用。另外，从村镇住区的可持续发展来看，单元式住宅成片建设也有利于工程设备管线的铺设，且大大节约了管线长度，又便于管理。

由于村镇住宅单元居民的生活习惯和生产方式与城市居民不同，所以必须通过调查研究，单独进行设计，决不能照搬城市的单元式住宅。

3.3.2.2 住宅建筑的设计原则

适应不同的地区特点。我国幅员辽阔，各地区之间气候相差很大，《中国建筑气候区划图》中将中国版图划分为7个分区，分区不同，住宅设计的要求也不相同。如Ⅰ、Ⅱ、Ⅵ、Ⅶ建筑气候区主要应有利于住宅冬季的日照、防寒、保温和防止风沙的侵袭；在Ⅲ、Ⅳ建筑气候区，主要应考虑住宅夏季防热和组织自然通风，有导风入室的要求。不同气候分区的人均用地控制指标也不相同。

合理控制建筑的间距、层数和密度。建筑间距除了考虑日照因素之外，还要考虑通风、消防、防灾、管线埋设、视线干扰等。一般情况下，建筑正面间距只要满足日照要求，其他要求都基本满足。建筑的侧面，条形住宅多层之间不宜小于6m，高层与各种层数的住宅之间不宜小于13m，高层塔式住宅、多层和中高层点式住宅与侧面有窗的各种层数的住宅之间由于视觉卫生的要求，要适当加大间距。住宅层数要根据城市规划要求和综合经济效益确定，无电梯的住宅不应超过6层。

利于规划和节约用地的居住建筑设计要与住区、小区、组团的规划布置相协调，便于组织邻里及社会空间。面街布置的住宅，其出入口应避免直接开向城市道路和住区级道路。要选用环境优越的地段布置住宅，其布置应合理紧凑，适当减少面宽，加大进深以节约土地。

适用性与灵活性。住宅建筑既要适用于当前，又要有一定的灵活性和超前性，不同的套型适用于不同的对象。住宅设计应符合《住宅设计规范》的要求。随着时代的发展，人们的生活水平不断提高，居住方式也在发生变化，住宅设计要适应这种变化，给用户一定的改造余地，使住宅的使用周期延长。

体现对老年人和残疾人的关爱。对老年人和残疾人的关爱是社会文明的标志，我国正逐步进入老龄化社会，为老弱残疾者提供方便成为住区规划的重要问题。住区内要求有一定比例的老年人居住建筑，老年人居住建筑不应低于冬至日照2h的标准。老年人住宅宜靠近相关服务设施和公共绿地，建筑物及周边室外工程要满足无障碍设计的有关要求。

3.3.2.3 住宅建筑的设计要求

小城镇住宅建筑设计应考虑人口特征和家庭结构。小城镇住户包括城市型职工户、农业种植户、养殖户、专业户和商业户等多种类型，且家庭结构多元化，户均人口一般为3~5人，多则6~8人。小城镇住宅建筑设计应体现多样化。

①一般农业户。以小型种植业为主，兼营家庭养殖、饲养、纺织等副业生产。住宅除生活部分外，还应配置家庭副业生产、农具存放及粮食晾晒和贮藏设施。

②专业生产户。专业规模经营种植、养殖或饲养等生产业务。有单独的生产用房、场地，住宅内需设置业务工作室、接待会客室、车库等。

③个体工商服务户。从事小型加工生产、经营销售、饮食、运输等各项工商服务业活动。住宅内需增加小型作坊、铺面、库房等。

④企业职工户。完全脱离农业生产的乡镇企业职工。进镇住户可采用城镇住宅形式。

⑤小城镇住宅建筑由基本功能空间（门斗、起居厅、餐厅、过道或户内楼梯间、卧室厨房、浴厕、贮藏）和附加功能空间（客厅、书房、客

卧、车库、谷仓及禽畜舍等）组成。

"多代同堂"住宅可由多个小套组成，可分可合，视情况可分别采取水平组合（在同一层）、垂直组合（一户分几层）或水平、垂直混合组合的布置方式。

3.3.3 小城镇住宅群的规划设计

3.3.3.1 住宅群组合的基本形式

"点群式"、"行列式"、和"周边式"是住宅群体组合的三个基本原型。此外，还有三种基本原型兼而有之"院落式"、"混合式"或因地制宜的"自由式"组合。

（1）行列式

条式单元住宅或联排式住宅楼按一定朝向和间距成排布置。其特点是构图强烈，规律性强，线形布局有利于服务设施的高效分布，线路的连续性可以减少出行距离，并有利于采用高能效的交通模式。缺点是形式单调，识别性差，重复布局导致社区缺乏区域感和识别性；易产生过高速度的穿越交通，使组团缺乏安全感；在"背对背"行列式住宅之间，会产生视线干扰和阴影遮蔽的问题。

行列式在布置时宜采用局部L形排列、斜向排列、错动排列或结合点式建筑布局，使建筑布局生动、多样（图3-13）。

图3-13 行列式

（资料来源：苏州科大城市规划设计研究院．张家港苏华新村，2005.）

（2）周边式

住宅沿街坊道路的周边布置，有单周边和双周边两种布置形式。其特点是容易形成较好的街景，且内部较安静；具有内向集中空间，便于围合出适合多种辅助用途的大空间，如儿童游戏场和社区服务设施等独立但需保护的场所；利于邻里交往和节约用地，但东西向比例较大，转角单元空间较差，有漩涡风、噪声及干扰较大，对地形的适应性差等缺点（图3-14）。

图3-14 周边式

（资料来源：黄耀志，钟晖，肖凤等．重庆大学城市规划与设计研究院．米易县北部新区修建性详细规划，2001.）

（3）点群式

低层独院式住宅、多层点式住宅以及高层塔式住宅的布局均可称为点群式住宅布置。点式住宅成组团式围绕组团中心建筑、公共绿地或水面有规律或自由地布置，可形成丰富的群体空间。其特点是日照和通风条件较好，对地形的适应能力强，可利用边角余地，但外墙面积大，太阳辐射热较大，视线干扰较大，识别性较差（图3-15）。

（4）围合式

将住宅单元围合成封闭或半封闭的院落空间，可以是不同朝向单元相围合，单元错接相围合，也可以用平直单元与转角单元相围合。其特点是在院落内便于邻里交往和布置老年、儿童活动场地，有利于安全防卫，并能提高容积率，布局具有设施共享、可识别性和领域感较强等特点。缺点是一半面向庭院"里"，一半面向庭院"外"，

图 3 – 15　点群式

（资料来源：苏州城市规划设计研究院. 西山镇怡园别墅区，2006.）

东西两侧转角部分易产生阴影遮蔽。两栋建筑前后并排围合，可选择曲尺形围合，组合成两端或直角边式的半空旷围合。中、左、右三面围合，形成拥抱状的三合院围合空间（图 3 – 16）。

图 3 – 16　围合式

（资料来源：EDSA 景观设计公司. EDSA 作品集，2007.）

（5）混合式

混合式是指行列式、周边式、点群式或院落式的其中两种或数种相结合或变形的组合形式。其特点是空间丰富，适应性广。除此之外，还可以将低层、多层与高层的不同层数与类型结合，组成空间多变的住宅组群——双周边式及半周边式，前者是加密建筑，提高容积率，保留中心大院；后者是南北向为主，加一东西向建筑，组成三合院落，或以两个凹形建筑对称拼合，形成中心院落。

异形建筑形式的组合布置——异形建筑形式是指建筑外形不规整的居住建筑形式，如 L 形、凹形、弧形、Y 形等。将其融入空间的围合，能形成更为丰富的空间组合形式（图 3 – 17）。

图 3 – 17　混合式

（资料来源：李清宁. 苏州科技学院建筑与城市规划学院. 城市规划专业毕业设计展览，2008.）

（6）自由式

在群体布置时，形成似围非围的相互流动的院落空间效果。在地形起伏变化的地段因地就势，适于采用自由式布置形式。

以上是群体围合空间的大体分类。在实际规划设计中，群体组合是根据不同的地区、地块、地形条件，适时、适地选择合理的组合形式（图 3 – 18）。

3.3.3.2　住宅群组合的变化形式

（1）平面组合的多样化

住宅群体平面组合的多样性可以从以下几个方面考虑：空间形状的变化、围合程度的变化、布置形式的变化、住宅平面外形的变化。

如果从完整的含义来看，正像本章第二节中"变化"部分所论述的那样，空间形状的变化包括

图 3-18 自由式
（资料来源：同济城市规划设计研究院. 同济城市
规划设计研究院作品集［Z］，2007.）

（2）立体组合的多样化

在住宅群体的立体组合上，多样化是在平面组合的基础上可以利用住宅高度（层数）的不同进行组合，如低层与多层、高层的组合，台阶式住宅与非台阶式住宅的组合。

3.3.3.3 住宅群空间构成和空间功能分析

（1）空间的构成要素

空间的构成要素分硬质和软质两类，有建筑物的墙面、围墙、过街豁口、铺地等要素围合的空间为硬质空间，而大树、行道树、树群、灌木丛、草地等围合的空间为软质空间。

（2）空间领域的划分

空间领域是指居民户外活动的空间范围，一般具有不同的领域使用性质。它是进行室外空间布局的一个重要依据。空间领域的使用性质一般分为私有空间、半私有空间、半公共空间和公共空间四个层次（图3-19）。

（3）空间围合的类型

住宅群空间的围合可分为两大类，庭院—广场形和带形。

围合程度的变化、布置形式的变化和住宅平面外形的变化。如果狭义地来分析，布置形式的变化可以进一步考虑形式方面的内容，如综合采用上述行列式、周边式、点群式、混合式或自由式的布置形式，也可考虑采用这些布置形式的变体和不同的重组形式；住宅平面外形的变化可考虑除了利用不同住宅单体自身的差别外，还可以通过相同住宅单体的不同拼接形式，如长短拼接、错接、折线和曲线拼接等。

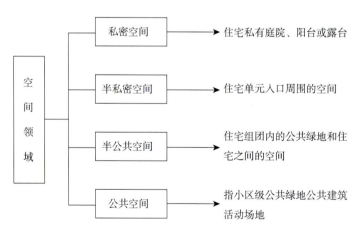

图 3-19 空间领域划分

（资料来源：作者自绘）

（4）空间的尺度与比例

在一定的条件下，建筑物高度和空间宽度之间适宜的比例会形成良好的空间尺度感。一般认为带形空间的高宽比以 1:1～1:2.5 为宜，而庭院和广场空间的高宽比最大不宜超过 1:4。

（5）空间构图的基本手法

①对比

对比指物体的差别，如大与小、高与低、长

与短、宽与窄、硬与软、虚与实、色彩的冷与暖或明与暗的对比等。对比的手法是建筑群体空间构成的一个重要手段。通过对比可丰富建筑群体景观，打破单调、呆板的感觉。

②节奏与韵律

节奏与韵律指同一形体有规律地重复或交替使用所产生的空间效果。节奏与韵律在形式上都遵循着间距的规律性，并以一定的几何对位为前提，此构图手法常用于沿街或沿河等带状布置的建筑群的空间组合中。

3.3.3.4 住宅群空间的功能分析（住区交往空间环境设计研究）

住宅群空间从公共空间到住户的私密空间之间存在着一系列不同层次的空间，每个空间的公共或私密程度取决于这个空间的可进入性与责任心，也就是由什么人决定这一空间是否可以任意出入并对它负责。因此，公共程度适当的空间可以使得居民产生归属感、责任感，有利于他们更多地利用这些空间，并维护其秩序，同时也有利于其对空间形成自然的监督，提高其安全性。奥斯卡·纽曼（Oscar Newman）的图示表明了空间的层次关系（图3-20），这个图示让人明白不同的空间领域为不同的交往规模服务，因而在进行住宅群体规划时不同的空间应采取不同的处理手法，在围合感、空间尺度、设施安置等方面采取不同的设计对策。无论是住宅群体处于哪一级别，从住宅群体的中心到住户之间都有一系列半公共半私密的空间，并由道路空间相连。这些空间由于具有不同的领域性，应分别对待。

住宅群体中心更突出公共交往的特点，是人们集中活动时乐于前往的地方。因此，这里应该保证一定的硬地面积，同时考虑景观要求，并在适当部位设置公用设施，如坐椅、洗手间、电话亭、垃圾箱等等。还有一点需要注意的是，住宅群体中心应有一定吸引人的活动引导因素，喷泉、游戏场等空间和设施利于吸引人前来活动。一般来说，庭院是供围合庭院的住宅中住户们日常交

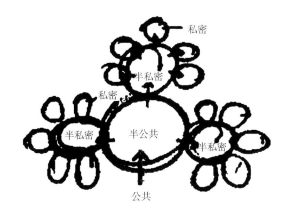

图为带有私密、半私密、半公共、公共空间的分级划组织的住宅区。这种清楚的结构加强了自然监视，有利于居民就共同关心的问题做出决定。

图3-20 空间层次关系

（资料来源：作者自绘）

往的地方，是一处半公共性空间。这里的设计应注意尺度宜人，环境亲切，景观以植物或小尺度的小品为主，营造相对幽静的气氛。

3.4 小城镇住宅群的整体形象与人居环境

3.4.1 住宅群的整体形象

形象是指事物的外观、面貌、外在形态。《现代汉语词典》对形象的解释是：能引起人的思想或感情活动的具体形状和姿态。所谓形象是人们的感知器官收集到的某一客观事物的总信息量，经过大脑加工后形成的总印象。形象是针对事物而言，先有形而后生"象"。

然而，事物的形象、风貌并非是纯物质的表象，而是事物的内在属性和本质特征通过一定的形态表现出来的，事物的形象能反映出内在的精神气节。这种外在形象能引起人的思想或感情活动的具体印象，既是一种抽象物，又是一种综合的感觉，而且这种感觉是一种动态的感觉，是由外到内、由表及里、由单一到综合的运动过程。所以，形象应当被理解为现象与本质的表达式，主要是通过人的视觉被感知，并由人的情感思维

综合加工而成。

住宅单体及其每一个单元都应具有独特而富于个性的形象，但它必须寓于群体组合的统一和谐之中。故住宅的整体形象设计至关重要，它关系到住宅及其居住环境设计的成败。

总的来看，住宅整体形象应注意如下几个方面。

3.4.1.1 体型与体量

住宅体型多样。独立、并联和联排式低层住宅的体量特征为小巧、丰富、多层。高层住宅则体量大，体型简单，有较强节奏感。住宅设计一般采用均衡体型，即静态造型，包括对称和不对称的均衡。这种体型给人以稳定感。人对均衡体型的心理体验，主要是通过对轻重的感觉实现的。城市住宅的体型大致可以分为横向和垂直两种。国内外都有通过体型变化和体量对比来创造丰富视觉效果的例子（图3-21）。

图3-21 体型与体量

（资料来源：黄思达. 苏州科技学院建筑与城市规划学院.
建筑学专业毕业设计展览, 2008.）

3.4.1.2 尺度的把握

住宅尺度为建筑与人体的比例关系。住宅设计中应选择适宜的尺度。为缩小住宅的尺度，可采用"化整为零"的方法来淡化整体性，突出和强化单元特征和细部处理（图3-22）。

3.4.1.3 个性的体现

住宅的个性应该首先遵循住宅总体的性格原

图3-22 单元特征和细部处理

（资料来源：同济城市规划设计研究院.
上海朱家角镇景观规划设计, 2007.）

则，即城市背景和亲切宜人的尺度。我国的住宅有各种风格，从文脉继承倾向的表现分为地域文化倾向和西方古典风格倾向。西方古典风格是对西方建筑风格的借鉴。近代我国一些被侵略者割据而成为殖民地的城市里建起了不少带有西方格调的建筑，逐渐被当地人们所接受，成了当地的主导建筑类型，成为一种象征性标志。如同里建房要反映出粉墙、黛瓦、小桥、流水的景象，新建住宅也可吸取两折黑瓦屋顶的外形延续，上海周边小镇则多建有文艺复兴时期形式的建筑，新建住宅也可采取三段式的处理等。安亭是一个随改革开放起步的新兴现代化城镇，其建筑个性的表现就显得相当自由，主要以现代的造型特征反映建筑的个性（图3-23）。

图3-23 现代造型特征反映建筑个性

（资料来源：百度图片网. http://image.baidu.com.）

然后是关于传统风貌的建筑风格，继承地方建筑的传统文脉是住宅设计创作美的一种有效途径。各地的建筑文化是多代匠人提炼和培育的结晶，在继承优秀建筑文化传统时必须了解和研究传统文化的内涵，不能简单地追求形式模仿，更不能简单地摘抄一些建筑符号。如皖南民居的马头墙的作用是防止风火蔓延，在现代住宅中不宜过多地出现。又如传统里弄的过街楼，本是里弄的标识和入口，不应仅作为一种装饰来处理。住宅设计的关键是适度，在强调个性的同时，还应注意整体。

3.4.2 营造人居环境的措施

随着生活水平的提高，人们对居住环境的要求越来越高。在居住建筑的规划中如何营造一个有益于人们身心健康的环境，使人们生活更加舒适，成为一个值得重视的问题。营造人居环境的措施概括起来主要是保证充足日照、防风与通风、住宅群噪声的防治。

3.4.2.1 保证充足的日照

阳光照射室内不仅温暖明亮、愉悦身心，还可以起到消毒杀菌的作用。我国《住宅设计规范》规定：每套住宅至少应有一个居住空间能获得日照，当一套住宅中居住空间总数超过 4 个时，其中宜有 2 个获得日照。

决定住区日照标准的主要因素一是所处地理纬度及其气候特征，二是所处城市的规模。我国南、北方纬度差超过 50°，日照标准的正午影长率相差 3~4 倍，因此高纬度的北方地区达到日照标准的难度比南方大；同样，大城市用地紧张的程度比一般中小城市大。考虑到上述双重因素，我国现在采用冬至 H 和大寒 H 两级标准日，根据城市大小和气候分区的不同，确定不同的日照时数。全国主要不同日照标准的间距系数见表 3-4，当住宅朝向不同时，其日照间距可按表折算。

在保证日照基本要求的前提下，可以通过规划措施使日照标准进一步提高，如住宅错落布置，点式住宅与条式住宅结合布置，将朝南住宅朝东、西偏转一定角度布置等。在炎热地区，当住宅朝东向或西向，尤其是西向时，阳光直射室内，将产生较大的辐射热，使夏季室内温度增高。

主要城市冬至日太阳高度角、日照间距参考值　　　　表 3-4

地名	北纬	冬至日太阳高度角	日照间距	
			理论计算	实际采用
济南	36″41′	29″52′	1.74H	1.5~1.7H
徐州	34″19′	32″14′	1.56H	1.2~1.3H
南京	32″04′	34″29′	1.46H	1.0~1.5H
合肥	31″53′	34″40′	1.45H	1.2~1.5H
上海	31″12′	35″21′	1.41H	1.1~1.2H
杭州	30″20′	36″13′	1.37H	1.0H
福州	26″05′	40″28′	1.18H	1.2H
南昌	28″40′	37″43′	1.30H	1.0~1.2H<1.5H
武汉	30″38′	35″55′	1.38H	1.1~1.2H
西安	34″18′	32″15′	1.48H	1.0~1.2H
北京	39″57′	26″36′	1.86H	1.6~1.7H
沈阳	41″46′	24″45′	2.02H	1.7H

3.4.2.2 防风与通风

住宅布置时冬季要考虑防风，夏季要考虑通风，风的方向可参照各地的风玫瑰图。我国大部分地区夏、冬两季主导风向是不一致的，很多是相反的，这样防风和通风的设计不会出现大的矛盾。地区不同，侧重点也不同，寒冷地区以防风沙和保温为主，炎热地区则要更多地考虑通风。

防风要在主导风向方向形成封闭、围合的格

局,可以利用建筑物,也可以利用隆起的自然地形或种植成片的高大树木等。

通风要结合风的运行规律,利用建筑的布置,组织合理的通风线。从建筑单体来分析,当主导风向正对建筑物,入射角为0°时,背风面产生涡旋,气流不畅,直接影响后排建筑通风;当建筑受风面与风向有一定角度时,情况会有所改善;当入射角为30°~60°时,建筑对风的遮挡就会减弱,建筑之间的气流比较畅通。按这一规律,就可以使住宅群获得较好的通风。

为改善住宅群的通风条件,建筑群布置时,在夏季主导风向的方向要尽量开敞,可结合低矮建筑、点式建筑、绿地、水面、道路布置,将风尽可能多地引入住区。此外,将建筑交错布置可以增大建筑的迎风面,将建筑疏密结合布置有助于提高风速,还可以借助树木的遮挡改变气流方向。

3.4.2.3 住宅群噪声的防治

噪声直接影响住区的环境质量,对人们的休息起居构成干扰。在住区规划中,可以采用以下方式减少和控制噪声。

合理进行规划布局。合理的规划布局可以减少噪声,如避免城市交通进入住区。住区内有工业时应靠一侧或一角布置,农贸市场和人流较大的公共建筑靠住区外围布置,小学或幼儿园与住宅之间留有一定距离等。

使用绿化隔离带。绿化隔离带对噪声有明显的吸收和反射作用,种植时要高、中、低相结合,落叶树与常青树相结合。绿化隔离带可沿住区周围布置以隔断交通噪声。在住区内部的噪声污染源与住宅之间,也最好布置隔离带。

使用隔声墙或建筑物隔声。在铁路或交通干道两侧,选用吸声、隔声较好的建筑材料做成隔声墙,可以取得较好的效果。同样,建筑物也可以取得相同的作用,朝噪声的方向可选择布置一些服务用房,缩小开窗面积或做成封闭外廊,连续不断地布置,即可大大遮挡噪声对住区的影响。

除此之外,在地形变化较大的地区,还可以利用地形变化隔离噪声。

4 小城镇住区规划

居住区的功能是为村镇居民提供居住生活环境，它是村镇功能分区的重要组成部分。而居住区规划则是确定居住区的总体布局、各主要功能部分的空间位置及其有机组合。一个完整的居住区是由住宅、公共服务设施、绿地、建筑小品、道路交通设施、市政工程设施等实体和空间经过综合规划后形成的。在村镇中，居住建筑用地约占村镇总用地的30%～70%。因此，村镇居住区规划的好坏将直接影响村镇的空间形态和村镇的发展。居住区用地的规划应遵循有利于生产，方便生活的原则。现代村镇居住区规划在其基础设施上还要充分考虑生态环境问题。总而言之，现代村镇居住区的规划要做到社会效益、经济效益、环境效益相结合，为村镇的可持续发展创造良好的条件。

4.1 小城镇居住区、小区的规划布局结构

城镇居住区泛指不同居住人口规模的居住生活聚居地，特指被城市干道或自然分界线所围合，配建有较完善的公共服务设施的居住生活聚居地。居住区是城镇的有机组成部分，是城镇规划中的一个重要方面，它包含了城镇居民的居住、教育、交往、购物、休憩、健身娱乐等生活内容，设有与这些生活内容相关的各种设施。居住区的建设水平是城镇居民生活水平的一个重要标志，也直接影响着整个城镇的形象和环境质量。

居住区规划是村镇详细规划的主要内容之一，也是实现村镇总体规划的重要步骤之一。居住区规划必须根据总体规划和近期建设的要求，对居住区内各项建设进行全面综合的安排。居住区规划往往是一定历史时期的相对产物，当时的物质技术条件、交通情况以及当时居民的经济生活水平等都是居住区布局及建筑单体形式的决定因素。当然，当地的气候、地形、宗教等对居住区的规划也有较大影响。

我国人民生活水平的不断提高，城市化进程增长迅速，尤其以长江三角洲、珠江三角洲地区的农村为代表的新时期中国农村集镇发展最快。乡镇企业的迅猛发展改变了农民以务农为主的生活方式，也改变了以前村镇布局的单一模式。建立新型的以居住为主的配套设施齐全的城市化的居住区已在发达地区悄然兴起。这些居住区大多是在村镇外另辟新建，居住建筑以多层为主。

居住区由物质与精神双重要素构成：物质要素包括地形、地质、水文、气象等自然因素和各类建筑物、工程设施等人工因素；精神要素包括人口的结构、素质，居民的行为、心理等人的因素和社会的制度、法规、技术、文化等社会因素。

居住区的用地由住宅用地、公共服务设施用地、道路用地和公共绿地组成。住宅用地指住宅建筑基底及其四周合理间距内的用地，其中包含宅间绿地和宅间小路等；公共服务设施用地也称公建用地，是与居住人口规模相对应而配建的、为居民服务和使用的各类设施的用地，包括建筑物的基底占地及其附属场院、绿地和配建停车场等；道路用地指居住区道路、小区路、组团路及非公建配建的居民汽车地面停放场地；公共绿地指能满足规定的日照要求，适合于安排游憩活动设施，供居民共享的集中绿地，其中包括居住区公园、小游园、组团绿地及其他块状、带状绿地等。居住区内的工业及其他与居住区关系不大的用地、不可建设用地，一般不计入居住区用地，不参加居住区用地平衡计算。

4.1.1 居住区规划设计的基本任务与要求

4.1.1.1 居住区规划设计的基本任务和编制内容

居住区规划设计的基本任务就是在符合城镇总体规划的前提下，遵循统一规划、合理布局、因地制宜、综合开发、配套建设的原则，考虑所在城镇的性质、社会经济、气候、民族、习俗、传统风貌等地方特点和规划用地周围的环境条件，充分利用规划用地内有保留价值的河湖水域、地形地物、植被、道路、原有建筑等，将其统一纳入规划，在满足日照、采光、通风、防灾及日常管理的要求下，创造一个安全、卫生、方便、舒适和优美的居住生活环境，实现社会、经济、环境三者统一的综合效益和可持续发展。

如何使村镇居住区规划规范而有序地发展已是刻不容缓的问题。就目前村镇居住区的现状调查，参照日趋成熟的城市居住区规划经验，村镇居住区规划编制一般有以下几个方面的内容：

①根据村镇总体规划确定居住区用地的空间位置及范围（注意与之相连的周边环境）；

②根据居住人口数量确定居住区规模、用地大小；

③根据居住区的规模，拟定居住建筑类型及公共服务设施的内容、规模、数量、层次、分布和布置方式；

④拟定各级道路的线形、宽度、断面形式、确定居住区对外出入口的位置；

⑤拟定居住区停车场、库的位置、数量和停车泊位；

⑥拟定公共活动中心的位置和大小；

⑦拟定不同层次的绿地和室外活动场地的数量、规模和位置；

⑧拟定给水排水、煤气、供配电等相关市政工程设施的规划设计方案；

⑨根据现行国家有关规范拟定各项技术经济指标以及预算、估算。

以上内容可以通过现状分析图、规划总平面图、竖向规划设计图、管线工程规划图、规划鸟瞰图和单体建筑方案图等图纸表现出来，经济技术指标和投资估算编入设计说明书。

4.1.1.2 居住区规划设计的基本要求

（1）环境要求

居住区要求有良好的日照、通风条件，同时要防止噪声的干扰和空气污染等。居民要求有一个卫生、安静的居住环境。目前我国有污染的工矿企业有向郊区乡镇发展的趋势，乡镇的污染已不容忽视。防止来自各有害工业的污染，从居住区本身来说，主要是通过正确选择居住区用地。而居住区内部可能引起空气污染的有锅炉房的烟囱、垃圾及交通车辆的尾气、灰尘等。为了防止和减少这些污染源对居住区空气的污染，最根本的解决方法是改革燃料的品种，改善采暖的方式。现在发达地区已基本采用集中采暖和管道煤气。

（2）实用要求

符合居民日常生活的使用要求是居住区规划设计的基本要求。居民的使用要求是多方位的，不同的家庭人口组成其使用要求也不相同，即使同一人口数的家庭因其家庭成员工作性质、文化素质的不同，对住宅、环境的要求也不尽相同。为了满足不同居民的多种需要，必须合理确定公用服务设施的规模、数量及其空间分布，合理地组织居民室外活动、休息场地、绿地和居民区出入口与村镇交通干道的连接。

（3）安全要求

安全要求是人的居住生活中最重要也是最基本的要求，正所谓安居才能乐业。在现实生活中，不安全因素来自自然和人为两个方面，前者包括地震、洪水、台风、雷电袭击等，后者包括抢劫、盗窃、空袭、恐怖袭击、车祸、人为火灾等。对于有可能引起灾害的火灾、地震、敌人空袭等情况国家制定了有关的消防规范、抗震设计规范、人民防空规范等。在进行规划设计的过程中应按照有关规定结合具体情况分析，尽可能最大限度地降低和减少其危害程度。如按防火要求设置消防通道，按防空要求设置人防工程，按防洪要求设置避难场所、逃生路线，按交通安全要求设置人车分流的道路系统等。建筑布局时还要注意应便于物业管理和保安人员巡察，在保证日常生活的正常运转和非常情况下的应变能力的同时，还应注意满足人们居住生活中对领域感、归属感和私密感等方面的要求，也就是心理和精神层面上对安全的需求。

①消防问题

为了保证一旦发生火灾时居民的安全，防止火灾的蔓延扩大，建筑物之间要保持一定的防火间距。防火间距的大小与建筑物的耐火等级、消防措施有关。

建筑物之间的防火间距应符合国家防火设计规范《建筑设计防火规范》（GB 50016—2006），如表4-1，村镇居住区住宅以多层为主。目前，基本上不存在高层建筑的防火问题。

民用建筑的最小防火间距（单位：m）　　表4-1

耐火等级	一～二级	三级	四级
一～二级	6	7	9
三级	7	8	10
四级	9	10	12

注：1. 两座建筑物相邻较高一面外墙为防火墙或高出相邻较低一座一、二级耐火等级建筑物的屋面15m范围内的外墙为防火墙且不开设门窗洞口时，其防火间距可不限；

2. 相邻的两座建筑物，当较低一座的耐火等级不低于二级，屋顶不设置天窗，屋顶承重构件及屋面板的耐火极限不低于1.00h，且相邻的较低一面外墙为防火墙时，其防火间距不应小于3.5m；

3. 相邻的两座建筑物，当较低一座的耐火等级不低于二级，相邻较高一面外墙的开口部位设置甲级防火门窗，或设置符合现行国家标准《自动喷水灭火系统设计规范》（GB 50084）规定的防火分隔水幕或本规范第7.5.3条规定的防火卷帘时，其防火间距不应小于3.5m；

4. 相邻两座建筑物，当相邻外墙为不燃烧体且无外露的燃烧体屋檐，每面外墙上未设置防火保护措施的门窗洞口不正对开设，且面积之和小于等于该外墙面积的5%时，其防火间距可按本表规定减少25%；

5. 耐火等级低于四级的原有建筑物，其耐火等级可按四级确定；以木柱承重且以不燃烧材料作为墙体的建筑，其耐火等级应按四级确定；

6. 防火间距应按相邻建筑物外墙的最近距离计算，当外墙有凸出的燃烧构件时，应从其凸出部分外缘算起。

（资料来源：金兆森，张晖. 村镇规划 [M]. 南京：东南大学出版社，2005.）

当建筑物沿街布置时，从街坊内部通向外部的人行通道间距不能超过80m。当建筑物长度超过160m时，应留消防车通道，其净宽和净高都不应小于4m。居住区的道路应设消火栓，消火栓间距不应大于120m，每个消火栓服务半径为150m。

②抗震要求

在地震区，建筑物的设计要符合抗震要求，而居住区的规划要考虑以下几点：

位置。居住区应尽量避免布置在不稳定的填土堆石地段及地质构造复杂地区（如断层、风化岩层、裂缝等）。

安全疏散。居住区的道路要通达，避免死胡同。居住区要留有足够的绿化用地，以供临时居住、疏散、集聚。

建筑物的体形应尽量方正，建筑物的长宽比、高宽比要适中，同时还必须采用合理的间距和建筑密度。

③人防

目前对村镇规划的人防问题考虑较少。人防建筑的定额指标，目前还无统一规定。但本着"平战结合"的原则，建议规划设计时可考虑一部分建筑物和平时期作为公共辅助设施，战争时期可转化为人防建筑。这就要求设计时按照《人民防空地下室设计规范》（GB 50038—2005）设计。

（4）卫生要求

整洁、安全的居住环境是文明社会的标志。随着人们生活水平的提高，对生活中的卫生条件提出了更高的要求。在居住区规划中要做到远离污染源，运用各种手段对来自周边的噪声、粉尘污染进行隔离和遮挡，在采暖地区实行集中供暖。要采用切实可行的技术措施，对生活中产生的废水、垃圾进行有效的处理，减少蚊蝇孳生地，提高防疫能力。在建筑布局方面要争取良好的日照和自然采光通风，创造令人满意的卫生环境。

（5）使用要求

方便的生活居住环境是居民生活质量的重要保证，体现在很多方面，如便捷的交通联系，人车互不干扰的道路系统，完善、分布合理的公共设施和供人们休憩、交往的场地，充足的车辆停放泊位以及为老年人、残疾人提供的各种活动设施等。使用要求关系到整个居住区的每户人家，在规划中应引起足够的重视。

（6）美观要求

居住区要为居民提供一个优美的居住环境。村镇居住区是村镇总体形象的重要组成部分。居住区规划应根据当地建筑文化特征、气候条件、地形、地貌特征，确定其布局和格调。居住区的外观形象特征要由住宅、公共设施、道路的空间围合、建筑物单体造型、材料、色彩所决定。居住区建筑布局要做到统一与变化相结合，在统一中求变化，在变化中求统一，创造亲切优美的空间环境。建筑的形式要有特色，建筑的色彩要协调，建筑的品味要高雅，建筑的风格要富于时代感。规划中要运用美学原理，妥善处理建筑单体之间、单体与群体之间、群体与环境之间的关系，建设环境优美的居住区。

（7）经济技术要求

当前我国村镇居住区建设刚起步，居住区容积率不高，土地利用率较低，与城市相比土地使用较为浪费，但与以前相比又较为经济。居住区规划建设应与当地经济条件相适应，合理地确定居住区内住宅的标准以及公共建筑的数量、标准。降低居住区建设的造价和节约土地是居住区规划设计的一个重要任务。目前尚未出台关于村镇居住区的规划设计规范，居住区用地规模、公用服务设施的规模等诸多指标的设定可参照《城市居住区规划设计规范》（GB 50180—93）（2002年版）中的相应指标，结合实际情况进行相应的调整。

衡量居住区规划的经济合理性，一般除了一定的经济技术指标控制外，还必须善于运用多种规划布局相结合的手法，为居住区建设的经济性创造条件。

现代村镇居住区规划设计应摆脱"小农"思想，反映时代的特征，创造一个优美、合理、注重生态平衡、可持续发展的新型居住环境。

4.1.2 小城镇居住区、居住小区的规模和结构形式

4.1.2.1 小城镇居住区的规模

调查资料表明，我国东、中部城市化程度较高的城镇，大多数人口规模约在2万~8万人左右。规模较大的城镇行政管理体制为三级，即镇政府—街道办事处—居委会；规模小的城镇由镇政府—居委会两级构成。通常街道办事处管辖3万~5万人，少则1万人，居委会7000~15000人（表4-2）。

小城镇居住体系构架表　　　　表4-2

居住单位名称		居住规模		公共服务设施配置		对应行政管理机构
		人口数	住户数	公建	户外休闲游乐设施	
居住小区	Ⅰ级	8000~12000	2000~3000	在1~7类中选取部分项目	小区级配置 Ⅰ级	街道办事处
	Ⅱ级	5000~7000	1250~1750		Ⅱ级	
居住组群	Ⅰ级	1500~2000	375~500	在1、2、3、4、7类中选取部分项目	组群级配置 Ⅰ级	居（村）委会
	Ⅱ级	1000~1400	250~350		Ⅱ级	
住宅庭院	Ⅰ级	250~340	63~85	—	庭院级配置 Ⅰ级	居（村）民小组
	Ⅱ级	180~240	45~60	—	Ⅱ级	

注：①表中"公共服务设施配置"栏的"公建"，可参见《小城镇公共建筑规划设计标准优化研究》，按指定类别从中选取适宜的项目，比Ⅰ级略简；

②户外休闲游乐设施配置的内容参见本分题标准研究。

（资料来源：华中科技大学建筑城规学院等. 城市规划资料集第三分册——小城镇规划［M］. 北京：中国建筑工业出版社，2005.）

小城镇居住小区一般由小城镇主要道路或自然分界线围合而成，且区内配有一套能满足居住基本物质生活与文化生活所需的公共服务设施，是一个相对独立的社会单位。结构由居住小区—住宅组群两级组成。两级居住单位在平面布局和空间组合上有机构成，互为衔接。

为顺应乡村地区传统的居住理念且利于行政管理和社会治安，在规划居住小区的住宅组群或住宅庭院时，对住户的安排应考虑到民族传统、风俗习惯或按居民意愿自由组合。凡从事农、林、牧、副、渔等职业的住户居住的小区、组群或庭院，均应布置在接近农田、林地、牧场或水域的镇区边缘地带，也可建设成相对独立的、生产生活区一体化的农业产业化小区。

居住小区级公建项目的配置，可根据居住小区人口规模和实际需要，从《小城镇公共建筑规划设计标准及优化研究》的1~6类中选定。居住小区公建的服务半径一般不宜超过500m，步行时间不宜超过10分钟。

4.1.2.2 小城镇居住区、居住小区的结构形式

小城镇住宅区的组织结构与布局取决于方便居民生活的需要，采用的结构要结合小城镇用地的总体布局，还要考虑所在城镇的特定条件，因地制宜地选择结构模式。

（1）以居住小区为基本单位组织住宅区

居住小区是由城镇道路或自然界线（河流）划分的，并不为城镇交通干道所穿越的完整地段。小区内配有满足居民日常生活需要的基层服务设施和公共绿地。

以居住小区为基本单位组织住宅区，是指小城镇住宅区的规模为居住小区级，一般由若干居住组团或组群组成，组团内可以包含有几个组群，也可以是整体式居住小区。其结构形式可表述为下列四类：

① 整体式居住小区；
② 居住小区—居住组团；
③ 居住小区—居住组团—住宅组群；
④ 居住小区—住宅组群。

关于小城镇居住小区的规模，根据基层公共服务设施配置的经济性与合理性、居民使用的方便性、小城镇道路交通要求以及住宅层数、建筑密度、容积率等因素，结合当前小城镇住宅区的实践，参照城市居住小区的国家标准和建设经验，朱建达等学者建议采用以多层住宅为主的居住小区，其人口规模1000~1500户，3000~6000人，用地面积8~15hm²；其居住组团的规模可考虑为300~500户，800~1500人；组群的规模一般为100~200户、400~700人，或可考虑具有较大的弹性。以低层住宅为1200~2500人，用地面积8~15hm²；其组团的规模一般为150~250户，500~1000人；组群的规模一般为50户左右，或根据群体组合的需要，可考虑具有较大的弹性。

（2）以居住组团为基本单位组织住宅区

居住组团是由若干栋住宅或几个住宅群组合而成的，并不为城镇道路所穿越的地块，组团内设有为居民服务的最基本设施。住宅组群是由几栋住宅组合而成的，成为居住组团的基本构成单位。

以居住组团为基本单位组织的小城镇住宅区，其公共服务设施一般可依托城镇级的公共设施。结合当前小城镇住宅区的实践，参照城市居住小区的国家标准和建设经验，朱建达等学者建议居住组团的用地规模一般为3~6hm²。当采用多层住宅时，其人口规模为800~1500人，300~500户；如采用低层住宅时，其人口规模为500~1000人，150~250户。

由于小城镇人口数量的影响，在一定的时期内，住房的需求量和建设量不会太大。这样规模的住宅区组成单元，便于建设和形成面貌，符合当前我国小城镇的实际情况，比较适宜小城镇住宅的开发建设。

此外，小城镇住宅区的基本构成单元还有院落等形式，其规模要比居住组团小得多。

小城镇住宅区的规划结构形式不是一成不变

的，随着社会生产的发展、人民生活水平的提高、社会生活组织和生活方式的变化、公共服务设施的不断完善和发展、城市化进程的加快和城镇规模的扩大，住宅区的规划结构形式也会相应地变化。

4.1.3 住宅区建筑的布置形式

我国小城镇建设的地域差异非常大，由于存在地理位置、气候条件、生活习俗、文化背景的不同，小城镇住区无论在规划布局还是住宅设计上都表现出了浓郁的地方特色，造就了丰富多彩的建筑风格。

居住区的体制结构因城市规模、基地条件及管理方式的不同，可以有居住区—小区—组团、居住区—组团、小区—组团及独立式组团多种类型。类型的不同反映了不同的组织方式和管理方式，建筑布局最好与这些类型相适应，体现不同类型的特点，创造出丰富的布置方式。

4.1.3.1 组团式布置

组团式布置结合居住区体系结构的类型，以组团为基本单位，组团内设公共绿地和与组团相配套的基层公共设施，满足组团内住户的基本生活需求。在此基础上，可以将组团与小区衔接，也可将组团与居住区或城镇相衔接。这种布置与组织管理方式相协调，便于人际交流和管理，是近年来常见的一种布置方式。

4.1.3.2 轴线式布置

轴线的引导和控制常作为形成一个建筑群并使其达到和谐统一的重要手段。轴线在空间形态上要通过道路、绿带、水系等体现出来，为了向观众暗示出轴线的存在，常通过绿化小品的配置、地面的材质、色彩和图案变化使轴线得到强化。轴线有对称和不对称两种形式：对称的轴线布置显示出严谨、庄重的性格特征，具有较强的方向感和秩序感，适用于较为规则的地形；不对称的轴线布置较为自由和灵活，整个建筑群富于变化，适用于各种不同的地形。轴线常有主次之分，通过主轴线引导出次轴线，使建筑物的布置在不同方向得到延伸。主次轴线相交处可以通过绿化、雕塑、小品等进行处理和强调。

4.1.3.3 自由式布置

自由式布置自由、灵活、曲折多变，大大增加了景观的层次和趣味性。在山地、丘陵、河泽地区，为了减少对自然环境的破坏，利用和结合自然地形，将建筑物顺应地形等高线、河泽边界线布置，可以较好地保护自然地形，减少土石方工程量。但有时顺应地形容易使部分房间朝向处于不利的位置。

习惯于采用传统的自然聚居方式和街坊布局的地区，小城镇住区可以适当削弱组团的概念，简化规划结构层次。

目前，我国东部沿海经济发达地区小城镇住区的规划布局大多采用组团设计概念，住宅的布局以组团为基本单位，规划结构层次丰富清晰（图4-1）。而在一些历史悠久的传统特色浓郁的地区，尤其以各种院落式民居为主的地区，当地居民往往习惯采用传统的自然聚居方式和街坊式布局。这种以街道为线索串联起来的布局，规划结构简单自然，营造了传统的小尺度的邻里生活空间。在这种情况下，只要满足了基本的规划设计条件，可以允许住区布局灵活处理，简化规划结构层次。

4.2 小城镇居住区、小区道路系统的规划设计

4.2.1 小城镇居住区、小区道路规划设计

小城镇作为城乡过渡的一种实体空间，其用地空间布局与城市相比存在一定差别，居民出行交通方式也有自己的特点。一般来讲，小城镇用

地规模小，用地混合度较高，居民出行距离短，出行方式以步行、自行车、摩托车为主。在城镇内部的出行中，步行占一半以上，自行车、摩托车出行占30%～40%，公共交通比例不到10%。镇域的出行以公共交通和私人摩托车为主。据对上海郊区城镇的调查表明，居民日常出行中，步行方式比例高达35%～40%，自行车占25%～30%，摩托车占15%～25%，公共交通在日常出行中所占比例较低，而在长距离出行中才有优势。因此，小城镇居住区、小区道路应根据小城镇居民出行方式的特殊性因地制宜进行规划设计。

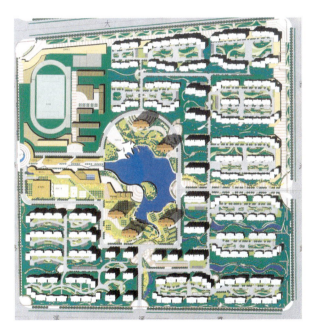

图4-1 组团式规划布局——秦皇岛"水岸雅居"居住区规划

（资料来源：夏南凯，周俭．理想空间［M］．上海：同济大学出版社，2006．）

4.2.1.1 居住区道路的功能

居住区内道路功能一般分为以下几个方面：

①日常公众交通：日常公众交通流量最大，是居住区道路的主要功能，包括步行、自行车和小汽车交通。目前我国经济发达地区的村镇居住区道路已经不单纯考虑自行车、摩托车等交通工具了，而要把小汽车的要求加入到设计当中。

②供应与保障交通：为居住区供应货物及提供保障所需的交通，大部分是机动车交通，如货物的运输、垃圾的清运、管道的清理、设备设施的维修等。

③特殊情况交通：当居住区内发生火警、匪警或紧急救护等情况时的交通，一般以机动车辆为主。

④铺设工程管线：随着社会的进步，人们生活的现代化水平不断提高，工程管线的种类也在增加，管线大都沿路铺设，所以道路也是管线的走廊。

⑤空间构图要素：道路在空间构图中起到骨架的作用，道路的走向和线形对居住区建筑物的布置影响较大，对居住区的空间序列的组织和小品、景点的布置也都有很大影响。

除以上几种一般功能以外，道路的大小及转折还要考虑到救护车、消防车、搬运家具车辆通行的特殊要求。

4.2.1.2 居住区道路的构成

居住区的各类道路由路面、线形控制点以及道路设施等因素构成。

（1）道路尺度

道路的宽度是道路空间的重要因素，从人体工学的角度来衡量，道路空间尺度应符合人、车及道路设施在道路空间的交通行为，包括人与车的流量、速度、数量、尺度，以及各种道路设施的数量、尺度和技术要求。

居住区各类道路的最小宽度如下：①机动车行道，单车道宽3～3.5m，双车道宽6～6.5m；②非机动车道，自行车单车道宽1.5m，双车道宽2.5m；③人行道，设于车行道一侧或两侧的人行道最小宽度为1m，其他地段人行步道最小宽度可小于1m，如人行道的宽度超过1m时可按0.5m的倍数递增；④人行梯道，当居住区用地坡度或道路坡度大于或等于8%时，应辅以梯步并附设坡道供非机动车上下推行，坡道坡度比小于或等于15/34。长梯道每12～18级需设一平台。

(2) 线形控制

道路线形因用地条件、地形地貌、使用功能和技术的需要，有直线形、曲线形、折线形等多种线形，对线形起控制作用的部位有道路的交叉转弯、折线、尽端等处。

①转弯半径：道路转弯或交叉处的平曲线半径的大小。

②折线长度：折线或蛇形等曲折线形道路要保证必要的转折长度，以便于车辆顺利通过。

③道路尽端：尽端式道路为方便行车进退、转弯或调头，应在该道路的尽端设置回车场，回车场的面积应不小于12m×12m，各种形式的回车场具体规模尺度根据使用车型和用地条件确定。

(3) 道路设施

主要有绿化、公用、卫生、休息、停车等设施。

①道路绿化。道路绿化具有为行人遮阴，保护路基，美化街景，防尘隔声等功能，可发挥绿化多方面的作用。行道树是道路绿化的普遍形式，其种植方式有"树池式"和"种植带式"两种。树池式通常用于人行道较窄或行人较多的街道上。树池形状有方形和圆形。种植带式则是在人行道和车行道之间留出一条免作铺装的种植带，可种植灌木、草皮、花卉，也可种植乔木形成林荫，形式多样。机动车车道的绿化布置要注意不妨碍车辆通行，在道路交叉口及转弯处要考虑行驶车辆的视距，即"道路交叉口安全视距"。安全视距为交叉口平曲线内侧司机视线能看得见对面来车的距离（以右侧通行为准），在安全视距的范围内，规定不得设置1.2m视线高度以上的障碍物，如树木、建筑、构筑物等，以确保行车安全。

②道路使用设备。步行道边设置公用、卫生、休息等使用设备，方便行人并保持街道清洁卫生。

4.2.1.3 居住区道路的分级

居住区内的道路，根据居住区规模大小并综合交通方式、交通工具、交通流量以及市政管线铺设等因素，将道路作分级处理，使之有序衔接，有效运转，并能最大限度地节约用地。居住区道路一般分为四级，主要以道路宽度表述。对于重要地段可考虑环境及景观要求作局部调整，如商业街、活动中心等人车流较集中的路段可适当加宽（图4-2）。

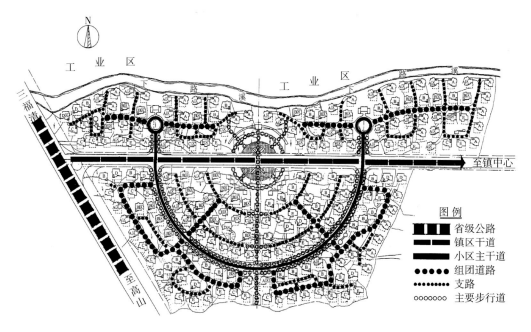

图4-2 小区道路系统

（资料来源：骆中钊，骆伟，陈雄超. 小城镇住宅小区规划设计案例［M］. 北京：化学工业出版社，2005.）

①居住区级：是整个居住区内的主干道，是居住区与城市道路网相衔接的中介性道路。在大城市可视其为城市的支路，在中小城市可作为城市次干道。它不仅要满足由城市进入居住区客货交通需要，还要提供足够的市政管线铺设空间。其路宽应考虑机动车道、非机动车道及人行道，并应设置一定宽度的绿地种植，如行道树、草坪花卉以及道路设施等。居住区一级道路的最小红线宽度不宜小于20m，必要时可增宽至30m。机动车道与非机动车道在一般情况下采用混行方式，车行道宽度不应小于9m。

②小区级：是居住区的次干道，对居住小区来说则是小区的主路，沟通小区内外关系。其道路宽度的确定主要考虑小区内部的机动车与人行交通，不允许引进公共电、汽车交通。但考虑私人小汽车的发展需要，路面宽度要满足两辆机动车错车及非机动车出行的要求，则路面宽度宜为6~8m。道路红线宽度根据规划要求确定，但建筑控制线的宽度（即两侧建筑物的间距）要考虑小区内市政管线的铺设要求，在非采暖区按6种基本管线的最小水平间距考虑，要求建筑控制线间距的最小限值为10m。在采暖区，由于暖气沟埋设要求，建筑控制线的最小限宽度为14m。

③组团级：是居住小区的支路，对居住组团（或基层居住单位）来说是主路，用以沟通组团内外关系。路面人车混行，确定路面宽度的方法也类似居住二级道路，只是道路交通流量和地下管线的埋设均要小于居住区二级道路，一般按单车道加上行人的正常通道，路面宽度为3.5~5m，在用地条件有限的地区可采用3m。为满足大部分地下管线的埋设要求，其两侧建筑控制线宽度非采暖区不小于8m，采暖区则不小于10m。

④宅间小路：是进出住宅及庭院空间的最末一级道路，平时主要是自行车及人行交通，但要满足清运垃圾、救护、消防和搬运家具等需要。则按照居住区内部小型机动车辆低速缓行的通行宽度考虑，宅间小路的路面宽度为2.5~3m，这样也兼顾了必要时私人小汽车的出入。

地方传统特色小城镇住区可采取相对灵活的道路组织方式和分级系统，停车方式和停车规模可根据当地经济水平和生活习惯进行合理规划。

采用组团设计概念的住区，其道路系统可分为小区级道路、组团级道路、宅前路及其他人行路三级；采用街坊式布局的街区，其道路系统可简化为小区级道路和宅前路两级。具体采用哪种道路组织方式和分级系统，小城镇住区可视当地情况灵活决断。

4.2.2 居住区道路设计的主要因素、规划原则和基本目标

居住区道路在设计时应充分根据当地的地形、气候、用地规模、用地四周的环境条件及居民的出行方式，来选择经济、便捷的道路系统和道路断面形式。

4.2.2.1 居住区道路应考虑的因素

居住区道路应考虑的因素主要有：

①人口规模。人口规模直接决定了道路的等级和道路密度，是道路设计的初始条件。

②居住区结构和布局。道路规划应密切结合居住区结构和布局的设想，包括组团的布局、公建的安排等因素，以便使路网分隔的各个地块能合理地安排不同功能要求的建设内容。

③周边交通条件。周边的交通条件决定了道路出入口的位置和个数，以及各个出入口之间的距离。

④居民出行的方式和行为特征。居住区内居民的出行方式和行为特征是居住区道路的出入口以及各种道路的等级顺序的重要影响因素，是创造适宜的居住环境的先决条件。

⑤交通工具的使用水平。调查当前的交通工具使用水平和预测未来的交通工具使用水平是一项非常重要的工作，通过这项工作我们可以大致拟定居住区的道路系统并且确定不同等级的道路断面。

4.2.2.2 居住区道路规划的原则

①根据地形、气候、用地规模和用地四周的环境条件、城市交通系统以及居民的出行方式，应选择经济、便捷的道路系统和道路断面形式；

②小区内应避免过境车辆的穿行或道路通而不畅，避免往返迂回，并适于消防车、救护车、商店货车和垃圾车等的通行；

③有利于居住区内各类用地的划分和有机联系，以及建筑物布置的多样化；

④当公共交通线路引入居住区级道路时，应减少交通噪声对居民的干扰；

⑤在地震烈度不低于6度地区，应考虑防灾、救灾要求；

⑥满足居住区的日照通风和地下工程管线的埋设要求；

⑦城市旧区改建，其道路系统应充分考虑原有道路特点，保留和利用有历史文化价值的街道；

⑧应便于居民汽车的通行。

山区和丘陵地区的道路系统规划设计应遵循以下原则：

①车行与人行宜分开设置，自成系统；

②路网格式应因地制宜。山区和丘陵区的道路一般都要求顺等高线设置，路网的格式不可生硬的套用平原的格式，道路面积或用地也会因之适当增加，选用用地指标上限值；

③主要道路宜平缓，纵坡宜小，次要道路可在允许值中取上限值；

④路面可酌情缩窄，但应安排必要的排水边沟（应按有关技术规范执行）和会车位，并应符合当地城市规划行政主管部门的有关规定。

4.2.2.3 城市示范小区规划设计导则中对道路与交通的规定

小区内道路系统应构架清楚，分级明确，并应与城市公交系统有机衔接，方便与外界的联系。

小区道路应顺畅，主出入口应合理并避免区外交通穿越，同时必须满足消防、救护、抗灾、避灾等要求。

为适应汽车交通日益增多的趋势，应组织好小区的人流、自行车及汽车的流向，选择交通合流或分流的方式，减少人车的相互干扰，保证小区内人车安全和居住的安宁。

小区内的小汽车停车位应按照不低于总户数的20%设置，并留有较大的发展可能性，经济发达及东南沿海地区，应按照总户数的30%以上要求设置。停车场地应保证必要的用地和安全停放，减少对住宅环境的影响。为住户设置的自行车停放场、库，应方便而隐蔽，不得占用庭院、绿地。

小区内道路设计应符合残疾人无障碍通行的规定。

4.2.2.4 居住区道路设计的基本目标

因地制宜，根据地形、气候、用地规模、人口规模、周边环境、城市交通系统和居民的出行方式，明确道路层次，选择合适的道路系统和断面形式，满足不同交通方式出行的要求。不同等级道路尽可能地做到逐级衔接，保证各部分之间联系的方便、快捷，便于居民的出行，避免往返迂回。

居住小区内道路应避免过境车辆穿行，内外交通应有机衔接，通而不畅。在内部交通组织中，既要保证行人安全，又要保证行车顺畅，应避免过长的直线形道路，较宽的道路要设置人行道，还可采用人车分流的交通系统；住宅区出入口的位置与数量应符合居民交通要求；应使居民的出行能安全、便捷地到达目的地，避免在住宅区内穿行；当有公交线路引入居住区道路时，应采用各种措施减少交通噪声对居民的干扰。

避免影响城市交通。应该考虑住宅区居民的交通对周边城市交通可能产生的不利影响，避免在城市的主要交通干道上设出入口或控制出入口的数量和位置，并避免住宅区的出入口靠近道路交叉口设置。

建筑和管线布置要求道路网的布置应和建筑的布置相结合，利用道路连接和划分不同的功能分区，为建筑布置的多样化创造条件，要便于建筑群整体效果的形成。路网的布置在很大程度上决定着地下管网的布置，要在路网设计时综合考虑市政管线的布置，尽可能简化管线结构。缩短管线长度，节约一次性投资，便于日常维护。

功能复合化，营造人性化的街道空间。住宅区的道路属生活性的街道，应该同时具备居民日常生活、活动等各种功能。住宅区内街道生活的营造也是住宅区宜居性的重要方面，是营造社区文明的重要组成部分。

居住小区级和组团道路应满足地震、火灾及其他灾害的救灾要求，并便于救护车、货运卡车和垃圾车等各类车辆的通行，宅前小路应能通行小汽车。在抗震设防的城市，要保证一定的避难场所和疏散通道，使其不受房屋倒塌的影响。

位于山坡地和丘陵地的居住小区，宜将车行与人行分开设置，使其自成系统。主要道路宜平缓，视地形条件路宽可以酌情缩窄，但应安排必要的排水边沟和会车位。

4.2.3 居住区路网设计

4.2.3.1 居住区内部的交通组织

在确定人车分行道路系统的交通组织方式后，宜首先分析各部分功能，再从结构划分入手，由大向小、由整体到局部，逐步深化人车分行系统的规划设计。

居住区内的联系应保持通而不畅，避免往返迂回，使各种车辆可以安全、安静的通行，并适于消防车、救护车、商店货车和垃圾车等的通行。所谓通而不畅，就是要避免那种四通八达的道路格局，主要应注意五个方面的内容：①道路的线形尽量能顺畅，不要出现生硬的弯折，以利于生活及安全用车辆的转弯和出入（如搬家、消防、救护、清运垃圾等）。但为了保证居民区居民的安全和安静，要避免过境车穿越小区和组团；②道路的布置与住宅的布置关系极大，住宅布置的朝向与道路布置的方位应综合考虑；③在满足交通功能的前提下，尽可能地降低道路长度和道路用地；④交通方便不是指有众多的横、纵交叉的道路，而是要既符合交通要求，又有结构明确合理的路网；⑤在小区道路设计时，应尽量避免噪声对与居住区的干扰，保持一个安静、舒适的居住环境。

路网布置应充分利用和结合地形，如尽可能结合自然分水线和汇水线，以利于雨水排除。在南方多河地区，道路宜与河流平行或垂直布置，以减少桥梁和涵洞的投资。丘陵地区则应注意减少土石方工程量。

在地震烈度不低于6度的地区，应考虑防火、救灾的要求。主要指在抗震设防城市，居住区的道路必须保证有通畅的疏散通道，并且在地震的次生灾害发生时（如电气火灾、水管破裂、煤气泄漏等），能保证消防、救护、工程抢险等车辆的出入。

满足居住区的日照通风和地下工程管线的埋设要求。道路的走向对通风和日照有很大影响。道路是居住区的主要通风走廊，合理的道路走向有利于创造良好的居住卫生环境，以保证住宅的夏季主导风向对住宅的正向入射角大于15°。居住区的工程管线都埋设于道路之下，因此，道路的完善与合理是工程管线完善与合理的基础和保证。

城市旧城区改造，其道路系统应充分考虑原有道路的特点，保留和利用有历史文化价值的街道。在旧城改造中，应综合考虑地上建筑和地下市政条件，对原有管线能利用者尽量利用。对历史文化名城和有历史价值的传统风貌地段，必须尽量保留原有道路格局，包括道路的宽度、线形和走向，并结合周围环境，使保护地段与现代化城市交通（地铁、立交桥、停车场等）相协调。

考虑居民小汽车的通行。

便于寻访、识别和街道的命名（规划人员可首先命名），经过主管部门批准后，报民政部门审定。

4.2.3.2 道路系统的基本形式

道路系统的形式应根据地形、现状条件、周围交通情况及规划结构等因素综合考虑，而不应着重追求形式和构图。

居住区道路系统形式根据不同的交通组织方式可分为三种组织形式：

①人车分流的道路系统。这种形式就是将人行道、车行道完全分开设置，交叉口处布置立交。在国外这种形式较多，主要用于居住区和私人小汽车较多的情况。它的优点是疏散快，比较安全，但投资大。

②人车混行的道路系统。这种形式在我国用得较多。投资比较小，但疏散效率低。

③人车部分分流的道路系统。该形式结合上述两种形式的优点，并结合居住区各功能分区内的人流量、车流量的多少作综合考虑。但人行道与车行道交叉口不设立交，可操作性强，故实际规划中最为常见（图4-3）。

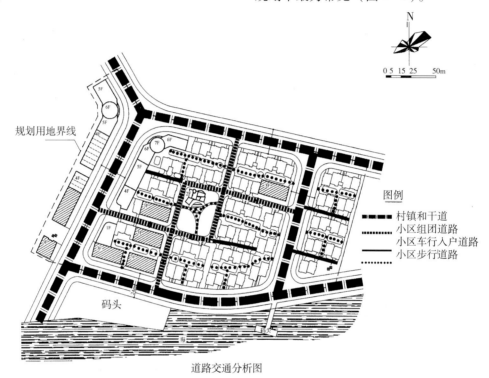

图4-3 人车部分分流的道路系统

（资料来源：骆中钊，骆伟，陈雄超. 小城镇住宅小区规划设计案例［M］. 北京：化学工业出版社，2005.）

4.2.3.3 路网结构

随着居民机动车拥有量的迅速增长和现代居住区建设的日益规模化、综合化，居住区内部的交通需求也日益增长。为保证居住区内人流、物流的舒适、便捷移动，合理的路网结构必不可少。

（1）居住区内的路网结构

确定居住区内的路网结构应考虑到以下要素：①居住区对外出行顺畅、便捷；②居住区内各居住小区、居住组团之间出行便捷；③不宜有过多的车辆出入口通向城市交通干道，出入口间距应不小于150m；④设置居住区内部消防、急救、工程等紧急通道。

（2）路网的基本形式

道路的布置在满足交通运输功能和人、车安全的前提下，路网应尽量节省占地和投资，并为建筑环境绿化和工程管线铺设创造良好条件。

路网的基本布置形式有环状、枝状和混合式（图4-4）。

环状道路分为环通式、半环式、内环式、风车式。其特点是：交通便捷，道路面积较小，有利于人、车分流，街道空间丰富，景观组织较好。但是环状路网会出现过多扇形地块，不利于土地充分利用。

枝状道路的特点是：路网密度低，路面面积小，交通短捷。但交叉口较多，交通组织比较复杂，适合于地形较复杂地段，且多为尽端式。

混合式综合了前几种方式，是一种灵活的布置方式，也是较为常用的道路网形式。

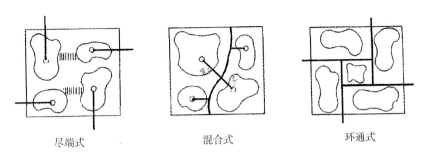

图4-4 居住区主要道路主要布置形式

(资料来源：金兆森，张晖. 村镇规划[M]. 南京：东南大学出版社，2005.)

4.2.4 居住区道路设计的基本要求

4.2.4.1 居住区道路的红线宽度

居住区内道路可分为：居住区道路、小区路、组团路和宅间小路四级。其道路宽度应符合下列规定。

①居住区道路：红线宽度不宜小于20m。

②小区路：路面宽6~9m；建筑控制线之间的宽度，需铺设供热管线的不宜小于14m，无供热管线的不宜小于10m。

③组团路：路面宽3~5m；建筑控制线之间的宽度，采暖区不宜小于10m，非采暖区不宜小于8m。

④宅间小路：路面宽不宜小于2.5m。

4.2.4.2 居住区道路的纵坡与横断面设计

（1）居住区道路纵坡设计

机动车与非机动车混行的道路，其纵坡宜按非机动车道要求，或分段按非机动车道要求控制（表4-3）。居住区内各类道路纵坡控制如下：

小城镇居住小区内道路纵坡控制参数表　　表4-3

道路类别	最小纵坡（%）	最大纵坡（%）	多雪严寒地区最大纵坡
机动车道	0.3	8.0且$L \leq 200m$	5.0且$L \leq 500m$
非机动车道	0.3	2.0且$L \leq 50m$	2.0且$L \leq 100m$
步行道	0.3	8.0	4

注：①表中"L"为道路的坡长；②机动车与非机动车混行的道路，其纵坡宜按非机动车道要求，或分段按非机动车道要求控制；③居住小区内道路坡度较大时，应设缓冲段与城市道路衔接。

(资料来源：华中科技大学建筑城规学院等. 城市规划资料集第三分册——小城镇规划[M]. 北京：中国建筑工业出版社，2005.)

（2）道路横断面设计

城市主干道是居住区外围的分隔线；次干道在居住区内既应承担内外联系的交通功能，也应强调其环境、绿化等功能；而城市支路在居住区内则应保证宁静、良好的道路环境与居住环境。不同技术等级、应用功能的道路，其横断面布置形式也各不相同。

4.2.4.3 居住区道路规划关于出入口的规范要求

居住区道路规划关于出入口的规范要求：
①居住区内主要道路至少有两个方向与外围道路

相连；②小区内主要道路至少应有两个出入口；③小区级道路不宜采用尽端式格局，以保证消防、救灾、疏散等的可靠性；④两个出入口可以是两个方向，也可以是同一方向；⑤机动车道对外出入口间距不应小于150m；⑥沿街建筑物长度大于150m时，应设不小于4m×4m的消防车通道；⑦人行出口间距不宜超过80m，当超过80m时，应在底层加设人行通道。

4.2.4.4 各等级的道路应满足以下设计的要求

道路连接。居住区道路与城市道路交接时，应尽量采用正交，以简化路口的交通组织。按道路设计规范，正交是指交角90°±15°，所以居住区级道路与城市道路的交角应大于或等于75°。平原区道路交角小于75°时，用平曲线弯道来满足要求。山区道路交角小于75°时，应对路口作必要的处理。当居住区内道路坡度较大时，应设置缓冲段与城市道路相接。

组团级道路既应方便居民出行和利于消防车、救护车的通行，又应维护院落的完整性和治安保卫。

在居住区内的公共活动中心，应为残疾人设置通行的无障碍通道。

居住区内尽端式道路的长度应小于120m，并应设置不小于12m×12m的回车场地。

当居住区内用地坡度大于8%时，应铺设梯步解决竖向交通，并宜在梯步旁附设推行自行车的坡道。

多雪严寒地区，居住区内道路路面应考虑防滑措施；地震设防区，主要道路宜采用柔性路面（沥青路面）。

建筑物、构筑物至道路边缘有最小距离的限制，其具体的设计要求见表4-4。当小区路设有人行便道时，边缘是指便道边缘，主要考虑因素有：①建筑物底层开窗及行人出入，不影响道路通行；②楼上物品掉下时行人的安全；③有利于安排地下管线及地面绿化；④减少对底层住户的视线干扰。

小城镇居住小区道路控制线间距及路面宽度表　　表4-4

道路名称	建筑控制线之间的距离		路面宽度（m）	备注
	采暖区（m）	非采暖区（m）		
小区级道路	16~18	14~16	6~7	应满足各类工程管线埋设要求；严寒积雪地区的道路路面应考虑防滑措施并应考虑堆放清扫道路积雪的面积，路面可适当放宽；地震区道路宜做柔韧路面
组团级道路	12~13	10~11	3~4	
宅前路及人行路	—	—	2.5~3	

（资料来源：华中科技大学建筑城规学院等．城市规划资料集第三分册——小城镇规划[M]．北京：中国建筑工业出版社，2005．）

旧镇区居住小区改建，其道路系统应充分考虑原有道路格局，并尽可能保留、利用具有历史文化价值的街道、节点。

4.2.4.5 居住区道路规划的经济性要求

道路的造价占居住区配套工程造价的比例较大。因此，规划设计中应考虑在满足正常使用的情况下，如何减少不必要的浪费，如何控制好道路长宽和道路面积大小。道路的经济指标一般以道路线密度（道路长度/居住区总面积，单位km/km²）和道路面积密度（道路面积/居住区总面积，单位%）来表示。研究表明：

居住区面积增大时，单位面积的道路长度和面积造价均有显著下降。小区的形状影响也很大，正方形较长方形经济。

居住小区面积的大小对单位面积的组团内道路长度、面积影响不大；而路网形式的各种布置手法对指标影响较大，如采用尽端式或道路均匀布置，则经济指标明显下降。

4.2.5 居住区停车设施设计

4.2.5.1 居住区静态交通布置

静态交通是指各类交通工具的存放，主要是自行车和汽车。在我国，自行车是大部分人使用的交通工具。在居住区设计中，应考虑设集中的自行车棚、库。近年来，私人汽车发展很快，与自行车相比，汽车占用的道路和场地要大得多，对居民生活造成一定的干扰，给居住区的布置带来较大的影响。

居住区汽车停放可采用地上、地下车库、建筑一层架空层或地面停车位等多种方式，有时也将住宅的一层直接设成车库。停车场、库的服务半径不宜大于150m，车位的布置数量随地区和生活水平的不同、生活习惯的不同有很大差异，其指标用停车率表示。停车率指居住区内居民汽车的停车位数量与居住户数的比率。《城市居住区规划设计规范》中规定居民汽车停车率不应小于10%。这一标准是从全国范围来讲的，对于经济较发达的地区，这一标准明显偏低，因此很多地方根据当地的情况又制定了地方标准，规划时可参照执行。

地面停车率是指居民地面停车位数量与居住户数的比率。为保证环境质量和节约土地，《城市居住区规划设计规范》规定地面停车率不宜超过10%，超过10%时，其余部分可采用地下、半地下停车或多层停车楼等方式解决。由于近年来私人汽车发展较快，所以规划中还要给停车场、库留有一定的发展余地。

4.2.5.2 居住区静态交通规划的原则

（1）停车位数量从多原则

随着经济的发展，汽车进入家庭的步伐将加快。居住区建筑的使用期限通常在50年以上，以这样长远的时限来面对汽车进入家庭的趋势，就必须要求建筑规划设计人员树立起住行结合、车宅一体的思想，在居住区建筑规划设计中充分考虑停车位的数量，以适应将来汽车普遍进入家庭的需要。

（2）停车位集中设置原则

居住区停车位的停放设置方式一般有分散和集中两种方式。分散式停放是指停车位分散至居住区内的各个建筑物内或附近。这种方式对居住者出行较方便，但对土地利用及机动车的管理维护不利，一般仅适用于少数高档别墅建筑。集中式停放方式是将居住区的车辆集中停放在专门修建的停车场或停车楼，车辆停放完毕，车内人员步行至居所。这种停放方式便于机动车的统一管理，避免了机动车在居住区内过多的穿行，有利于居住区居住环境的营造。在设计集中停放场所时，应考虑其服务半径不宜过大，一般不超过500m较为合适。不论采用何种方式停放车辆，都应保证居住环境不受机动车干扰，保证居住者行走的安全性和居住的舒适性。

4.2.5.3 机动车停车场的建设

目前，我国一些经济比较发达的小城镇住区已逐步实现了汽车入户，而一些经济条件困难的小城镇住区基本还停留在以非机动交通为主的阶段。因此，不同地区的小城镇住区对停车方式的选择和停车规模的需求差别很大，不能用统一的标准去衡量。这种情况下我们不宜做出硬性规定，应允许小城镇住区根据当地具体情况进行经济合理的规划。

居住小区内应配置分散式和集中式相结合的停车场地，供居民和来访者的小汽车及管理部门通勤车辆的存放。

小城镇居住小区小汽车的停车场、库根据当地经济水平和私车保有率酌情确定；自行车和摩托车的停车场、库，按住户的100%~120%计，停车场、库和自行车棚，在方便居民使用的原则下，可采取集中、分散或集中和分散相结合的形式布局。

4.3 小城镇居住区、小区公共服务设施的规划布置和设计

居住区公共服务设施是城市公共服务设施系统的一个组成部分，主要服务于本居住区居民，满足其物质和精神生活的基本需要。居住区公共设施的服务水平是社会经济、文化水平的一个体现。随着社会的进步，对公共服务设施也不断提出新的要求，要求服务愈加便利、完善，处处体现对人的关怀。居住区中心主要以公共服务设施为主，辅之以小品、绿化等。公共服务设施的多少和规模大小取决于居住区的等级、规模。公共服务设施要根据不同项目的使用性质和居住区的规划布局形式，采用相对集中和适当分散相结合的方式进行布置，使设施充分发挥效益，方便经营管理且减少对居住部分的干扰。其中，商业服务与金融、邮电、文体等有关项目宜集中布置，形成居住区各级公共中心。基层服务设施设置的位置应注意方便居民，满足服务半径的要求。配套公建规划时还应考虑发展的需要，为今后的改建、扩建留有余地。

4.3.1 小城镇居住区、小区公共服务设施的主要问题

目前小城镇住宅区公共建筑存在的主要问题有：

（1）与住宅区相配套的公共建筑项目与指标体系尚未确立

在市场经济体制下，用于满足小城镇居民生活需求的住宅区公共建筑配置的项目和指标体系尚未确立，更缺乏量化指标的具体指导和控制。而任由"市场"去调节，则会造成宏观上的失控。

（2）公共建筑项目配置不当

由于大多数小城镇建设主管部门对居住小区必须建设哪些公共建筑项目不明确，因而造成某些必不可少的公建项目的缺失，给居民生活带来不便。而有的城镇住区则相反，不考虑自身人口规模和环境条件，公共服务设施配置的规模过大、数量和种类过多，其结果是利用率低，经济效益差，最后只得"改头换面"，另作他用。

（3）公共建筑的项目配置不符合小城镇的特定要求

造成这一现象的最根本原因是没有认识到城镇住区公共建筑的配置与城市小区公共建筑配置的不同点。城市住宅区由于有相当的人口规模，它的公共服务设施强调"配套"，设施有一定的规模和质量，利用率也高；小城镇一个住宅区的规模十分有限，如按"配套"去实施，公共服务设施的规模就很"微小"，无法"经营"，因此它需要从更大的范围和内涵去考虑。

4.3.2 小城镇居住区、小区公共配建设施的原则与内容

4.3.2.1 基本原则

小城镇住宅区的公共服务设施，应本着方便生活、合理配套的原则，做到有利于经营管理，方便使用和减少干扰，并应方便老人和残疾人使用。

4.3.2.2 住宅区公共服务设施的内容

小城镇住宅区公共服务设施的配建应本着方便生活、合理配套的原则，确定其规模和内容；重点配置社区服务管理设施、文化体育设施和老人活动设施。

居住公共服务设施一般包括幼托、中小学、文化活动站、粮油店、菜场、综合副食品店、理发店、储蓄所、邮政所、卫生院、车库、物业管理、浴室、居委会等。这些公建项目众多，性质各异，规划布置时应区别对待。

小城镇住宅区内公共服务设施配建项目，按其使用性质可分为商业服务设施、文教服务设施、市政服务设施、管理服务设施四类。

（1）商业服务设施

主要是为居民生活服务所必需的各类商店和

综合便民商店，包括商业服务食品店、百货店、书店、餐馆、照相馆、药房、浴室、理发店、集贸市场、综合修理等。这是市场性较强的项目，需要有一定的人口规模去支撑。前者主要通过更大范围或全镇范围来统一解决。

商业服务、文化娱乐及管理设施除方便居民使用外，宜相对集中布置，形成生活活动中心。

（2）文教服务设施

主要有托幼机构、小学校、卫生站（室）、文化站（包括老人和小孩）等项目，包括中学、小学、幼儿园、托儿所、文化馆、俱乐部、图书馆、运动场、游泳池、球类场馆、文化活动中心等。规模较小的住宅区，托幼机构、小学校等设施可由城镇统一安排，合理配置。

教育机构宜选在宁静地段，其中学校，特别是小学要保证学生上学不穿过干道。卫生站宜布置在环境比较安静且交通方便的地方。

（3）市政服务设施

主要有机动车、非机动车停车场、停车库，公共厕所、加压泵房、变配电房、邮政所、煤气站、垃圾投放点、转运站等项目。

（4）管理服务设施

主要有物业管理、居委会、社区服务中心等项目。居委会作为群众自治的组织，应与辖区内居民有方便的联系。

4.3.3 小城镇居住区、小区公共配建设施的分级与特点

4.3.3.1 住宅区公共服务设施的分级

由于小城镇住宅区的规模相对较小，所以要综合考虑设施的使用、经营、管理等方面因素以及设施的经济效益、环境效益和社会效益。小城镇住宅区的公共服务设施一般不分级设置。

4.3.3.2 住宅区公共服务设施的特点

为了满足居民在精神生活和物质生活方面的多种需要，住宅区内必须配置相适应的公共服务设施。但由于小城镇的特殊性，其住宅区的公共服务设施除了少数内容和项目外，在当前一般均以城镇为基础，在全镇范围内综合考虑，综合使用。这与城市住宅区公共服务设施的配置有着本质区别。其主要原因是：

①小城镇住宅区的规模一般较小，考虑到公共建筑本身的经营与管理的合理性和经济性，其住区内公共服务设施的项目、内容和数量非常有限，特别是组团规模以下的住宅区。

②小城镇的规模一般是几千人到几万人，城镇范围不大。居住用地一般也围绕城镇中心区分布，居民使用城镇一级的公共设施也十分方便，即公共服务设施使用上具有替代或交叉的特点。小城镇公共服务设施由于其性质和所在位置，既可以为全镇服务，也可为住宅区服务。住宅区配置的公共服务设施也同样如此，既为本住宅区服务，也为城镇其他住宅区服务。

③在住宅区建设中，沿街地段一般均采用成街的布置方式。居民开设的各类服务设施既是为全镇甚至是更大范围服务的，也是直接为该住宅区服务的，难以从本质上加以区分。

虽然当前小城镇住宅区内的公共服务设施常常仅是小商店而已，但按照我国发展小城镇战略方针的要求，小城镇将成为乡村城市化的必由之路。一般的小城镇将发展到2万~5万人，个别有条件的可以发展到10万人以上。到那时，小城镇住宅区的规模及其公共服务设施的项目、内容、规模和功能要求必将发生重大变化，住区公建设施的配置结构将有可能类同于城市住宅区。但与城市相比，还有其明显的特点，主要表现在如下几个方面：

由于规模和经济发展水平的影响，公共服务设施不可能上多大规模或分若干层次。因此，可以结合小城镇公共建筑的特点，将行政管理、教育机构、文体科技、医疗保健、集贸设施和较大规模的商业金融设施与城镇级合并设置，综合使用。住宅区内可根据规模和需要配置社区服务中心。

城市居住小区公共服务设施的布局和项目内容对住宅区的布局结构和居民使用的方便程度的影响较大；而小城镇住宅区对此影响较弱，而城镇公共设施中心区的位置关系却显得十分重要。因此，小城镇居住用地一般都围绕城镇中心区设置。

小城镇公共建筑的使用与城市相比有一定的区别，特别是在服务范围、对象、服务半径、人口规模和使用频率方面的差异更为明显。例如，城市居住小区内的托幼和小学校等设施，一般是仅为该住宅区使用，并满足各自的时空服务距离的要求，其服务范围、服务半径等比较明确；而小城镇的托幼和小学校等设施不仅为住宅区和城镇居民使用，还要面向城镇行政区域内的其他村民。

不同地区的小城镇在风俗习惯、经济发展水平、自然条件等方面差异巨大，有很多特殊条件，不能盲目模仿，必须符合当地居民的生活特征。例如，一些地处偏远或规模较小的传统特色小城镇住区由于经济能力有限，不能较为全面地设置公共服务设施。这种情况下，应允许综合权衡自身的需要和经济能力，有选择地设置一些必要的公共服务设施。

地方传统特色小城镇住区可根据当地生活习俗，酌情布置专门的老人、儿童活动场地及各种休闲场所。不少传统特色小城镇住区在进行规划布局时忽略了专门的老人、儿童活动场地的设置。然而，这并不表示所有住区里的老人和儿童一定缺乏活动场地。对于以低层和院落式住宅为主的传统特色小城镇住区，亲切宜人的尺度和丰富的户内活动空间在一定程度上削弱了居民对大规模集中休闲场地的需求，各种形式的院落往往就是老人休闲、儿童嬉戏的最佳活动空间。因此，地方传统特色小城镇住区可视具体情况酌情设置各种专门的休闲活动场地。

4.3.4 住宅区公共服务设施的规划布局

小城镇住宅区的公共服务设施在布局上可分为三类：

①由小城镇通盘考虑的设施，如幼托机构、中小学校、医院、较大的商业服务设施等。

居住区的中学要建在阳光充足、空气流通、场地干燥、地势较高、远离各类污染源的地段，不宜与市场、娱乐场所、医院太平间等场所相毗邻，校区内不得有架空高压线穿过，教室用房外墙与铁路的距离大于300m。学校校门不宜开向城镇干道或机动车流量每小时超过300辆的道路，校门处留有缓冲距离。中学的服务半径不宜大于1000m，建筑容积率不宜大于0.8，教学楼应满足冬至日不小于2小时的日照标准，要方便学生上学和放学，教学楼高度不超过5层。

小学位置的选择与中学一致，但服务半径不宜大于500m，走读小学生上学不应跨过铁路。穿越城市道路时，应有相应的安全措施，教学楼高度不超过4层。托儿所、幼儿园设在次要道路比较僻静的地段，方便家长接送，避免干扰交通。服务半径不宜大于300m，层数不宜高于3层，其生活用房应满足底层满窗冬至日不小于3小时的日照标准，室外活动场地应有不少于1/2的活动面积在标准的建筑日照阴影线之外，选址应远离各种污染源，符合有关卫生防护要求，保证场地的干燥、排水的通畅和环境的优美，尽可能与绿化相结合。小学和幼儿园还应与住宅保持一定的距离，避免儿童的吵闹声对居民的影响。

居住区医院位置要结合上级规划的医疗卫生网点的布局要求，要交通方便、环境安静、远离污染源，与其他建筑要有一定间距并结合绿化进行适当隔离，既要便于居民使用又要避免救护车对居住区不必要的穿越和干扰。

②基本由住户自己使用和管理的设施，如自行车、摩托车、小汽车的停放场所。这类设施的布置主要在道路交通的组织中进行，具体详见相关章节的内容。

③其余的综合便民商店、文化站、卫生站（室）、物业管理、社区服务等设施项目。这类公共服务设施作为小城镇居住小区经常性使用的必建项目，其布局形式主要有沿街线状布置，在住

区主要出入口处布置，在住宅区中心地段成片集中布置等形式。

沿街线状布置。结合城镇总体布局的要求，公共服务设施沿住宅区四周主要道路成沿街线状布置。这种布局形式有利于街道景观组织和城镇面貌的形成，有利于公共服务设施在较大的区域范围内服务（图4-5）。

居住区主要出入口处设置。公共服务设施结合居民出行特征和住区周围的道路，设在住宅区的主要出入口处，方便居民顺路使用（图4-6）。

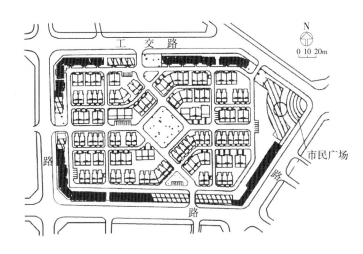

图4-5 沿小区四周道路布置公共建筑

(资料来源：骆中钊，骆伟，陈雄超. 小城镇住宅小区规划设计案例［M］. 北京：化学工业出版社，2005.)

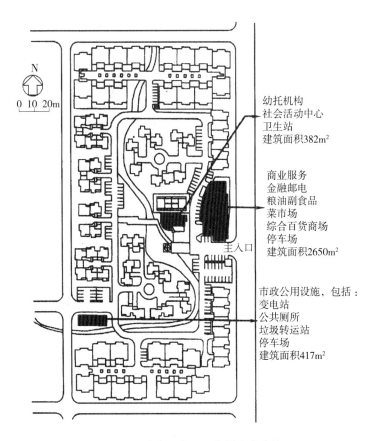

图4-6 在小区主入口布置公共建筑

(资料来源：骆中钊，骆伟，陈雄超. 小城镇住宅小区规划设计案例［M］. 北京：化学工业出版社，2005.)

在住宅区内部布置。一般将主要的公共服务设施布置在住区的中心位置，服务半径小，服务对象明确，设施内容和服务项目清楚。这种布局形式对文化卫生、社区服务、物业管理等设施比较有利，但对商业等设施的经营相当不利。这类布置形式在小城镇较少。

4.4 小城镇居住环境的规划设计

目前小城镇居住小区环境存在的主要问题是户外空间缺少统一的规划与建设，一般无公共绿地供居民使用，户外地面高低不平，杂草丛生，垃圾乱堆乱放的现象随处可见，与新建的小洋楼形成鲜明的对比。国家"小康住宅示范小区规划设计优化研究"进行的实态调查表明，大约有2/3以上的居民对住宅本身十分重视，经济投入相当大，但却忽视户外环境建设。绿化、环卫设施等环境的建设往往无人问津，造成"室内现代化，室外脏乱差"，极不适应小康生活的需要，急需改善和提高。

其次，有些地区在小城镇居住小区多层公寓式住宅的建设中，不考虑小城镇居民实际的生活特点，没有将居民对这类住宅的特殊要求如建筑层数、院落、贮藏空间等问题予以重视并解决，而是盲目照搬大城市的建设模式，套用城市住宅的设计图纸，过分追求"高"与"大"，片面讲究"洋"与"阔"，把小城镇与城市相等同，脱离了小城镇的实际情况，结果建了一批不适合小城镇居民生活特点的住宅。由于生活习惯和使用要求上的差别，给他们的生活带来了很大不便。另外，一张图纸只经过简单修改，被重复使用，造成小城镇住宅千城同面，百城同貌，毫无地方特色可言，从而直接影响了整个居住小区的景观环境建设。

随着生活水平的提高，人们对居住条件的要求提高，优美的居住环境已成为一种普遍的需求。我国住宅制度改革后，住宅也像其他商品一样，要应对市场的竞争，社区环境已日渐成为赢得竞争的重要因素，做好居住区的景观环境规划不仅可以提高社会效益和环境效益，还可以提高经济效益。过去那种盖完房，修完路再植上几棵树的做法已远远不能适应时代的需求。近年来住宅建设的实践表明，居住区景观与环境规划已作为整个居住区规划的一个重要组成部分贯穿始终，创造优美的居住环境成为买卖双方共同的需求。

4.4.1 小城镇居住环境规划设计的原则和途径

4.4.1.1 户外居住环境构筑的基本原则

综合考虑小城镇与城市的差别，合理确定建设标准、用地条件、日照间距、公共绿地、建筑密度、平面布局和空间组合等因素，并应满足防灾救灾、配建设施以及小区物业管理等要求，从而创造一个方便、舒适、安全、卫生和优美的居住环境。

做好户外环境的总体设计。目前，小城镇住宅区的户外环境总体质量比较差，缺少环境的总体设计；住户的"小农"经济意识明显，他们对自己住房的内部环境"精心策划"，而对户外环境却漠不关心，抛弃了"主人"的地位等等。这些原因，造成了小城镇住宅区的户外环境脏、乱、差，绿化水平低，活动空间奇缺，基础设施落后，缺乏地方特色。因此，必须对住宅区进行科学规划，搞好户外环境的设计。注重住宅区环境的整体性，从全局出发，结合地形、地物、地貌，综合考虑历史文化、风俗习惯等，因地制宜地处理好住区户外环境和空间的层次与结构、布局和景观（图4-7）。

小城镇居住小区的平面布局、空间组合和建筑形态应注意体现民族风情、传统习俗和地方风貌，还应充分利用规划用地内有保留价值的河湖水域、历史名胜、人文景观和地形等规划要素，并将其纳入小区环境规划。

对住宅区的主要街道、河湖环境进行规划设计，重点处理好住宅区的入口"门厅"、中心广场

图 4-7 邵武市和平古镇聚奎住宅小区

(资料来源：骆中钊，骆伟，陈雄超. 小城镇住宅小区规划设计案例 [M]. 北京：化学工业出版社，2005.)

绿地、道路交叉口等节点环境，解决好住区道路规划与交通环境、绿化布置与生态环境。

以居民的生活行为和活动轨迹为依据，设置多层次的户外活动、邻里交往空间，发扬小城镇传统的亲密乡情和睦邻友好关系，重点处理好住宅建筑的组合与空间形态、空间布局与场所环境、住区规划与人口老龄化环境等方面的问题。

4.4.1.2 户外居住环境构筑的基本途径

构筑一个什么样的居住环境是住宅区规划的重点。其规划构思的形成，一般要经过居住环境的要素分析，确定居住环境的总体构架，研究各分项环境的配置，环境设施的细部设计等四个层面，这四个层面相互渗透，相互结合，共处于环境的整体之中。

(1) 居住环境的要素分析

对硬环境要素、软环境要素要进行详细分析，使居住环境的规划设计能因地制宜，因人而异。特别要抓住其特征要素，从而使居住环境具有地域等方面的特性，如水乡城镇的"水"、山地丘陵地区的"地形"、各地民居等等。

(2) 居住环境的总体构架

居住环境的总体构架是通过住区的组织结构与功能环境和空间布局与场所环境来把握的。

组织结构与功能环境。住宅区的组织结构与功能环境，是根据住宅区的功能要求综合地解决住宅与公共服务设施、道路、绿地等内容之间的相关问题及其手段和途径，是能否有效地实现规划目标的关键要素。

空间布局与场所环境。通过住区空间布局与场所环境的合理组织，使住宅区居住环境以整体的环境意识创造空间的有机性，以整体环境制约局部的、个体的意识，摒弃孤立地追求个体完美的观点。

(3) 居住环境的分项规划

分项规划在居住环境的总体构架下，对居住环境的关键组成部分，即建筑组合与空间形态环境、公共服务设施与生活服务环境、道路规划与交通环境、绿化布置与生态环境等方面进行建构，使住区各分项环境的组织能在住区整体环境下协调和完整。

(4) 居住环境的细部设计

居住环境的细部设计包括环境的形式、环境的意向和环境的意义三个方面，它们是相互融合的。细部设计是在居住环境的分项规划框架下的定量化设计。

环境的形式。指人可以直觉体验到的住区中环境所具有的位置、形状、大小、尺度、色彩和肌理等内容的规划设计。它对环境的气氛、情调、性格和社会性活动的发生有最为明显的心理效应。

环境的意向。居住环境的意象是指表述环境的性质、用途、场所特征、与人的相关性，以及环境的可识别性、可理解性等内容。

环境的意义。居住环境的意义是指在环境规划设计中，将历史、文化、生活和具有象征性的人文要素注入其中，赋予环境一定的社会属性，这样可获得比普通的环境高出数倍的社会效益。

4.4.2 居住环境设计的主要内容和深度要求

4.4.2.1 居住环境的基本概念

根据地域范围和研究角度不同，小城镇居住小区环境可有广义和狭义之分。

广义的小城镇居住小区环境是指一切与小城镇相关的物质和非物质要素的总和，包括小城镇居民居住和活动的有形空间及贯穿于其中的社会、文化、心理等无形空间。还可进一步细分为自然生态环境、社会人文环境、经济环境和城乡建设环境等四个子系统。

狭义的小城镇居住小区环境是广义小城镇居住小区环境的核心部分，是指在小城镇居民日常生活活动所达的空间里，与居住生活紧密相关，相互渗透，并为居民所感知的客观环境。它包括居住硬环境和居住软环境两个方面。前者是指为小城镇居民所用，以居民行为活动为载体的各种物质设施的统一体，包括居住条件、公共设施、基础设施和景观生态环境四个部分。后者是小城镇居民在利用和发挥硬环境系统功能中所形成的社区人文环境，如邻里关系、生活情趣、信息交流与沟通、社会秩序、安全感和归属感等。

4.4.2.2 居住环境的构成

住宅是小城镇建筑中最重要的组成部分，对整个城镇良好环境的形成起着举足轻重的作用。住宅区的功能就是为居民提供和创造适当的居住生活环境。考察国内当代小城镇建设中存在的问题，其中主要的一点就是忽视了住区的环境建设。居住区的规划设计缺乏环境观念，住宅区的环境状况严重滞后于小城镇居民的生活水平，使居民的物质和文化生活的条件和水平不相"匹配"，住房面积与居住环境有"天壤之别"，使居民的生活质量大打"折扣"。这一原因也使许多当代年轻人挤在"城里"，不愿再回"乡村老家"。在当今社会高速发展时期，小城镇的住宅建设应该抓住这一契机，让住区成为小城镇中最宜人的场所，为居民的生活提供一个方便的舞台，为居民提供一个符合人类尊严和满足生活需求的适宜住处及居住环境，切实提高和改善城镇环境质量。

总的说来，小城镇住宅区的居住环境可包括硬环境和软环境两个部分，它们是相依相存的，否则失去环境的作用和意义，住宅区的可居性和居住环境也就无从谈起。

(1) 住宅区的硬环境

住宅区硬环境是指居住区内一切服务于居民，并为居民所利用，以居民行为活动作为载体的各种物质设施的总和。它是一种有形的环境的总和，是自然要素、人工要素和空间要素的统一体，由各种实体和空间构成。具体地说，硬环境由居住条件、空间环境、生态环境和公建设施水平四个部分组成。

①自然要素

住宅区的自然要素是指直接或间接影响到住区居民生活的一切自然形成的物质、能量的总体，是居住者生活所必需的自然条件和自然资源的总称。它包括属于物质的地形、地貌、地质、水、空气、土壤、植物和属于能量的气温、日照等因素。

良好的自然环境是人类住区生存的必要条件。住宅区的自然环境应具有充足的日照、清新的空气、清澈的河流和较好的通风条件，远离释放有害气体的工厂及铁路、公路等有强烈噪声的地段；绿化中必须充分考虑与自然条件结合起来，有秀丽的田园风光。住宅单体要注意朝向、日照、采光、穿堂风、保温和节能等问题。

不同特征的自然要素，其住宅区的规划设计和居住环境各有特点。住宅区建设的基础是基地的自然条件——地形、地貌、水体、植被等天然要素，重视这些条件的保护和利用，实际上为创造优美和舒适的居住环境奠定了基础。

②人工要素

住宅区人工要素包括居住条件、公共服务设施（商业、菜场、学校、活动中心等）、交通服务设施及绿化、市政公用服务设施等空间要素，包括私有空间、半私有空间、半公共空间、公共空间。

(2) 住宅区的软环境

软环境是指居民利用和发挥居住区硬环境系统功能而产生直接或间接影响的一切非物质形态事物的总和。它是一种无形的环境，但居民随时随地身处其中并感受其效果,如生活情趣、生活方便程度、居住舒适程度、信息交流与沟通、社会秩序、安全和归属感等。

(3) 住宅区硬环境与软环境的关系

①硬环境是软环境的载体

建筑是人工构筑的空间环境,是绚丽多彩的人类活动借以展开的舞台。居民生活中的各类活动以及这些活动所产生的相互影响和作用,都是以硬环境作为载体的,这主要表现在以下两个方面:

其一,建筑一旦建成,建筑实体本身还产生了另一种重要的要素,那就是空间。居住区的空间环境如同一种容器,一方面,它为种种社会生活活动提供方便的空间和场所;另一方面,它可以促进人的行为活动,成为行为的发生器、催化剂;同时,它还可以限制和防止某些不良行为的发生,使住宅区具有上佳的可居性。

居民的户外活动受住宅区硬环境的约束和影响巨大,它反映在住宅区的实体布局在建成后对居民户外活动的吸引和排斥。一般情况下,住宅区的空间布局、形态,建筑群体组合,商业服务、文教卫体、户外活动场地的不同布局形式,对居民户外活动的兴趣性、积极性、安全性、领域性,以及使用频率、活动的方向与线路、程序所产生的影响较为明显。

其二,居民的活动及精神生活要以物质设施作为基础,一些软环境要素更是以硬环境作为其存在的必备条件。例如,要丰富居民的文化生活,就要配置文化站、老年人活动场所、儿童游戏场所等设施。

②软环境的可居性是硬环境的价值取向

人是住区的主体,住宅区硬环境建设的目的是为居民提供一个舒适、方便、安全、安静的居住环境,因此,硬环境的规划设计和建设应以软环境为基础。

无论是何种类型、何种结构的住宅区,应赋予硬环境有序的社会功能,以符合居住者的居住行为和活动特征。处处为生活在其中的人着想,这是当前和今后住宅区规划与建设取得综合效益的价值取向。

人在硬环境中的行为是居住环境的有机构成部分。在这个环境中,使用者要求有邻里交往、文化共享,要求发现自我、表现自我等等。这就要求居住环境能积极地反映使用者已有的、潜在的各种行为意识。

住宅区是一个复杂的有机体,居住环境是人的情绪与情感调节器,充满生活气息的环境可以使人愉悦、快慰。要使居民在空间环境中得到愉快和满足,环境就要充满生活情趣,成为人们喜闻乐见、愿意逗留的生活空间。要实现这样的目标,居住环境必须与人们的日常生活接近,有较紧密的心理距离,联系方便,尺度与设施使人感到亲切。因此,软环境中如居住行为特征、风俗习惯等在不同地方、不同的环境下是千差万别的,如果不掌握这些居民生活的特性,设计建成的住宅区就可能成为"卧"的"方盒子",产生种种缺陷和社会问题。所以必须使硬环境和软环境协调有序地运行,才能取得有效的整体效益。

4.4.2.3 居住小区环境规划的任务

居住小区环境规划的任务就是为居民创造一个满足日常物质和文化生活需要的、舒适、经济、方便、卫生、安静和优美的环境。在小区内,除了布置住宅建筑外,还需布置居民日常生活所需的各类公共服务设施、绿地、活动场地、道路、市政工程设施等。

小区环境规划必须根据镇区建设规划和近期建设规划的要求,对小区内各项设施做好综合的全面安排。还需要考虑一定时期内小城镇经济社会发展水平、居民的文化生活需要和习惯、物质技术条件以及气候、地形和现状等条件;同时应注意近远期结合,留有发展地。一般新建小区的规划任务比较明确,而旧区的改建必须在对现状情况进行较为详细调查的基础上,根据改建的需要和可能,留有发展余地。

4.4.3 小城镇居住区绿地规划设计

居住小区绿地是小城镇绿地系统的重要组成部分。小区内的绿化是为居民创造舒适、安静、卫生和美观的居住环境，它涉及的范围较大，与居民生活密切相关。合理的小区绿地规划，对于形成多样化的居住环境、环境保护和小区地方特色等方面具有重要的作用。

4.4.3.1 居住小区绿地系统的组成和绿化标准

（1）居住小区绿地的组成

小城镇居住小区的绿地系统由公共绿地、专用绿地、宅旁绿地和庭院绿地、道路绿地等构成。其各类绿地所包含的内容如下（图4-8）。

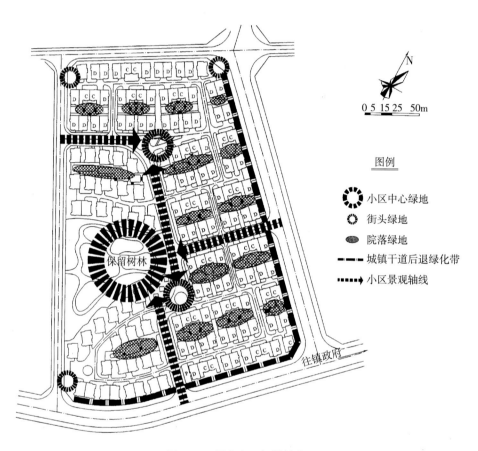

图4-8 居住小区绿地结构

（资料来源：骆中钊，骆伟，陈雄超. 小城镇住宅小区规划设计案例［M］. 北京：化学工业出版社，2005.）

①公共绿地。指居住小区内居民公共使用的绿化用地，如居住小区公园、林荫道、居住组团内小块公共绿地等。这类绿化用地往往与居住小区内的青少年活动场地、老年人和成年人休息场地等结合布置（图4-9）。

②专用绿地。指居住小区内各类公共建筑和公用设施等的绿地。

③宅旁和庭院绿地。指住宅四周的绿化用地。

④道路绿地。指居住小区内各种道路的行道树等绿地。

（2）居住小区绿地的标准

居住小区绿地的标准，是用公共绿地指标和绿地率来衡量的。居住小区的人均公共绿地指标应大于1.5m²/人；绿地率（居住小区用地范围内各类绿地的总和占居住小区用地的比率）的指标应不低于30%。

图4-9 居住小区组团绿地

(资料来源：骆中钊，骆伟，陈雄超. 小城镇住宅小区规划设计案例 [M]. 北京：化学工业出版社，2005.)

4.4.3.2 居住小区绿地的规划布置

(1) 小区绿地规划设计的基本要求

根据居住小区的功能组织和居民对绿地的使用要求，采取集中与分散，重点与一般，点、线、面相结合的原则，以形成完整统一的居住小区绿地系统，并与村镇总的绿地系统相协调。

充分利用自然地形和现状条件，尽可能利用劣地、坡地、洼地进行绿化，以节约用地。对建设用地中原有的绿地、湖河水面等应加以保留和利用，节省建设投资。

合理地选择和配置绿化树种，力求投资少，收益大，且便于管理，既能满足使用功能的要求，又能美化居住环境，改善居住小区的自然环境和小气候。

(2) 绿地规划布置的基本方法

① "点"、"线"、"面"相结合（图4-10）

以公共绿地为"点"，路旁绿化及沿河绿化带为"线"，住宅建筑的宅旁和宅院绿化为"面"，三者相结合，有机地分布在居住小区环境之中，形成完整的绿化系统。

② 平面绿化与立体绿化相结合

立体绿化的视觉效果非常引人注目。在搞好平面绿化的同时，也应加强立体绿化，如对院墙、

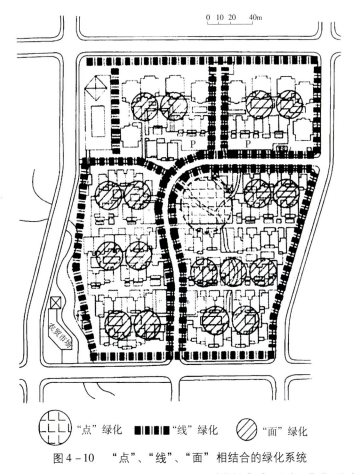

图4-10 "点"、"线"、"面"相结合的绿化系统

(资料来源：骆中钊，骆伟，陈雄超. 小城镇住宅小区规划设计案例 [M]. 北京：化学工业出版社，2005.)

屋顶平台、阳台的绿化，棚架绿化以及篱笆与栅栏绿化等。立体绿化可选用爬藤类及垂挂植物。

③绿化与水体结合布置

应尽量保留、整治、利用小区内的原有水系，包括河、渠、塘、池。应充分利用水源条件，在小区的河流、池塘边种植树木花草，修建小游园或绿化带；处理好岸形，岸边可设置让人接近水面的小路、台阶、平台，还可设花坛、坐椅等设施；水中养鱼，水面可种植荷花。

④绿化与各种用途的室外空间场地、建筑及小品结合布置

建筑基座、墙面，可布置藤架、花坛等，丰富建筑立面，柔化硬质；将绿化与小品融合设计，如座凳与树池结合，铺地砖间留出缝草等，以丰富绿化形式，获得彼此融合的效果；利用花架、树下布置停车场地；利用植物间隙布置游戏空间等。

⑤观赏绿化与经济作物绿化相结合

小城镇居住小区的绿化是宅院和庭院绿化，除种植观赏性植物外，还可结合地方特植一些诸如药材、瓜果和蔬菜类的花卉和植物。

⑥绿地分级布置

居住小区内的绿地应根据居民生活需要，与规划组织结构对应分级设置，分为集中公共绿地、分散公共绿地、庭院绿地及宅旁绿地等四级。绿地分级配置要求见表4-5。

绿地分级设置要求　　　　　表4-5

分级	属性	绿地类型	设计要求	最小规模（m²）	最大步行距离（m）	空间属性
一级	点	集中公共绿地	配合总体，注重与道路绿化衔接；位置适当，尽可能与小区公共中心结合布置；利用地形，尽量利用和保留原有自然地形和植物；布局紧凑，活动分区明确；植物配植丰富，层次分明	≥750	≤300	公共
二级		分散公共绿地	有开敞式或半开敞式；每个组团应有一块较大的绿化空间；绿化以低矮的灌木、绿篱、花草为主，点缀少量高大乔木	≥200	≤150	公共
三级	线	道路绿地	乔木、灌木或绿篱	≥50	—	—
		庭院绿地	以绿化为主，重点考虑幼儿、老人活动场所	酌定	酌定	半公共
四级	面	宅旁绿化、庭院绿化	宅旁绿地以开敞式布局为主；庭院绿地可为开敞式或封闭式；注意划分出公共与私人空间领域；院内可搭设棚架、布置水池、种植果树、蔬菜、芳香植物；利用植物搭配、小品设计增强标志性和可识别性	酌定	酌定	半私密

（资料来源：作者自绘）

4.4.3.3 居住小区绿化的树种选择和植物配置

居住小区绿化树种的选择和配置对绿化的功能、经济和美化环境等各方面作用的发挥、绿化规划意图的体现有着直接关系，在选择和配置植物时，原则上应考虑以下几点。

居住小区绿化是大量而普遍的绿化，宜选择易管理、易生长、省修剪、少虫害和具有地方特色的优良树种，一般以乔木为主，也可考虑一些有经济价值的植物。在一些重点绿化地段，如居住小区的入口处或公共活动中心，则可选种一些观赏性的乔、灌木或少量花卉。

考虑不同的功能需要，如行道树宜选用遮阳性强的阔叶乔木，儿童游戏场和青少年活动场地忌用有毒或带刺植物，而体育运动场地则避免采用大量扬花、落果、落花的树木等。

要使居住小区的绿化面貌迅速形成，尤其是在新建的居住小区，可选择速生和慢生的树种相结合，以速生树种为主。

居住小区绿化树种配置应考虑四季景色的变化，可采用乔木与灌木、常绿与落叶以及不同树姿和色彩变化的树种，搭配组合，以丰富居住小区的环境。

居住小区各类绿化种植与建筑物、管线和构筑物的间距见表4-6。

种植树木与建筑物、构筑物、管线的水平距离　　　　　　　　表4-6

名称	最小间距（m）		名称	最小间距（m）	
	至乔木中心	至灌木中心		至乔木中心	至灌木中心
有窗建筑物外墙	3.0	1.5	给水管、闸	1.5	不限
无窗建筑屋外墙	2.0	1.5	污水管、雨水管	1.0	不限
道路侧面、挡土墙脚、陡坡	1.0	0.5	电力电缆	1.5	
人行道边	0.75	0.5	热力管	2.0	1.0
高2m以下围墙	1.0	0.75	弱电电缆沟、电力信杆、路灯电杆	2.0	
体育场地	3.0	3.0	消防龙头	1.2	1.2
排水明沟边缘	1.0	0.5	煤气管	1.5	1.5
测量水准点	2.0	2.0			

（资料来源：李德华. 城市规划原理［M］. 北京：中国建筑工业出版社，2001.）

4.4.4 居住区景观与环境规划设计方法

4.4.4.1 居住区总体环境设计

居住区总体环境设计是从宏观的角度对居住区的景观环境进行控制，结合城市总体规划、分区规划及详细规划的要求，从场地基本条件、地形地貌、土质水文、气候条件、动植物生长状况和市政配套设施等方面入手进行分析，对整个居住区的空间形态进行谋划，寻求与周边环境的最佳融合，密切人与环境的关系，将实用性与观赏性相结合，从平面和空间两个方面入手，合理地安排景观层次，加强人性化设计，为人们提供足够的交往空间，使居住区整体的意境和风格达到和谐，创造宁静而有特色的居住氛围。

（1）建筑物的空间组织与设计

居住区内的建筑中，住宅占大多数，其次是公共建筑。由于使用性质不同，这两类建筑具有不同的外部特征。设计中应注意这一特点，表现出两者的差别，塑造不同的建筑性格，提高可识别性。

对于住宅建筑来说，特定的使用功能使其私密性较强，体形变化也不如公建丰富，设计得不好，容易造成呆板和单调。设计中应在统一的前提下，运用高度、方向、色彩、质感的对比和变化使其丰富起来。

居住区内住宅大量重复地出现，如果得不到合理的组织，就会显得杂乱而缺乏条理，若将其按某种规律进行布置，就形成了节奏感和韵律感。节奏和韵律在构图上是指形体有规律的重复和变化，既是保证建筑群体统一的手段，又使建筑物之间呈现一种规律美（图4-11）。一般来讲，节奏与韵律的重复不宜过多，否则将会造成单调和枯燥的后果。

在建筑物布置中，还应注意寻求和谐的比例关系。比例是指建筑物的整体与局部或局部之间的比较关系，在环境规划方面也可以指建筑体量、建筑与环境之间的比较关系。在环境规划中，处处都存在着比例关系，建筑单体要有和谐的比例关系才能保证其自身的优美，建筑群体之间只有比例得当，才能使环境的魅力充分展现。如在组织住宅楼之间的院落时，建筑之间的距离过近会使人感到压抑；距离过远又失去了领域感，使人感到空旷；如果将院落的进深控制在建筑高度的3倍左右，则可以使室外空间的比例较为和谐。此外，道路两侧的建筑之间也应注意比例关系，这一关系会为大多数人所感受到，因而显得尤为重要。

（2）道路系统及视线通廊的组织

景观效果应作为道路选线时考虑的一个重要内容。道路选线要充分考虑周边的自然景观和人

图 4-11　富有韵律和节奏在建筑群体——
武汉湖光花园城市规划

（资料来源：夏南凯，周俭. 理想空间［M］.
上海：同济大学出版社，2006.）

文景观，利用借景和对景的手法，将好的景色尽可能多地收入行人的视野。道路还应与规划地界内的景物相结合，当无景可借时，可以通过建造建筑小品，重新添景、组景，使之有景可观。一般认为，在小区内弯曲的道路比直线道路更具优势，不仅减慢了车速，还使小区内的景色逐步展现，避免了一览无遗，设计恰当可以达到步移景异的效果。在道路的转折处，可以放一些建筑小品点缀，起丰富小区景观的作用。视线通廊是为了观赏某些景色设置的，是直线形的。可根据景色的需要确定一定的宽度，在该宽度内避免过高的物体对视线的遮挡。视线通廊有时也可和某段道路重合，要仔细考虑景与人的关系，使大多数人在不经意中欣赏景色。

（3）绿化体系的组织

在景观设计中，绿化的作用尤为重要。没有绿色的居住区是没有生气的，要使绿化形成一个层次分明、构图完整、大中小结合、点线面结合的完整体系。根据居住区不同的组织结构类型，可以设置相应的中心公共绿地，包括居住区公园（居住区级）、小游园（小区级）和组团绿地（组团级）以及儿童游戏场和其他块状、带状公共绿地等。不同的绿地服务不同的片区，体现不同的特色。可以根据绿地大小、服务人数的不同设计不同的休闲娱乐设施和建筑小品，使人们的室外活动与绿色结合得更紧密。

4.4.4.2　居住区中心环境设计

居民休憩、交往的场所一般以草地、绿化、水池、小品为主，这里环境优美、接近自然，是老人、儿童经常流连、嬉戏的场所，也是设计者设计时的用心所在。绿地规划是居住区中心环境设计的主要部分。居住区中心的绿地规划要符合下列原则：

①结合整个居住区规划，统一考虑与住宅、道路绿化形成点、线、面结合的系统。

②公共绿地应考虑不同年龄的居民——老年人、成年人、青少年及儿童活动的需要，按照他们各自活动的规律配备设施，并有足够的用地面积安排活动场地、布置道路和种植。

③植物是绿化构成的基本要素，植物种植不仅可以美化环境，还有围合户外活动场地的作用。植物种植应具有环境识别性，创造具有不同特色的居住区景观。

居住区中心环境的平面布置形式一般分为规划式、自由式、混合式。

规划式就是采用几何图形布置方式，有明显的轴线，园中道路、广场、绿地、建筑小品等组成对称的、各具规律的几何图案。特点是庄重、整齐，但形式呆板，不够活泼（图 4-12）。

自由式布置灵活，采用迂回曲折的道路，结合自然条件（如池塘、土丘、坡地等）进行布置，绿化种植也采用自由式。其特点是自由、活泼，易给人以回归自然的感觉。这种形式比较常用（图 4-13）。

图 4-12 规划式居住中心环境布置——
哈尔滨群力新区起步区
（资料来源：夏南凯，周俭. 理想空间[M].
上海：同济大学出版社，2006.）

图 4-14 混合式居住中心环境布置——
杭州市"庭院深深"小区修建性详细规划
（资料来源：夏南凯，周俭. 理想空间[M].
上海：同济大学出版社，2006.）

图 4-13 自由式居住中心环境布置——
温州市黄龙居住区
（资料来源：夏南凯，周俭. 理想空间[M].
上海：同济大学出版社，2006.）

混合式由规划式与自由式结合而成，可根据地形或功能的特点灵活布置，既能与周围建筑相协调，又能兼顾其自身空间艺术效果。其特点是在整体上产生韵律感和节奏感（图4-14）。

4.4.4.3 居住区景观的分类设计

对居住区景观环境进行总体的、宏观的设计是其整体形象的保证，对各类景观进一步地设计才能使之细致和完善。根据居住功能特点和环境景观的组成元素，可以将居住区景观分为绿化种植景观、道路景观、场所景观、硬质景观、水景景观、庇护性景观、高视点景观、照明景观等类别。

（1）绿化种植景观

① 设计的原则

小城镇居住区绿地作为居住在城镇中的人们生活休息相关的绿色空间，在环境景观设计上，既要考虑安静舒适、方便宜人，又必须因园定性、因地制宜、个体突出，给居民提供一个更具人性，更具未来感的家居生活方式及优美的环境景观。因此，在小城镇住宅环境景观设计上应把握以下几点：

a. 生态原则。坚持以绿色为设计根本，努力提高绿化覆盖率，用生态学观点营造植物景观，注重绿化与人工景物相协调，适地适树，合乎植物生长的自然规律，达到自然景观与人文景观的有机融合。

b. 美观原则。运用中国传统园林理论，借鉴现代城市景观及环境艺术设计手法，合理布局小区各类绿地，提高设计整体艺术水平。园林建筑小品要精心设计，力求新颖美观，反映时代特色，注意适当应用现代雕塑，充分发挥其在环境中的点睛作用。

c. 实用原则。在规划中，所有的环境与绿化设施均是为居住者方便服务的。因此要大处着眼，细处着手,认真研究居民日常生活行为要求,以人为本,力求方便实用,提高绿地及各类环境设施的使用率。

d. 开放原则。在环境景观设计上,应为人们趋向自然创造条件,将封闭的绿地进行开放。比如草坪,应选择耐践踏品种,让人们在草坪上散步、躺卧嬉戏,而草坪适度踏入不会造成死亡,只要加强管理或轮休式开放,可使人深入自然,体味自然。

e. 先进原则。环境景观在满足现在用户需要的同时,还要考虑可持续发展战略,为时代的进程和环境景观的深化留有余地。因此在设计上要有超前意识,运用现代材料和工业化的结构,体现现代和超现代的高科技水平。

f. 经济原则。景观设计在考虑高科技材料的同时,也应因地制宜地考虑乡土化单体小品设计,提倡极简主义园林,避免追求豪华、气派,考虑其经济性。植物选择上适宜乡土树种,降低管理费用。

g. 多样性原则。在景观设计上,要考虑到园林建筑、小品的巧于因变的多样式及植物物种丰富多彩变化的优化组合。使不同小区有不同的特色,突出个性,体现特点。

②设计的要求

a. 绿化首先要满足实用的要求,反对大搞没有实用价值的观赏性景物去哗众取宠。居住区的绿化要创造安静、祥和的氛围,要平易近人,朴实无华,充满生活气息,要保护好古树名木,将其组织在景观之中,丰富环境的文化内涵。

b. 小城镇居住小区绿地应遵循整体性、系统性、可达性、实用性等原则,由小区公园、组团绿地、宅旁绿地、配套公建所属绿地及道路绿地等构成。

c. 公共绿地的指标要达到组团级不少于$0.5m^2/$人,小区级(含组团)不少于$1m^2/$人,居住区级(含小区或组团)不少于$1.5m^2/$人,并应结合居住小区规划组织结构及环境条件统筹安排。

d. 绿地率新建区应不小于30%,旧区改造宜不小于25%;种植成活率不小于98%。

e. 块状、带状公共绿地应同时满足宽度不小于$8m^2$,面积不小于$400m^2$。

f. 为避免绿化用地内的土地过多被路面和铺地占据而降低绿化效果,绿地中的绿化面积(含水面)不宜小于70%。为保证遮阴效果,树木要占一定的比例,避免单纯种草。

g. 小城镇居住小区可根据居住小区、住宅组群、住宅庭院三个层次配置绿化、活动场地及休闲游乐设施。布置形式原则可分为规则式、自然式、混合式三种,一般以自然式为主(表4-7)。

h. 小城镇居住小区主要公共绿地及活动场地应至少有一边与相应级别的道路相邻,以保证其可达性和共享性,要满足冬至日不少于1/3以上的面积在建筑物的阴影范围之外。

i. 居住小区内原有的山丘、水体、自然和人文景观以及有保留价值的绿地及树水,应尽可能保留利用。

小城镇内居住小区公共绿地面积及休闲设施配置　　表4-7

绿地名称	设施项目	最小面积规模(hm²)	备注
小区中心绿地	草坪、花木、花坛、水面、儿童游乐设施、坐椅、台桌、铺装地面、雕塑或其他建筑小品	0.6~0.7	园内布局应有明确的功能划分
		0.4~0.57	
组团绿地	草坪、花木、坐椅、台桌、简易儿童游乐设施、铺装地面	0.07~0.08	儿童游乐设施应布置在中心绿地的非阴影区地段
		0.07~0.08	
庭院绿地	草坪、花木、坐椅、台桌、铺装地面	0.04~0.06	坐椅台桌应布置在非阴影区地段
		0.02~0.03	

(资料来源:华中科技大学建筑城规学院等. 城市规划资料集第三分册——小城镇规划[M]. 北京:中国建筑工业出版社,2005.)

在植物配置方面，应注意以下原则：①从实用着想，适应绿化的功能要求和所在地区的气候、土壤条件、自然植被分布特点，选择抗病虫害、易养护管理的植物，特别是易长、耐旱、耐阴、树冠大、枝叶茂盛的乔木，在绿化中体现良好的生态环境和地域特点；②要发挥植物的各种功能和观赏特点，常绿与落叶、速生与慢生相结合，实现植物的合理配置，构成多层次的复合生态结构；③植物品种的选择要在统一的基调上力求丰富多样；④选择好种植位置，避免影响建筑的采光通风，道路拐角处不能因种树而遮挡视线。

居住区绿化要实现多样化，如阳台绿化、屋顶绿化、墙面绿化和停车场绿化，尽可能多地增加绿色，以起到遮阳降温和改善小气候的作用。

(2) 道路景观

道路景观的设置要考虑导向性和观赏性双重要求，既要对车流和人流有引导作用，使之方便地到达目的地，又要分析人们在行走过程中的感受，不失时机地安排好各种景点。路边的绿化种植及路面质地色彩的选择要有韵律感和观赏性。休闲性的步行道要尽可能形成绿荫带，避免夏季阳光照射人体产生不适，步行道要串联供人们休息、观赏、娱乐、健身的各种设施，并将这种设施作为景点与道路结合起来逐一展现。

(3) 场所景观

居住区常见的场所景观有健身运动场、休闲广场和儿童游乐场三种。

健身运动场。健身运动场可以是专用运动场，如网球、羽毛球、门球场和室外游泳场，也可以是提供室外健身器材或供人做操打拳的一般运动场，坡度控制在 0.2%～0.5%。运动场要分散布置，既方便居民就近使用，又要减少对居民的干扰，同时避免各种车辆穿越运动场。运动场应保证良好的日照和通风，要划分运动区和休息区。在休息区应设适量坐椅并种植乔木遮阴，使人们能充分接触大自然。

休闲广场。休闲广场应设于中心区或入口处等人流集散地带，要保证广场有充足的日照，周边要考虑遮阴处和休息坐椅。广场要注意防滑，坡度控制在 0.3%～3.0%，要符合无障碍设计的要求，还要提供休息、活动、交往等设施。广场作为居住区室外活动的中心，人流较多，是景观规划的重点。设计中要结合当地情况，发掘历史和文化内涵，创造自身特色，避免照抄照搬和追求奢华。

儿童游乐场。儿童游乐场坡度控制在 0.3%～2.5%，要保证阳光充足，空气清洁，使儿童在游玩中享受阳光和新鲜空气。为减少噪声和粉尘对儿童的影响，游乐场与住区内的主要道路要有一定的距离。为方便成人在一定距离内照看儿童，游乐场要有较好的可通视性，周围不宜设置包括绿化在内的遮挡物。由于儿童玩耍时会发出嬉戏吵闹之声，游乐场要距居民窗户 10m 以上，以减少干扰。儿童游乐场的设施包括沙坑、滑梯、秋千、攀登架、跷跷板、游戏墙、迷宫等，这些设施的设置要符合儿童特点，选用鲜艳且与周围环境相协调的色彩、与儿童适应的尺度，要充分考虑儿童玩耍时的安全，减少各种器材的尖锐角，设置必要的警示牌、保护栏和柔软地垫等。

(4) 硬质景观

硬质景观泛指质地较硬的材料组成的景观，是相对植物绿化、水面之类的软质景观而言。硬质景观包括以观赏为主的雕塑和以实用为主的围墙、栅栏、挡墙、坡道、台阶、标志牌、饮水器、坐椅等。

雕塑常作为居住区的点睛之笔，可以给周围环境带来生气，提高整个环境的艺术水平。雕塑要与住区的环境协调，维护整个居住环境的完整性，体现时代感和人文精神，要亲切宜人，避免过高过大。雕塑的位置要与整个住区的景观环境统一考虑，结合道路、建筑、绿化及其他公共服务设施设置，起到点缀、装饰和丰富景观的作用。雕塑可以是具象或抽象、静态或动态的，自身的形体要美，在材质、色彩、体量等方面认真推敲，避免粗制滥造，否则不仅不能美化环境，还会造成视觉污染。

以实用为主的硬质景观在保证安全、实用的同时，也要注意其美观方面，处理恰当能在环境中起到点缀作用。

（5）水景景观

水是生命之源，人类对水的依赖和喜爱使水在造景中起着重要作用。水景景观分为自然水景的利用和人工水景。

当居住区与江、河、湖、海相邻时，应注意水与居住区的融合，可以通过借景、对景等方法，将水的景色纳入居住区的视野。可能的话还可以将水引入居住区以内，以创造更多的滨水空间。水边设置小路使人能够近水、赏水、玩水，滨水的建筑要低矮、开敞，既有利于自身观水，还要减少遮挡。有时还可设置木栈道、景观桥，它们有一定的功能作用，还可以丰富水景的层次。

人造水景有喷泉、水面、跌水、瀑布、溪流、涉水池等，可以在地表无水的情况下利用人工的方法满足人们对水的需求，营造充满活力的居住氛围。人造水景要少而精，以减少建造费用和运转维护费用，在缺水地区，更要少用、慎用，避免水资源的浪费。

（6）庇护性景观

庇护性景观在室外环境中给人以庇护作用，遮挡阳光和风雨，在居住区中是重要的交往空间，也是构成环境的景观要素，主要是亭、廊、棚架和膜结构等。这些构筑物要邻近居民的主要步行路线，易于通达，还要对其位置、尺度、比例、与周边的环境的关系等方面进行细致的设计，使其较好地体现景观价值。

（7）高视点景观

随着人口密度的增加，住宅的层数也在增加，很多景观除考虑在地面上的观赏效果，还要考虑从上向下看的效果。高视点的景观效果有其自身的规律，设计时应引起注意。

从上向下看时，很多较低建筑的屋顶、阳台、平台尽收眼底，如果不加处理，将在很大程度上影响高视点的景观效果，可通过屋顶绿化、覆盖面砖和彩色瓦等措施加以改善。高视点景观主要是总体的、图案性的效果，要对铺地、绿地、水面的形状、色彩进行设计，使其相互之间搭配合理，条理清晰，对比分明。树木种植要疏密有致，在形成变化的同时，也显现草地、花丛、铺地等较低的图案效果。

（8）照明景观

住区的夜景越来越受到重视，随着科技的发展，照明的种类也越来越丰富，为创造多彩的夜景提供了条件。照明不仅为人们夜间出行和活动保障安全和便利，也是形成温馨、祥和、活泼的夜环境的必要手段。夜间照明要以适度为原则，太暗不能满足要求，太亮则显得过于喧嚣，也影响住户的休息。照明灯具是构成环境的一个组成部分，选择灯具的形式和位置时，要考虑白天和夜间的双重效果。

4.5 小城镇居住小区技术经济指标体系研究

小城镇居住区规划技术指标体系研究即小城镇居住小区规划技术指标体系研究。

4.5.1 小城镇居住小区规划技术指标体系的内容

4.5.1.1 小城镇居住小区分级规模

①小城镇居住小区分级规模；
②居住户数、人数、户均人口。

4.5.1.2 小城镇居住用地技术指标

①小城镇居住小区规划总用地及其分类；
②小城镇居住小区用地平衡控制指标；
③小城镇居住小区人均建设用地指标。

4.5.1.3 小城镇居住小区规划密度技术指标

①住宅平均层数；
②多层住宅比例；

③低（少）层住宅比例；
④人口毛密度；
⑤人口净密度；
⑥住宅建筑套密度（毛）；
⑦住宅建筑套密度（净）；
⑧住宅建筑面积毛密度；
⑨住宅建筑面积净密度；
⑩容积率；
⑪住宅建筑净密度；
⑫总建筑密度；
⑬绿地率。

4.5.1.4 小城镇居住小区公用配建设施、公共绿地技术指标

①小城镇居住小区公共服务设施配置；
②小城镇居住小区公共绿地及休闲设施配置。

4.5.1.5 小城镇居住小区道路技术指标

①小城镇居住小区各级道路控制线间距离与路面宽度；
②小城镇居住小区道路纵坡控制参数；
③停车率。

4.5.1.6 小城镇住宅建筑技术指标

①小城镇住宅户均建筑面积指标；
②小城镇住宅基本功能空间面积指标；
③小城镇住宅附加功能空间面积指标；
④小城镇居住小区住宅建筑密度、容积率；
⑤小城镇住宅日照与间距。

4.5.2 小城镇居住小区规划技术指标体系相关标准

规划指标是从量的方面衡量和评价规划质量和综合效益的重要依据，也是审批住宅区规划设计方案的依据之一。小城镇住宅区的规划指标通常包括用地平衡指标和主要技术经济指标两大类。

用地平衡指标一般包括住宅区规划总用地、住宅用地、公共服务设施用地、道路用地、公共绿地的数值、所占比例和人均面积等内容（表4-8）。

住宅区用地平衡表　　　　　表4-8

项　目	数　值	所占比重（%）	人均面积（m²/人）
1. 住宅区规划总用地（hm²）	▲	—	—
①住宅用地（hm²）	▲	100	▲
②公共服务设施用地（hm²）	▲	▲	—
③道路用地（hm²）	▲	▲	—
④公共绿地（hm²）	▲	▲	▲
2. 其他用地（hm²）	▲	—	—

注："▲"为必要指标。

（资料来源：朱建达. 小城镇住宅区规划与居住环境设计［M］. 南京：东南大学出版社，2001.）

主要技术经济指标一般包括居住户数、居住人数、建筑面积、住宅平均层数、人口毛密度、容积率、绿地率等内容（表4-9）。

4.5.2.1 用地平衡指标

用地平衡表主要是对住宅区用地规划的土地使用情况进行计算，检验各用地的分配是否合理和符合国家规定的指标。

小城镇居住小区规划总用地，应包括居住小区用地和其他用地两类，后者不参与用地平衡。

居住小区用地应包括住宅建筑用地、公共建筑用地、道路用地和公共绿地四类用地。它们之

间存有一定的比例关系，反映了土地使用的合理性与经济性。可以通过用地的合理配置，更能把握住宅区整体的居住生活质量。当前很多小城镇住宅区的住宅用地面积及其比例偏高，而道路用地和公共绿地严重不足。村镇小康住宅示范工程提出了示范小区用地构成控制的基本范围（表4-10）。《城市规划资料集第三分册——小城镇规划》详细规定了小城镇居住小区各用地构成的百分比（表4-11）。

《村镇示范小区规划设计导则》中规定低层居住小区（2~3层）的人均用地控制指标为40~70m^2，多层居住小区（4~5层）为20~30m^2。

《小城镇规划技术指标体系与建设方略》中规定了小城镇居住小区用地平衡控制指标（表4-12）和小城镇人均居住小区用地参考控制指标（表4-13）。

住宅区主要技术经济指标　　　　　　　　　　表4-9

项　　目	数　值	所占比重（%）
1. 居住户/套数（户/套）	▲	—
2. 居住人数（人）	▲	—
3. 总建筑面积（m^2）	▲	100
①住宅建筑面积（m^2）	▲	▲
②公共建筑面积（m^2）	▲	▲
③其他建筑面积（m^2）	▲	—
4. 住宅平均层数（层）		—
5. 低层住宅比例（%）	▲	—
6. 人口毛密度（人/hm^2）		—
7. 容积率（%）	▲	—
8. 绿地率（%）	▲	—

注："▲"为必要指标。

（资料来源：朱建达. 小城镇住宅区规划与居住环境设计［M］. 南京：东南大学出版社，2001.）

村镇住宅示范小区用地平衡控制指标　　　　　　　　　　表4-10

用地构成（%）	住宅用地	公建用地	道路用地	公共绿地
	55~75	8~20	6~15	7~13

（资料来源：朱建达. 小城镇住宅区规划与居住环境设计［M］. 南京：东南大学出版社，2001.）

小城镇居住小区用地构成控制指标（%）　　　　　　　　　　表4-11

	居住小区		住宅组团	
	Ⅰ级	Ⅱ级	Ⅰ级	Ⅱ级
住宅建筑用地	54~62	58~66	72~82	75~85
公共建筑用地	16~22	12~18	4~8	3~6
道路用地	10~16	10~13	2~6	2~5
公共绿地	8~13	7~12	3~4	2~3
总计	100	100	100	100

（资料来源：华中科技大学建筑城规学院等. 城市规划资料集第三分册——小城镇规划［M］. 北京：中国建筑工业出版社，2005.）

小城镇居住小区用地平衡控制指标（%）　　　　　　　　　　　　　　表 4-12

	居住小区		住宅组群		住宅庭院	
	Ⅰ级	Ⅱ级	Ⅰ级	Ⅱ级	Ⅰ级	Ⅱ级
住宅建筑用地	54~62	58~66	72~82	75~85	76~86	78~88
公共建筑用地	16~22	12~18	4~8	3~6	2~5	1.5~4
道路用地	10~16	10~13	2~6	2~5	1~3	1~2
公共绿地	8~13	7~12	3~4	2~3	2~3	1.5~2.5
总用地	100	100	100	100	100	100

（资料来源：汤铭潭．小城镇规划技术指标体系与建设方略［M］．北京：中国建筑工业出版社，2006．）

小城镇人均居住小区用地参考控制指标（m^2/人）　　　　　　　　　　　表 4-13

居住规模	层 数	建筑气候区划		
		Ⅰ、Ⅱ、Ⅵ、Ⅶ	Ⅲ、Ⅴ	Ⅳ
居住小区	低（少）层 低（少）层、多层 多层	32~45 26~37 21~29	29~42 25~36 20~27	27~39 23~33 18~26
住宅组群	低（少）层 低（少）层、多层 多层	27~38 23~32 18~26	25~35 21~30 17~25	23~34 20~29 16~23
住宅庭院	低（少）层 低（少）层、多层 多层	24~35 20~30 15~24	22~32 18~27 14~22	20~31 16~25 12~20

（资料来源：汤铭潭．小城镇规划技术指标体系与建设方略［M］．北京：中国建筑工业出版社，2006．）

4.5.2.2 规模指标

小城镇住宅区规模指标包括住宅区用地、居住户（套）数、居住人数等，主要反映人口、用地、住宅和公共服务设施之间的相互关系，在设施配套时应按照对口（指人口规模）配置的原则进行。

《村镇示范小区规划设计导则》规定，村镇示范小区按居住户数或人口规模可分为三级。示范小区的人口规模一般应不少于 150 户（表 4-14）。《城市规划资料集第三分册—小城镇规划》中提出了小城镇居小区、住宅组团的人均建设用地指标（表 4-15）。《小城镇规划技术指标体系与建设方略》中将小城镇居住区分居住小区、住宅组群、住宅庭院三级，每级又分为两级，分级规模应符合表 4-16 规定。

村镇示范居住小区分级控制规模　　　　　　　　　　　　　　　　表 4-14

级别	Ⅰ级（小区级）	Ⅱ级（组群级）	Ⅲ级（庭院级）
户数（户）	800~1500	400~700	150~300
人口（人）	3000~6000	1500~2500	600~1000

（资料来源：朱建达．小城镇住宅区规划与居住环境设计［M］．南京：东南大学出版社，2001．）

小城镇居住小区人均建设用地指标　　　　　表4－15

人均用地（m²）	居住小区		住宅组团	
	Ⅰ级	Ⅱ级	Ⅰ级	Ⅱ级
低层	48~55	40~47	35~38	31~34
底层、多层	36~40	30~35	28~30	25~27
多层	27~30	23~36	21~22	18~20

（资料来源：汤铭潭. 小城镇规划技术指标体系与建设方略［M］. 北京：中国建筑工业出版社，2006.）

小城镇居住区分级及规模　　　　　表4－16

居住区分级		居住规模		对应行政管理机构
		人口数（人）	住户数（户）	
居住小区	Ⅰ级	8000~12000	2000~3000	街道办事处
	Ⅱ级	5000~7000	1250~1750	
住宅组群	Ⅰ级	1500~2000	375~500	居（村）委会
	Ⅱ级	1000~14000	250~350	
住宅庭院	Ⅰ级	250~340	63~85	居（村）民小组
	Ⅱ级	180~240	45~60	

（资料来源：汤铭潭. 小城镇规划技术指标体系与建设方略［M］. 北京：中国建筑工业出版社，2006.）

4.5.2.3 公共服务设施配建指标

居住区公共服务设施的配建，主要体现在配建项目和规模两个方面。确定这两方面的依据，主要是考虑居民在物质与文化生活方面的多层次需要和公共服务设施项目对自身经营管理的要求，配建项目和面积与其服务的人口规模相对应时，才能方便居民的使用和发挥项目的经济效益。在一般情况下，小城镇住宅区的公共建筑由于有城镇中心区公共设施作依托，故其项目配置可从简，数量也相对少一些。目前，城市居住区在规划设计中有国标可依，对公共建筑有详细的分类指标规定。但小城镇住宅区的规划设计国家尚没有规范，公共服务设施配置指标体系尚未确立，更缺乏量化指标的具体指导和控制。

《2000年小康型城乡住宅科技产业工程村镇示范小区规划设计导则》中对公共服务设施作了具体规定，提出村镇示范小区公共服务设施配套指标以1300~1500m²/千人计算，但这不是规范，仅是导则。

小城镇住宅区公共服务设施项目具有很大的灵活性，根据居民的特征（包括职业、收入、习惯、爱好等）及其要求，根据不同的地方特点、使用对象的特征和设施自身的经营方式、效益，公共服务设施设置的项目会按照市场的变化不断地调整和完善，因此更重要的是供其建设、调整与发展的空间必须予以满足，随时更新，以保证居民的方便使用。

影响小城镇住宅区公共服务设施配建规模大小的主要因素有：

①与所服务的人口规模相关。服务的人口规模越大，公共服务设施配置的规模也就越大。

②与距镇区或城市的距离相关。距城市、城镇越近，公共服务设施配置的规模相应也越大。

③与当地的产业结构及经济发展水平相关。第二、第三产业比重越大，经济发展水平越高，公共服务设施配置的规模就相应大一些。

④与当地的生活习惯、社会传统有关。《2000

年小康型城乡住宅科技产业工程村镇示范小区规划设计导则》指出村镇示范小区公共服务设施配套指标以 1300~1500 m²/千人计算。

实践与调查研究表明，3万~5万居民要有一套完整的日常生活需要的公共服务设施，如街道办事处、具有一定规模的综合商业服务、文化活动中心、门诊所等；1万~1.5万居民要有一套基本生活需要的公共服务设施，如托幼、学校、综合商业服务、文化活动站、社区服务等；1000~3000 居民要有一套基层生活需要的公共服务设施，如居委会、存车处、便民店等。具体项目配置见表 4-17。其中有的项目由于所处的地位独立，兼为附近居民服务时增设的项目。当规划用地内的居住人口规模界于组团和小区之间或小区和居住区之间时，除配建下一级应配建的项目外，还应根据所增人数和规划用地周围的设施条件，增配高一级的有关项目。为保证公共服务设施的合理性和经济性，对公共服务设施的面积也要进行控制，其中的千人指标是一个综合性指标，当居住人口介于两级人口规模之间时，其配套设施面积可按插入法计算。规划时还要根据实际情况，当规划用地周围有设施可以利用时，配建的项目和面积可酌情减少；当周围地段设施不足，规划用地内公共服务设施要兼顾为附近的居民服务时，配建的项目和面积可相应增加；当地处交通站场等附近时，流动人口较大，应适当扩大商业服务面积。各种公共服务设施设置规定、建筑面积、用地面积见表 4-17。

居住区的公共服务设施设置受社区管理模式、消费水平、服务水平、生活习惯等多种因素影响。随着时代的发展不断发生变化，有的设施被淘汰，但更多的设施应运而生，为人们提供更多、更周到的服务。随着社会主义市场经济的不断发展，一些营利性的项目可以放在市场的环境下去调节，这种调节比计划性的设置更具活力。

公共服务设施项目规定　　　　　表 4-17

序号	项目名称	建筑面积控制指标	设置要求
1	托幼机构	320~380m²/千人	儿童人数按各地标准，Ⅱ、Ⅲ级规模根据周围情况设置；Ⅰ级规模应设置
2	小学校	340~370m²/千人	儿童人数按各地标准，具体根据情况设置
3	卫生站（室）	15~45m²	可与其他公建合设
4	文化站	200~600m²	内容包括多功能厅、文化娱乐、图书室、老人活动用房等，其中老人活动用房占 1/3 以上
5	综合便民商店	100~500m²	内容包括小食品、小副食、日用杂品及粮油等
6	社区服务	50~300m²	可结合居委会安排
7	自行车、摩托车存车处	1.5辆/户	一般每 300 户左右设一处
8	汽车场库	0.5辆/户	预留将来的发展用地
9	物业管理公司 居委会	25~75m²/处	宜每 150~700 户设一处，每处建筑面积不低于 25m²
10	公厕	50m²/处	设一处公厕，宜靠近公共活动中心安排

注：在项目 3、4、5、6 和 9 的最低指标选取中，Ⅰ级、Ⅱ级和Ⅲ级规模小区应依次分别选择其高、中、次值。
（资料来源：朱建达．小城镇住宅区规划与居住环境设计［M］．南京：东南大学出版社，2001．）

小城镇居住小区公共服务设施应符合表 4-17 规定，居住小区级应在表中 1-7 类中选取部分项目，住宅组群级应在表的 1、2、3、7 类中选取部分项目。

此外，小城镇居住小区绿地面积与休闲设施配置应符合表 4-18 规定。

小城镇居住小区公共绿地面积及休闲设施配置　　　　　表 4－18

居住单位名称		中心绿地名称		设施项目	最小面积规模（hm²）
居住小区	Ⅰ级	小区游园	Ⅰ级	草坪、花木、花坛、水面、儿童游乐设施、坐椅、台桌、铺装地面、雕塑或其他建筑小品	0.6～0.7
	Ⅱ级		Ⅱ级		0.4～0.5
住宅组群	Ⅰ级	组群中心绿地	Ⅰ级	草坪、花木、坐椅、台桌、简易儿童游乐设施	0.09～0.10
	Ⅱ级		Ⅱ级		0.07～0.08
住宅庭院	Ⅰ级	庭院绿地	Ⅰ级	草坪、花木、坐椅、台桌、铺装地面	0.04～0.06
	Ⅱ级		Ⅱ级		0.02～0.03

（资料来源：汤铭潭．小城镇规划技术指标体系与建设方略［M］．北京：中国建筑工业出版社，2006.）

4.5.2.4 开发强度指标

小城镇住宅建设的开发强度指标包括容积率、建筑密度、总建筑面积和各分类建筑面积等内容。

①容积率

容积率（建筑面积毛密度）是指每公顷居住小区用地上拥有各类建筑的平均建筑面积或居住小区总建筑面积与居住区用地面积的比值，它体现和控制着住宅区的建设总量和开发强度。在一定的住宅用地上，容积率越高，则该住宅区的环境容量相应也高；反之，则居住容量越低。决定容积率大小的主要因素是住宅的层数、居住建筑面积标准和日照间距。

目前，我国小城镇住宅区规划建设中存在的问题和倾向主要表现为：有些地区的小城镇为提高开发的经济效益，片面提高容积率，忽视居住环境质量；有些地区的小城镇在住宅区建设中，大量开发低密度、低层数的住宅区，造成土地的严重浪费。因此，需要规划和控制容积率的大小。

②建筑密度

住宅平均层数：住宅总建筑面积与住宅基底总面积的比值；

多层住宅（4～5层）比例：多层住宅总建筑面积与住宅总建筑面积的比例（%）；

低（少）层住宅（1～3层）比例：低（少）层住宅总建筑面积与住宅总建筑面积的比例（%）；

住宅建筑套密度（毛）：每公顷居住（小）区用地上拥有的住宅建筑套数（套/hm²）；

住宅建筑套密度（净）：每公顷住宅用地上拥有的住宅建筑面积（万 m²/hm²）；

住宅建筑面积毛密度：每公顷居住小区用地上拥有的住宅建筑面积（万 m²/hm²）；

住宅建筑面积净密度：每公顷住宅用地上拥有的住宅建筑面积（万 m²/hm²）；

住宅建筑净密度：住宅建筑基底总面积与住宅用地面积的比率；

总建筑密度：居住（小）区用地内，各类建筑的基底总面积与居住（小）区用地面积比率（%）。

③小城镇住宅建筑净密度、住宅建筑面积净密度最大控制值不应超过表 4－19 和表 4－20 的规定。

④总建筑面积及各项分项建筑面积。

小城镇住宅建筑净密度参考最大控制值（%）　　　　　表 4－19

层 数	建筑气候区划		
	Ⅰ、Ⅱ、Ⅵ、Ⅶ	Ⅲ、Ⅴ	Ⅳ
低层	35	40	43
多层	28	30	32

注：混合层取两者指标值作为控制指标的上、下限值。

（资料来源：汤铭潭．小城镇规划技术指标体系与建设方略［M］．北京：中国建筑工业出版社，2006.）

小城镇住宅建筑面积净密度参考最大控制值（万 m²/hm²） 表 4-20

层 数	建筑气候区划		
	Ⅰ、Ⅱ、Ⅵ、Ⅶ	Ⅲ、Ⅴ	Ⅳ
低层	1.10	1.20	1.30
多层	1.40	1.50	1.60

注：参照《城市居住区规划设计规范》（GB 50180—93）（2002 年版）分析计算得出。

（资料来源：汤铭潭. 小城镇规划技术指标体系与建设方略［M］. 北京：中国建筑工业出版社，2006.）

4.5.2.5 环境指标

①绿地率、人均公共绿地

绿地率：居住小区用地范围内各类绿地面积的总和占居住小区用地面积的比率（%）。

②人口密度、建筑密度、日照间距、人均住宅用地、人均住宅建筑面积

人口毛密度：每公顷居住（小）区用地上容纳的规划人口数（人/hm²）；

人口净密度：每公顷住宅用地上容纳的规划人口数量（人/hm²）。

③小城镇居住小区规划的绿地率应不低于30%。

④小城镇住宅的间距、庭院围合，应以满足日照要求为基础，综合考虑采光、通风、消防、防灾、管线埋设、视觉卫生等要求确定。

⑤住宅日照应按照（GB 50180—93）（2002年版）中小城市的相关要求。

4.5.2.6 竖向和管线综合

①小城镇居住小区竖向规划应包括地形地貌的利用，确定道路控制高程和地面排水规划等内容。

②小城镇居住小区竖向规划设计应符合《城市居住小区规划设计规范》的有关规定。

③小城镇居住小区应设置给水、污水、雨水、电力和通信管线。在采暖区还应增设供暖管线。同时，还应考虑煤气、广播电视等管线的设置或预留埋设的位置。

④小城镇居住小区管线综合应符合《城市居住区规划设计规范》的有关规定。

⑤小城镇居住小区道路分居住小区级、住宅组群级、宅前路及其他人行路级三级道路，其控制线间距离和路面宽度应符合表 4-21 规定，各类道路纵坡的控制应符合表 4-22 规定。

4.5.2.7 住宅建筑技术指标

小城镇居住小区建筑面积可采用户均建筑面积指标、住宅基本功能和附加功能空间面积指标控制，并应分别符合表 4-23~表 4-25 规定。

小城镇居住小区道路控制线间距离及路面宽度 表 4-21

道路名称	建筑控制线之间的距离		路面宽度
	采暖区	非采暖区	
居住小区级道路	16~18	14~16	6~7
住宅组群级道路	12~13	10~11	3~5
宅前路及其他人行路	—		2~2.5
备注	应满足各类工程管线的埋设要求；严寒积雪地区的道路路面应考虑防滑措施，并应考虑清扫道路积雪的面积，路面可适当放宽		

（资料来源：汤铭潭. 小城镇规划技术指标体系与建设方略［M］. 北京：中国建筑工业出版社，2006.）

小城镇小区内道路纵坡控制参数 表4-22

道路类别	最小纵坡（%）	最大纵坡（%）	多雪严寒地区最大纵坡（%）
机动车道	0.3	8.0 L≤200m	5.0 L≤600m
非机动车道	0.3	3.0 L≤50m	2.0 L≤100m
步行道	0.5	8.0	4

注：①表中"L"为道路的坡长；②机动车与非机动车混行的道路，其纵坡宜按非机动车道要求或分段按非机动车道要求控制；③居住小区内道路坡度较大时，应设缓冲段与城市道路衔接。

（资料来源：汤铭潭. 小城镇规划技术指标体系与建设方略 [M]. 北京：中国建筑工业出版社，2006.）

小城镇住宅户均建筑面积 表4-23

户结构	户均建筑面积（m²）	户均使用面积（m²）	说明
两代	85~98	65~82	夫妇及一个孩子面积标准稍低些，两个孩子面积标准高些
三代	100~140	82~102	三代6人面积标准稍高些，5人以下面积标准稍低些
四代	150~200	125~170	四代8人面积标准稍高些，7人以下面积标准稍低些

（资料来源：汤铭潭. 小城镇规划技术指标体系与建设方略 [M]. 北京：中国建筑工业出版社，2006.）

小城镇住宅基本功能空间面积指标 表4-24

功能空间名称	门厅	起居室	餐厅	主卧室、老人卧室	
面积标准（m²）	3~5	16~26	9~14	14~18	
功能空间名称	次卧室	厨房	卫生间	基本贮藏间	
				数量（间）	面积（m²）
面积标准（m²）	8~12	6~9	4~7	3~6	4~10

注：贮藏间数量应视不同家庭户结构、户规模及不同生活水平等实际情况确定。

（资料来源：汤铭潭. 小城镇规划技术指标体系与建设方略 [M]. 北京：中国建筑工业出版社，2006.）

小城镇住宅附加功能空间面积指标 表4-25

功能空间名称	生活性附加功能空间					
	客厅	书房	客卧	家务劳动室	健身游戏室	阳光室
面积标准（m²）	18~30	12~16	8~12	12~14	14~20	7~12

注：生产性附加功能空间面积标准包括专用空间的种类、数量及面积大小，并根据住户从业的实际需要确定。

（资料来源：汤铭潭. 小城镇规划技术指标体系与建设方略 [M]. 北京：中国建筑工业出版社，2006.）

4.5.3 小城镇居住小区规划技术指标体系实施细则

4.5.3.1 小城镇居住小区分级规模

①小城镇居住小区分级在小城镇控制性详细规划中结合小城镇实际情况确定。

②小城镇居住小区规划布局形式可采用居住小区—住宅组群—住宅庭院、居住小区—住宅组群、住宅组群—住宅庭院及独立住宅组群等多种类型。

③加快小城镇户籍管理制度改革，完善农民向小城镇流动的相关户籍政策和保障制度。

④停止小城镇分散住宅地基审批，引导住宅向居住小区集中。

4.5.3.2 小城镇居住小区规划的技术经济指标

小城镇居住小区规划的技术经济指标应包括用地平衡指标、密度指标和公用设施指标。

4.5.3.3 小城镇居住用地技术指标

①小城镇居住小区用地应采用建设用地构成比例和人均居住小区建设用地指标加以控制。

②小城镇用地平衡控制指标应结合小城镇实际情况，分析比较确定；居住小区用地平衡表的格式应符合表 4-26 要求。

小城镇居住小区用地平衡表　　　　表 4-26

项目		面积（hm²）	所占比例（%）	人均面积（m²/人）
一、居住小区用地（R）		▲	100	▲
1	住宅用地（R01）	▲	▲	▲
2	公建用地（R02）	▲	▲	▲
3	道路用地（R03）	▲	▲	▲
4	公共绿地（R04）	▲	▲	▲
二、其他用地（E）		△	—	—
居住小区规划总用地		△	—	—

注："▲"为参与居住小区用地平衡的项目，"△"为不参与居住小区用地平衡的项目。
（资料来源：汤铭潭. 小城镇规划技术指标体系与建设方略 [M]. 北京：中国建筑工业出版社，2006.）

小城镇人均居住小区用地指标应同时依据所在省、市、自治区政府的有关规定，结合小城镇性质、类型、经济社会发展现状、居住用地水平、生活习惯、风俗民情等实际情况分析比较选定和适当调整。旧镇原地改建的居住小区，其人均建设用地指标可比新建指标下调 5%。

4.5.3.4 小城镇居住小区规划密度指标

①小城镇居住小区规划密度技术经济指标应符合小城镇国家相关标准、小区规划总体目标和地方有关规定。

②小城镇居住小区密度技术经济指标表的格式应符合表 4-27 要求。

③小城镇居住小区规划主要采用控制住宅层数和住宅建筑净密度、住宅建筑面积净密度，控制选择住宅用地开发强度、利用率，确保适宜的空间环境。住宅建筑面积净密度的控制最大值，同时考虑了小城镇一般多层住宅建筑最高层数较城市少的因素。

4.5.3.5 小城镇居住小区公共配建设施、公共绿地技术指标

①小城镇居住小区级公建项目的配置，应根据其人口规模和实际需要选取，居住小区公建的服务半径宜不小于 0.4km。

②小城镇居住小区人均公共绿地指标，住宅组群（含住宅庭院）不少于 0.5m²/人，居住小区（含住宅组群）不少于 1.0m²/人。公共绿地应结合居住小区规划组织结构及环境条件特点统筹安排，旧镇区改造的公共绿地指标允许适当降低，但不低于相应指标的 5%。

③小城镇居住小区规划应注重特色塑造，融入地方山水自然景观和人文景观。

4.5.3.6 小城镇居住小区道路技术指标

①小城镇居住小区道路规划应结合小区内外道路衔接、道路功能、小区安全、地形地貌、环境景观以及居民出行方式等情况考虑。

②居住小区应避免车辆穿行，道路通而不畅。

③居住小区与组群级道路应满足地震、火灾等灾害的救灾要求。

④居住小区内道路设置要求宜按《城市居住区规划设计规范》规定。

⑤小城镇居住小区居民汽车停车率宜按当地经济社会发展水平和居民生活水平、汽车需求情况，依据地方相关规定，确定经济发达地区县城

镇居民汽车停车率可考虑10%左右。

⑥居民小汽车和摩托车停车场库布置其服务半径不宜大于150m，用地应留有必要的发展余地。

4.5.3.7 小城镇住宅建筑技术指标

①小城镇住宅建筑宜考虑多元、多层次的套型系列，并宜由不同户型（种植户、养殖户、专业户、商业户、职工户及兼业户等）、不同户结构（二代、三代、四代）和不同户规模（一般为3~5人，多则6~8人）组成。

②小城镇居住小区住宅建筑应以多层（4~5层）为主，低层（1~3层）为辅。

小城镇居住小区密度技术经济指标　　　　表4-27

项目	数量
居住户、套数（户、套）	▲
居住人数（人）	▲
户均人口（人/户）	△
总建筑面积（m²）	▲
1. 住宅建筑面积（m²）	▲
2. 公建建筑面积（m²）	▲
住宅平均层数（层）	▲
多层住宅比例（%）	▲
低层住宅比例（%）	▲
人口毛密度（人/hm²）	▲
人口净密度（人/hm²）	△
住宅建筑套密度（毛）（套/hm²）	△
住宅建筑套密度（净）（套/hm²）	△
住宅建筑面积毛密度（m²/hm²）	▲
住宅建筑面积净密度（m²/hm²）	▲
容积率	▲
住宅建筑净密度（%）	▲
总建筑密度（%）	▲
绿地率（%）	▲

注：▲必要指标，△选用指标。

（资料来源：汤铭潭. 小城镇规划技术指标体系与建设方略［M］. 北京：中国建筑工业出版社，2006.）

5 小城镇中心区的详细规划

5.1 小城镇中心区的概念和不同中心的特点

5.1.1 小城镇中心区的概念、地位与职能

5.1.1.1 小城镇中心区的基本概念

根据吴明伟、孔令龙、陈联编著的《小城镇中心区规划》一书研究成果，小城镇中心区的概念，是小城镇结构的核心地区和小城镇功能的重要组成部分，是小城镇公共建筑和第三产业的集中地，它为小城镇及小城镇所在的区域集中提供经济、政治、文化、社会等活动设施和服务空间，并在空间特征上有别于小城镇其他地区。它可能包括小城镇的主要零售中心、商务中心、服务中心、文化中心、行政中心、信息中心等，集中体现小城镇的社会经济发展水平和发展形态，承担经济运作和管理功能。它是小城镇整体功能结构演变过程中的一个综合概念。

小城镇中心区是小城镇的核心地区和小城镇功能的重要组成部分，是反映小城镇经济、社会、文化发展与特色的重要地段，是镇区居民社会活动和心理指向的中心，它集中了镇区主要的公共建筑，因而又称小城镇中心。这里是反映城镇面貌和特色的重要地段，是经济、社会、文化发展最敏感的地区，在空间特征上有别于小城镇的其他地区，它以人流、物流、建筑密度、交通指向等数量较大为特征，且有不断生长的要求和能力，其产生和发展是一个动态的演变过程。由此可得出小城镇中心区包含了三个层次上的意思：群体含义，不是单体或单组建筑，而是组织有序的建筑组群，包括由多功能建筑和不同功能的单功能建筑组成的群体；方位含义，通常处于城镇几何中心，甚至是中心的中心；意象含义，服务范围是小城镇整体，而不是一部分，它是城镇的象征，是人们非常熟悉并经常前往的地方。因此，小城镇中心区的概念可定义为在小城镇镇域建设范围内的中心区域，它可能是镇的物理中心，但主要是镇内居民社会活动、约定俗成和心理指向的中心，集中了镇域内一些主要的公共建筑，包括商业服务、娱乐活动、文化体育，以及行政办公、医疗卫生、公交邮电等内容。

小城镇中心区是城镇中最引人注目的地方，其边界比小城镇更难确定，一般只能以天然界线如道路、河道、大型台阶等模糊定义，或以行政区划如街道、居委会等划分。由于受城镇规模的影响，其所谓中心往往比较小且简单，有的功能内容较弱，结构比较单一，往往一条街或一个节点就集中了城镇的大部分功能，不可能有小城镇CBD这样大型、复杂的功能内容，这同小城镇中心区不可同日而语。但随着社会的发展进步，小城镇中心区同样具有功能复合化的倾向和规模扩大化的要求。

更具普遍意义的小城镇中心区概念为位于小城镇优良区位，公共建筑与各种设施集中，具有一定规模，聚集着小城镇中政治、文化、金融、贸易、商业、娱乐以及一部分居住等活动的公共场所，是具有极大的开放性，并以其巨大的魅力与强大的吸引力汇聚大量物资、信息与人才的公共区域，是通过历史积淀、小城镇的发展等因素反映小城镇特色环境风貌及居民生活情趣的公共活动地区。

5.1.1.2 小城镇中心区的作用与地位

所谓中心区，一方面就是城镇的显性结构，

它处于中心的位置，有由四方向中心辐合和由中心向四方辐散的秩序，具有力的交汇与平衡的作用；另一方面就是隐性结构，它是政治、经济、文化、交通、信息、道德、生活的神经中枢，对整个小城镇具有控制、辐射、集结、疏导作用，犹如一颗心脏影响着小城镇机体的生命运动。

中心区，相对整个城镇来说，它是中心；对于一个区域来说，它是副中心；从功能上分有文化中心、娱乐中心、公共活动中心、饮食及服务中心、商业中心等，一直到各个建筑单元都有一个镇的中心的地位。中心，顾名思义，具有由周边向中心汇聚和由中心向四方辐射的意义。犹如磁场中的磁心一样，具有较大的吸力，城镇中心也与之相似，是一个城镇文化生活的磁心。人、建筑、交通、信息、物质高度密集，各个系统都要在中心区落户，都要获得一席之地。所以，中心区的建筑容积率大，空间交复重叠，人口的流动性大，土地昂贵，一切城镇功能皆在此处浓缩。

因为中心具有诱发力，吸引各方面人士从四面八方涌来，而"有人的地方就有活动"，也即创造各种事件，而活动和事件又吸引另一些聚集。此外，中心区的交通流、物质流、人流，多种流动的景观，走动的文化，呈现出千姿百态，为人们增添了无限的乐趣，加上超出一般地区的自然和文化景观，构成一幅艺术的画卷。所以，中心区往往是小城镇文明的橱窗，充满时代的、地域的、民族的气息。

小城镇中心的地位和作用很重要，其作为政治、社会、文化、经济和生活中心的特点都十分明显。

①政治和信息的服务作用。小城镇中心是小城镇的政治和信息中心，是大多数政令、法规的传播源和实施地，是小城镇新闻信息的集散地，具有很大的敏感性。

②形象和价值观的作用。小城镇中心是镇域乃至一定区域的"窗口"和"门户"，对塑造小城镇形象起着重要的作用。它给城镇居民提供了人际交往的场所和活动的空间，其组成、结构、形态表达了人们生活方式、社会组织形式和价值观。

③公共生活服务、商业服务、区域服务、社会服务的作用。小城镇的综合发展，文体娱乐活动的增加，已成为各年龄、各阶层人群的活动中心。商品的门类和品种全面进入中心，增加了中心的商业功能。一些具有旅游和历史文化等突出特质和优势的城镇，其中心的内容更加丰富。

5.1.1.3 小城镇中心的职能

本书所讨论的"中心区"是指在小城镇系统中，为人们提供交流、交往的公共活动中心，是小城镇中那些公共聚集的地方，其最本质的特征是公共性和汇聚性。在形象上以一定特殊含义的建筑或空间形态为标志，有别于小城镇中单纯的贸易活动场所，是一个多义的中心场。它大致涵盖以下几种职能：

①小城镇社会生活的中心。中心区是聚居环境中人们进行文化、娱乐、交往、商业等公共活动的主要场所，是小城镇环境中最活跃的场所之一，进行着大量物、人与信息的交流，是人们多种社会生活的中心。

②小城镇景观的视觉中心。中心区的建筑群有别于小城镇中大量单一造型的民居建筑形式，整体有助于小城镇轮廓线之美，局部可以成为一定范围的构图中心。

③人们心理的中心场。中心区作为公众社会生活与视觉的中心，必然体现共同的价值观和审美情趣，使环境具有场所感，并具有良好的氛围和丰富的意义。

中心区的三个职能中，作为社会生活中心的职能是中心区最基本的职能。它对中心区内在的要求也必然反映到外在的建筑形式及布局形态上，使中心区有别于小城镇其他建筑构成要素成为视觉景观的焦点。社会生活中心与视觉焦点中心在中心区的形成过程中是相互交织、互为强化的两个方面，其结果是使中心区升华为人们心理、意识上的依托，一个可借此深化场所精神的标志。中心区是具有凝聚人心，汇聚人气，识辨群体存在的意义中心。

一个塑造成功，具有丰富物质内容和精神内涵的"中心区"应是这三种职能的完美整合。因此，所谓小城镇中心区与几何学、几何中心、物理学上的"重心"并无直接关联，它更多地体现在对人的意识和对人的行为的影响上。当然，处于小城镇几何中心的"中心区"会从所处地理位置的重要性上突出和增强其在社会生活中的地位，更加强化其在人们意识中的这个"心理场"。

5.1.2 小城镇中心区的基本内容

小城镇中心区是城镇主要公共活动的集中场所，是城镇政治、经济、文化等社会生活活动比较集中的地方，包括商业服务、文化体育、娱乐活动以及行政办公、医疗卫生、邮电交通等。根据各主要公共建筑的功能要求和公共活动内容的需要，再配置以广场、绿地及交通设施，形成一个公共设施相对集中的地区或区域。

小城镇中心区作为服务于城镇和区域的功能聚集区，其功能既要适应也要受制于小城镇自身的要求和辐射乡村的需要。不同功能的分区组合，形成小城镇中心不同的景观和活力，其基本内容由公共建筑和开放空间两大部分组成。根据小城镇规模的不同，可设置一个或多个中心区，大致包括：

（1）行政管理类

行政管理类包括城镇党政机关、管理机构、社会团体、法庭等。历史上城镇多把官府放在正轴线上，以显示其权威和主导作用。现代城镇常将行政管理机构布置在较为安静但交通方便的场所，和一般居民生活联系较少，工作联系较多。近年来，随着我国政体制度的不断健全和完善，多在小城镇中心区设立行政服务中心。

（2）商业服务类

商业服务类包括商场、百货店、超市、专业店、集贸市场、宾馆、旅店、招待所、酒楼、饭店、饮食店、茶馆、小吃店、理发店、照相馆、洗浴场所等。生活服务业是与城镇居民生活密切相关的行业，商业服务业是城镇中心的重要组成部分。通常在居住区布置一般性的商业服务设施，以满足居民日常生活的需要；而小城镇中心区常布置更高一级的综合性和专业性商业服务设施。

（3）金融保险类

金融保险类包括银行、信用社、保险公司、信托投资公司等。随着社会经济的不断发展，金融保险业会越来越重要，将得到进一步的发展，与中心的联系也将日益密切。

（4）邮电信息类

邮电信息类包括邮政、电信、电视、广播，近年来网络也在小城镇中迅速发展。信息技术的发展程度是现代小城镇经济可持续发展的标志之一。

（5）文体科技类

文体科技类包括文化站（室）、影剧院、体育场、游乐健身场、青少年活动中心、老年活动中心、图书馆、科技中心（站）、纪念馆、展览馆、农科所等。小城镇规模不同，所设置的项目有多有少。通常小城镇的文体科技设施普遍缺乏，而在小城镇的发展中，文化、娱乐、体育、科技的功能地位会越来越重要，特别是一些民风、民俗文化应予以强化。文体科技设施结合小城镇的现状可分散布置，也可建成综合性的文体中心，或成组布置，形成环境优美、安静的空间。

（6）医疗保健类

医疗保健类包括医院、卫生院、防疫站、计划生育指导站、保健站、疗养院等。随着人民生活水平的不断提高，人民对健康保健的需求不断增加，在小城镇建立设备较好、科目齐全的医院是必要的。

（7）民族宗教类

民族宗教类包括寺庙、道观、教堂等，这些都是宗教信仰者的活动中心，尤其是少数民族地区，如回族、藏族、维吾尔族地区，清真寺、喇嘛庙等在小城镇中占有重要的地位。随着旅游业的不断升温，古寺庙的保护与利用必须引起足够的重视。

（8）交通物流类

交通物流类包括小城镇内部公共交通和对外交通，主要有道路、车站、码头等。我国小城镇交通设施一直相对滞后，尤其是市内多数小城镇几乎为零。近年来随着我国小城镇建设步伐的不断加快，交通设施有了长足的发展，但交通问题依然突出，而人流和物流有序、快捷、方便的流动，是小城镇经济快速发展的基础。

传统的小城镇中心多布置车站、码头等，但随着小城镇功能和交通的日趋复杂，该类功能特别是区域性的人流、物流，宜移至郊区。

（9）环境休闲类

环境休闲类包括广场、绿化、建筑小品、雕塑等。广场是现代小城镇中心区所必需的。

5.1.3 小城镇中心的类型

小城镇中心区因其性质和功能类型以及空间形态等的不同，有着不同的分类，可分为政治活动、科技活动、文体活动、商业经济活动、纪念游览活动等中心。在一般情况下，往往是一个中心兼有各方面的功能，综合解决人们的各种要求，特别是在小城镇中，多数是这种布置。

中心区的基本类型是与其所在镇的功能性质相吻合的。因此可按功能相应分为：

①文化功能：以文化建筑为主体形成的中心，具有一定文化气息，有的附有市民广场。

②商业功能：以集中的商业、娱乐建筑为主体形成的中心，具有自由的特征。作为经济实体的小城镇中心区，包括工业型、工矿型、农业型、渔业型、牧业型、林业型和旅游服务型。是分别以一、二、三产业为经济支柱小城镇的中心区，以中心区的公共建筑设施为例，带有一定产业性倾向。

③旅游功能：在一些以旅游产业为主的小城镇，可能构成双中心，以特色商品和特色服务为主。如昆山市周庄镇在全功路以北的新镇区有镇级综合中心，古镇区内中市街、后港街等则构成了另一旅游性中心。旅游服务型小城镇中心区的公共建筑设施很多兼有旅游服务功能，不仅服务于本地人口，更重要的意义在于服务旅游人口和外来从事第三产业的人口。在小城镇设计方面应更注意与自然环境的结合，与中心区外围城镇环境统筹考虑，凸现旅游服务型小城镇中心区特征。

④物流功能：包括交通型、流通型和口岸型小城镇中心区。这些类型的小城镇中心区成为一定区域内的客流、物流、商品流的中心，多以陆路或界河的水上交通为主，由于中心区的地理优势，常设置有贸易市场或专业市场等。这类小城镇中心区体现了以贸易为主导的特征，其小城镇设计也应主要围绕交通流线进行设计。

（5）综合功能：各不同公共活动项目之间是相互联系的，都是城镇功能的组成部分。把不同功能的公共项目集中布置，形成综合中心。一般多是以商业为主的综合中心。县城镇和中心镇一般多为综合型城镇，常常同时承担社会实体、经济实体、物质流通实体等功能，也是目前进行小城镇中心设计的主体小城镇中心区类型。

5.2 小城镇中心区规划的依据、原则和基本内容

5.2.1 小城镇中心区的规划依据

①依据小城镇总体规划，统筹安排合理布局，其用地应按照小城镇远期规划预留。

②小城镇中心的类别及具体项目的配置应与小城镇规划期内的经济发展水平相适应，不应超越小城镇规划期内的经济实力和实际需求盲目建设。

③小城镇中心的公建配置应依据其服务范围、服务腹地的人口和相邻城镇公建的类型、项目、规模及其辐射范围。

④应考虑暂住人口对小城镇中心的公建设施的需求量和使用强度。

5.2.2 小城镇中心区的规划原则

①遵循统一规划、合理布局、因地制宜、节约用地、经济适用、分期实施、适当超前和可持续发展的原则。

②小城镇中心内的行政管理、商业服务、金融邮电、文化体育等公建设施，宜按其功能同类集中或多类集中布置，从而形成能代表小城镇形象的建筑群体，以增加小城镇的凝聚力和吸引力。

③小城镇中心的建筑群体布局、单体选址和规划设计，应满足防灾、救灾的要求，应便于人流和车流的疏散。

④对于改建和扩建的旧城镇，在决定其公共建筑的配置方案时应注意保留原有公共建筑的传统风貌和地方特色，尽可能地保留和利用原有公共建筑设施。历史文化古镇尤应注意对古建筑的保护。

⑤小城镇必须就近配置公共停车场库，其停车位控制指标应根据《小城镇居住区规划设计规范》等有关规定和地方有关标准，并结合实际情况分析、比较、确定。

5.2.3 小城镇中心区规划的基本内容

①依据小城镇总体规划中城镇中心区用地的布局形式、空间位置及范围，全面、细致勘查现场，结合四周环境特点及规划、建设部门对小城镇中心设计的要求和设想，拟定各类公共建筑的分布位置、规模大小和建筑类型。

②拟定小城镇中心道路的宽度及其与小城镇道路的连接方式。

③拟定绿化、广场、停车场的数量、分布和布置形式。

④拟定小城镇中心的竖向设计及给排水、煤气、供配电等市政工程的规划设计方案。

⑤进行小城镇中心的景观分析与设计。

⑥根据国家有关规范拟定各项技术经济指标以及投资估算。

⑦根据委托方的要求进行主要建筑的平面、立面以及建筑群沿街立面的设计。

5.3 小城镇中心区规划设计

5.3.1 小城镇中心区的空间构成要素、类型及特征

5.3.1.1 小城镇中心区的空间环境构成要素

建筑物、构筑物、道路、广场、绿化等构成了城镇中心的物质环境。城镇中心空间是由内部空间和外部空间一起组成的。小城镇中心的空间形象，就是给人们的视觉感受和人们在空间内的日常活动和公共活动，并由此反映出地方文化、风俗习惯等，使城镇中心既是一个优美的空间环境，又是一个富有生活情趣的空间。

①空间环境要素：小城镇的美是指小城镇的每个环境，小到细部都应该是美的。像周庄，一切东西如建筑、青石板铺地、桥梁、码头、老树等每件东西或元素都在合适的位置闪烁着光芒，由它们构成城镇中心空间环境的"要素"。

②视觉空间环境要素：小城镇是一个物质实体，具有可视性，它在合理功能安排的同时，让人们在视觉上有好的感受。空间环境在视觉上的远近感受不同，人们在小城镇中心的活动，使视线连续地运动着。在考虑主要景点的同时，注意远、中、近景的结合，在三维空间中引入四维概念。

③地区空间环境要素：传统的小城镇中心的空间环境各地不同，南、北方有着明显差异。北方小城镇中心大多以商业街为框架，居民为实体，重要的地段设立主要的公建，外围以城墙安内御外，形成肌理。南方小城镇则有传统水乡泽国的特有气质。

5.3.1.2 小城镇中心区空间形态特征的主要类型

如果按构成小城镇中心区的空间形态特征，

则大致可分为：

十字型：以河道或道路交叉口为中心区展开，前者多见于江南水乡的传统小城镇，后者则在现代许多沿路发展起来的新建小城镇中时有表现，其基本特征都为依附交通而出现并发展，由贸易而成为中心区（图5-1）。

图5-1 十字型中心区平面规划图
（资料来源：上海同济城市规划设计研究院.
乐清市翁垟镇东街沿线规划设计，1999.）

一字型：与十字型的产生及特征基本相同，当骨干道路交通量很少或无机动车辆时较为合适，同时要求规模较小，控制在一定的长度内。一字型还分为单侧和双侧两种，单侧发展受道路条件影响较小，而双侧则较大。

枝状型：沿主干线由多枝分叉伸展，呈鱼骨状。空间丰富多层次，一般在较大规模的小城镇中心区才采用。

核心型：围绕着一至数个公共空间或核心建筑成片布置，形成街区。便于组织多样化的交通和空间结构，适合于各种规模的中心。核又有单、双、多核之分，小城镇中心一般以少核为主。核心型是现代小城镇中心的常见形态。

5.3.1.3 小城镇中心区的空间环境特征

小城镇中心区空间作为城镇公共空间网络体系的重要组成部分，影响并支配着其他的城镇空间。它使城镇空间得以贯通与整合，维持并加强着城镇空间的整体性与连续性。同时，作为个体存在的公共空间，它还有以下几种特征：

①公共性与多样性：小城镇中心空间因"交流"而存在。公共性与多样性是实现"交流"的基本条件。公共性意味易于接近，多样性意味便于使用。

②现代性与地域性：作为城镇的象征，应体现所处时代的特点并反映所处时代的文化观念和审美心理，同时也要反映出所在地域的特征，二者的结合使其形象具有独特的个性魅力。

③开放性与参与性：开放性是指城镇中心空间系统具有良好的适应性，能与其他小城镇空间相互融合与贯通。参与性是指人的活动不仅仅是在使用空间，同时也是在创造空间。

④连贯性与整体性：自然增长是城镇的一大特性，每一时期，它的社区和生活区等的分布都充分见证了当时人们的生活习惯、爱好等，通过历史的积淀形成城镇的肌理。而城镇中心外部环境设计能否把握这种肌理，在建设中能否融入旧城值得保留的元素，是决定其是否令市民喜爱，具有长久活力的重要因素。整体性包含两层含义：一方面，城镇中心空间应纳入整个城镇体系，在整体关系中确立其主导地位，并与周围环境的空间形态保持连续性；另一方面，其本身也具有整体性，建筑、空间和人应融合成为一个有机整体。

⑤象征性与识别性：中心区是城镇生活的高潮所在，故城镇的形象和整个城镇的精神品质具有象征意义。由于人对空间形态的把握可使人产生方位感，明确自己与环境的关系。所以，中心环境要具有个性特征，使空间形式与人活动的心理状态相吻合，与其他空间区别。

综上所述，小城镇中心区环境集中反映小城镇特有的空间和组织结构特点，延续并加强城镇文脉，并通过其外在显化的形式表达出隐于其后的人文内涵。故而维持中心空间的特质，建立一种有机的组织秩序，构建整体的景观体系，塑造意味深远的空间意象是小城镇中心区环境设计的关键。

5.3.1.4 小城镇中心的人文景观特征

所谓人文景观，是指可以作为景观的人类社会的各种文化现象与成就，是以人为事件和人为因素为主的景观。古老而又充满活力的中华民族，在上下五千年的社会实践中创造了博大精深的物质财富和精神财富，并成为人类社会的重要而又独特的文明成果。在内容非常丰富，门类异常复杂的成就中，可以成为人文景观的大约可分为四类。

（1）文物古迹

包括古文化遗址、历史遗址和古墓、古建筑、古园林、古窟井、摩崖石刻、古代文化设施和其他古代经济、文化、科学、军事活动遗物、遗址和纪念物。

（2）革命活动地

现代革命家和人民群众从事革命活动的纪念地、战场遗址、遗物、纪念物等。例如，新兴的旅游地井冈山除具有如画的风景外，"中国革命的发源地、老一辈革命家曾战斗过的地方"这些人文因素，无疑使其成为特殊的人文景观。

（3）现代经济、技术、文化、艺术、科学活动场所形成的景观

例如，影剧院、文化站、灯光球场等。此外，像农业示范园、农业观光园这样把科研、科普、观赏、参与结合为一体的符合新时代要求的观光地也是此类人文景观的一种。

（4）地区和民族的特殊人文景观

包括地区特殊风俗习惯、民族风俗，特殊的生产、贸易、文化、艺术、体育和节日活动，特色街区、民俗村寨、地方戏曲及民乐、舞蹈、壁画、雕塑艺术及手工艺成就等丰富多彩的风土民情和地方风情。例如，近几年的旅游"旺地"云南，除得天独厚的自然条件外，还有赖于居住于此的各民族独特的婚俗习惯、劳作习俗和不同的村寨民居形式、服饰、节日活动等。西双版纳的傣族泼水节、凉山彝族自治州的火把节、云南宁蒗县泸沽湖镇的赶山赶海节等，都为如画的风景披上了一层神秘的面纱。正因为这些独特的人文景观，才使这些小城镇更具魅力。

5.3.1.5 小城镇中心的风貌特色

小城镇中心区是社会经济、文化和人文发展的历史产物。从各个小城镇中心区的个体面貌中，容易读出这种历史的整体内涵。然而，目前不仅出现"千城一面"的危机，小城镇中心区也出现"千镇一面"、"风貌危机"的状态。究其原因，存在设计求快，照抄照搬，一图多建等问题。以下将论述如何保护小城镇中心区的风貌特色。

环境的自然美需要保护和强化。对小城镇中心区内部的水面、周围的山丘、可视的高处景点，应加强保护和美化。作为小城镇设计中的重要节点，古建筑和人文景观需要保护与利用。古建筑遗存是宝贵的文物。其建造选址，历史上无不经过风水勘验，大多有其文化脉络，不可轻废。这些建筑或镇低，或扬高，或聚焦视线，是小城镇中心区风貌难得的景物。有的城镇以古迹吸引中外游人，成为旅游城镇，中心区的古迹起了重要的作用，如著名的国家历史文化名城平遥中心区的鼓楼（图5-2）。仅留出"视廊"是不够的，同时还要注意周围的建筑要与之协调，不能喧宾夺主。

利用古建筑开设广场，开设商业步行街，以增加小城镇中心区风貌。碑刻、摩崖、名人题词、名人故居等人文景点，在小城镇中心区风貌规划中应加以调查标注。在规划中应作为风貌重点加以突出，以便留出场地，开设通路，增加视觉频率，不使其埋没在建筑群中。小城镇中心区道路空间节点应重点规划。小城镇中心区道路有拐点和端点，这些点在小城镇中心区道路空间中占据着视觉变换的节点地位。要精心构思，使其各点既有所变化，又与中心区的风貌统一，既有外在的景观美，又有内在的寓意内涵。

绿化在空间节点上也是应加以运用的。由于

建筑应作为重点造型，加以美妙布局。

此外，小城镇中心区历史文化风貌的建立可与旅游等第三产业结合起来，采取历史文化风貌景观游览线的设计方法，在充分挖掘历史文化的基础上，结合现代文化设施的设置，把握每一个"文化节点"的表现主题、空间性质、艺术特点以及人的感受，营造富有特色的空间景观，使小城镇中心区可游、可赏、可探、可居。

综上所述，应尽量利用得天独厚的自然条件，传承文脉久远的优秀空间形式，保持建筑和街道风貌等的本土风格，发扬小城镇中心区建筑形象特色。建筑形象大至立面和造型，小至窗扇陈设均应反映地域和小城镇的个性，尤其是作为民间建筑，设计要反映实用、自然、美观的小城镇中心区建筑特色，其组合更应反映建筑与环境的独到之处。

图5-2 平遥中心区风貌

（资料来源：韦祎祎摄）

小城镇中心区街道转弯的拐点处和端点处是街道视线的底景和对景，其视觉频率较大，也应作为构思重点。此处的建筑体量应大，布置重点建筑。

位于天际线高点的建筑布局及街道风貌布局是重点设计内容。小城镇中心区的风貌特色是以人的视觉为依归的。可以表现在视觉频率较大的中心景点的一切，都是中心区风貌特色的构成因素。高大建筑留给人的印象深刻，视觉冲击大。较高大的建筑是中心区天际线高点设计布局的主要项目，在小城镇中心区设计中是不可忽视的。在哪些重点地段突出高点，使小城镇中心天际线有美的变化韵律，应统筹考虑。同时，在建筑形态和色彩上也应有所分配。对已有的大体量建筑在视觉协调上要有保护措施。特别是面貌独特的、多年留给人们印象深刻的，甚至已成为小城镇中心区识别标志的地标建筑更应备加风貌保护。如果城镇中心区边缘或城镇内有山，则山上的建筑通常也属于天际线高点的建筑。这些全镇可见的

5.3.2 小城镇中心区的空间布局形式

小城镇中心区空间布局形式常用的有沿街式布置、组团式布置、广场式布置，其基本组合形式如下：

5.3.2.1 沿街式布置

（1）沿主干道两侧布置

小城镇主干道居民出行方便，中心地带商家集中、相互依存，街面繁华，居民聚集，人流量大，购买力集中，经济效益较高。

该布置沿街呈线形发展，易于创造街景，改善小城镇面貌。缺点是直接带来了严重的交通混乱和安全隐患。在小城镇繁华街道上，汽车、摩托车、自行车、行人等混行，有些商家还占道经营，造成混乱，影响交通，甚至造成交通阻塞，引发交通事故。应将使用功能上有联系的公共建筑在街道一侧成组布置，以减少人流频繁穿越街道。如今，利用河流水景建设水街的设计手法十分普遍，这样不但拉近了人与水的距离，还有利于塑造丰富的街道空间（图5-3）。

图 5-3 凌云县城水街详细设计总平面图

(资料来源：桂林市城市规划设计研究院，桂林市山水城设计有限公司. 凌云县城详细规划及城市设计，2001.)

（2）沿主干道单侧布置

沿主干道单侧布置公共建筑，或将人流大的公共建筑布置在街道的单侧，另一侧少建或不建大型公共建筑。如果主干道另一侧仅布置绿化带，这样的布置俗称"半边街"，显然"半边街"的景观效果更好。

如将人流与车流分开，行人安全、舒适，流线简捷，对交通组织很有利。当街道较长时，宜分段布置，设置街心花园和小憩场所。分段规划中，宜形成高潮区、平缓区，"闹"、"静"结合，街景适当变换，以丰富街景，减少行人疲劳感。

这种布置的缺点是拉长了流线，而且生活在街道对面的居民购物不十分方便，因此通常适用于小规模、性质单一的商业区。如能向街道一侧纵深方向发展，形成步行商业街，则是一种值得提倡的布局方式。

（3）步行商业街

步行商业街常布置在交通主干道一侧，与干道联系密切，交通方便，在营业时间禁止车辆进入。人们不必担心安全问题，过往穿行快捷方便，在此漫步、购物身心愉悦。步行商业街的街道不宜过宽，建筑空间尺度应亲切宜人。

这种布置要组织好购物人流与货运交通间的关系，留出相应的停车场地和休息空间。

5.3.2.2 组团式布置

组团式布置是我国传统小城镇中心区布置的主要特色之一，常布置在中心区的某一区域内，其内部交通呈纵横网状式街巷或环绕式布局系统。沿街巷两旁布置店面，行人步行其中安全方便。街巷曲折多变，街景丰富。若将综合性小市场、小型剧场、茶楼、花木商店及手工艺商店等布置其中则更显得丰富多彩，而且有可能成为小城镇紧凑发展的独特景致。

5.3.3 小城镇中心区的交通特性及组织

5.3.3.1 小城镇中心区的交通特性

从对小城镇中心区的一般特性分析可以看出，小城镇中心区是小城镇的功能核心，有着高强度的土地开发利用、高密度的人口居住和大量的就业岗位。这些特征决定了该地区成为小城镇的客、货流的汇聚地，因此也必然会呈现出不同于小城镇其他地区的交通特征。人流、物流的大量周转，广大农村的生活用品发散地，农产品对外销售的第一站，节庆日、集贸日、区域性的物质交流和文化体育活动等功能使得小城镇中心区成为社会经济活动高度密集的地方。其具体特性如下：

吸引力范围大，一般包括整个镇域甚至相邻镇的部分地区，可通达程度要求高，可通达设施水平低。中心区既有较强的吸引力，又有很强的辐射力。

交通流量较大，道路交通负荷较高。中心区是城镇的交通枢纽，所以有大量的人流，非机动车、机动车也在此经过，交通构成复杂，组织混乱。

小城镇中心区各种交通服务设施种类多，规模小，道路交通设施落后，用地面积小，道路相对狭窄。

小城镇中心区节假日和平时、昼夜的交通量、人流量的反差都比较大。因此，造成小城镇中心区在特定时段内的交通拥挤现象比较突出。

过境交通量大。小城镇大多是依托过境道路发展起来的，其特定的地理位置、交通条件及功能构成决定了经过中心区的交通量特别大。特别是在节假日等特殊时段的物资交流和人员往来尤其频繁，使得小城镇交通设施超负荷运行。

停车需求开始增大，停车位短缺。随着小汽车进入家庭，一些经济发达的小城镇居民拥有私家车的比例逐渐上升。但因为中心区用地紧张，对停车场的投入力度不足，因此无论是机动车还是非机动车占道停车、路边乱停的现象都很严重。路外停车设施严重不足，影响到动态交通的运行。

5.3.3.2 小城镇中心区交通组织

（1）树立"以人为本"的交通设计理念

为了提高中心区交通设施客流运输效率，快速、便捷、高效地运疏中心区客流，保持客流畅通，道路交通系统的规划和建设应从传统的设施供应为主转向以强化交通需求管理的供需相对平衡的规划和建设，促进中心区交通与土地利用协调发展，保持和增强小城镇中心区的活力。

为了保障中心区交通与土地利用性质的协调关系，在中心区道路资源紧缺的情况下，道路资源首先应保证和满足中心区尤其商业区集散交通的需求，将与中心区土地利用性质无关的穿行机动车交通疏解出去。

中心区道路交通系统改善规划可以应用的基本措施有：

①采用适当的交通组织管理手段，将与中心区无关的穿行交通流疏解到外围，以减轻中心区的交通压力。

②对小城镇中心区现状交通设施及附加设施进行改造挖潜，尽量提高路网综合通行能力，增加中心区交通供给水平。

③运用适当的政策调控手段，采取综合交通组织措施，对中心区机动车交通需求总量加以调控、建设，引导交通结构向优化方向发展。

应运用上述手段，推动小城镇交通问题的缓解，谋求中心区交通供需基本平衡，建立一个与中心区乃至整个小城镇社会经济发展相协调的运行良好的交通系统。

我国小城镇中心区多数是由老镇区演变而来的，在路网结构上继承老城区的特点，多呈现规则的或不规则的方格网结构。区内有一条或几条连接市内其他地区的交通主干道，承担着中心区内和过往的主要交通负荷；有比较完善的次干道系统，主次干道构成中心区的路网骨架；连接路网骨架的是比较发达的支路和街坊路系统。中心区的穿越交通主要通过主干道来完成，次干道和支路主要承担生活性的交通，且往往是出行的起讫点，存在着大量的停车需求。

近些年来，国内许多小城镇的中心区都开辟步行交通系统，这样就使得与步行道路相交叉的次干路和支路成为断头路。利用这些道路设立路边停车场，不失为一种解决现阶段中心区停车设施严重匮乏的好办法。

（2）改善道路系统

①开辟外环路

开辟外环路可以起到对交通进行疏导的作用。特别是与中心区无关的过境交通，可以利用环路绕行，减少对中心区内部道路的压力。

②修建平行道路

选择一条平行于小城镇商业大街的道路进行改建，开辟为中心过境交通干道，适用于小城镇商业大街已经形成，中心布局一时难以调整的情况。

③调整道路密度

小城镇商业中心人车聚集，活动和集散均要求足够的道路和场地，因此小城镇中心区必须要有较高的道路密度并设置必要的广场。有些小城镇道路网规划中干道一律按城市道路标准的间隔布置，次要道路密度也照搬城市标准，这是极不合理的，不符合小城镇交通密度不均衡的客观情况。因此，规划中应该有计划地对小城镇中心地区的旧有道路进行改造，拆除瓶颈，拓宽路幅，形成合理的道路网系统。

④加宽路幅

我国旧城商业中心的街道宽度一般均比较狭窄，特别是人行道宽度不够。因此规划中可利用多种手段，展宽路幅，留出足够的交通空间。

值得注意的是，在以往的小城镇规划与建设中存在一种片面的做法，就是不从各条道路与全市（整个城镇）道路网络的关系着眼，不分析各条道路的性质和具体情况，对于出现拥挤堵塞情况的道路一概以展宽路幅的方法来解决问题。结果有些道路拓宽以后由于通行能力提高，吸引了更大量的人流、车流，交通拥挤的问题没有解决，交通分布不均衡的问题却更加严重。这就要求我们在解决中心区道路拥塞问题的时候要注意区分不同情况。例如对新建的商场采取门前适当退让设计成广场的形式，把人群吸引到路外，减轻对道路的干扰也等同于拓宽了路幅。

⑤改造交叉口，提高路网容量

在小城镇内部，由于受自然、环境、经济等因素制约，在进行道路网大幅加密及现状道路全线拓宽不太现实的情况下，只有通过增加交叉口的通行能力来弥补交叉口时间资源的损失，挖掘道路设施的潜能。

应对经常发生拥堵的交叉口进行交通规划，改造扩容，增加进出口车道，分配交叉口通行权；通过物理和非物理隔离措施，尽可能降低机、非混行的干扰影响，提高道路网络各交叉口的综合通行能力。平面交叉口拓宽改造的主要内容包括拓宽进、出口，增加进、出口车道数，进出口道的分配，交通渠化，行人与自行车交通组织等。

⑥建立完善的步行交通系统

在世界范围内，步行是一种最古老、最基本的独立交通方式。它虽不如机械化交通快速、运距长，但却具有惊人的效率及益处，为人们的出行提供了巨大的灵活性。即使在快速交通工具迅速发展的今天，步行在小城镇交通中仍占有重要地位。

（3）小城镇中心区交通设计

道路是连接小城镇中心区各组成部分的"纽带"，道路的通畅、合理与否不仅关系到车辆的通行和居民的出行，而且影响到小城镇中心区的整体环境和有机秩序。所以小城镇中心区道路的规划设计既要满足交通的方便和快捷，又要满足环境的宁静和美观。需着力贯彻以人为本的基本思想和为公共空间组织创造有利条件这一原则。

小城镇中心区的交通组织，主要通过交通现状调查以确定交通组织的基本形式，并密切配合中心区的功能区划和使用。

①设计调查

交通现状调查一般在总的设计调查中已进行，专项交通调查主要针对中心区的交通量和居民出行等状况作进一步的了解，侧重于道路设施质量、使用强度及居民往返中心区的交通手段等。从中分析现状矛盾，提出具体的解决方案和手段，包括改造或改变道路性质的可能性，为小城镇中心区设计的总体构思提供交通可行性的保证。同时，调查现状还需要和交通量预测及交通发展方向相结合，从而最终确定中心区的交通组织形式。

②设计要求

交通流线设计要从小城镇中心区空间环境和景观质量的角度提出设计要求，协调道路交通设施与建筑群体、公共空间及道路景观设计等的关系。步行街（内部街巷）和生活道路则着重以人的尺度进行空间的塑造，增加人行的活动范围，同时强化各类活动特征，并对公交站点和交通标志等的设计提出要求和建议。

③设计实施

小城镇中心区的交通现状普遍采用混合式，特别是发展历史不长的小城镇更多是沿过境公路来发展中心区的。当然，也有许多江南古镇由于历史形成的中心区街尺度小，无法提供机动车运行，而保持了分离式的特点。因此，对大多数小城镇中心区的交通组织来说，首先要绝对避免过境交通和主干道互通的干扰，但又要有一定的联系。这一工作一般已在总体规划阶段完成，小城镇设计所注重的主要是中心区内部交通的模式，包括人行、机动车客运和货运的相互关系。其次从已有经验来看，步行是中心区的首选交通方式，采用平面分离使车、人完全分开，有利于购物环境的舒适性和方便性的结合。而对中心区的其他内容构成需结合实际进行设计，对用于行政、商务、文体的建筑则都需保证有一面与机动车道直接连接，这样更为合理，可提高使用效率。小城镇中心区的规模容量决定了步行交通系统可成为中心区的主要交通，而步行系统的空间组织也正是小城镇设计所注意的重要方面。小城镇设计通过步行系统的定位、必要的辅助道路、接近的停车场地及相应的休息服务设施和绿色环境来整体创造中心区宜人的特色活动空间环境。

小城镇中心区的交通组织也应当与中心区各构成内容的布局形态相配合。针对小城镇中心区人口规模在将来的普遍提升，布局上应形成街区并需要一定的进深度。可通过有计划的、外围向纵深发展的次序，适应各阶段的需要，同时又保证交通模式的完整性及空间分区分期的完整性。

小城镇中心区交通设计的核心正如前述是步行系统的综合设计，小城镇设计需要深入到整个公共空间和界面、铺装、绿地、设施等多种要素的设计。步行系统本身尚需满足消防和无障碍设计的要求。中国是自行车大国，小城镇中心区交通的发展也必定会经过自行车交通发达的时期，因此，自行车道的小城镇设计要引起重视。

5.3.3.3 步行系统设计

步行系统是步行交通的载体，步行系统的构成可分为基本部分和专用部分。基本部分指道路两侧的人行道，专用部分指为适应步行交通中某些专门的需要而规划和建设的步行设施，具体可包括商业步行街（区）、步行广场、散步小道等。

经验证明，小城镇中心区交通矛盾的最终解决方法应该是在中心区建立独立于其他交通流的步行交通系统，这一模式在国外已经取得了广泛的成功。可以说，一个完善的步行系统可减少小城镇中心区对汽车的依赖程度，并增加人们前往中心区的次数，聚集人气，且强化中心区人文环境，创造更多的零售商业活动，也有助于改善中心区环境品质。组织步行交通系统不仅是解决小城镇中心区交通矛盾的有效手段，而且也体现了对人的关怀（图5-4、图5-5）。

图5-4　凌云县城水街详细设计交通规划图

（资料来源：桂林市城市规划设计研究院，桂林市山水城设计有限公司．凌云县城详细规划及城市设计，2001．）

图5-5　步行街平面图

（资料来源：黄耀志，卢一沙等．苏州科大城市规划设计研究院．江阴望江精品商业步行街设计，2007．）

步行街的规划原则：

（1）保证便捷的交通联系

步行街周围应有便捷的交通条件，步行街如不能为步行者创造内外通达、进出方便的条件，就会失去吸引力。新建步行街必须考虑其与周围地区有便捷的客运交通联系，以便恰当地为其他地区的居民提供灵活方便的交通，应注意步行系统与城乡公交站点的配合。步行系统与城乡公交站点的配合主要包括步行体系与小城镇主要交通站点直接相连、紧密结合，步行体系各个接口与机动车和非机动车停车场（库）有便捷的联系等内容。

步行街可沿街道两侧横向扩展，形成相当规模的步行商业区。步行商业区距小城镇主、次干道的距离不宜超过100m。步行街附近应有相应规模的机动车与非机动车停车场，和人流出入口的距离一般设在100m之内。公交车站和大型停车场宜设在步行区的外围。

步行街出入口的设置颇为重要。各种交通的

转换要求能迅速疏散大量的步行人流，又不致因大量的人流出入而对周围道路的车流引起干扰，构成新的阻塞。如果在主要出入口设置分散式小型集散广场，便既能满足人流出入的要求，又有利于公交站点的布置。

实施步行街的规划或改造时，要考虑步行街区和周围道路的关系，进行交通量调查，预测邻近街道能否容纳因步行街禁行车辆而增加的交通量以及能否形成环路，从而合理组织过境交通。不能因为步行街的设置影响小城镇整体交通的畅通。

（2）以人为本，力求舒适

步行街的设计应使之成为步行者的天堂。步行者的活动大致可分为两类：一是静态活动，表现为指示、问询、休憩、餐饮、交谈等，此类活动希望有一片静谧的天地，不受流动人群的干扰；二是动态活动，表现为购物、观光等，此类活动要求流动畅通。不论是静态还是动态活动，都应感受到服务的便利及尺度的舒适，并免受交通的干扰。应以人的尺度、人的需求及人的活动为根本出发点，充分提供问询、通信、休憩、零售、餐饮、卫生等功能和公共服务设施。这些功能应与步行街周围建筑物的功能完善同时实现，从而体现对人的细致关怀。

除商业步行街以外，在新建的居住区、风景旅游区或者某些历史文化乡镇地区，可以结合河流、坡地等自然地形，或结合绿化系统和各种服务设施，规划建设环境优美、安全舒适的步行小道、步行广场等步行网络，为人们的日常和各种社会活动提供良好的交通环境。

我国的步行街建设还处在初期阶段，各方面的理论与实践都在探索之中，因而吸取国外步行系统的经验教训，结合中国小城镇具体情况来建设步行系统非常重要。

5.3.4 小城镇中心区历史文化的"有机更新"与保护

我国小城镇中有相当数量具有一定历史的古镇，具有极高的历史文化价值，堪称社会历史发展的活化石。尤其是小城镇中心区所拥有的那种宜人、方便的商业空间模式，更是为人喜闻乐见，提供了现代小城镇中心区空间形式的范本。

5.3.4.1 小城镇中心区历史文化的"有机更新"

小城镇中心区的肌理可理解为城镇经过长久历史时期的演变，在导控式发展方式和生长式发展方式的双重作用下，自然生长、演变为的一种空间构成规律。常见的小城镇中心区肌理可分为行列肌理、围合肌理和半围合肌理等。在小城镇中心区的设计中，建筑群体的布局是重要的设计内容之一，在不同肌理的地区采用不同的肌理进行组合设计，能较好地使现存建筑群与新建建筑群产生对话和关联，使基地内建筑的群整体性加强，同时又不破坏原有建筑群的格局和秩序。建筑有肌理，开敞空间和绿化等也有各自的肌理，只是强度相对减弱些，其设计方法类似建筑群的小城镇设计方法。

小城镇中心区的肌理是文脉延续的佐证。尊重现状肌理，运用小城镇设计理论和方法对于小城镇中心区的肌理进行引导和再塑造，才能完成历史文化的传承延续。

对于已经失去传统特色的小城镇中心区或新建小城镇中心区，努力创造新时代的地区小城镇中心区特色已经形成共识；对于具有较高历史文化内涵，环境形态相当完整的传统小城镇中心区，全面保护也成为明确的政策；而对绝大多数具有历史遗留又已开发建设的小城镇中心区来说，必须坚持"有机更新"的原则，努力寻求历史传统的信息，在现代生活中得到继承和发扬。

"有机更新"的原则就是要在更新中注意把已被分散的点、中断的线和不协调的面组织成一个系统的有机整体，特别是保护传统的空间特色，包括街道空间和历史地段的整体性，进而塑造城镇的完整特色环境。

小城镇中心区作为小城镇的核心，大量地传

达了地区的历史文化信息,特别是昔日街市生活的情趣和场景都在中心区得到最充分的展示,具有相当的典型意义。与街坊内部改造相比,高昂地价与改造经济性的矛盾和历史风貌保护与现代生活方式引入的矛盾在小城镇中心区历史文化的更新中并没有那么突出,有机更新的实施较为实际可行。具体来看,有机更新包括以下各方面:

(1) 认知和"有机更新"

"有机更新"是建立在认知基础上的策略,通过对特定小城镇中心区这一客体建立主观角度的认识,进而展开设计活动。认知综合了社会、经济和人文各个方面,是一种整体城镇意象。大至对地区文化的把握,小至对每一建筑物细部的理解,甚至一草一木、残砖断瓦,而获得的应是各部分形象和内容的整合、物质和精神的整合,进而分析城镇肌理,由此展开的小城镇设计才能把握整体空间形态的持续意义。

认知是心理学所研究的重要概念,是信息加工过程和心理上的符号处理,是思维和相关活动下的问题解决,包括感觉、知觉、记忆、判断、思维、想象等。对传统小城镇中心区的认知是一个分析加整合的过程,只有建立了充分的认识,有机更新才有了方向。因此,也可以说,认知是有机更新的基础组成部分。

(2) 保护和"有机更新"

对所有物质环境而言,更新是绝对的,除了文物以外,就是全面保护的小城镇中心区也必然面临更新的要求。小城镇中心区不可能保持特定历史时期空间形态的恒定,而只能在生活的延续中发展。但更新也离不开保护,保护是有机更新的重要组成部分。小城镇中心区有机更新中的保护主要分为三个层次:在低层次上需保护历史建筑的单体和群落,在中间层次上保护传统空间特色和环境特色,在高层次上则要保护这种物质环境中所隐含的文化特质和生活情趣。同时使三个层次的保护构成一个整体而融入有机更新的原则之中,这样的有机更新才是完整的。

当然,保护和更新总是一对矛盾,除了在专业上的协调外,更需要社会政策和经济政策的支持和导向,使之获得广泛的认同,重新获得现实价值和研究价值兼具的目的,使永恒价值融入时代价值之中。

(3) 创新和"有机更新"

除了保护以外,大量的小城镇中心区面临的主要工作是改造和发展。而有机更新原则指导下的创新应针对不同小城镇中心区的现状区别实施,总体表现为在吸收传统空间布局手法、自然环境认识、社会文化影响等方面的基础上,注重现代技术材料的运用和现代生活要求的适合,使小城镇中心区出现适度的变异、有机的更新。

创新离不开特色的保持,因而特定地区的小城镇中心区的主要构成要素应当在创新中继承并得到强化。而对传统继承的程度则可通过对对象小城镇中心区的认知而得到度量,从而赋予各小城镇中心区不同的新时代风貌。

城镇和建筑都从属于"开放性"文化,通过吸收而得到进步。因此,小城镇中心区的有机更新应当在创新中更加重视与开放的工业社会的联系,更加重视与自然环境和人工环境的和谐,更加重视技术的进步和新经济价值观,在尊重地区文化演进的基础上发掘创新,不断追求。

"有机更新"不但是针对传统小城镇中心区,也适合于新建小城镇中心区,这是每个小城镇中心区地域文化坐标系中找到正确定位的理想道路。审慎的"有机更新"是建立新的"有机秩序"的保证。应尊重现状城镇肌理,把小城镇设计作为导控"自然生长"的手段,而不是强硬地推倒重来,进行"有机更新"。

5.3.4.2 小城镇中心区的历史文化保护

每个城镇或多或少都有一定的文化积淀,例如风景名胜、历史文物、古老建筑、名木古树等等,这些都是传递历史文化信息的符号。城镇的人文景观不仅是一些文物古迹、古树名木、古老民宅,还包括具有历史特色的城镇现状格局和整体风貌,以及成片的旧街古巷。它们存留背后折射出的是一种风土人情、历史文化变迁和民族文化气质。保护人文景观就是传承和延续历史。在城镇规划和建设中，对于人文景观一定要按照有关规定划出保护地带，控制周边建设，尽量做到新建筑的造型、体量、高度、色彩与原有的人文景观相协调。同时要根据有效保护、合理利用加强管理的原则，进行保护性的开发利用，使之产生社会效益和经济效益，体现出其存在的价值，也有利于调动人们保护的积极性。

规划应将历史人文景观作为景观中心，通过提高城镇的文化含量和文化环境的营造来塑造小城镇的特色。从历史文化风貌保护的角度，小城镇空间可划分为绝对保护区、建设控制区及非保护区，对这三类分区应采取不同的建设方针。另外，小城镇历史文化景观保护应与旅游等第三产业结合起来，在充分挖掘历史文化的基础上，结合现代文化设施的设置，通过公开放空间和绿化系统等，营造一系列文化的风景线，使小城镇散发出浓郁的文化气息。

最后要说明的是，中国悠久的历史虽然为我们后人遗留了大量的人文景观资源，但并不是所有这些人文景观都可在规划中随意使用，应根据实际需要和历史现实来选取。不可牵强附会，把人文景观改造为人造景观。现在许多地方都打着挖掘人文景观资源价值的旗号，大行人造景观之风。

5.4 小城镇中心区的建筑与空间形态

5.4.1 小城镇中心区建筑空间组合原则

落实在小城镇中心区建设中，其建筑形态及其组合设计更具有现实性和明确性，考虑到小城镇中心区的特色，建筑形态及其组合设计应该把握以下原则：

5.4.1.1 与自然相协调

小城镇中心区不同于大中小城市中心区。相对于大中城市的中心区设计，充分利用自然之美是小城镇中心区建筑形态规划设计的优势（图5-6）。自然之美是每一个小城镇中心区都可以找到的。

图5-6 新中心区详细设计总平面图
（资料来源：黄耀志，高钰等. 苏州科大城市规划设计研究院. 四川峨边彝族自治县东风片区详细规划，2007.）

小城镇中心区建筑形态借助和发扬自然之美，就是不要一味就用堆砌水泥，不要盲目建设人造景点，而要多利用周围已经拥有的自然风光、自然景点，与周围的农村大环境相协调。对大自然的一草一木要爱护、保留、配植。其实，自然风光要比人造景观宝贵得多和优美得多。

5.4.1.2 突出乡土风情

小城镇中心区毕竟不同于大中小城市的中心区，其建筑形态应力求具有乡土气息。这就是扬长避短，展美藏拙。要注意营造周围农村大环境的自然之美，注意对独有的点景、构筑物的保留；建筑物内部的改造也要把握好突出特色的要求，做好特色风貌与时代发展的融合。

小城镇中心区单体或整体的建筑形态都可采用比较灵活的形式，逐步形成。小城镇中心区的建筑形态，有其自身的价值。我们应该认识到，其建筑形态改造可以在小城镇设计的指导下逐步实施，小城镇设计可以引导小城镇中心区建设科学地、合理地展开。

5.4.1.3 强调"以人为本"

"以人为本"应放在重要位置。设计任何一个小城镇中心区，都应把人的需要放在第一位，避免本末倒置。这里的"人",主要指小城镇中心区的常住人口和流动人口,当然也包括外来打工者。本中心区居民是主人,优美的小城镇空间环境可以让本中心区居民实实在在地享受到。

5.4.2 小城镇中心区各种功能的建筑形态及其空间组合

5.4.2.1 行政办公建筑设施

行政办公公共建筑设施包括企事业办公和政府办公两大类(图5-7)。小城镇中心区的企事业单位办公楼与大中小城市中心区相比,规模普遍偏小,以多层建筑为主,很少有高层办公楼出现。小城镇政府办公楼是人民政权的象征,在建筑形象上应体现端庄大方的特色,既要有一定的庄严感,也要体现出一定的民主特征。目前,国家提倡政府机关向市民开放,促进市民参政议政,而我国许多小城镇政府办公楼在空间意向上体现为威严有余,而亲善不足。一些小城镇政府办公楼直接套用西欧古典或折中式建筑形式,大门廊、高柱式,以显示其"官威",与基层"公仆"形象和地域环境格格不入(图5-8)。

5.4.2.2 商业服务建筑设施

商业服务公共建筑设施是小城镇中心区最常见的公共建筑设施,主要包括集贸市场、专业市场、商住楼等类型(图5-9)。小城镇之所以不同于乡村,不仅仅是在于其人口规模较大,而且更由于其较大的人口规模带来了相应程度的资金聚积和技术积累,使小城镇发挥了城乡间技术、资金、知识交流的中转站这一特殊的作用。因此可以说,商业服务公共建筑设施有助于小城镇中心区实现城镇职能,体现了城镇与乡村差异的特点。

(1)集贸市场

集贸市场是村镇地区商品交换的主要基地,在活跃和繁荣城乡经济方面具有重要作用。由于大多数农村地区的产品为农副产品,集贸市场承担了这

图5-7 行政中心平面图

(资料来源:黄耀志,钟晖,肖凤等.重庆大学城市规划与设计研究院.米易县北部中心区详细规划设计,2001.)

图5-8 行政中心办公楼设计

(资料来源:黄耀志,钟晖,肖凤等.重庆大学城市规划与设计研究院.米易县北部中心区详细规划设计,2001.)

一类货物的交易职能,故在村镇地区较普及。集贸市场根据经营品种的不同,可分为粮油和农副产品、副食、百货、土特产、燃料、柴草、牲畜、生产资料、建筑材料等几类。对于小城镇中心区来说,集

图 5-9 中心区商业服务中心鸟瞰图
（资料来源：俞坚，黄耀志，钟晖. 中国美术学院风景建筑设计研究院现代设计研究所. 浙江嘉善丰前河——花园路地块修建性规划设计方案，2003.）

贸市场为当地居民提供了生活资料，也是农产品向小城镇销售的过渡渠道。对于农村居民来说，"赶集"不仅是一种简单的采购行为，而是一种愉快的体验城镇生活的社会行为，集贸市场也成为具有小城镇特色的一种公共开敞空间。

（2）专业市场

近年来，随着村镇地区农业产业化和乡镇企业的发展，许多小城镇结合当地工农业生产，发挥原材料、产品的供应和销售优势，建设了许多大型的专业批发市场，如各地的蔬菜、水果、牲畜、药材、水产品市场。这些市场通常规模较大，其影响辐射范围涵盖周边县、市甚至全国。这些专业市场是城乡物质交流的重要渠道，在国民经济体系中扮演着基层却又十分重要的作用。

（3）商场

商场是小城镇中心区商业服务建筑设施的主要组成类型之一。小城镇中心区的规模不同，商场的差别也很大。县城规模的小城镇中心区，商场常以大型综合商场或者 shopping mall 的形式出现，商场和店铺组成的商业界、步行街、精品街也是常见形式，对于激发小城镇中心区的商业活力具有不可估量的重要作用。规模较小的小城镇中心区，商场的形式往往为规模较小的综合性商店或小的超市，难以形成有效的规模，商业气氛也比较淡薄，需要通过出色的小城镇设计集聚中心区商业气氛，激发中心区活力。

（4）商住楼

在我国现行的土地政策下，城镇土地开发往往是依据规划，通过土地招标，由开发商进行开发建设的。一方面，对于开发商来说，从单位建筑面积售价而言，商场最高但需求量有限，而住宅售价较低，但市场需求较大。因此，开发商往往选用商住结合的建筑形式，以获取较高的利益回报。另一方面，商住楼融商业与居住为一体，结构简单，造价低廉，便于经济实力有限的乡镇个体经营户经商立足，同时也容易满足经营方式多样的要求，便于经营管理。在统一规划的前提下，商住楼适合分期建设实施以及合作建房等多种建设方式（图 5-10）。

图 5-10 商业中心剖面
（资料来源：俞坚，黄耀志，钟晖. 中国美术学院风景建筑设计研究院现代设计研究所. 浙江嘉善丰前河——花园路地块修建性规划设计方案，2003.）

对于集贸市场和专业市场，其公共开敞空间是小城镇设计的主要内容，要基于商业人群的心理需求和行动需求。人们在集贸市场公共开敞空间的活动具有一定的一次性活动延续时间和再次性活动延续时间，因而在中心区设置较完善的服务性设施和可休息的空间是非常必要的。停车场

小城镇中心区的详细规划　133

地、存物处、公共电话、公共厕所、资讯设备、休息坐椅等都是需要在小城镇设计中重点考虑的内容。集贸市场公共开敞空间中的休息坐椅需要引起更大关注，可结合灰空间或者整理出部分小空间来设置。专业市场对交通流线等要求较高，停车场地在小城镇设计需要加大重视力度。

商场和商住楼常常后退红线布置，形成凹形界面，不但可以表现其特色，给人以封闭、围合、停驻的暗示，也可以使后退建筑的上层住家或办公室的环境保持安静。但小城镇设计时要注意街道两侧建筑若都向后退，便形成了以街道为中心线的封闭空间，街道的连续感将受到影响。同时，若沿街的退后布置过多，形成街道凹凸不齐的界面，易使人视线分散，造成街道空间意图不明确。

5.4.2.3 宗教建筑设施

寺庙、道观是宗教信仰者的活动中心区，尤其是在少数民族地区，如回族、藏族、维吾尔族居住地区，宗教建筑的清真寺、喇嘛庙等在城镇中占有重要的地位。大多数历史上遗留下来的宗教建筑，亦是人们旅游参观的场所。一些供地方神的庙宇，如土地庙、关帝庙、妈祖庙等，是当地居民传统集会庆典的中心区（图5-11）。小城镇中心区的这类建筑，目前多见于修复旧建筑，新建的较少，今后在民族地区会逐渐增多。台湾地区近年来在城镇建设中，就有不少地方兴建这类庙宇。它有利于体现地区民族特色，并给民俗活动提供了相应的场所。

宗教建筑在小城镇中心区设计中是非常重要的设计元素，设计得不好会成为建筑群中的"害群之马"，扰乱整体建筑风貌和秩序；设计得好则可以体现小城镇中心区的特色风貌，甚至可以打造小城镇中心区的地标。在小城镇设计中，首先要协调周围建筑与宗教建筑的体量、色彩、形态，将宗教建筑作为风貌重点加以突出，打通视觉走廊，以便留出场地，开设通路，增加视觉频率，不使其埋没在建筑群中。

5.4.2.4 配套服务设施

（1）卫生设施

在我国许多城镇地区，医疗保健机构薄弱、农民看病难的问题一直是个老大难问题。除了资金、技术不足，小城镇卫生设施简陋，标准偏低也是许多地区的现实。小城镇卫生设施包括中心卫生院、卫生所（室）、防疫站、保健站，如果将县城关镇也包括在小城镇内的话，还包括县级医院。就设施布点而言，中心卫生院通常设在中心集镇，卫生院（所、室）设在一般集镇和中心村，保健、防疫站则设在中心集镇，条件较好的一般集镇也可以设置。对于发达地区的小城镇，由于人口众多，经济繁荣，小城镇卫生设施规模较大，在建筑设计过程中，可适当选用一些大型医院的专业技术指标；在经济欠发达和不发达地区的小城镇，卫生设施规模较小，建筑面积较小，但同样不能忽视建筑功能合理布局与医患的合理流线等问题。

（2）体育设施

完善的体育设施是高质量的现代生活必不可少的一部分。在小城镇中心区，体育设施规模普遍偏小，设施相对简单，不可能有较多大型、专业化的体育场馆。按照村镇体系来考虑，中心集镇至少应设置一个体育场，而一般集镇至少应该

图5-11 中心区文庙鸟瞰图

（资料来源：王贺、顾奇伟、朱良文等．昆明理工大学建筑学系．云南省澄江县老城区详细规划，2002.）

设置一个灯光球场。体育设施的布点应考虑设在交通便利、区位优势较明显的集镇中心区，以便镇域全体居民使用。

（3）文教设施

我国城镇文教设施的资金投入与大中小城市相比较少，在我国不发达或欠发达的中西部地区，这一现象尤为明显。如何将资金用在刀刃上，获得资金投入的最大社会和经济效益，是当前我国小城镇文教设施建设面临的重要课题。文教设施包括教育和文化设施两大类，教育设施包括各类学校，文化设施包括文化站、文化馆、老年活动站、图书馆等建筑。小城镇的文教设施布点应结合村镇体系合理配置，例如中心集镇一般应考虑高级中学的布点，一般集镇应考虑初级中学的布点，而中心村应考虑布置小学和幼托机构。

小城镇的文化设施在丰富群众文化生活方面起到了巨大的作用，但许多设施的使用效益却并不理想。例如，我国许多县级图书馆利用率不高，大量文化馆的经营也难以维计，这和村镇居民文化水平、个人素质水平有关，也和人们生活方式和观念的转变有关。因此，小城镇文化设施专业性不宜太强，营建大而专的文化设施项目效益风险较高，而建设小而全的文化设施则较易获得良好的社会效益和经济效益。

5.4.2.5　交通运输设施

例如县城的长途汽车站，其布局好坏往往左右了整个镇域经济发展和镇区空间格局的状况，在小城镇居民的生活中占有重要的地位。限于铁路运输的特殊性，不可能给每个小城镇设置铁路客运站。总体来说，铁路部门在考虑客运站点的设置时，尽量选择区域优势明显、规模较大的城镇。无论是公路还是铁路客运站，这类建筑不仅具有交通运输功能，还具有展示城镇"门户"形象的功能，它们是外地人对该城镇的第一印象（图5-12）。

在客运站主体建筑前面，人流车流聚集，对于现代城镇道路系统是一个不小的负担。为了让

图5-12　小城镇中心区汽车站平面图
（资料来源：上海同济城市规划设计研究院.
乐清市翁垟镇东街沿线规划设计，1999.）

车辆行驶顺畅，通常的做法是将主体建筑后退，加大交通枢纽的空间，即形成交通广场。为了避免遮挡司机的视线，交通广场中不应种植高大的乔木，也不应放置巨大的广告，应以硬地为主，便于疏散大量的人流。广场中可以设置体型较细长的雕塑作为景观上的点缀。广场周围的建筑高度与广场的平均宽度之比应在1/4~1/2之间，以形成开阔的视觉感受。

5.4.2.6　邮电信息设施

邮政、电信、广播、有线电视等公共设施，在我国目前的城镇建设中是相当落后的。随着信息产业的发展，特别对居于电信区域中心区的城镇来说，这类建筑将会有较大的发展，可成为小城镇中心区的主体建筑或标志性建筑。网络信息可能导致小城镇和小城镇空间形态的大演变，重新构建人际关系，还会带来对交流场所的新要求。

小城镇设计的配套设施，与上述公共建筑的设计要求相类似，需要与行政办公建筑、商业服务建

筑和宗教建筑协同考虑，在体量、尺度、比例、空间、功能、造型、用色、材质等方面相协调。

5.5 小城镇中心的环境设计与特色的创造

5.5.1 小城镇中心区环境的构成内容

5.5.1.1 小城镇中心区环境概念的界定

外部环境，广义指围绕着主体的周边事物，尤其是人或生物的周围，包括具有相互作用的外界。适宜的外部环境条件是早期城镇的温床，人的一切活动都离不开环境。小城镇中心区是城镇结构的核心地段与城镇功能的重要组成部分，是公共建筑和第三产业的云集之地；是最具活力，并在空间形态上显著区别于城镇其他地段的区域；是驾驭小城镇形体结构和肌理组织的决定性空间要素之一。环境建设的成功与否将直接关系城镇整体环境的建设全局。

在城镇中，外部空间主要是由建筑实体与周围建筑、城镇街道之间围合的空间，或由其自身限定的室外空间，是以建筑构筑空间的方式从人的周围环境中进一步界定而形成的特定环境，其与建筑室内环境都是人类最基本的生存活动环境。外部空间主要局限于与人类生活关系最密切的聚落环境之中，包含了物理性、地理性、心理性、行为性各个层面，同时它又是一个以人为主体的生态环境，其领域主要包含自然环境、人工环境和社会环境，是一个有秩序的人造环境。日本学者芦原义信认为：“由建筑师所设想的这一外部空间概念与造园师考虑的外部空间，可能有些稍微不同，因为这个空间被认为是建筑的一部分，也可以说是'没有屋顶的建筑空间'。即把整个用地看作一幢建筑，有屋顶的部分作为室内，其余部分则作为外部空间来考虑。"

中心区是小城镇中面向公众开放使用和进行各种活动的空间，是社会、经济、文化、科技、自然、地理气候等多重因素综合作用于小城镇的物质形态结果表现，是由各种实体（道路、街区、建（构）筑物、树木、广场、绿地和其他设施等）共同构成的城镇空间。它包括在功能和形式上遵循相同原则的内部空间和外部空间两大部分。中心区环境本身是由各组成要素（线形的街道空间、点状的节点空间和面状的领域、场所空间）相互关联构成的一个积极的有机整体。它既是物质层面的载体，又是人类活动的载体，还是城镇各种功能要素之间关系的载体（图5-13）。

图5-13 中心区平面规划图
（资料来源：上海同济城市规划设计研究院.
安阳中心区设计，2001.）

5.5.1.2 小城镇中心区空间的基本内容构成

（1）地面

地面被称为"空间的第五界面"，是中心区环境的基础，对居民的各种行为具有重要的意义。地面设计的材料包括硬质材料、草坪、水面等。其中，硬质材料的地面是人们活动的主要舞台，是设计的主要目标，而草坪和水面的运用则是为了与硬质材料相区分，界定人的活动范围，同时也为建筑景观增色许多。其中，地面铺装的质感、色彩和图案是设计中需要仔细推敲的地方。

质感：刺激着人的视觉和触觉。粗的质感具有朴实自然的气息，尺度较大；细的质感则显得精致、华美、尺度感较小。质感设计应考虑地面的使用功能、远近观看的效果以及阳光照射的程度。质感和纹理的粗细可增加环境的趣味。

色彩：合适的地面色彩可以增强环境的表现力。小城镇的中心区是人流较为集中的地方，尤其应当注意色彩的搭配，使色彩对行人感官产生适度的刺激，如大面积的绿色草坪和反射蓝色天空的水面能使人产生愉悦的情绪。硬质地面色彩的选择自由度很大，鲜艳的色彩与强烈的对比色运用得当能提高环境的表现力。

图案：地面铺装的图案多种多样，不同的尺寸分割可以对不同性质的空间做出暗示，组织人流的活动。

（2）绿化

中心区环境绿化中的自然要素包括山体水体、地形地貌、绿化植被、气候等等。人的一切活动都离不开自然环境。自然生态要素从来就对人类聚居环境和城镇的发展有重要影响，只不过在人类社会发展的不同阶段，自然环境的影响强度、作用方式和作用结果有所不同。史前人类聚居地的最初形式几乎无一例外地遵循了自然生态规律和特定的自然环境条件。人类最早的聚居点之所以出现在黄河、尼罗河、幼发拉底河等流域，是因为河流两岸水源充足。所以各民族的早期文明几乎都离不开河流。我们的祖先只有尽可能地依赖有利的环境条件，才得以靠着天时地利和主观上的辛勤劳动建设起城镇。因此，在小城镇环境设计中要注重对城镇自然环境中的地形、水文、动植物、气候等因素的协调。

地形：自然地形不仅仅是城镇的地表特征，也为城镇提供了各具特色的景观特征。在平原，地形常以线或面的形式展现，形成平缓广阔的景观，坡地高差上的变化带来视觉景观上的趣味。山体引起人们强烈兴趣的主要原因是它在视觉方面存在着巨大体量和超乎寻常的高度，作为城镇背景丰富了空间层次。

水体：城镇中自然水体气势宏伟、广阔，是形成城镇自然形态的重要因素，多见于南方城镇，可分为自然水体和人工水体两类，大至江河湖海，小至水池喷泉，都是城镇景观组织中最富有生气的自然因素。

植物：城镇中的植物包括乔木、灌木、花卉、草地及地被植物。植物的景观功能主要反映在空间、时间、地方性三方面。建筑与植物相配合，可以产生不同的空间尺度和空间效果。植物的时间性不仅表现在视觉上的优美形象和苍劲古拙，还在于它作为时间见证，能使居民产生对过去的追忆。植物的地方性、时间性特征是创造城镇个性与特色的最有价值的自然因素。

气候条件：气候条件也对中心区环境具有很大影响。不同的城镇具有不同的气象特征，气候的炎热与寒冷、温湿度的变化以及不同的动植物群落，必然在城镇形态中有所反映，并成为城镇的地域特征。城镇的形态与城镇所处地域有着直接与必然联系，这也正是城镇中心区富有个性，具有特色的一个主要因素。

中心区环境的人工绿化包括草坪、树、雕塑、纪念碑、壁画、喷泉等等。人工绿化是为了满足小城镇中心空间的景观需求与功能需求，而存在于空间内部的植被、街头家具、灯光等环境设施属小尺度要素。虽然，环境要素在空间构成上不像建筑界面那样具有决定性作用，但它同样是小城镇空间不可或缺的组成部分。与人工绿化相关的一门学科即环境艺术，顾名思义包括环境和艺术两个方面，是利用各种艺术方式和技术手段，对实体环境进行总体艺术设计，以创造空间形态美的一种综合艺术。环境的艺术性需要自然的要素，也需要人工的要素来实现。为打破传统上生活与艺术相隔离的状态，需要创造出一种能使观众有如置身其中的艺术环境。环境艺术的创作一方面是依托实体环境,从实体环境出发;另一方面又要将实体环境艺术化,以创造出某种艺术氛围或艺术境界,从而使城镇的实用功能与审美功能达到统一。按艺术原则进行城镇建设,按艺术方式改造环境,就是环境艺术所要达到的根本目的。小城镇中心区环境艺术几乎涉及所有物质形态的环境构成要素,诸如自然景观、建筑艺术、园林艺术、雕塑艺术等。但是,环境艺术并不是这些构成要素和门类艺术的简单叠加,而是以人为中心,以创造空间形态美为目的,将各种要素和艺术手段有机地结合和统一起来,形成较为完整和谐的环境。

现代小城镇中心区环境建设中,如何使人工环境与自然环境协调统一起来,注意保护自然环境并不断开发自然景观,使生活环境更接近于大自然,已成为城镇设计者的重要课题之一。解决好这个问题,不仅有助于创造出富有特色的城镇景观,也有利于自然生态环境的保护与平衡。

(3)建(构)筑物

建筑是构成小城镇中心环境形象景观的重要实态要素,包括建筑物的体量、尺度、质感、色彩、天际轮廓等,对创造小城镇中心区环境同样起着非常重要的作用。吉伯德曾经说过:"完美的建筑物对创造美的环境是非常重要的,建筑师必须认识到他设计的建筑对邻近建筑的影响。"赛维也认为建筑不单是艺术,也是我们生活的舞台。人们在特定的时空环境内"扮演某种角色"。因此,"角色"和空间环境就形成某种相对应的关系。另外,它也是一定地域内教育、科技文化、信息的中心,具有承载文化,传达文化,表达文化的功能。建筑作为一种符号,可以传达某种观念、某种理念,可以给人们以感官上的刺激,使其保持与过去经验间存在的交往关系。同时,感官的刺激与经验的整合也确定了人对建筑的反应。比如,在远古时代,人类在与自然界进行斗争,谋求自身生存和繁衍空间的过程中,依据某些理念、思想,来营造庇护所。古代的都城就是早期"太阳崇拜"、"向天法地"思想的体现。传统的村落、民居也传达了人们希冀子孙繁衍生息,祈求幸福平安吉利的思想、观念。

(4)公共设施

在人们的一般观念中,公共设施即环境设施,包括铺地、围栏、广告牌、指示牌、亭棚、照明、环卫等公共设施。

随着近年来我国对小城镇环境建设发展及对环境相关设施的重视,开始以"城镇(公共)家具"这一名称来指代城镇空间中的所有环境设施。命名以"家具"为中心词,由此可看出家具在被使用的过程中,在实现其服务功能和效用的同时又反过来约束、诱导、规范使用者的动作行为。由于小城镇中心区外部环境是将人类活动、自然、建筑与环境设施等要素予以组织,使之在城镇舞台上呈现戏剧化的出演,因而,环境设施是城镇景观物的一部分,是建筑物及其室内外面层的附着物。环境设施与建筑都是城镇景观的构成要素,既独立存在又彼此渗透。环境设施与建筑的贯穿加上自然与人的融入便构成了多姿多彩的城镇景观。由于人们观察研究事物的角度不同,各城镇的生活习惯背景各异,环境设施的分类会不拘于一种方法。

在我国,较早、较全面地对公共设施进行评估和分类的学者当数梁思成先生。他在1953年就曾对部分设施的分类勾画出较为客观与清晰的轮廓。例如园林及其中附属建筑、桥梁及水利工程、陵墓、防御工程、市街点缀、建筑的附属艺术。环境设施的分类依据其研究侧重点的不同而相异。

随着时代的变化与发展,环境设施的功能日趋复杂,综合化的结果会使原来数量多、功能单一的设施增加了复杂的意味,对环境起到净化和突出的作用。

5.5.1.3 中心区环境的特点

小城镇中心区环境在建筑与城镇景观中有着重要的作用。由于其位置常常处在小城镇的中心部位,其设计效果将直接影响建筑与城镇两方面的景观效果。

从狭义来讲，它包括城镇的自然环境、文化古迹、建筑群体以及各项设施等物象给人们的视觉感受；就广义来说，还包括地方民族特色、文化艺术传统及人们的日常生活、公共活动等所反映的文化、习俗、精神风貌等，有着浓厚的生活气氛和丰富的内容。优美的城镇中心环境不仅具有造型美的空间环境，并且这个空间是包含在人们日常生活中的，是一种富有情趣的生活空间，是在历史的发展中由城镇建筑文化积淀而逐渐形成并不断发展的一种艺术美。

因此，小城镇中心区环境作为物质的巨大载体，集中体现着本城镇的文化艺术传统和人们的文化素养，并在精神上长久地影响着生活在这个环境中的每一个人。

5.5.2 小城镇中心区环境的设计原则

一个充满活力的小城镇必须提供品质优良的城镇中心区环境。这里是小城镇重要建筑集中的地区，组成了小城镇公共生活，供城镇居民交往、游憩、散步、集会的公共活动场所，是反映城镇居民归属感需求和城镇文化象征性的中心区。任何事物的形成都有一定的规律，任何事物的创造也都遵循一定的法则或原则。小城镇中心区环境设计也必须有一些原则，来指导环境的创造与评价。这些原则的建立涉及中心区内的建筑与外部环境、相邻建筑、街道或周遭环境的关联，以及社会使用性和美学价值的兼顾。

5.5.2.1 整体性原则

小城镇中心区外部环境是一个和谐的有机整体，各种对象、事件、过程都不是杂乱无章的偶然堆积，而是一个合乎规律的、由各要素组成的有机整体。其整体性体现在空间上是各种关系的集合，包括空间内建筑的内与外、中心内的环境与中心外的环境的关系等；体现在时间上是一系列过程的集合，即通过人的使用过程呈现空间的秩序性。

在小城镇中心区环境设计中，需要寻找一种合乎情理的自在秩序。其反映在视觉形象上的最重要特征之一，就是由历史积淀并有机组织的空间场所而带来的建筑景观的整体性。美是一种整体的和谐，中心区空间的美体现在中心各构成要素之间的有机协调组合、相互关联和相互作用上，这是形成城镇环境整体美的重要条件。为此，必须处理好整体与局部、普遍与特殊、共性与个性的问题，求得形体环境与文化层次的同一性。吉伯德在《城镇设计》一书中提出城镇设计者不仅要考虑设计对象本身，而且还要考虑与其他对象的关系、轮廓及其综合整体，而且"人"也是设计者应认真对待的"设计元素"。

当然，与整体协调的个性特色并不代表杂乱无章，其本身也是整体和谐美中具有较高层次的表达方式。建筑空间的艺术感染力是由建筑环境的总体构成来体现的，不能把建筑艺术只局限于立面处理，而忽略了空间与环境的整体艺术质量。德国哲学家谢林在他的《艺术哲学》一书中指出："也许个别的也会感动人，但是真正的艺术作品，个别的美是没有的，唯有整体才是美的。因此，凡是没有整体观念的人便没有能力来判断任何一件艺术作品。"《马丘比丘宪章》曾提出："新的小城镇化概念追求的是建成环境的连续性……每一座建筑物都不再是孤立的，而是一个连续统一体中的一个单元。它们需要同其他单元对话，从而使其自身形象完整。"轴线、视廊等设计手法对塑造小城镇中心区外部环境的整体性起到了较好的连接作用（图 5-14）。

严格来讲，所有成功的建筑设计都应达到一种整体效果，针对特定的对象而有所区别。不应单纯研究一栋建筑的孤立的美，强调建筑各自的完整和独立，而应注重环境的连续性，将环境中的每一个部分视为连续统一体中的单元。也许在这一整体中，其各个组成部分未必完整，但通过彼此的呼应、对话，能最终形成一个完整的形象，来满足多元的不同层次的需求。

从我们前面的论述中，可以清楚地得出整体

图 5-14 中心区环境设计结构图

(资料来源：黄耀志，钟晖，肖凤等．重庆大学城市规划与设计研究院．米易县北部中心区详细规划设计，2001.)

观是小城镇中心区空间特征的统一和协调意识。建筑的地方性是城镇在一定的自然环境、历史条件下形成的，是所在地区和城镇的文化财富，是构成城镇特色不可或缺的要素之一。许多名城之所以能给人留下深刻的印象，很大程度上是城镇统一的形式、统一的色彩、统一的韵律所起的作用。

5.5.2.2 开放性原则

现代文明的特征之一是社会化程度日益提高，社会各方面由封闭向开放发展。小城镇中心区空间形态和建筑形态的构成也日渐由"内向型"向"外向型"转化。现代化城镇不再像过去那样以围墙环绕，城镇公共建筑也比以往任何时候都更具"外向"的特征，中心区环境也日益向开放的方向发展。开放性是城镇环境与建筑实体共同的要求。现代城镇中大量的公众活动要求开放性的环境，

而对于建筑实体，除了人流集散、延伸建筑的使用功能以外，还可以提高建筑的使用效率。开放性的中心区环境是对公共建筑自身的介绍和对公众的欢迎。

小城镇中心区环境的开放性是人们举行各种活动的要求。人们的活动具有一定的领域性，对领域有归属感、安全感和支配性的需求。公共交往的领域具有社会性，中心环境就是要创造这种社会性的领域，以满足公众交往的行为要求。因此，中心区环境应尽可能面向公众，并尽可能容纳和支持使用者的行为活动及心理感受。唯有开放、包容的环境才有有效使用的可能性。开放的室外空间像一个大露天舞台，能够展现不同性别、年龄、习惯、风俗的人的丰富多彩的行为活动。开放空间的塑造可以采用下列的手法：

浓缩再现自然的手法。自然界的千姿百态为开放空间设计提供了珍贵的素材。将构成自然界的各种景物——山、石、水、树木、植被通过浓缩再现的方法运用到城镇中心开放空间环境的组织设计中，能满足人们对自然风景整体美的审美心理需要。

利用自然因素组织开放空间。利用自然地形、地貌来组织开放空间，利用大自然的不完整的美来表现一种自然谐趣，在组成与特定功能相结合的开放空间，如组织娱乐活动场地时，适宜采取这种环境的组织形式。不规则、不完整的自然环境能促进人们与自然的联系和活动功能。这种自然美学特征，体现了大自然为人所用，表现了另一种人工与自然的和谐美。

作为景观艺术的开放空间。所谓景观艺术开放空间是指把景园的塑造作为艺术品，根据该艺术的特有方法原则组织设计。将单纯自然因素的组织与周围人工环境条件相互结合，来表现景观艺术在塑造小城镇整体艺术形象的审美功能。

5.5.2.3 可识别性原则

可识别性指对象的局部能有效地为人们所认识，并形成统一整体印象的性质。凯文·林奇提

出认知小城镇的五个具体要素包括道路、边缘、区域、节点、标志，其中的节点可以是道路的交汇点、广场、人行通道等，是人们进行认知的重要场所。因此，可识别性是小城镇中心区外部环境的基本属性之一，它是由建筑用地的基本特征和具体使用方式的状态来共同体现的。利用轴线、视廊、节点等方式是增强外部环境可识别性的重要手段，这在规划设计中的应用已相当普遍（图5-15）。

图5-15 凌云县城水街详细设计环境景观分析图
（资料来源：桂林市城市规划设计研究院，桂林市山水城设计有线公司．凌云县城详细规划及城市设计，2001．）

一方面，任何一个城镇中心区环境都有它独一无二的特征，这些特征的形成是与环境用地的构成要素密不可分的。而每一构成要素的变化会带来整体构成的不同，并且每一构成要素的特殊性也带来整个外部环境的特征，人们进而能够利用这些特殊形态进行认知。城镇中心区环境设计应该围绕这些独特的构成要素进行设计，使环境具有鲜明的特色和自己的主题与特征。另一方面，中心环境设计的可识别性除了通过围绕建筑用地的实体特征来达到以外，还可以通过人的活动来表现。特定的环境使人们对其的使用也显现特殊性，并通过具体的活动形式表现出来。这些特定的活动内容和生动气氛形成了特定环境的充满着生活气息的特征。

小城镇中心区环境的可识别性要求环境设计具有强烈的个性，同时整体性原则要求它们具有统一性，这两者是相互一致的，并不矛盾。设计的个性存在于统一性之中，要在对比中求协调，在协调中存对比。在主与从、重点与一般的对比中，外部环境的个性统一于整体性之中。

5.5.2.4 可持续性原则

近年来，小城镇中心区的环境问题日益引起社会各界的关注，它强调一种时间的维度，这正是持续发展的精神所在，也正是城镇可持续发展的重要内容。

布伦特兰夫人主持的《我们共同的未来》报告中指出："持续发展是既满足当代人的需求，又不对后代人满足其需要的能力构成危害的发展。"传统的建筑改造了自然环境，在为人们满足了物质生活和精神生活需求的同时，也大量消耗着自然资源，破坏着原有的生态环境。

这种在人与自然相对立的二元自然观的指导下的建筑设计，必然为今天追求人、建筑、自然和社会协调发展的绿色自然观所代替，例如某些工业型城镇对自然资源利用较多，应该本着可持续发展原则良性发展。

资源分为自然资源和人文资源。自然资源的可持续发展资源分为再生和不可再生的资源。可持续发展的思想认为，一定时间内资源消耗的速度不可以超过同一时段内该资源的自身恢复能力。人文资源包括人类的智力和体力、科学技术、信息资料、文化艺术等人类文明的结晶。

在我国旧城镇改造过程中，往往只追求物质环境的改善而忽略了对文化环境的保护，造成了历史文化风貌的丧失和城镇特色的消失。城镇文化环境的保护和可持续发展可以弘扬民族文化，增强民族的凝聚力和自信心。在经济方面，它对提高城镇知名度，改善小城镇投资环境，促进旅游业等第三产业的发展能起到重要的媒介作用。

5.5.3 小城镇中心环境特色的创造

5.5.3.1 特色的唯一性

改革开放以来，我国小城镇发展速度快，形象分化比较严重。处于边远地区、交通不便和相对古老的小城镇由于种种原因，传统的城镇形象保存完好，在现代化小城镇林立的今天依然能依靠自身雄浑的文化底蕴，使苍润古朴的形象展放异彩，并由此带来了勃勃商机。相反，发展较快的新兴小城镇，由于经济实力雄厚，现代规划设计统筹到位，其形象成了缩小版的小城市，毫无特色可言。

而众多的小城镇在发展过程中规划滞后，管理不力，不但划时代的城镇形象未能确立，连残存的那些传统文化遗产也丧失殆尽。这些小城镇呈现给人们的是设计意念多头无序，在低层面上盲目发展。

无论是传统的还是现代的小城镇中心区，都应该有其鲜明的地方个性并突出的环境特色。中心形象的优劣基本上能反映出地方的文化底蕴和经济实力。可见，小城镇像一本打开的书，可以向人们展现小城镇人们的目标与抱负，其建筑、景观、功能布局等都能折射出小城镇深层潜在的文化气息。

小城镇中心区应该是充满活力的，这种活力不仅仅是来自于经济，更多的是来自于文化，来自于本土地域的特殊性。小城镇中心区应该有独特的环境氛围和独特的要素，这些特色要素包括城镇中心区外部空间中存在的古树、井、河流、雕塑、台阶、桥梁等体现地域文化特色的非常规环境要素。事实上，特色要素是环境要素中不可分割的组成部分，而且建筑界面通常是中心环境中空间特色的集中体现。特色要素往往只存在于旧有环境中，并且不同类型、不同地域的城镇中心外部空间，其特色要素完全不同。例如，在中国江南水乡城镇中，河埠、驳岸、桥梁往往是滨水开放空间中常见的特色要素；而在中世纪的欧洲小镇上，功能已发生转变的汲水站常常是居住性生活广场的特色要素；而大型的喷水池、古典雕塑、纪功柱又多存在于西方小城镇中心的市政广场中。民俗风土、宗教信仰、民族传统、审美观念造就了小城镇中心区鲜明的形象个性和独特的环境氛围，并在自我更新的过程中受到科学技术发展的影响，具备了典型的时代特征。

总之，特色要素因历史的阶段性和文化的地域性千差万别，但都是体现空间特色的极为重要的构成要素。然而，部分或全部特色要素的简单相加并不足以构成城镇中心空间的特色。中心区是一个有机整体，各要素的不同组合关系形成不同的空间形式，因而产生不同的空间类型。每个城镇中心区的设计都要充分调动可利用的元素，无论是自然的或历史的。

5.5.3.2　空间的主次性

由于规模的限制，小城镇内的空间大部分为街道空间。中心区作为城镇居民的重要交往场所，是面向公众开放使用和进行各种活动的空间，是城镇生活的高潮，所以在空间形态上应当区别于城镇中的其他街道空间。外部环境中的许多运动视野和静观视野都应具有主次分明的品质，包括大小、高矮、明暗、趣味强度等。

心理学家认为："判断自身在空间中的位置，是人的最基本的生物性需要之一。"由于城镇中心空间的重要地位，其应当有一个清晰的、有组织的、明确的交通系统和空间结构，有利于人们在空间中定向和交往。此外，中心区空间中还应该有一个或多个标志性的视觉中心，增加中心的可识别性，从而突出城镇中心的个性特色。

相对较为狭窄的街道空间而言，规模稍大些的城镇建设有中心广场。广场是城镇中心空间环境中最具公共性、最富艺术魅力的开放空间。

中心广场是城镇的核心，是市民集会游行、娱乐休闲、社会交往的主要公共场所，是城镇中心空间艺术处理的精华、中心风貌特色集中体现的重要场所。正是由于中心广场是城镇中心个性特色的窗口，在市民心目中占据着十分重要的地位，所以很容易成为城镇的标志性空间。许多文章在讨论尺度问题时，都会将环境尺度列为环境形态关系的表现特征之一。由此可见，人们对影响环境尺度感的一些客体因素更为敏感，许多直接作用于街道环境形态关系的因素对街道尺度感的体验具有更为直观的影响。城镇街道所处的地理环境、街道中各项设施的建造技术、在街道的形成和变迁过程中作为意识背景不断发挥作用的社会观念等等因素，都有可能将许多种对街道环境形态的影响反映到人们对街道的尺度感体验之中。例如，某些小城镇的中心广场空间是以山体等体量巨大的自然物或者以相对于街道空间来说尺度感超常的人工物为对景的。这种广场与对景的关系使人们对两者的认知结果之间存在着明显的反差，因此赋予了广场空间极强的视觉特征。同时，开敞的中心广场与狭窄的街道空间也会形成鲜明的对比。

5.5.3.3 时空的连续性

小城镇中心区环境应表现出时空的连续性。中心区的动态发展和新旧交替是已为人们所理解的客观规律，所以城镇中心中不同时代、不同风格、不同建筑方式的同时存在不但是不必回避的，反而还应该加以表达，使人感到时间的连续和城镇的发展，并因此而增强生活的信心。所以，反映着时代精神、新材料、新技术成果的建筑环境原则上应是受人欢迎的。

一些城镇建设以模仿旧时样以求与形式一致的新建筑的做法实际上是以静态的观点看待城镇建筑环境，这与人们的心理需求是不相容的。

不同历史时期的城镇中心区环境及公共建筑展示给现代人的并非是这座城镇陈旧的历史，而是过去城镇居民一件件难以忘怀的往事。现代人之所以越来越多地走出喧嚣的城市进入城镇，放松心绪、陶冶情操固然重要，更多的是当我们面对自然，面对历史时会猛然发现，这是一种反观、自省，犹如站在巨大的镜子面前，看到了真正的自己——原本一个自然、纯朴的人俨然成为了一个被现代文明从头到脚、由外到内包装起来的现代人。

6 小城镇街道景观详细规划与设计

6.1 小城镇街道的发展

小城镇街道是小城镇公共空间的重要组成部分，承担着交通运输的职能，同时又为城镇居民提供了公共生活活动的场所，是一个多功能的空间活动网络。小城镇街道承载着人们的居住、游憩、工作、观赏等活动，又是小城镇环境、建筑和文化艺术的综合表现。因此，小城镇街道景观设计应将每条街道的各个部分以及街道与街道之间有机地衔接，形成一个整体复合机体，成为构筑小城镇景观特色的重要一面。

6.1.1 传统小城镇街道

在过去，小城镇的交通运输并不发达，小城镇的街道能同时满足交通功能和居民活动功能。而现在，交通方式的快速发展，机动车快速增多，传统的小城镇街道也逐渐不能满足现代小城镇的需求。小城镇街道作为小城镇形态的骨架和支撑，它的现状及发展都将决定着城镇形态的现在和将来。

6.1.1.1 传统小城镇街道形成机制及作用

中国的小城镇往往是沿着主要交通干线而形成的。人们聚集到交通便捷的地点开设店铺，从事商业贸易活动。随着汇集的人口越来越多，居民点也由点到线，逐步形成一条街，然后又发展成十字街。随着更多的居民选择在十字街周围兴建住宅，人口聚集规模扩大，最后就形成小城镇。

小城镇街道不是单独存在的，而是与城镇的建筑和四周的环境共存的。它根据人们的行为习惯并结合地形，构成了主次分明、纵横有序的城镇空间。小城镇街道联系着城镇中的各组成部分，影响着它们的布局、方位和形式，并使城镇生活井然有序、充满活力。街道延伸到哪里，城镇建筑及公共设施也会跟随到哪里。

在交通工具不发达的时代，街道交通功能和生活功能是密切结合在一起的。我们经常能从一些古代的书画作品中看到这种场景：街道上行人熙来攘往，与过往的车、轿互不干扰；街道两边的商铺人头攒动，街道当中还常有各种民间艺术表演；居民们自在地在街道上进行各种公共活动。这种景象在现在一些经济不太发达的小城镇还常能看到，居民在街道中洗衣晾被、邻里交往，生活温馨闲适、悠然自得。

我国的传统小城镇中很少设置广场，节日聚会的场所一般都是选取较宽的街道空间或者是公共建筑入口前的空地，也就是说，中国的传统小城镇街道承担了一定意义上广场的功能。这种功能在现代小城镇的建设中得到了继承，秧歌、庙会等一些传统的民俗活动依然在这种特定的街道上进行。

6.1.1.2 传统小城镇街道景观组成

在我国传统的小城镇建设中，由于交通以及人们行为活动的限制，街道宽度都不是很宽，周围的建筑高度和街道的宽度比例一般都不超过1:1，空间围合感比较好。在一些传统的大街小巷中，道路宽度和建筑高度的比甚至小于1:2，空间封闭，从而形成了一种独特的中国小城镇空间景观。

小城镇街道根据不同功能需要，其空间尺度也有相应的要求。一般传统小城镇的道路系统可分为三个等级：①主要街道，宽4~6m；②次要街道，宽3~5m；③巷道，宽2~4m。街是村镇的主要道路，两侧由店铺或住宅建筑围合，形成封闭的线形空间。巷是城镇邻里的通道，两侧多以住宅或住户的院墙围合。

江南传统水乡小城镇街道的空间层次多为"河道—沿河街道—垂直于河岸的街道—巷道",这一系列逐渐变小的空间形成了整体的交通空间序列。河道空间的宽高比大于1;沿河街市和普通街道空间宽高比一般小于1,而大于1∶3;到了巷弄空间宽高比有的甚至小于1∶10。

小城镇街道的建造多是自发形成,两侧的建筑往往参差不齐,而不是整齐划一的。街道空间在一定意义上是两边建筑限定的剩余空间,当两侧的建筑参差不齐时,必然会使街道也变得忽宽忽窄,可能还会出现小转折。从平日的体验就可知道,空间的宽窄变化给人心理感受留下的印象远比立面变化来得深刻。空间的转折会引导人们改变自己的行进路线和方向,这些都具有很强的标志性,因而空间变化必然会提高街道空间的可识别性。

现代城市的笔直街道和平整界面虽然有利于交通,沿途景观却十分单调,置身其中会有一种茫然的失落感。我国的传统城镇街道富于曲折的变化,增添了街道空间的韵味,有助于景观的可识别性。长长的街道空间被分为几个不同段落,每一段落都具有特定的空间形象。人们可以随时随地判断自己所在的空间位置。

6.1.1.3 传统小城镇街道空间特点

传统小城镇与人民的生活密切关联,具有多层次的空间意义,是一定意义上的功能综合体。人的空间感受的形成正是通过空间要素的意义而感知。传统小城镇具有丰富的空间形态及其内涵,这导致了空间感受的复合性和多义性。从限定方式上来讲,空间之间限定方式的多样性使得空间相互交流较多,进一步丰富了空间感受;从功能上说,复合空间具有多种用途,进一步丰富了空间的层次感。

传统小城镇街道的许多空间并不明晰,不具有明确的边界和形式。一些空间的存在是由其他空间相互连接而形成,包含了不止一种的空间功能,它本身即是一种复合空间。这种处理方式尤其体现在传统小城镇内的商业性街道上。白天,卸下街道两侧店铺的木门板后,店面对外完全开敞。虽然仍有门槛作为室内外的划分标志,但实际上店内空间的性质已由私密转为公共,成为街道空间的组成部分。人们通常所说的"逛街",实际上就是指代逛商店,这在意识上已经把店作为了街的一部分。到了晚上,木门板装上后,街道呈现出封闭的线性形态,成为单纯的交通空间。

传统小城镇的街道还是居民从事家务的场所,门口的屋檐限定出一小块半私用空间。进行家务活动的同时还能参与街道上丰富的交往活动,与周围人来人往的居民聊天说笑。南方沿海小城镇的街道上都有连片的骑楼、廊棚,人们上街遇到雨天也不用担心淋湿,十分舒适。这种在骑楼和廊棚下形成的半室内空间是一种复合空间的典型代表(图6-1)。很多住户是将这里作为自己家的延续,在廊下做家务,进行社会交往,使公共的街道带有很强的私用感。

图6-1 骑楼
(资料来源:韦祎祎摄)

6.1.2 当代小城镇街道

6.1.2.1 现代交通发展对小城镇空间尺度的影响

由于现代交通方式的影响,除了步行街以及保留的古街外,现代城市的街道几乎都是开敞的,沿街建筑的界面功能变弱。随着现代交通发展,小城镇规模日益扩大,这需要更多的街道和广场,形成更加多样化的结构；传统小城镇中以步行作为主要交通形式的空间格局也在发生巨大变化；人们的运动速度变快，带来了人们对小城镇景观要素尺度的变化——高速运动中，视野范围内尺寸较小的物体瞬间被忽略，能被感受到的只有尺度较大的物体或一组较小体量的群体；汽车数量的增加需要小城镇提供更宽的道路、更大的停车场、更大的交通广场，大量的人流疏散也需要大尺度的步行广场。于是，在小城镇建设中，汽车的尺度取代人的尺度，"街道"变成公路，"广场"也变成了巨大而空旷的场地。

6.1.2.2 现代交通发展对小城镇生活的影响

现代交通的发展改变了人们生活中的方方面面，从出行方式到生活习惯，甚至价值观和审美观。人们更多地依赖方便快捷的新型交通工具，景观感受也发生了变化。不同的交通工具带来了不同速度的运动，使人们的视点和视野都处于一种连续的流动的变化中。人们的距离感缩短，相距较远的建筑物和小城镇景观的印象串成一体，形成新的小城镇印象。现代道路交通为小城镇景观注入了新的内容。

然而小城镇的快速发展也带来了许多不良影响。为追求经济实力的快速发展，现代小城镇建设往往忽略了环境与景观问题，而只关注功能。标准的方格网道路和成片的现代建筑，使小城镇的面貌变得千篇一律，毫无特点。当前小城镇街道空间还不能很好地适应现代生活的需要。由于经济条件、思想认识等多方面的局限，造成许多小城镇的街道景观简单相似，或是盲目求"大"，造成空间尺度失调。建筑单体各自为政，缺乏整体的协调。因此，如何改变这种局面成为现代小城镇规划与建设工作者的一项重要任务。

6.2 小城镇街道分类及街景影响因素

街道在小城镇中占有重要的地位，街道景观反应了小城镇的历史、经济、文化水平，是小城镇形象的核心展示。街道空间是小城镇中的公共空间，是小城镇中最富人情味的活动场所之一，也是人们活动最频繁的场所。街道承担的功能一般主要是交通与生活两种，然而随着时代变迁和社会的进步，街道在小城镇生活中所扮演的角色越来越丰富，从交通、交往到购物、餐饮，形成了一个多功能的空间活动网络。

6.2.1 街道功能分类

一般而言，可以将小城镇街道分为交通性街道、生活性街道、其他生活性道路以及历史街道。

6.2.1.1 交通性街道

交通性街道在小城镇中主要承担着交通运输的职能。为了满足小城镇内部不同功能区之间或小城镇间的人流和货流转移的要求，这些道路连接着不同小城镇，或是小城镇中不同的功能区域。交通性道路作为小城镇的主要干道，通常与小城镇的主要出入口相连，或是联系着小城镇内部的重要设施和功能区，具有交通与景观的双重功能。这类街道交通量大，速度快，主要是供机动车行驶，街道上的行人流量较少。由于街道的观赏者主要集中在行进的车辆中，因此，交通性街道的道路线形较流畅，街道两侧绿化层次丰富，建筑物强调轮廓线和节奏感，没有过多细节，以适应快速行进的观赏。偶尔在路边布置一些大型的标志物或雕塑来丰富街道景观。此类道路的两侧一般不宜布置吸引大量人流的商业、文化、娱乐设施，以避免人流对车行道的干扰，保证交通性街道上车流的顺畅。

交通性街道对街道的线形、宽度等方面的要求与传统小城镇的街巷尺度、格局、街道交叉口处理等方面存在一定的矛盾，因此这类街道的建设主要分布在传统小城镇的外围或新建小城镇中。也有许多传统小城镇为了满足快速发展的需求，将原有的主要街道拓宽以满足交通的需求。然而这种触一发而动全身的改造规模很大，不仅破坏了原有小城镇的肌理和空间特点,也改变了街道两侧的原有建筑,往往造成了小城镇特色的丧失。

6.2.1.2 生活性街道

从功能上来讲,生活性道路是为解决小城镇各个功能分区内的交通联系而服务的。

(1) 商业街

商业街属于小城镇中的生活性道路。一般来讲,它们地处小城镇或区域中心,是小城镇居民的主要购物场所。商业街由一侧或两侧的商店限定形成,有大量的步行人流,几条商业街在一起便构成商业区。

在过去的小城镇建设中,由于对道路功能的认识不清,一些小城镇利用商业街作为交通干道,或是在主要交通干道上建设大量的商业建筑,企图形成商业街的现象十分普遍。此种做法会导致交通混乱,也给购物者穿越街道带来困难,并造成很多不安全因素。商业区的道路在规划设计时应作为生活性道路而与交通性的道路区分开来,因而商业街道的断面应适应于商业街的购物特点,主要用于生活性交通,而避免将其他交通引入。

(2) 步行街

步行街是小城镇生活性街道和商业街的一种特殊形式。它的形成主要是为了满足购物者的需求,缓解步行者与机动车之间的矛盾,增加商业街的舒适感。商业步行街通常作为小城镇中步行人流集散点的中心区,不仅满足本地居民闲暇时逛街、购物、娱乐和休憩的要求,同时也作为小城镇的"客厅",承担着接待外来游客,展现小城镇魅力的重要职能。

步行街的主要功能是汇集和疏散商业建筑内的人流,并为这些人流提供适当的休息和娱乐空间。在这里行人可以不受车辆的干扰,在街道上自由漫步,街道也随之成为道路式的广场。这些区域聚集了大量的步行人流,且步行速度慢,持续时间长,因而常需要在街道上设置绿地、坐椅、花坛等较多的休息设施来满足来此活动的不同人群的需求。步行街街道的空间变化,构成其界面的两侧建筑物的高度、体量、风格、色彩以及路面的铺装、坐椅的设置、植物的配置、色彩的搭配等都要满足使用者——行人的行为、视觉和心理的需求。

步行街提高了小城镇公共空间的质量,提高了街道空间的舒适度。小城镇规模相对较小,人口较少,因此小城镇的步行街较大中城市来说在规模和尺度方面更适于步行人流的活动。哥本哈根通过迁出机动车交通,将旧街道改造成步行区,使得一度为汽车交通所破坏的欧洲传统的小城镇生活空间重新得到恢复,成为真正亲切宜人、充满活力的小城镇心脏。

6.2.1.3 其他生活性道路

其他生活性街道指的是小城镇内部除商业街、步行街以外的生活性街道。小城镇范围内建设用地以居住用地为主,所占面积较大,因而小城镇的生活性街道以居住性质居多。小城镇内部功能区十分多样,需求相应较为复杂。相对地,街道的交通方式也比较多样化,比如各种客货运机动车如卡车,各种非机动车如三轮车,甚至农用车如拖拉机。这使得交通组织的难度远远大于交通性街道。因此,此类街道的设计目标主要就是保障各种出行方式,尤其是非机动车与行人出行的安全无干扰。同时,此类街道是小城镇居民停留时间最长的空间,是居民日常活动的场所,因此在设施的配置上要满足多种功能的要求,并要在景观方面创造有吸引力的街道空间。

(1) 小城镇住区道路

小城镇住区道路主要是用于连接小城镇内的各小城镇住区内部的住宅,为居民提供步行以及生活相关交通服务。街道两侧主要安排的是住宅建筑及与小城镇住区配套的学校、商店等服务设施。对街道两侧布置的建筑性质应加以控制,不宜安排吸引过多交通量的公共建筑,以防过大交通量影响居民生活性交通。小城镇住区街道内部的空间环境一般按照行人优先的原则布置，要有利于人在其中的活动。

（2）林荫路

林荫路一般是指与道路平行而且具有一定宽度的绿带中的步行道，主要功能是为行人提供步行通道和散步休憩的场所。有的林荫路布置在道路的中间，也有的布置在路的一侧或是滨水道路临水的一侧，也有的在道路两侧栽植高大乔木，树冠相连而成为林荫大道。

林荫路是小城镇步行系统的一部分，和各类步行通道一起共同构成小城镇的步行系统，又可作为街头绿地成为小城镇绿地系统的一部分。林荫路的布置形式应根据道路的功能、用地的宽度，以及林荫路所在的地区、周围环境等因素综合确定。以休息为主的林荫路，其道路与场地一般占总面积的30%～40%，而以活动为主的林荫路，道路与场地占总面积的60%～70%为宜，其余为绿化面积。可在林荫路的入口处设置小型广场或喷泉、雕塑等作为景观标志，吸引游人的同时也起到美化小城镇街道环境的作用。

6.2.1.4 历史街道

历史街道是指有真实的历史遗存，具有一定规模的街区，从整体上看有非常浓郁完整的传统风貌。国外较为通行的叫法是"历史地段"。王瑞珠先生在《国外历史环境保护和规划》中将历史地段分为"文物古迹地段"和"历史风貌地段"两种类型。其中文物古迹地段是指由古迹或遗迹集中的地区及其周围环境组成的地段；而历史风貌地段强调的不是个体建筑，地段内的单体建筑物可能每一个都不具有文物价值，但它们所构成的整体环境和秩序却反应了某一历史时期的风貌特色，因而使其价值得到了升华，如传统商业街、住宅区、完整的小镇、村落等。本书中所指历史街道正是此类地段。历史街道往往在小城镇生活中仍起着重要作用，记载着从古至今小城镇居民生活的方方面面，具有丰富的文化信息。

6.2.2 街道景观要素及其分析

影响小城镇街道景观的因素多种多样，从自然因素到人工因素，从街道空间本身到空间的附属物。因此，抓住主要影响要素，控制次要影响要素是规划设计的最终目的。

6.2.2.1 自然要素

（1）气候因素

不同的气候造就了不同特点的建筑，而为了减少气候因素的不良影响，满足不同地区居民的活动需求，便形成了各具地方特点的街道空间形式。反映在小城镇中，气候因素不仅影响了道路的走向等小城镇整体布局的方面，同时也形成了具有不同特点的街道和广场等空间。

我国南方地区气候炎热多雨，因此遮阳避雨的骑楼街道成为这一地区重要的街道空间形式。骑楼形式作用巨大，从功能上来讲，它不仅是商业店面的诱导，又是行人避开日晒雨淋的空间，也是街道交通空间的补充，还是居民公共的生活场所。骑楼还能在一定程度上调节现代小城镇街道空间的比例关系。在华南地区，由于雨量大，气温高，骑楼式街道也得到了广泛的应用。然而骑楼式街道在北方甚至严寒地区的某些小城镇中的应用并不成功，在短暂的夏季过后，骑楼便就成了无人问津的空间。

因此，作为小城镇居民活动的主要公共空间，在我国小城镇街道的设计中，气候的因素必须要加以考虑，满足当地居民的实际使用需求，而不能盲目模仿或引用其他地区的经验。

（2）地形地貌

建筑单体一旦与特定的地形地貌结合，便能呈现多样化的组合，从而丰富小城镇的面貌，形成有特征、有个性的地域风格。我国地貌丰富多样，有平原、丘陵和山地等不同类别的地形，而小城镇街道作为小城镇空间骨架，就必须有与地形地貌十分融洽的配合方式，以形成与地理特征相适应的视觉环境。因此，我国不同地域的小城镇都有着独特的地方特色。比如，在江南河网密布地区的小城镇，众多的河道水面决定了小城镇的街道格局必须与水发生密切的关系。而在山地小城镇中，山地特有的地形起伏变化成为影响小城镇空间布局的主要因素。山地城镇一般用地紧凑，地形复杂，小城镇街道窄小曲折，在地形陡峭的地段常用踏步连通上下，形成别具风格的街巷空间。

传统小城镇布局和建筑布局都与附近的自然环境发生紧密关联，可以说是附近的地理环境与聚落形态的共同作用才构成了中国式的理想居住环境。平原、山地、水乡小城镇因其自然环境的迥异，呈现出各具魅力的小城镇景观。

①平面曲折变化

一些小城镇受地形的影响，其街道呈现弯曲或折线的形式。直线形式的街道空间从透视看只有一个消失点，而折线形街道空间的两侧垂直界面在视觉上有很大区别——一个侧界面急剧消失，而另一个侧界面则得以充分展现。直线形式的街道一览无余，而弯曲的或折线形式的街道空间则随视点的移动而逐一展现，引人入胜。建于平地的街道，为弥补先天不足而取形多样。单一线形街，一般都以凹凸曲折、参差错落取得良好的景观效果；两条主街交叉，在节点上建筑形成高潮；丁字交叉的则注意街道对景的创造。

②结合地形高低变化

云贵川等地的多山小城镇常沿地理等高线布置在山腰或山脚。在背山面水的条件下，小城镇多以垂直于等高线的街道为骨架组织民居，形成高低错落、与自然山势协调的小城镇景观。

因此，当一些小城镇的街道空间不仅在平面上曲折蜿蜒，在高程方面也有起伏变化时，街道空间曲折爬升，双重向量的变化极具特色。特别是当地形变化陡峻时还必须设置台阶，于是街道空间的底界面就呈现平一段、坡一段的阶梯形式。处于这样的街道空间，既可以摄取仰视的画面构图，又可以摄取俯视的画面构图，特别是在连续运动中来观赏街景，视点忽而升高又忽而降低，间或又走一段平地，这就必然使人们强烈地感受到一种节律的变化。

③水街的空间渗透

江南等地的水网密集区，水系是居民对外交通的主要航线，也是居民生活的依赖。小城镇布局往往根据水系特点形成周围临水、引水进镇、围绕河道布局等多种形式，使小城镇内部街道与河流走向平行，形成前朝街后枕河的居住区格局。苏州城内水路平行形成的双棋盘格局，使水岸相互渗透，加上有桥和码头沟通两岸，形成空间上的虚实过渡。居民在水边的石阶上洗衣、汲水，使街道产生凹凸的对比变化。

由此可看出，地形地貌的特征同气候的影响一样，对于街道空间和小城镇特色的营造有着至关重要的作用。因此在小城镇街道建设中，要充分利用好现有地形地貌的特点，而不是用铲平填埋的粗暴方式。

6.2.2.2 街道的空间构成要素

芦原义信在《街道的美学》一书中，将"决定建筑本来外观的形态"称为建筑的"第一层次轮廓线"，而"建筑外墙上的凸出物和临时附加物所构成的形态"称为"第二层次轮廓线"。这两种轮廓线都是形成街道空间景观的最重要的影响要素。由此发展开，我们可以将决定街道本身空间形态的因素称为街道的本质要素，而街道空间中的转折、凹凸、附属的街道设施等影响要素称为街道的外观要素。

（1）本质要素

①街道空间构成

街道空间的界面包括街道两侧的建筑沿街侧界面和地面底界面，以及由天空或者顶棚形成的顶界面和街道前进方向的对景面。这些主要界面构成了街道的空间。好的街道景观应具有连续而明确的界面，它能使街道乃至整个城市景观具有可识别性和可意象性的最有力的因素。

从构成的角度来说，街道空间是由底界面、

侧界面和顶界面构成的，它们决定了空间的比例和形状，是街道空间的基本界面（图6-2）。

图6-2 街道空间构成

（资料来源：韦祎祎摄及绘制）

a. 底界面

底界面，即街道的路面，可以根据不同的材质加以区分。小城镇中常见的有土路、卵石路、地砖路、石板路、水泥路、沥青路等多种。我国传统小城镇中的街道通常采用条石铺砌，青石路面在许多小城镇中都能见到。及至现代，街道的地面材料为了满足机动车交通的需要，路面一般都为沥青或水泥地面，仅有步行街和人行道还是以石材、卵石或各类地砖进行铺砌。

街道底面的组成、底面与侧面的交接、底面的高差变化等也会形成不同的街道感受。底界面的组成因底界面形式的不同而不同，道路的性质、作用、交通流量及交通的组成则决定了底界面采用哪种形式。

步行街的主要交通形式比较单一，因此限制的条件少，底界面形式可以很灵活。步行街的底界面除了供步行者通行的硬质地面外，还要求配置完备的服务设施和休息、观赏设施，以增加街道空间对步行者的吸引力。而受机动车交通限制，可通行机动车的道路底界面形式相对固定。主要形式有一块板、两块板、三块板、四块板等。其中一块板道路在小城镇中使用很普遍，一般将车行道布置在中间，两侧或单侧布置人行道，也有的不设人行道，实行人车混行。

b. 侧界面

街道空间在形态上属于一种线性空间，街道两侧垂直界面的连续感、封闭感是形成这种线性空间的重要因素。在国外的小城镇街道设计时，都曾对垂直界面的形态构成提出过多种多样的指导性原则和设计导引。如"有效界定"的概念，即要求街道两侧的高层建筑在某一高度上设线脚，使临街建筑立面分为上下两部分，底部考虑人的尺度，顶部则主要考虑远距离的视觉要求，通过两部分的对比，使底部对街道形成有效界定，减少大体量建筑对街道形成的压抑感。

街道的性质影响两侧垂直界面所围合的街道空间特征。对于生活性的街道来说，两侧的垂直界面一般呈稳定的实体状态，街道空间相对固定。而商业街道两侧的底层店面往往会处于一种规律的变动状态：营业时间店面打开，街道空间扩展到店内空间；非营业时间关闭店门，街道空间恢复为一种线性体量。另外，两侧界面的相互关系也会对街道空间的形式产生影响。传统街道中，两侧店面或民居往往力求平行，多出现平行性的凹凸变化；而在生活性的街道中，由于要避免民居入口之间的门与门相对，在街道的交接部位出现许多节点空间。

c. 顶界面

街道的顶界面是由两个侧界面的顶部边线所限定出来的天际范围，是街道空间中最自然的界面。天空界面的景观随时间、气候等自然条件千变万化，而人工条件，如天棚、构架、旗子甚至树冠等装饰物也能给顶界面带来不同的景致。

d. 对景面

街道虽然是线性空间，但却不是延伸无际的，也不总是笔直的。因此，在街道交接、转折、丁字路口的地方，总会有能引起街道前进空间视线封闭的景观界面，这就是街道的对景面。对景面一般要有鲜明的形象以引起人们行进过程中的兴趣或是方便人们辨识，常见的处理方法有节点和标志物。

② 比例尺度

街道空间界面之间的关系对于街道空间形态、氛围以及尺度的营造等各方面起着很大的影响。各界面之间的不同高宽比会带给人们不同的空间感觉。

当街道底界面 D 和街道侧界面 H 的高宽比为 1（也就是 $D:H=1$）时，天空的可视面积较小且在视域边缘，具有很强的空间界定感。此时人的视线多数集中在墙面上，空间感受集中舒适不压抑（图 6-3）。

图 6-4　平遥古城街道尺度

（资料来源：韦祎祎摄）

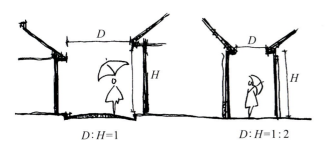

图 6-3　街道 $D:H$ 比值

（资料来源：韦祎祎绘制）

当 $D:H=1:2$ 时，天空可视面积与墙面相当，在视域范围内属于从属地位，空间感觉十分紧凑。这种比例关系有助于创造积极空间，能产生一种内聚、向心的空间，建筑与街道的关系较密切。

当 $D:H=3$ 时，街道宽度与天空可视面积较大，空间的界定感较弱。人会感觉空间离散、空旷，使用时较难把空间作为整体来感受而可能会更多地关注空间的细部，如街道中的标牌、小品等。

反之，如果 $D:H$ 的比值持续增大，随之空旷的感觉就会增加，从而失去空间的封闭感。$D:H$ 比值愈小于 1，则内聚的感觉愈强，空间产生压抑感。我国一些古老的小城镇街道的 $D:H$ 比值常小于 1/2，给人一种收拢而静谧的感觉（图 6-4）。

$D:H$ 比值并没有某一个最佳值，而是要看这个比值要如何满足设计者的期望和使用者的心理感受。而人们日常生活的环境一般比较内聚、安定、有亲和力，因此无论是国外还是国内的传统小城镇的街道空间比例一般都在 1~3 之间。

在近年的小城镇建设中，出现了许多比例过大的道路，这些宽阔笔直的道路成为了小城镇管理者政绩工程的道具，同时也对小城镇面貌起了消极作用。首先，小城镇往往没有足够的交通量能与这些红线大于 60m 的道路相适应，造成极大的浪费；其次，小城镇道路两侧多为 5、6 层以下的多层高度建筑，高度不大于 20m，这样的高度难以对街道形成适当的围合（$D:H$ 比值大于 3），这样的街道过于空旷，人迹罕至，缺乏活力和良好的景观感受。

美国新英格兰地区的著名海滨小城镇卡姆登，在 1991 年制定小城镇的区划条例时，为了找出建造可居性街道的要素，对城镇里街道的沿街尺度进行了测量。通过测量发现，早期的建造似乎是遵照一条隐约的"建筑"线，在街道与房屋间创造出一种共有的关系。之后根据测量所得结果对区划条例进行了修改，新规划的尺度取得了良好的效果，符合传统街道的通常比例。因此，为了得到适合当地特点和居民生活习惯的街道尺度，对现有传统的或是较好的街道空间的尺度进行深入细致的研究，这对小城镇的建设来讲是十分必要的。

（2）外观要素

如果说街道的本质要素决定了街道的空间尺

度是否宜人，那么街道的外观要素则决定了街道空间是否有趣味性。场所的认同感是通过空间安排和界面特征的分类加以确定的，仅仅以空间来描述场所是不够的。虽然空间都是通过相同的界定元素（边界、立面）来组织，但不同的处理手法（如表面色彩质感、装饰主题、窗洞布局大小等）往往能带来不同的空间特色。在街道的外观要素中，节点和片段是影响街道形态的重要因素。而建筑立面和标志物则分别依附于街道空间的侧界面和对景面，对街道空间的风格和氛围起着重要影响。

①片段与节点

从凯文·林奇在《城市意象》一书中进行的调查可发现，人们对街道空间的认知和解读常会形成各自的片断印象。这种印象把街道划分成一个个相对独立的"片段"。片段之间以空间变化强烈、让人印象深刻的节点连接，这些节点空间一般是道路交叉口、路边广场、绿地或建筑退后红线的地方。通过这些节点的分割和联系，将若干街道片段连接起来共同构成一个更大的、连续的空间整体。

过长的街道空间容易使人产生视觉疲倦（如连绵的公路），尤其是当街道空间缺乏视觉变化的时候。而适当长度的街道"片段"能使街道空间丰富多变，给人留下深刻印象。通过对较长街道空间的段落划分，一方面可以划分不同的功能区段；另一方面可以有计划、有步骤地安排街道空间的景观序列，由街道入口处的起始点开始，经过中间的过渡环节逐步到达景观的高潮，再到结束，形成一个完整的景观序列。

片段的长度和连续性影响着街道空间的整体印象，连续片段过长，会使街道空间单调乏味；片段过短，则街道空间支离破碎，容易使人恐惧和不安。此外，人的行为能力、街道两侧建筑对街道空间的界定程度和节点间建筑物的使用强度等因素也对片段长度有重要影响。在街道空间的整体设计中，围合街道空间的界面的形态构成、环境气氛的塑造可根据各自的位置、性质不同做相对独立的处理，段与段之间可形成较强的对比与变化，创造出生动的空间序列。

街道节点作为街道的扩展空间，对行人的空间感受影响是十分巨大的。我们行走于街道中时，并非孤立地感觉一条巷道空间。在巷道的转折交汇处，常有一些扩大的节点空间，使我们感觉豁然开朗。这一整个街道空间体系节点的加入，使步行空间变得更为生动有趣。街道节点在街道空间发生的许多变化，才使街道空间能形成富于变化的线性空间。

节点的选择决定了每段街道的长度，因而在设计中应结合街道段的划分，慎重选择节点的位置和数量。不同的街道性质、自然条件和物质形态使得每段街道的位置、性质也各异，因此节点位置的选择最好是因地制宜，依具体街道的特点而定。一般来说，节点与街道有以下几种结合方式：

a. 转折。街道转折点与空间节点相结合，可以使行人很自然地进入节点和广场。同时，建筑的外墙也会在此发生凹凸或转折。转折处的处理可采取多种处理方式，如平移式、切角式、抹角式、交角式等。

b. 交叉。在传统小城镇中，街道交叉的空间往往会局部放大形成节点空间。传统小城镇在这种道路交叉处往往会布置诸如水井、碾盘等公共设施，成为人们劳动、闲谈、交往的场所。这种节点广场在欧洲城市中到处可见。

c. 扩张。街道局部向一侧或两侧扩张，会形成街道空间的局部放大。这种局部扩张空间可以形成供周边居民休憩、交往、纳凉的场所，其作用相当于一个小的广场空间。或是在建筑的入口采取退后形式，作为建筑入口的延伸形成扩张空间。这种空间能提供一定的私密性。私密性的大小取决于开口宽度与深度的比例：开口宽度大、深度小则公共性强，开口宽度小、深度大则私密性强。

d. 尽端。街道的尽端是街道空间向外部相邻的其他空间转化的过渡空间，常以建筑入口、河流等作为街道的起始节点。街道尽端既可作为街道空间的起始点，又是街道的结束点。它可以结合开敞的空间或是有特色的标志处理，成为整条街道景观序列的起始或高潮所在的节点空间。

②对景物

a. 节点的对景

为避免街道空间视线过于通畅，景观序列一眼见底，可以通过节点空间对景的设置增加街道景观的层次，使景观丰富起来。在直线形街巷中设置竖向的对景景观，能把线性空间收拢，使人的视线停留，留下阶段性印象；街道侧面墙壁上的门或窗所带来的光亮，会给封闭的线性空间带来有韵律的点状开口，产生震动效果，使街巷的边界柔和多变。小城镇巷道的转折频率较大，在巷道对景的院墙或建筑侧墙上也可以看到很多对景处理，用以丰富巷道空间。

b. 标志物

标志物标志着一个空间的开始或结束，给人以明确的空间归属感。一个城镇通常有许多不同的标志物，由此产生了不同的功能空间和层次，使各个空间性格各异。设在道路不同位置的标志物不仅对人在道路中的行走起到一定的强化作用，不同标志物的自然变换也为行人提供了有节奏感的丰富感受。从人的行为规律看，轻松步行的最远距离为200～300m，每隔200～300m设置清晰的标志物可以引起行人的注意，加强道路的空间层次感。由于传统小城镇的尺度较小，标志物的设置密度较高，巷道中一般以25m为限设定目标，也可以这个距离为转折点。

③建筑立面与建筑形态

每段街道的空间界面都要有所变化，以丰富街道的空间环境。而同时，这段街道又应有明显的统一性，其变化和装饰应控制在人的知觉秩序性所能承受的范围之内，这样才能保证空间的秩序与多样相统一。建筑立面是形成街道垂直界面的最重要因素，因此对每个地块和建筑以及地块与地块、建筑与建筑相互之间的功能布局和群体空间组合的形态关系区分主次、建立联系，才能形成有机和谐、富有特色的小城镇建筑群体形象。

建筑作为城镇中的最小单元构成，对于城镇机体量变积累过程和最终的质变都起着重要的作用。城镇中各种建筑物的体量、尺度、比例、空间、功能、造型、用色、材质等对城镇空间环境都具有极其重要的影响。

以上这些因素的存在使得小城镇街道垂直界面的设计和布置形式有着自己独特的特点。具体来讲，对于街道垂直界面的控制，可通过退后、墙体、墙顶、开口、装饰这几个方面来进行控制。

a. 退后。包括建筑退后红线和街道垂直界面墙顶部以上的后退，它影响着垂直界面的连续性和高度上的统一性。一般来讲，除不同垂直界面交接的节点需做后退处理外，仅要求每段垂直界面间局部有适当的后退来形成适当的变化，丰富街道空间，但又不要有较大的后退，以避免破坏街道的连续性。

b. 墙体和墙顶。墙体指的是墙体的高度确定、水平划分、垂直划分、层次变化、线脚处理、材料选择和色彩的运用。墙顶指的是临街的屋顶的处理、有效界定的方法和天际轮廓线的变化。临街建筑墙体和墙顶的设计应综合考虑当地的历史、文化及街道和建筑的特点，墙体的设计应和相邻环境相协调，同时应重点设计与人的尺度更为接近的第一、二层高度的墙体。

c. 开口。指实墙与开口的面积比例、开口的组合方式、阴影模式和入口的处理。开口的处理应符合当地的地方要求，与相邻界面相协调，并和传统空间特征和人们的心理要求一致。

d. 装饰。包括广告、标牌、浮雕及影像墙体的绿化和小品等。这些虽是侧界面上的一些可变因素，但如缺乏统一组织，却会对街道环境造成破坏性的影响。因而在街道设计中应对这些装饰性的元素精心组织，统一规划，并在建设中统一实施。

④街道设施

街道设施又叫"环境设施"，这一概念起源于英国，一般称其为"街道的家具"。街道界面的连续性和明确性可以体现在街道两侧建筑的高度、立面风格、尺度、比例、色彩、表面材料乃至广告、店招的位置样式等方面。因此，街道设施是城镇环境中不可缺少的一部分，对小城镇街道品质的提升起着及其重要的作用。

街道设施种类多样，包括路灯、废物箱、地面铺砌、绿化小品、标志标牌、坐椅、花坛、雕塑等。这些小品不仅在功能上满足人们的行为需求，还能在一定程度上调节街道的空间感受。在街道空间中，这些小品一般处于人的水平视野范围内，能给人留下深刻的印象。街道设施的品位和质量不但要从宏观环境来考虑，还要从接近于人体的细部来考虑，使其能与周围建筑环境达到整体的协调。

过去我国长期忽视街道设施的景观化和人性化设计，许多街道设施的设计只满足了某一方面要求而不做综合考虑，造成景观上的单调，甚至影响居民生活。这一问题在小城镇中尤其严重，这就要求设计者应尽可能多地进行考量，做出合理的设计。

6.2.2.3 动态景观

当人们进行活动时，视线内的景物都处于相对位移的变化中，这种由于视点变化而产生的对带状休闲空间形象感知的变化，称之为"动态景观"。一个动态景观的序列，是各构成要素或空间的一种有意识的安排或组织，其组成部分间有很好的关联，并形成有节奏的变化，由此构成连续而变化的有机体。城镇道路交通动态景观是城镇中的公共活动，是城镇活力与生机的体现。动态景观的形成主要依赖以下几种要素。

（1）动态景观序列

街道空间是连续的线性空间，又是变化的线性空间。利用一些节奏变化使街巷空间变得开合有序，可以打破街道连续的单一性。街道两侧的建筑、所处环境的地形或是道路转折等各种原因都能使街道空间产生丰富的空间序列。目前，对空间序列的安排仍是街道设计中进行景观和空间整体把握的重要手段。空间序列的产生包括了多种因素，将这多种因素之间的关系协调好才能创造好的空间序列。

空间景观序列是通过实体形式体现出来的，对实体形式的组织与处理形成视觉序列的实存方式。空间动态景观的感染力在很大程度上取决于整体印象，变异又协调的整体更加吸引人。为此，在动态景观序列的空间处理上，采用以下三种方法：

①形式与空间等级

人有视域性空间的需要，而当各组成段落间有主、次之分，景观序列呈现有节奏的变化时，能唤起人们对景观的情感意识。因此，应对空间进行合宜的段落划分以满足序列的条件。通过广场和绿化、街道设施以及廊道等不同等级的空间，可以对街道空间景观序列进行段落的划分和组织，以形成空间的节奏。对重点要进行强调，控制其性质和强度以及它所包含的转换。

②点状空间

街道是线形的连续空间，可供人们休憩、驻留的休闲场所则是点状的单位空间。人们在二者中的休闲行为呈现的是"动"与"静"、"行"与"驻"的相对关系。因此，出入口空间、节点空间与趣味空间是我们设计的重点。因为这些点状空间在整个街道空间的序列中起着联系、转折、延续、活跃空间等作用，同时也常常由于独有的特征而成为整个街道空间的焦点与标志。

③轴线景观

轴线景观是通过城镇主要干道、河流及心理感受轴线形成，也可以将重要的景观节点串联起来，形成具有良好视觉序列的城镇轴线景观。一般可在小城镇内设置三种类型的景观轴线：结合镇区繁华地段设置现代城市景观轴线；结合江、河流线设置滨江（河）景观轴线；结合自然风光设置心理感受轴线的自然风光带。

中国传统自然型城镇的空间序列的形成，一方面受自然条件制约，另一方面受社会群体行为意识影响。居民共同参与营建活动的传统经验代代延续，外部空间形体与环境协调统一，构成令人满意的空间序列。

（2）天际尺度控制系统

小城镇天际尺度即小城镇轮廓线尺度。小城镇天际线及制高点是城镇空间体系中极为重要的方面，来者在城镇以外就可以看见它，从而形成对小城镇的第一印象。城镇的轮廓线应与周围自然环境融合一体来共同表达城镇天际线尺度：从城镇整体空间构架与自然景观、历史文脉、风貌特色、方向辨认等出发，制定出合理的小城镇高度分布状态；结合景观区的分布和特征，确定小城镇各区域的建筑高度控制值、制高建筑位置、建筑高度轮廓线，规定位于统一界面上高度相近建筑的连续最大长度。应处理好景观区之间高度的自然过渡，确保天际尺度的延续性，创造良好的视觉秩序。

注意小城镇中开阔地，如广场、主要道路等，与小城镇天际线之间的对景关系。要考虑小城镇的虚实双重天际线，即由建筑物轮廓形成的是实体天际线和由人们对建筑形体的心理感受组成的空间连续是虚拟天际线。前者能被直观感受，而后者作用于人们的视觉印象。

（3）方向指认系统

方向指认系统通过对人的视觉引导和指示而形成。当人运动或停留时，需要对空间做出方向和地域的基本认知。反映在小城镇中的活动，则是人要有明确的方向感，才能产生安全感。

小城镇的方向指认系统一般由道路景观轴线、景观节点等要素构成。而各种路标、平面图示、街道名称乃至街道的活动特征，构成了完整的设计道路方向指认系统。各类节点及周围环境的构成场所所具备的与众不同的空间品质，同样也成为人们确定方位的标记。应对指认系统各主要的直观构成要素，提出相关的位置、大小、特征等方面的界定，以形成统一的指认系统，提高城镇的可识别性。

6.2.2.4 人文要素

（1）人的行为需求

街道作为小城镇中的公共活动空间，在设计时首要考虑的应该是使用者，即人的行为需求。这种需求包含安全等基本生理需求，还包括舒适度、归属感等更高层面的心理需求。在我国传统小城镇中，小城镇居民的生活活动和公共活动都基本发生在街道、里弄和小巷中，街道在小城镇空间中占有更主要的地位，因而使用者行为需求因素就应得到足够的重视。

知觉条件是人类了解、感受城市与建筑空间的基础，其中视觉与广泛的社会活动最为密切相关。空间的感知形象主要包括空间构成的物质环境以及其中的光影、色彩、声音和动态形象等。从形体环境来说，人类理解所有空间形态及尺度依赖的基础就是视觉的作用原理，因此空间中的视觉信息是人类感知的最主要信息。

杨·盖尔在《交往与空间》一书中指出，在20～25m处，大多数人能看清别人的表情与心绪，这时见面开始变得真正令人感兴趣，并带有一定的社会意义；如果距离更近一些，信息的数量和强度都会大大增加，在1～3m的距离就可以进行一般的交谈。因此，对人的知觉感受的量化了解，对于促成交往的空间设计，特别是空间细部设计十分有帮助。人类的自然运动主要是在水平方向上的自然行走。人的步行速度大约是5km/h，所以人的所有知觉器官都能很好地与这个方式与速度相适应。人的水平视域比垂直视域范围大得多，一个人面向前方可以轻易观察到两侧分别近90°的水平范围内的事物，而上方和下方的东西则较少被注意到。一般行走时，为了看清路线，人的视线会向下偏移10°左右。这就是说，街道空间中两侧建筑底层路面以及边缘空间是人们最为关注的对象，也是我们进行街道设计的重点部位。

而目前在我国一些新建或改建的小城镇中，忽视人的行为需求的现象很多。为了政绩而盲目追求宽阔笔直的道路、整齐的街道界面和两侧现代化的高楼，致使各类街道生活失去了赖以生存的空间。街道生活的丧失，形成的是各地雷同的小城镇面貌、没有个性的现代风格建筑和缺乏生活气息的街道景观，随之带来的是小城镇特色的丧失。

因此，在进行小城镇建设时，要更多地从人的各方面需求和人性化的角度出发，使街道更好地为居民服务。比如开辟出行人专用的步行街、半步行街或是人车共存空间等。在这些空间中，要注意将步行优先作为建设的原则，限制机动车的行驶，为行人提供专用的步行空间；从行人的角度调整街道空间的尺度，加强街道的绿化，并设置坐椅、路灯、雕塑等各类街道家具，创造舒适的步行空间。

（2）地方特色

由于地域气候、生活方式和历史背景千差万别，形成了人的不同观念和审美方式，最终影响着小城镇的面貌。这些观念和历史文化积累起来就成为了当地的文脉，小城镇特色存在的根本正是这种独特的文脉。因而这种地方性的文脉是我们在街道的建设中必须加以考虑的、非常重要的元素。文脉的含义可以是非常广泛的，包括地方性的历史符号或是空间特征、建筑形式，甚至是建筑的色彩与材质。

小城镇在其发展过程中总会带有它的历史和文化痕迹，由此形成自己独特的物质形态。每个小城镇都存在着这种特色或是形成特色的潜能。一条街道的特色是街道有别于其他街道的形态特征，它同小城镇的特色一样，不仅包含特有的形体环境形态，还包括了居民在街道上的行为活动以及当地风俗民情反映出来的生活形态和文化形态，带有很强的综合性和概括性。我们的街道设计只有尊重这一客观事实，街道才能深深地扎根于特定的土壤之中，形成自己的特色，才能为小城镇居民接受和喜爱，才能吸引参观者和游客。

早在20世纪70～80年代，历史文化保护和地方特色的继承在发达国家就引起了重视，如今已经收到了明显的成效。而近年来，我国也越来越重视保护历史和地方特色。但与此同时，在我国小城镇的建设中，仍然有相当多的小城镇不顾地方的传统文脉而盲目模仿一些流行的街道形式，这是我国小城镇特色快速丧失的重要原因所在。

因此在街道的建设中，对地方的符号、空间形式等历史文脉的继承与发扬是小城镇特色创造中至关重要的内容。对文脉、传统的继承，不仅能强化地方的特色，还能加强街道空间的归属感和标志性，同时也有助于地方文化的发展。

6.3 小城镇街道规划与设计要求

6.3.1 街道空间设计要求

6.3.1.1 交通要求

街道是联系不同地区交通的通道，因此设计要能保证人和车辆安全、舒适地通行。

①处理好人、车交通的关系。既方便汽车通行，又不对行人产生干扰。

②处理好步行道、车行道、绿带、停车带、街道节点、人行横道以及街道家具（Street Furniture）等各部分的关系。

③从人们的步行行为习惯来说，最有特点的就是"从近"心理。人们总希望能以最短距离走到目的地，因此街道的设计除了要注意沿街景观的美观和趣味以外，还要与所服务的行进目标相配合。要尽可能将主要的目标安排在街道人流主线上，减少行走的迂回。

④不同地段的道路在人流和车流活动方面的情况会有所区别，因此街道的红线宽度也会有相应的不同。

6.3.1.2 步行优先原则和生活功能要求

欧美发达国家在城市中心区复兴和旧城改造的经验中发现，要充分发挥土地的综合利用价值，创造和培育人们交流的场所，就必须要鼓励步行方式。1980年，在日本东京召开的"我的城市的构想"座谈会上，人们提出了街道建设的三项基本目标："①能安心居住的街道；②有美好生活的街道；③被看作是自己故乡的街道"。小城镇机动车流量较小，比大城市更容易解决好步行和车行的矛盾。因此，在小城镇街道建设中，步行优先的原则应做首要考虑。

6.3.1.3 整体环境的营造

街道景观设计中处理好使用形体和空间环境秩序的连续性是非常重要的。这一连续性不仅包括了建筑、地面、环境设计及小品、绿化等内容，还体现在与街坊相结合的设计原则上。

（1）街道空间与建筑

①统一建筑风格，分清建筑主次。大部分建筑与街道整体环境相融合，彼此形成统一的有机体，才是整体统一的街道。此外，建筑还应主次分明，要有起主要作用的建筑和次要建筑之分。只有建筑间协调、谦让，才能创造出优美的街道景观。

②建筑布局方式决定了街道空间的形式。街道与街道距离的远近，直接影响着人们对空间和建筑的感受。如建筑紧贴着街道而建，人们对建筑功能的感受较深，但在建筑室内空间和街道之间则没有过渡空间。

③建筑形式和体量上应注意疏密结合、高低错落、收放有致，形成富有韵律、体现良好尺度感的外部空间。

（2）街道地面的设计

地面作为街道的底界面，起着统一街道空间其他构成要素的作用，可以通过地面的铺装材料机理、色彩图案等的变换来引导人流、界定空间。应对地面进行整体的布局安排，逐渐形成系统，在变化中求得统一，并且还应结合街道的环境设施和小品进行全面考虑。

6.3.2 小城镇住区生活性道路的规划设计要求

小城镇住区内的生活性道路是以居住功能为主导的街道空间。小城镇规模远远小于城市，也许无法形成居住区，因此，小城镇住区生活性街道在功能上往往具有综合性，既定义了小城镇内外功能空间，又能为小城镇住区提供交通和生活服务功能。生活性街道既是新建小城镇住区规划中需要重点设计的公共空间，也是小城镇旧城区改造整治中需要特别关注的内容。

6.3.2.1 街区规模

我国正处于工业化进程中，因此大城市的空间尺度主要是要满足社会的经济需求。而小城镇在这一方面是与大城市截然相反的，它的空间尺度更接近于传统城市尺度。罗伯·克里尔认为，城市与它所能容纳的居民数量和它所能允许与进行的活动量，有一个最大和最小的规模与之相适应。人们的日常步行行为受到生理疲劳感的限制，规模有限，应建立在步行可及基础上的适宜居住的街区。因此在小城镇住区的整体设计上，为了营造更适合人居住的公共空间环境，我们可以把街区规模控制在有限的范围内。

6.3.2.2 交通组织

（1）划分街道等级结构

传统小城镇街道适宜步行，给人印象亲切舒适，而现代城市快速交通模式导致人与交通的矛盾日益激化。因此，建立合理的街道等级结构以保证街道空间环境质量是十分必要的。而小城镇内部的功能分区比大城市要模糊，道路的综合性也更强，因此小城镇的住区街道系统可根据需要分为不同级别：住区主要道路可以以车行为主，引入公共交通，与城市交通网有效联系，方便居民出行；住区内部以步行道为主，创造纯粹人性的空间提供安全、安静的人际交流场所，保障居民休息、散步和儿童游戏都可以放心进行。具体到详细规划设计阶段，应正确界定小城镇住区的道路性质，合理区分穿越性街道和生活性街道，并以此指导住区地块的规划和设计。

（2）人车分流系统

在住区道路规划中采用人车分流的街道系统，常见的手法是车行外围环路，人行结合绿地系统居于住宅群体中间，也可以将人车立体分流。如广州汇景新城小区，小区内采用完全人车分流的交通组织方式，以小区周边环路作为主要交通干道，住户车辆通过周边干道直接进入地下车库。而围绕贯通汇景新城小区西、中、东区的中央绿化主题公园景观带的人行道，衔接起各街坊的出入口。各小区之间由架空广场或天桥跨越交通主干线而互相连通，人车完全分流，互不干扰（图6-5）。

图6-5 住区生活性道路设计实例——人行系统
（资料来源：黄耀志，应文，洪亘伟等．苏州科大城市规划设计研究院．江川县小马沟、冯家湾旅游示范村修建性详细规划，2003．）

（3）人车共存街道

人车共存街道是否能改善住区的户外环境？国外对此早有尝试。如1963年的荷兰新城埃门居住区规划设计，设计者采用居住院落式道路设计取得了很大成功。这是一种人车不分离，通过弯道、路面驼峰、空间限定来限制车速的"人车共道"体系，经济适用，方便车辆到宅前。同时通过植栽、铺地变化和车辆的恰当组织，在狭小的空间创造出连续的、通而不畅的道路景观环境。日本更是在此基础之上，在大阪等地试验了一些人车共存的居住区街道。在保证步行者安全舒适的基础上，允许限制速度的汽车通行，同时保证自行车交通。为此，街道系统多使用尽端式，避免外部交通穿越。车行路线设计为折线形或蛇形，并设置车挡或驼峰限制车速和行车范围。与此同时，在人行道精心布置花台、坐椅、灯具等，人行道铺砌材料质感细腻，步行空间随车道折线变化而变化，形成了舒适美观、充满生活气息的街道空间。

6.3.2.3 知觉感受与空间秩序安排

（1）重视人的知觉感受

对穿越性街道，其路面幅宽应以满足车流荷载为主，街道空间宜为线性空间，建筑沿街面的敞开有限，街道空间的景观以动态的感知为主。而对生活性街道，其路面幅宽除满足车流荷载外，还应有容纳人行的活动空间，提倡建筑向沿街面敞开，街道空间不应为单一的线性空间，而应该是空间缩放有序的弹性空间，规划阶段的约束较小，设计阶段的自由度较大，街道空间的景观以静态的感知为主。

（2）合理安排空间序列

人连续的行为活动使相邻相近的空间产生了连接，从而使城市空间因人的活动次序以时间为轴线演化为一系列空间的组合。城市空间单元编织成一个可连续感知的整体序列，序列空间能够从时间和空间上赋予城市街道明确的方向性，从而加强街道空间的可识别性。这样的空间能起到丰富多变，引人入胜的效果，增加人们对街道空间内在体验的深度和强度。空间视觉序列作为一种视觉艺术的分析方法，将城市空间作为艺术品进行研究。通过对城市空间观赏视线的序列研究，来分析其空间艺术质量和形体秩序的整体效果。

在规划阶段对生活性街道还应有指导性意见，如街道景观艺术的序列性、空间形态的完整性和环境意象的整体性等。而大量细致的工作应由各专业设计完成，包括人行路面的宽度、铺砌材料，沿街建筑的布置方式、建筑功能、建筑形式和建筑体量、环境景观等。沿街建筑的商业性质与前面的街道空间有直接的关联，人流量大的商业店面需要有较开阔的街道空间，以满足行人和驻车的需要，需要鼓励建筑留出城市公共开放空间，建立健全建筑向沿街面退让的补偿机制，从而使整个居住区的形象和品质在街道空间的设计上得到最大的体现，建筑的形象也将丰富多彩（图6-

6)。街道空间既有连续性、完整性和统一性的一面,又有各自地块的个性和特色。由于沿街空间的弹性较大,也增加了管理工作的难度,需要制定一套行之有效、较为完善的街道空间的管理和使用机制。

图6-6 住区生活性道路沿街立面

(资料来源:俞坚,黄耀志,钟晖. 中国美术学院风景建筑设计研究院. 现代设计研究所浙江嘉善丰前街——花园路地块修建性详细规划设计方案,2003.)

(3) 控制空间尺度

现代主义对城市最大的破坏莫过于对于人的尺度的颠覆,现代主义城市中考虑的仅仅只是生理意义上和技术意义上的个体,而不是充满了情感和意志的完整意义上的个人。历史上美好的城市无不是以人的尺度和人体活动能力的限度为基准来设计和建造的,而且城市的形态与生活特质也是紧密联系在一起的。生活性街道是城市中最贴近生活的空间类型,其空间尺度的控制是提升居住环境质量的重要前提。现代城市生活由于科技的发达而不断扩大人们日常活动的范围,但人对环境的理解力由于受先天视觉能力上的生理限制而无法改变,所以城市的尺度必须要基于人的尺度,街道空间尺度主要取决于人车通行的基本尺度。

芦原义信在《外部空间设计》中提出了邻幢间距与建筑高度比值与空间内聚性的关系:假定 D 为邻幢建筑间距即街宽, H 为建筑物高度,当 $D:H=1$ 时建筑物高度与间距之间有某种匀称存在。随着 $D:H$ 比1减少则形成迫近感,随着 $D:H$ 值比1增大即成远离之感。我国传统街道的建筑多以2层为主,局部3层,建筑高6m左右,街宽4m。街宽与建筑檐高的比例多在3:2~5:2之间,因而尺度宜人。据芦原义信的另一项研究表明,如果临街店铺的面宽 W 与街道路面宽 D 的比值不大于1,既 $W:D \leqslant 1$,且这一尺寸反复出现的话,则会使街道节奏感增强,显得热闹有生气。

通过实践证明,每20~25m,或是有重复的节奏感,或是材质有变化,或是地面高差有变化,那么即使在大空间里也可以打破单调感,有时会一下子生动起来。采用20~25m的行程模数,称之为外部模数理论。以上都是从相对尺度关系考虑的,如果绝对尺度过大,人们既使处在 $W:D=1$ 或 $D:H<1$ 的街道仍会感到不亲切,超常的、巨大的街道尺度可以说明这一点。

(4) 边缘空间设计

优质明确的边缘空间会使街道更加充实而有活力。应通过建筑物的凸凹或其他实体边界的曲折,适度丰富、延长边缘线,产生阴角空间之类的空间完形,使街道空间图像化,具有与周围环境实体一气呵成的整体特质,成为易于使用的积极空间。在细部上,充实空间内容也是创造高质量边缘区域的有效手段。通过底面铺装、水面草坪等与室外设施、坐椅、种植景观、设施照明等这些外部空间构成要素,为人们提供不同的空间构成和舒适的休息活动场所。另外,对于街边广场空地还可通过内外空间的相互渗透密切道路与建筑的关系。

中国传统街巷空间可以解构为道和场的组合。其中,道空间狭长,产生延续和流动的感觉;而场空间宽广,产生安静与滞留的感觉。加强街道边缘空间的设计,就是要恢复传统街巷中的道和场的模式,使其满足人的动与驻的行为。其实质就是要在适于运动的道空间旁边设计一些滞留或半滞留的空间,包括街旁分散设置的休息场地、街道中间布置的休息场地或成为休息场地的胡同和小广场路边的茶座、凉亭以及建筑与建筑之间的空隙,建筑前后退红线的小广场等,增加人们活动的可能场所。从某种意义上讲,人们随机行为被满足得越充分,环境的舒适度就越强。现代生活性街道空间中,丰富街道边缘空间的设计主要可从以下几方面着手:

①加强街道边界的连续性。居住建筑的形式多种多样，低层、多层的居住建筑一般体量较小，联排布置或群房整体设计可以加强生活性街道边界的连续性。但连续并不意味着绝对封闭，沿街建筑之间的空隙也可用栏杆小品等加以点缀。

②丰富街道边界形态。现代生活性街道边界常出现不断重复的建筑形式，为避免简单的重复，可变换沿街建筑形式组合。如采用点式和板式相结合，高层和多层相错落等手法，达到虚实对比的空间艺术效果。另外，将沿街部分建筑后退红线的做法也给街道空间带来变化，为人们提供更多可以逗留的活动场地，还可以采用过街楼、留门洞局部或整体底层架空等做法。

③重视节点设计。街道空间的节点包括街边集中空地和街口沿街边扩大的节点空间，功能介于街道与广场之间。面积不需太大，但与居民密切接触，满足就近游憩的需要，是促进日常交往的关键部位。街口设计则忌讳死板，应力求创造丰富多变的空间感受。

（5）商住功能复合

自宋代的里坊制被打破之后，城市居住形态与商业行为便紧密地联系在一起。现代城市规划虽然强调独立的商业区和专门的商业街，但与人们日常生活息息相关的商业服务业仍不可避免地渗透在住区内部。因此，如何对各种商业行为进行科学的引导，在小城镇住区生活性道路设计中是保证空间环境质量的一个重要部分。灯箱招牌式的广告对建筑单体呈一种依附状态，在街道空间中适度使用不会影响居住氛围，甚至有可能成为街道景观的精美点缀。这种商业广告形式自古以来无论是在东方还是西方，都有很好的运用。欧洲古老的小镇街边挑出的精致招牌与华丽的建筑外墙装饰浑然一体，中国传统城市空间中热闹的生活气息也少不了各色招牌酒幌的点缀。

中国传统城市街道就是集居住、商业、服务业、手工业等多种城市功能于一身的综合空间。在现代城市功能分区中，居住区虽然相对商业区而独立存在，但仍没有也无法与商业功能完全脱离。旧城区商业与居住的关系之密切也正是旧城街道充满生活气息的重要因素。城市新兴居住区中商业服务设施一般沿街设于住宅底层，这种做法一方面最大限度地方便了居民日常生活，另一方面也因相对高价的商业门面受到房产商的欢迎。然而，商业设施与居住建筑紧密结合的布置方式也常常造成对居民生活的影响，如噪声扰民等。此外今天中国城市居住区中的商业设施还表现出形式单一、立面单调的弊病，千篇一律的门面、大同小异的招牌在街道空间中产生令人疲倦的立面效果。

因此在对小城镇住区生活性道路进行规划时，从垂直界面形式来说，由于小城镇规模的限制，街道两侧的建筑体量较大城市相对较小，因此在大城市中已很少用的临街底商、底商上住等仍是重要的形式。这类界面根据住宅建筑和街道之间关系的不同，可大致分为住宅与街道平行、住宅垂直于街道两类。

前一类由底商和上部住宅的主要立面围合街道，垂直界面基本上是连续的、开口较少，街道的围合感较强，空间相对较封闭。后一类则是由底层的店铺和上部住宅建筑的侧立面来围合街道，垂直界面的上部是由少量的墙体和相对较多的开口所组成，呈现出的是一种断续的界面，所界定的街道空间围合感较弱，空间相对较开敞（图6-7）。

图6-7 底商上住式住宅

（资料来源：黄耀志，魏浩曦. 重庆大学城市规划与设计研究院. 秀山文化公园片区修建性详细规划，2001.）

居住区街道的设计方法类似于城市街道。从空间层次上来说，居住区街道空间是住区空间与城市街道空间的过渡空间。城市街道更注重于商业性，空间尺度较大，反映的是城市的形象和风貌；而居住区街道更注重于生活性，反映的是住区形象和人的生活风尚，街道空间更具场所的领域感和归属感，建筑形式更加细腻。这就需要规划、设计、管理和使用者本着相互合作的精神，共同努力，力图营造生活方便、环境优美、安全舒适的充满浓郁生活气息的居住区街道空间。

6.3.3 小城镇商业街的规划设计要求

我国大多数小城镇规模较小，主导产业以第二产业为主，商业集聚的效应还不是很突出，因此小城镇商业区一般都呈带状分布。为形成宜人的小城镇公共活动街区，发展小城镇第三产业，可以考虑重点建设小城镇的商业街，并将商业街结合传统步行街，保留原有街区空间尺度和风貌特色，凸显小城镇城市特色，提高小城镇公共空间品质。公共空间步行化已成为当前城市设计的重要趋势，步行街也成了有活力的传统多用途城市空间形象的代表。

6.3.3.1 设计要素及要求

（1）交通组织

小城镇街道人车混行，因此要处理好人、车交通的关系。满足小城镇生活功能要求，就要满足步行优先的原则。一般来说，商业街交通形式以步行为主，为吸引步行者，应更多设置步行区。为保证步行者的安全不受干扰，街区内的道路一般不通行机动车，停车场可设在商业区之外，以减少步行者和机动车之间的矛盾。

（2）街道尺度

商业街的宽度要与其空间性质相适应。当街道设置有车行道时，车行道宽度不宜过大，避免将其他交通大量引入，方便行人在街道两侧往来穿行。在满足商业街自身交通需求的情况下，街道应尽可能窄些，以便于增加街道的商业气氛。从空间、人的行为和人流需求出发确定步行街的宽度，适宜宽度为12~20m左右。

店铺立面采用小巧宜人的尺度，切忌过于整齐划一。建筑进退有致，高低错落，使每段空间中都有新的信息出现，保持步行者逛街心理的兴奋状态。

（3）空间序列

商业街过长时容易使人感到枯燥疲倦，因此应该选取步行街的若干局部重点设计，形成高潮节点空间，营造变化丰富的空间序列。这样能改善商业街的气氛，激发人们的购物欲。具体来说，可以将商业街设计成较短的街道，或是通过街道空间的变化使购物者感到所处空间是有限的，这样可以减少人们的乏味感，激发探索新空间的兴趣。而在一些过长的商业街，可通过街道路线的弯曲或利用凸出的建筑物来改变长直线街道空间，增加空间的变化，有利于改善商业街的气氛并适应人们的心理要求。还可以根据在街道不同地段中人流、车流活动情况的不同，将街道分成不同段落，设计相应的街道空间（图6-8、图6-9）。

图6-8 商业步行街立面空间序列

（资料来源：俞坚、黄耀志，钟晖. 中国美术学院风景建筑设计研究院. 现代设计研究所浙江嘉善丰前街——花园路地块修建性详细规划设计方案，2003.）

（4）创造人们交流场所

要创造宜人的小城镇公共生活，就要鼓励人们在公共场所进行交流。在商业街的中心可以布置广场为购物者提供休息的空间，提供一个人们休憩和观察交流的场所。中国传统商业街多有两条商业街相交形成的十字街形式，在两条商业街相交处形成十字街的中心广场。这种广场布置的关键是在道路的前方形成对景、封闭视线，使十字街四角的建筑成为视线的焦点，而这种焦点效应也能吸引更多游人停留。

图6-9 商业步行街空间效果

（资料来源：俞坚，黄耀志，钟晖．中国美术学院风景建筑设计研究院．现代设计研究所浙江嘉善丰前街——花园路地块修建性详细规划设计方案，2003．）

（5）文化特色

由于商业步行街多数位于传统的商业街区，通过研究城市的地域文化、历史沿革，挖掘出文化内涵，将其融入步行街街景设计之中，对继承城市传统的生活方式、保护古建筑、改善城市环境等都起到重要的作用，同时也使其光彩大增，具有个性特色（图6-10）。

图6-10 延续古代风貌的步行街

（资料来源：黄耀志，卢一沙等．苏州科大城市规划设计研究院．江苏省江阴市望江精品商业步行街，2007．）

（6）植物绿化

绿地是环境建设的基础，步行街若要营造出良好的环境，必然离不开绿化。植物绿化的形式多种多样，有草坪、绿篱、花坛、行道树等。步行街中绿化形式的选择，应当根据街道环境特色进行构思，巧妙设计。

（7）街道设施

作为城市公共场所的步行街，其街具配置情况最能体现一个城市对人的关怀程度。其景观特征体现在一切设计都是为人服务的，所有设施和环境景观设计的尺度都是宜人的，路面铺装、坐椅摆放、植物配置、色彩搭配，以及设施的齐备等等都要考虑人的视觉、触觉和心理的需求特征。另外，还要突出商业气氛，广告、牌匾、灯箱是设计的重点。

街具在步行街上占据空间位置极少，投入也不大，但在体现城市的现代化水平，优化街道文明环境方面是画龙点睛之笔。在商业步行街中建筑小品十分重要，道路铺装、灯具、门厅、入口、亭台、栏杆、踏步、坐椅、花坛、喷泉、雕塑、废物箱、厕所等小品，应力求造型简洁，色彩明快，布置妥当，起到锦上添花的作用。

（8）路面铺装

在商业步行街中，人们的交通方式几乎都是步行，因此更应注重路面铺装，通过具有个性化的特色铺装更好地体现商业文化特色。具体有以下几点要求：

①地面的形式要求

地面铺装要平坦，尤其是管道井井盖的处理；尽量减少高差的变化，因为在步行商业街中人流密度较大，不易发现地面的高差变化；地面不得已有高差变化时，应做明显标志，如颜色变化，而且踏步数量应考虑在3步以上，这样可使行人更容易发现高差的变化。

②材料的选择

要根据不同的气候条件，选择不同性能的材料。在南方炎热多雨的地区，应选用吸水性强、表面粗糙的铺装材料，在雨季起防滑作用；而北方寒冷地区应选择吸水性差、表面粗糙且坚硬的材料，防冻防滑，同时除雪时不易损坏路面。

③安全隔离设施的设置

由于步行街是从车行道中分离出来供步行者独占的空间，为避免机动车的侵入，可通过各种形式的隔离设施，如高差变化、设置隔离装置等，达到安全隔离的目的。

④满足夜间照明的要求及环境的安全性

这是保障夜晚使用者安全的必要条件。环境安全的含义是要避免噪声和空气污染，设施设置要坚固，避免事故发生等（图6-11）。

图6-11　商业区主景照明

（资料来源：黄耀志，卢一沙等. 苏州科大城市规划设计研究院. 江苏省江阴市望江精品商业步行街，2007.）

⑤盲道及无障碍通道

在步行街中必须具有为残疾人提供方便的设施条件，使残疾人能在此有足够的活动自由度。

（9）夜景照明

步行街作为一个城市的公共活动场所，为满足日益丰富的夜生活需求，须实施夜景亮化工程，运用各类灯光照明器具，精心设计将步行街装点得多姿多彩，成为城市中名副其实的一道亮丽的风景线。夜景照明可根据步行街的具体环境进行合理布局及灯具选择，计算照度，色调搭配（图6-12）。

图6-12　商业步行街夜景

（资料来源：黄耀志，卢一沙等. 苏州科大城市规划设计研究院. 江苏省江阴市望江精品商业步行街，2007.）

6.3.3.2　规划设计实例

江阴市是长江下游新兴的滨江港口城市和交通枢纽城市，是历史上著名的军事重镇和重要商港，素有"江海门户"、"锁航要塞"之称。先后获得了国家卫生城市、全国创建文明城市工作先进市、国家环境保护模范城市和全国优秀旅游城市等47项全国性荣誉称号。

江阴又是吴文化发祥地之一，境内有数十处新石器时代遗址、古城堡遗址和古建筑、古碑刻，有黄山国家森林公园、中山公园、红豆院和华西村田园风光等10多处自然景观及徐霞客故居、千年文庙和心经碑等20多处人文景观。同时，正在建设的大桥风景区已成为中外游客观光游览的新热点。

江阴望江精品商业步行街占地面积18亩（1亩=666.67m²），位于临港新城，处于江峰路与滨江路之间，南临滨江路，北接望江公园，公园四周皆为房地产项目。目标定位是营造针对中产阶层精英的商务休闲为主题的餐饮娱乐场所，打造江阴市第一商务餐饮休闲会所区、高档精品消费区。

（1）商业街规划特性

①地域性与文化性。尊重江阴的地域特征和丰富的文化内涵。

②风貌整体性和景观协调性。尽可能使基地内的景观风貌和建筑风格与周边的居住小区相融洽。

③传统风格与时代性特色兼具。对传统中式建筑风格具有一定的传承并注入现代时尚色彩（图6-13）。

④个性特色。利用自然生态景观优势，结合江南古典园林造园手法，营造有本身独特气质的社区环境。

（2）三个"最大化"原则

①社会价值最大化

a. 创造更多的财富，为江阴经济的持续发展和社会的持续发展作贡献；

图6-13 江阴商业步行街鸟瞰

（资料来源：黄耀志，卢一沙等．苏州科大城市规划设计研究院．江苏省江阴市望江精品商业步行街，2007．）

　　b．社区特征和地方特征识别性的共生共融；

　　c．增加城市的标识性与象征性。

　　②环境价值最大化

　　a．原生人文和自然地貌条件的充分尊重与最大化利用；

　　b．贡献大规模城市公共空间，提升城市环境品质和发展。

　　③经济价值最大化

　　a．商业面积的最大化设计，商业业态的最佳组合，实现经济价值最大化支持；

　　b．宜人的传统商业空间尺度的限定，小街道、小尺度之温馨的休闲商业氛围的营造，使每个铺位都成为钻石、黄金铺位（图6-14）；

　　c．前集合式商务形态和后信息化、个人化商务空间的塑造，使其空间价值最大化利用。

　　（3）具体设计手法

　　街道尺度采取传统商业街空间的小尺度，营造宜人的围合感，鼓励和吸引人们的活动，真正形成具有精神吸引力的场所。

　　建筑设计采用新古典主义手法，整体典雅精致，别具江南湖堤风情。保留了古典园林元素的同时，不失明快、大气的现代简约风格，在时代精神和传统意境完美结合的同时，使人感受到设计师割舍不掉的中国情结。

　　建筑风格应古典与现代并重，结合现代的简约流线和古典的粉墙黛瓦。在建筑细部处理上，摒弃原有的繁文缛节，采用现代简约风格；在建筑内部空间处理上，基本采用传统建筑的处理手

图6-14 小尺度街道环境宜人

（资料来源：黄耀志，卢一沙等．苏州科大城市规划设计研究院．江苏省江阴市望江精品商业步行街，2007．）

法，传承古典园林建筑精神。整个商业街建筑应既具有现代建筑的简约、明快、大气，又不失传统建筑的意境与内涵。

　　建筑材料方面，除了传统的砖、石、木材等以外，局部采用钢材、大片玻璃等现代建筑材料。基地环境风貌应与大环境以及建筑相协调，运用园林特有的元素——花窗、亭台、小桥、绿潭等，避免景观风貌突兀的同时，别具特色，营造出优美、雅致的休闲环境和幽静、宜人的气氛（图6-15）。

图6-15 商业街风貌效果图

（资料来源：黄耀志，卢一沙等．苏州科大城市规划设计研究院．江苏省江阴市望江精品商业步行街，2007．）

6.3.4 街道设施的规划设计要求

6.3.4.1 街道设施分类

为便于对各类城市街道空间的规划设计提出有针对性的要求和建设性意见，我们将从功能和作用两个方面将街道设施进行分类（图6-16）。

（1）根据功能分类

①交通功能性街道设施

交通功能性街道设施是指街道上主要用于交通组织的街道家具，例如路灯、交通护栏、交通标志、道路标线、人行天桥（地道）、候车廊、加油站、停车场及无障碍设施等。

②生活服务性街道设施

生活服务性街道设施是指街道上那些为公众提供生活、娱乐等服务的街道家具，它们是城市街道空间舒适性的保障，例如电话亭、公共厕所、垃圾筒、坐椅、花坛、问询亭、导游导购图、绿化、市政工程设施等。

③文化艺术性街道设施

文化艺术性街道设施的主要功能是为人们创造富有文化气息的环境，通常包括书报亭、雕塑、小品、广告、牌匾、地面艺术铺装、装饰照明等。

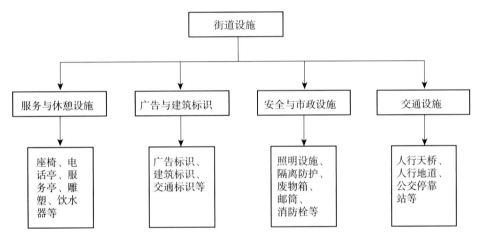

图6-16 街道设施分类

（资料来源：韦祎祎绘制）

（2）根据作用分类

①实用性的：路栅、路障、路灯、路钟、坐椅、电话亭、邮筒、垃圾筒、公交站亭、地下道口、人行天桥等；

②审美性的：行道树、花坛、喷泉、雕塑等户外艺术品、地面艺术铺装等；

③视觉传达性的：交通标志、路标、路牌、海报、地面标志等。

无论怎么分类，街道设施的功能都不是独立的，而往往是复合的。从景观的要求出发，它们都应具有审美性。街道设施可以塑造城市街道景观的特色，使空间引发活动，使活动强化空间；它可以明确地界定人、车的使用空间，使它们互不干扰而又能紧密地转换；它可以塑造活动空间品格，强调空间的运动感或滞留性，以促发不同性质的动态与静态活动。通过对街道设施的整体考虑和设计，可以使街道景观更加丰富怡人。

6.3.4.2 设计原则

（1）以人为本原则

街道设施的规划设计应关注人的生理需求和心理感受，体现对人的关怀。城市公共空间的主体是人，街道设施要能为人的活动服务提供便利和舒适，如在人流密集地区设置休息坐椅和遮蔽设施。不仅要考虑正常人，还要考虑到伤残人士及老幼弱势群体的特殊需求，创造一个公平的社会环境。如注重

小城镇街道景观详细规划与设计　165

公共空间的无障碍设计，提供可供轮椅活动的通道，为儿童设置安全的玩耍场地等。

（2）突出城市形象原则

街道设施的规划设计应注重城镇整体形象塑造，突出本地的地域历史特色。要利用好城市的自然条件，尊重小城镇自然的地形地势条件，选择有地方特色的植物作为街道绿化。充分利用自然条件还体现在选择当地的建筑材料，利用当地的气候条件等方面。

此外还要尊重本地的历史文脉。城市是一部史书，如今人们仍可通过一个城市古老的街道去感知历史。因此，街道设施的规划设计应与街道的历史和传统文化相一致。

（3）整体协调性原则

对环境设施和建筑小品进行整体的布局安排，在详细规划中规定好设施的尺度比例、用材着色、主次关系和形象连续等方面，使之形成一个系列，在变化中求得统一和协调。街道设施种类繁多，功能多样，在设计中应充分考虑各种设施与周围环境的相互协调，强调和重视街道空间的整体性和协调性，共同营造街道空间的氛围。

（4）功能技术合理原则

城市街道设施的布置是保证街道功能得以发挥的重要因素，因此在规划设计时应采用先进合理的技术来满足各种功能的要求。如合理选择交通服务性设施保障城市干道上车流的通畅和行人的安全；合理地布置电话亭和公共厕所等生活服务性街道设施以创造舒适怡人的街道空间。同时要合理地利用土地和空间，合理地利用资源和资金。

基于"人体学"的尺寸模数，可使环境设施的设计制造采用工业化、标准化的构件，花台、台阶、水池等大多可与坐椅、座凳结合，采用综合化设计。加快设计速度，节约投资。

街道小品是街道空间的重要构成要素，精心安排的几个坐椅和花坛，可以形成非常舒适的室外空间。而小城镇中的标志与标牌则是人们认知城市的符号，也是小城镇商业活动的重要组成部分。它们色彩鲜明，造型新颖，往往比建筑更加引人注目。通过对这些街道设施的精心布局，既可以美化街道环境，同时也可丰富街道空间层次，划分局部小空间，为街道上的活动提供各类适宜的空间支持。

6.3.4.3 不同性质街道的设计手法

各类标志、小品和绿化等，都是作为街道景观的元素丰富和补充空间环境的。因此不能单独过分强调，破坏街道景观的整体性。对于标牌等符号类元素的设计，应当统一风格标准，在一定的范围内灵活设计。不同性质的街道，功能有所不同。街道设施的主要作用是满足街道功能的要求，所以探讨城市街道设施规划设计要点时，应对不同性质的街道分别加以研究。

（1）交通性街道

交通性街道以车行交通为主，通行能力强，道路较宽，行人数量少。因此，对交通设施的设置有其特定的要求。

①交通性设施

交通性设施以为车行交通服务为主，路灯、护栏、候车廊、人行天桥等设施的设计要简洁明快，突出使用功能，在造型上不宜过分修饰，避免对汽车驾驶员的注意力产生干扰。交通标志、标线的选位应有一定的提前量，以便驾驶员在快速行驶中能够提前了解前面的路况条件及管理要求。应增强引导性标志，例如在"禁止停车"牌旁设立附近停车位的引导牌等。标志、标线应使用简单易懂的图形语言。在道路照明中应注重灯具的选择和摆放位置，3～4m 高的路灯易给行人以亲近感，但是容易给司机造成眩光。因此，在车行主路上宜采用 6～8m 高的路灯以确保车行安全，而合理的灯具间距可以保障居住区夜晚适宜的照度，避免交通事故的发生。

②生活服务性设施

交通性街道也属于城市街道，除了机动车外的其他活动仍很丰富，生活服务性设施也是必不可少的，且有其特点。例如垃圾筒之类的设施间距要适当加大，在造型上应强调简洁，突出体块关系和轮廓线，同时应色彩鲜明、对比强烈，以突出其可识别性。

③文化艺术性设施

雕塑、小品等的设置同生活服务性设施相同，重点应考虑设在较开阔的用地或交叉口附近，起到烘托气氛的作用。内容与形式上要考虑历史文脉的延续。

（2）生活性街道

生活性街道上车辆行驶速度较慢，非机动车与行人数量大，两侧建筑的性质与日常生活联系紧密，机动车的停车量较多。因此，各类设施的需求量也明显比交通性街道多。

①交通性设施

由于此类街道人车混杂，交通情况非常复杂，所以设施规划设计要细致入微。标志、标线方面做到充分地利用现有路面，更有效地组织交通。街道的停车需求较多，合理布置各类型的停车位和组织交通尤为重要，利用引导和限制性的设施是设计的主要手段。

②生活服务性设施

由于人流量较大，故为人们提供服务的设施（如公共厕所、导游导购图、垃圾筒、电话亭、邮筒等）布置密度要加大，充分满足人们的需求。设施的形式也应考虑与街道特征相一致。

③文化艺术性设施

生活性街道环境设计中，要充分考虑各元素的文化艺术性，尤其是雕塑小品、牌匾广告、地面铺装等形式要与环境相协调。例如，沈阳市三好科技街在雕塑小品、牌匾广告等在设计上体现现代构思，使用现代材料和现代制作手段，充分展示了现代科技水平。在生活性街道设施的设计中，考虑到机动车、自行车及行人等多种交通的近等量分配，所以要兼顾不同行驶速度条件下人们观察事物的要求。即不仅要注意设施的整体效果，注重轮廓线、体块关系，还要注意其细部的雕琢，供行人细细品评。

（3）步行商业街

由于此类街道以步行为主，绝大部分交通设施都布置在步行商业街外围。交通性设施主要体现在公共交通与步行街的关系上，在步行区周围应有足够的公交站点。而生活服务性与文化性设施在这里就变成了主角。

首先，设施的设置要符合人的行为特点。比如在步行街中要适当多设置休息坐具、垃圾筒、电话亭等设施。设施的选位要便于使用，满足舒适性，否则将失去其设置的意义。

其次，无障碍设计是步行商业街中必不可少的内容，应包括盲道、轮椅坡道、盲人导游图、导购系统等。

充分服务市民的"以人为本"的设施可以为人们的出行提供更周到、更舒适的服务。总之，通过对城市街道设施的精心设置，可以满足人的需求，增进城市景观效果，丰富城市空间，更可体现"人本"的精神，创造出有地方特色的城市街道空间。

（4）街景绿化形式

①自然式

采用自然的布局方式，从植物的配植到活动空间的组织、地形的处理都以自然的手法来组织，没有明显的轴线，分布自由变化，没有一定的规律性，从而形成一种连续的自然景观组合。自然式的园林街景，更多地注重植物层次、色彩与地形的运用及植物与建筑的配合，以反映植物群落自然之美。

②规则式

注重连续性，或有规律地简单重复，或具规整形状，对景观的组织强调动态与秩序的变化，使植物配植形成规则的布局。常绿植物、乔木与花卉的交替使用，形成段落式、层次式、色彩式的组合。修剪成形的各类植物常常表现出庄重、典雅与宏大的气质，整体园林街景以"刚"性变化为主体。

③混合式

混合式布局是自然式与规则式相结合的形式。吸取自然式和规则式的优点，变化更多，在景观中注重点的秩序组成。它不强调景观的连续，更多的是注重个性的变化。因此，混合式的手法较多地应用于街景变化丰富的区域。

6.4 小城镇街景改造的思路和方法

6.4.1 改造的针对性

建立步行尺度的小城镇街道空间是路段改造规划设计的出发点。步行尺度的街道空间在传统城镇中具有很大的吸引力，是人们主要的交往场所。这种吸引力存在于街道空间人性化的尺度、空间界面的亲和力，以及不受交通干扰的人流活动中。要营造这种宜人尺度，一般将改造规划道路宽度定为9m，两侧为1.5m的人行道或是骑楼式室内步行便道，则街道实际宽度为12m。道路宽度与两侧以3层为主的底商建筑形成 $D:H$ 约为1的良好比例。底层骑楼式的处理意在形成空间界面的亲和力，使建筑界面有效地介入街道空间中，也为人们提供少受气候条件制约的交往场所。

6.4.1.1 反映特点

现在我们经常能在许多小城镇看到相似的街道景观，横竖垂直交错的几条街道，沿街是高楼和商铺。这些小城镇的街景规划没抓住本地特点，更没有通过街景的建设把它反映出来。街景规划围绕城市总体规划中所阐述的特色，根据不同道路、不同自然环境，用不同表现手法，恰当地反映城市的特色，才能创造主动多样的街景。

历史街区是展现城镇文化的重要场景。现在许多城镇开始认识到在旧镇更新改造中，保护、保存传统历史文化街区是重要的文化复兴活动。它对于城镇文脉的延续和民风民俗的展现有着不可替代的作用。因此，应对历史街区提出保护性和创新性的设计策略，并对街区周围地区的开发建设提出详细规划阶段的控制性要求。保护性的设计策略是为了维护历史遗存的宝贵财产，而创新性的策略是基于现代经济社会背景下对传统的修补和改造。例如，在对郭沫若故居进行更新改造时，将其周边建筑也相应由瓷砖贴面，采用建国初期的立面风格，以达到与郭沫若故居的协调（图6-17）。

图6-17 郭沫若故居周边街道立面改造效果
（资料来源：黄耀志，黄勇，张康生等. 苏州科大城市规划与设计研究院. 四川沙湾区郭沫若故居周边环境立面改造，2004.）

6.4.1.2 经济性

经济性也是小城镇建设中必须要加以考虑的因素之一。一方面，小城镇不如大城市具有强大的经济实力，可以进行大规模的建设；另一方面，小城镇的规模、尺度较小，较大城市来说更适合人的活动，因而不适宜进行大规模建设。因此，在小城镇街道的建设中应充分考虑经济因素的影响。

小城镇与大中城市处于不同的发展阶段，它们的发展模式存在着很大区别。大中城市已经具有一定的规模，一般情况下要在总体上将控制其规模扩展。因此，其发展模式主要以内涵式改造为主。而小城镇将作为我国城市化加速发展过程中大量出现的城市化人口的着落点，目前虽已初具雏形，但基础仍较差，将有相当长的成长时期，发展模式属于外延式的规模扩展。因此，小城镇属于城市的范畴，但绝不仅仅是城市的简单缩小。小城镇规模的外延扩展，将会改变其原有的空间尺度，因此如何在规模扩大的阶段，权衡现代化建设和地方特色保持之间的平衡关系，也是小城镇详细规划所要重点研究的内容。

我国有不少小城镇盲目讲求气派，建设了60m

甚至80m红线的景观性道路。由于小城镇的人口和交通量都很有限，宽阔的路面利用率极低。同时由于小城镇规模的限制，街道两侧的建筑规模和高度也都有限，造成街道的围合感很差。尽管投入了大量资金建设，但是街道空间的利用率却很低。这种街道经济性差，也浪费了宝贵的土地资源。

因此设计时要重点注意小城镇人口少，规模小的特点，充分考虑规划与小城镇规模相适应的前提。首先是红线宽度与城市规模相适应。小城镇人口一般近万人到几万人不等，如果人口数量不多却有50m甚至更宽的街道，使用率会极低，是用地上的浪费。其次是建筑体量与小城镇的街道相适应。许多街景规划为了追求好看的图面效果，将规划道路两侧的规划建筑拔高，扩大体量。这与实际状况不符合，与小城镇总体规划也相左。

6.4.1.3　与道路性质适应

详细规划阶段，针对不同功能的街道和道路相应的要求和考虑也不同。综合考虑步行空间环境和车辆进出方便的有机平衡，可以将街道按其功能作用的不同分成不同层次和类别。不同道路也有不同的审美要求。除房屋建筑的性质、色彩要与街道的性质统一外，在街道横断面的设计和意境的组织上，同样宽度红线的街道，也可因其道路性质不同，而有不同的断面组合。根据不同街道性质提炼出街景设施的主题，而相同性质的道路，在街景的规划上也可以有多种景观设计，这就要求规划手法的灵活多样。

6.4.1.4　适应市民心理需求

坐在行驶的汽车中的人需要视野开阔的街道景观，而行走在街道上的行人更需要景观视觉带给他们的感受。步行者通过街道景观确定自己所处的位置并由附近具有特征的场所而了解他所要去的方向，这是具有指引、导向价值的景观。步行街的功能和安全是为了保证市民与环境之间产生社会的和精神上的联系。步行者究竟选择什么样的路线，随步行者的目的、天气和他们的情绪而不同。另外，对步行者来讲，加强环境保护，防止恶劣气候、噪声与废气排放对环境的影响，在南方的多雨地区要多设置一些如连廊、凉亭等避雨设施，这样不仅为行人提供方便，还使得道路空间与建筑空间形成相互关系，使建筑产生亲切、通透的感觉，丰富人们的视觉效果。

6.4.1.5　灵活多样的表现手法

规划景物多种多样。建筑是重要的景物，但不是唯一的景物。雕塑、壁画、书报亭、灯柱、假山、树木绿化、建筑小品、门厅围墙等各具特色的景物，都能组成丰富多彩的街道景观。

借入远景。街景应包括可视的近景和远景。规划中多是注意临街近景物设计，而忽视了远景的借入。在小城镇街道规划中留出视线廊道远眺远处景物，规划街道对景，有利于增加小城镇街景的层次。

6.4.1.6　历史街区保护利用

小城镇街道是历史的产物，规划中应当将一些历史遗迹规划保留或是给予修复。从景观方面来说，保护利用应注意以下几个方面：

①保护和延续原有的空间结构和网络，包括传统的街道格局、河湖水系、山体地形。

②保护原有的空间尺度感觉，包括建筑的体量、高度和街道的宽度。它显示着建筑物与外部空间的关系，是体现城镇肌理的重要组成部分。

③保护空间的界面特征，包括建筑物的立面、屋顶质感等。

6.4.2　街景综合整治的构思

6.4.2.1　整体定位

明确道路系统形式，在方向感和整体识别定位上，要根据街区形象设计的总体规划要求，分析改造街道在市区交通中的地位与作用，明确其在详细规划阶段的定位。

6.4.2.2 确定整治规划内容及深度

应从街道交通和平面整治、沿街建筑立面整治、公共空间环境整治三个层面来展开街道景观详细规划。

6.4.2.3 强调公众参与

街景详细规划阶段要注意强调公众的参与意识。街道两侧的建筑物及单位是街道内容构成的基本元素。因此，充分调动公众参与执行规划的积极性，是街景综合整治顺利实施的重要保证。

6.4.2.4 注意规划范围的"双重"性

尽管规划范围是街道长度及两侧进深的范围，但是在分析论证时，必须扩大沿街进深到周边地块，以保证每个单位用地和规划空间的完整。

6.4.3 街道形象设计内容

6.4.3.1 街道交通及平面整治规划

①用地功能调整。在用地功能调整中，应根据现状条件，确定切实可行的整治对策和方法；针对不同类型地块采用多种改造整治方式，优化土地功能结构，确定科学的容量指标和土地使用强度，使规划更具操作性。

②道路规划。道路规划主要包括路面交通组织，机动车、非机动车数量统计、预测，停车场需求分析（公共、单位、临时），公交线路规划，公交站点设置等。

③绿化设计。绿化设计包括行道树、花坛、垂直绿化、小花园建设、草皮种植。

6.4.3.2 沿街建筑立面整治规划

根据现状（建筑质量、外观条件），立面整治应分三类：

①保留。目前质量尚好，门窗墙面均未破损的建筑应予以保留，并采取清洗、粉刷、去污除垢的措施，使立面整洁。

②整治。对立面有一定破损，受其他构筑物遮挡，使用不当以及建筑性质改变的建筑立面进行整治改造。

③更新。临街违章建筑、有碍于景观的临时建筑和随用地调整需重建、改建的建筑，应按整治规划相关要求委托有关单位进行建筑设计（图6-18）。

图6-18 沫若大道中心区段街景立面改造

（资料来源：黄耀志，黄勇，张康生等．苏州科大城市规划设计研究院．四川沙湾沫若大道街景立面改造，2002．）

6.4.3.3 公共空间环境整治规划

①市政设施。市政设施建设包括电力、电信、通信杆线、街灯、路灯、装饰灯、环卫设施等的改建和增加。

②交通设施。交通设施建设包括设置机动车、非机动车停车场，规划单位内部停车场，新增公交线路，设立候车亭，铺设盲道等。

③广告牌匾及灯箱。广告牌匾及灯箱应根据广告性质，决定设置位置、尺寸、材质、色彩等。

④商业店面设计。根据店面性质、建筑形式及街道色调设计橱窗、门匾。

⑤城市小品。城市小品主要包括路灯、垃圾分类收集箱、邮筒、公用电话亭、街牌、信息标识牌等的设计。

⑥公共空间设计。公共空间设计主要包括绿地、广场的设计等。

7 小城镇广场规划设计

7.1 小城镇广场概述

7.1.1 小城镇广场的渊源及定义

"广场"一词源于古希腊,最初用于议政和市场,是人们进行户外活动和社交的场所,其特点是不固定、松散的。随着社会需求的不断发展,广场的使用功能逐步由集会、市场扩大到宗教、礼仪、纪念和娱乐等。众所周知,广场是现代城市中最具公共性和魅力的公共空间。对于小城镇而言,广场仍然是城镇空间构成的重要组成部分,广场不但可以满足城镇空间构图的需要,更重要的是它能为市民提供一个交往、娱乐、休闲和集会等活动的公共场所。同时,小城镇广场及其代表的文化是小城镇文明建设的一个缩影。它作为小城镇的客厅,可以集中体现其风貌、文化内涵和景观特色,并能增强小城镇本身的内聚力,进而可以促进各方面建设,完善服务功能。

在小城镇总体规划中,应对广场的规模、空间分布、等级作宏观上的把握,对于其主题、形制、风格等也应适当作必要的控制,以引导小城镇广场良性有序地发展。作为小城镇开放空间的一个重要组成部分,广场基本可以看成是人为设置的以提供市民公共活动为主要目的的一种城镇开放空间。通过这个空间把其周围的各个独立的组成部分结合成整体,其主要目的是为人服务,本质上是城镇居民参与公共活动、参与社会并显示其角色的场所。它必须同时具备以下要素:其一是体现一定的功能和主题,其二是围绕该主题设置的标志物建筑(或道路)的空间围合,其三是可以容纳各种丰富多彩的市民自发活动的公共活动场地。这也是构成小城镇广场的三要素。

7.1.2 小城镇广场的分类

小城镇广场作为小城镇公共空间的主要组成部分,起着举足轻重的作用,是小城镇居民公共生活的重要场所。与大城市相比,小城镇有着其自身的特点:人口密度小,空间平缓疏朗,公共活动的场所更趋于集中。因此,小城镇的广场具有多功能、多用途的复合性质,往往集市政、休闲、纪念等多种功能于一体。但也有不少特殊的情况出现各种功能要求的小广场。与此同时,应注意小城镇各类广场的规模都相应地会较有限,必须根据实际情况因地制宜,不能盲目效仿大城市的做法。不依循实际情况,讲求排场,渲染气势往往会适得其反。小城镇广场由于其不同的功能、位置、平面形式、艺术风格等而具有不同的分类方法。

7.1.2.1 按性质和功能分类

(1)行政广场

行政广场是小城镇广场的主要类型,多修建在小城镇行政中心所在地,是镇政府与小城镇居民组织公共活动或集会的场所。市政广场的出现是小城镇居民参与行政和管理小城镇的一种象征。它一般位于小城镇的行政中心,与繁华的商业街区有一定距离,这样可以避免商业广告、招牌以及嘈杂人群的干扰,有利于广场庄严气氛的形成。同时,广场应具有良好的可达性及流通性,通向市政广场的主要干道应有相当的宽度和道路级别。广场上的主体建筑物一般是镇政府办公大楼,该主体建筑也是室外广场空间序列的对景。为了加强稳重庄严的整体效果,市政广场的建筑群一般呈对称布局,标志性建筑亦位于轴线上。由于市政广场的主要目的是供群体活动，所以广场中的硬质铺装应占有一定比例，周围可适当地点缀绿化和建筑小品（图7-1）。

图7-1 凌云县政府广场

（资料来源：桂林建筑设计院. 凌云县政府广场设计，2006.）

（2）休闲娱乐广场

小城镇的休闲娱乐广场是为人们提供安静休息、体育锻炼、文化娱乐和儿童游戏等活动的广场，一般包括集中绿地广场、水边广场、文化广场、公共建筑群内活动广场及居住区公共活动广场等。休闲娱乐广场可以是无中心的、片断式的，即每个小空间围绕一个主题，而整体性质是休闲的。因此，整个广场无论面积大小，从空间形态到建筑小品、坐椅都应符合人的环境行为规律和人体尺度。广场中的硬质铺装与绿地比例要适当，要能满足人们日常室外活动的多种需求。小城镇的休闲娱乐广场要注重创造优美的小环境和适当的空间划分，为人们平日的交往、娱乐提供尺度适宜的室外空间。广场上还应有坐椅、路灯、垃圾箱、电话亭、适量的建筑小品等设施。

休闲娱乐广场活用性广，使用频率高。虽然因其服务的半径不同，规模上有很大差异，但都应注重给人营造出宽松愉悦的氛围。

（3）交通集散广场

交通集散广场的功能主要是解决人流、车流的交通集散。这类广场中，有的偏重于解决人流的集散，有的偏重于解决车流、货流的集散，有的则对人、车、货流的解决均有较高要求。小城镇的人流、车流相对较少，也很少有较大规模的体育场、展览馆，因此交通集散广场多出现在人流密集的长途车站及交通状况较复杂的地段。规模较大的交通广场，如站前广场，应考虑静态交通（包括停车面积和位置分布）、行车流线和行人活动流线的组织，以保证广场上的车辆和行人互不干扰，畅通无阻。在广场上建筑物附近设置公共交通停靠站、汽车停车场时，其具体位置应与建筑物的出入口协调，以免人、车混杂或交叉过多，使交通阻塞。在处理好交通集散广场的内部交通流线组织和对外交通联系的同时，应注意内外交通的适当分隔，以避免将外部无关的车流、人流引入广场，增加广场的交通压力。此外，交通集散广场同样需要安排好服务设施与广场景观，不能忽视休息与游憩空间的布置，真正做到以人的使用需求为宗旨。

（4）纪念广场

纪念性广场是具有特殊纪念意义的广场，一般可分为重大事件纪念广场、历史纪念广场、烈士塑像为主题的纪念广场等。此外，围绕艺术和历史价值较高的建筑、设施等形成的建筑广场也属于纪念性广场。纪念性广场应有特殊的纪念意义，提醒人们缅怀和纪念有一定意义和价值的事或人。由于小城镇规模较小，纪念性广场一般会结合市政、休闲等功能，因此广场上除要具有一些有意义的纪念性设计元素，如纪念碑、纪念亭或人物雕像等，还应有供人们休息、活动的相应设施，如坐椅、垃圾箱、灯、展板等。这类广场因其特殊的功能要求，需要营造相对安静的环境氛围，防止过多车流入内。在比例、尺度、空间组织以及观赏时的视线、视角等方面的把握要得当，遵循一定的关系。在强调纪念性广场特殊性的同时，要力求恰到好处，不可片面追求庄严、肃穆的气氛。纪念性广场要突出纪念主题，其空间与设施的主题、品格、环境配置等要与主题相协调，可以使用符号、标志、碑记、亭阁及馆堂等元素设计手段，强化其感染力和纪念意义，使其产生更大的社会效益。四川乐山沙湾的沫若文化广场就是典型的以纪念历史人物为主题的广场，该广场的人物雕塑、景观环境等都烘托了这一主题。

（5）商业广场

自古以来，市场就是广场的一项重要功能。露天市场这种经营形式古已有之，主要是因为在广场上摆摊节省费用，降低成本；其次是便于操作，容易招揽顾客；另外还能让人们感受到熙熙攘攘、人来人往的生活气息。历史上，行政广场、宗教广场在节假日也都兼有露天市场的功能。随着城市的发展和人们对卫生及居住环境要求的提高，这种形式在许多地方尤其是在城市中已被商场等场所取代。但在小城镇，集市场贸易、购物、休息、娱乐、饮食于一体的商业广场还是备受青睐的。商业广场的位置、规模都可依据具体需要灵活安排，大到小城镇中心的广场，小到小城镇居住区前的空地，都能形成方便灵活、热闹非凡的商业广场。但应注意广场空间需以步行环境为主，商业活动区应相对集中，避免人流、车流交叉。环境卫生的保持也是商业广场需要注意的问题。如丽江的束河古镇，主要体现出以商业文化为目的的城建格局，而这里方形的广场，把泉水引入集市，围绕集市四通八达的街巷格局，沿街分布的各种作坊，使商业的地位突出到了极致。

商业广场周边的建筑有大量的商业招牌、宣传广告、展示橱窗，因而广场的面积不宜过大，以便人们在广场内任何地方都能识别它们。为了使顾客清楚地看到建筑的轮廓、色彩和建筑的细部，刺激其消费欲望，形成热闹的商业气氛，广场周边的建筑高度与广场的平均宽度之比（$H:D$）宜在 1:2～1:1 之间。在广场地面的处理方面，商业广场的人流集散量大，在广场中央不宜设置大面积的绿化，应以铺地为主，可布置少量的花坛。

此外，宗教广场也是小城镇广场的一个类别。该类广场在欧洲最为常见，但在中国小城镇中多为保存下来的传统庙前广场。传统的庙前广场一般是庙前空间的扩大，逢年过节则在庙前广场举行庙会、赶集，形成露天的市场，成为居民购物的场所；规模再大些的则在广场上设戏台，在节日时演出。因此，中国的传统庙前广场是公众进行商业娱乐的综合型场所，也是小城镇商业活动的起始。四川罗城"船形街"戏楼前的广场就是镇上居民进行宗教、帮会活动的场所，每逢传统节日和庙会，广场上就要开展耍龙灯、狮灯、麒麟灯、牛灯、花灯、车灯、秧歌等表演活动。

7.1.2.2 按平面组合形态分类

小城镇广场因受历史文化传统、地形地势、用途、基地周边环境等多方面因素的不同影响，形成的形态也不同。广场的形态可分为三类：规则的几何形、不规则形和复合型广场。

（1）规则的几何形广场

规则的几何形广场包括方形广场（正方形、长方形）、梯形广场、圆形广场（椭圆形、半圆形）等。规则形的广场，一般多是经过有意识的人为设计而建造的。广场的形状比较对称，有明显的纵横轴线，给人们一种整齐、庄重及理性的感觉。有些规则的几何形广场具有一定的方向性和引导性，利用纵横线强调主次关系和轴线的收尾来形成广场的方向性。也有一些广场通过重要建筑及构筑物的朝向来引导其方向。

（2）不规则形广场

不规则形广场，有些是由广场基地现状（如道路或水系的限定、地形高差变化等）、周围建筑布局、设计观念等方面的需要而形成的；也有少数是由岁月的历练自然形成的，是人们对生活不断的需求和行为活动的长期性演变发展而成的，广场的形态多按照建筑物的边界而确定。

（3）复合型广场

复合型广场是以数个单一形态的广场组合而成，这种空间序列组合方法是运用对比、重复、过渡、转折、衔接等一系列美学手法，把数个单一形态广场组织成为一个有序、变化、统一的整体。这种组织形式可以为人们提供更多的功能合理性、空间多样性、景观连续性和心理期待性。在复合广场一系列的空间组合中，应有多重空间的变化交错，如起伏、抑扬、转折等，设置节点并加以烘托和渲染，使节点空间在其他次要空间的衬托下，得以突出，使其成为控制全局的高潮，也使广场的个性更加鲜明。

7.1.2.3 按组成形式分类

广场的组成形式可分为平面型和立体型。平面型广场在空间垂直方向没有高度变化或仅有较小变化，而立体型广场与外在环境的平面网络之间形成较大的高度变化。

（1）平面型广场

平面型广场不论是在城市还是在小城镇中都是最为常见的。这类广场空间在垂直方向无变化或甚少变化，处于相近的水平层面，与城市道路交通平面连接，具有交通组织便捷，技术要求低，经济代价小的特点。但不足的是缺乏层次感和戏剧性的景观特色，易显得单调枯燥而使人乏味。在小城镇的广场设计中可利用局部小尺度高差变化和构成要素的巧妙变化使平铺直叙变为差落有致，一览无余变为曲折起伏，使广场的层次更加丰富，人的活动空间也更趋多样化，这也符合小城镇灵活多变的特征。

（2）立体型广场

在小城镇中，立体型广场的设计大多与地形有着紧密的联系，即结合地形的高差变化来塑造广场空间，这样的广场能发挥地方性的优势，创造特色。同时，由于立体型广场与城镇平面网络之间的高度变化较大，可以使广场空间层次变化更加丰富，更具有点、线、面相结合的效果。立体型广场又分为上升式和下沉式两种类型。

①上升式广场

上升式广场一般利用地形的高差变化构成仰视的景观，给人一种神圣、崇高的感觉，适合以纪念性为主题的广场。此外，这种形式的广场因其与地面形成多重空间，可以将人车分流，互不干扰，使空间和场地得到极大地利用。采用上升式广场，可打破传统的封闭感觉，创造多功能、多景观、多层次、多情趣的"多元化"空间环境。

②下沉式广场

下沉式广场构成了俯视的景观，给人一种愉悦、轻松的感觉，被广泛应用于各种城镇空间中。下沉式广场的环境相对安静、独立，可以为忙碌了一天的人们提供良好的休闲空间。此类广场由于自身的地形限制，可达性不高，与人寻求便捷的常规行为心理存在一定的矛盾，因此，在设计时应考虑比平面型广场整体设计更舒适完美，以增加吸引人在此停留的机会。应建立各种尺度合宜的"人性化"设施（如坐椅、台阶、遮阳伞等），考虑不同年龄、不同性别、不同文化层次及不同习惯人群的需求，建立残疾人坡道，方便残疾人的到达，强调"以人为本"的设计理念。下沉式广场因是地下空间，所以要充分考虑绿化效果，以免使人感到窒息，产生阴森之感。应设置花坛、草坪、流水、喷泉、林荫道等。下沉式广场的可达性也同等重要，应考虑到该广场的交通与城镇主要交通系统相连接，使人们可以轻松地到达。下沉式广场提供了一个安静、安全、围合有致且具有归属感的广场空间，具有点、线、面相结合和空间层次更丰富的特点，如设计配置得当，确为小城镇的标志景观。下沉式广场大多兼具步行交通功能，也有的与地下商业联通，落差处往往结合水体，更使空间充满了一种动感（图7-2）。

在社会文化趋向多元化的时代，反映这种时代特征的建筑及其环境也必然趋向多价值、多元化和多样化。小城镇作为我国新时期建设的重点，在建设和发展突飞猛进的大环境下，对于公共空间的要求也迈上了新的台阶，功能多样化、空间多层次逐渐成为现代小城镇广场追求的目标。

7.1.3 小城镇广场的设计理念

小城镇一般不像大城市，有发达的交通枢纽、鳞次栉比的高楼大厦，小城镇引人入胜之处在于

图 7-2 长沙黄兴广场
（资料来源：重庆大学城市规划与设计研究院.
长沙市黄兴南路商业步行街规划设计，2001.）

它的民情风俗和自然纯朴的环境。对于小城镇的广场建设，要充分把握到这一点并发挥到淋漓尽致，切忌盲目模仿某些大城市流行的"大草坪"广场模式，这样只会占用大面积土地却无法充分发挥小城镇广场的使用价值和地域价值，这种中看不中用的设计是极不合理的。因此，我们不难总结出小城镇广场设计的基本理念：经济实用，体现地域特色，注重文脉，尊重自然生态。

7.1.3.1 地方性

地方性是一个地区富有地方特点的文化习俗、宗教信仰、自然气候等要素的总称。体现地方性的设计主张在设计中吸收当地的民族民俗传统以及自然环境特征，展现出当地特有的风格。地方性的生成机制大致可分为三种因素：一是由自然环境和人类生活需要等所构成的客观条件，包括气候、地形、自然资源等，即形成地方性的自然因素；二是由人类精神需求所形成的文化基础，包括传统文化的继承和外来文化的吸收，即形成地方性的人文因素；三是由当时的经济技术状况所构成的技术力量和经济条件，即地方性得以形成的实现因素。

由于小城镇广场的特殊性，在设计中更需要具备可识别的地方性。地域特点是多年来小城镇发展留下的鲜活遗产，也是小城镇居民们的宝贵财富。每个小城镇都有自己的自然环境、风俗习惯、历史文化背景等地方特色，小城镇广场应在有机融入当地居民活动的前提下对这些地域特色有所体现。首先，应充分把握每一个小城镇的自然要素特征，使广场的景观特色化、本土化（如小城镇形态结构、地理特征、植物特色等）。其次，挖掘小城镇的人文景观特色，注重文化积淀，将不同文化环境的独特差异和特殊需要加以深刻地理解与领悟。提取小城镇中值得培育的文化基因，充分体现广场的历史价值和场所意义。一个有地方特色的广场往往被当地居民和来访者看作小城镇的象征和标志，使人产生归属感和亲切感，并给人留下深刻的印象。无论是广场或是其他的公共空间，想要做出真正的个性来，形式技巧固然不容忽视，但最佳的技巧莫如理解这里的生活，从生活中寻找个性，从这种个性之中去寻找独创的办法。因此，地方性应成为小城镇广场设计中必须考虑的要素，这样设计出的广场才有长久的生命力。

我国的小城镇建设越来越重视地方特色保护、历史文脉的继承，有意识地运用当地传统建筑符号来表现城镇的文脉，尊重当地自然条件以保证环境的原真性。一些地方将旧的广场再次设计以满足新的功能要求，将城镇中废弃的建筑用地拆除改建为广场。这些做法体现出传统建筑特征的符号经过加工在广场空间中得以新的利用，在适应现代生活，展示出现代社会风貌的同时引起人们的思考和联想。可以说，小城镇正用它的历史和与众不同书写另一种辉煌。

7.1.3.2 文化性

不同城镇、不同区域会形成不同的文化环境，如文脉、传统、历史、宗教、神话、民俗、乡土、风情、文学等。这些经过历史的考验，积淀下来的宝贵的物质、精神财富，得到大家共同的认可，人们对其产生深厚的情感。

文化是小城镇特色的本源，是人类文化的荟

萃之地，任何城镇形象都蕴藏着历史和今日的文化特质。小城镇形象更应显示出强烈、鲜明的个性化风格，展示出独特的魅力，才会给观察者以深刻的印象，也才会使居民产生认同感和归属感。新型的市民文化是需要更多交流的文化，是高科技、密集型的"信息化"文化。广场的生机与活力正是来源于外界环境的资源与信息的交换、交流以及市民之间的对话与沟通。多样的市民文化活动形成了市民文化的重要组成部分——广场文化。广场作为小城镇空间的重要组成部分，高质量的广场文化氛围是需要人为地创造和丰富的。广场作为多样文化活动的载体，城镇市民作为文化活动的主体，共同创造着当今开放性的广场文化。设计者应力求营建一个强调文化交流的场所，为市民提供更多的交往空间，旨在创造一个人性化的充满生机的市民公共活动空间。

随着人们对精神生活追求的提高，广场的文化性显示出愈加重要的地位。广场文化是大众文化，应该为小城镇居民所理解，所接受。千篇一律的巨型不锈钢雕塑、大型列柱或图腾不能反映不同文化环境的独特差异，大尺度、大手笔也不是广场建设成功的标准。广场与其周围的建筑物、街道、周围环境，共同构成该城镇文化活动的中心。设计广场时，要尊重周围环境的文化，展现出特定区位、特定文化环境和时代背景下的广场的文化环境。文化环境在具体的情况下，有许多不同的表现，如文脉、传统、源与流、历史、宗教、童话、神话、民俗、乡土、风情、纪念性的、闻名的、怀古的、原始艺术、人类的能量、文学与书法、诗意、符号学等等。小城镇广场可以利用这些要素加以整合提炼，提升自身的文化品位。如丽江白沙镇的白沙文化广场，通过整治集传统文化艺术和审美情趣于一身的白沙壁画环境，修建景区大门，增加绿化，开放了文昌宫，使崭新的白沙文化广场展现在人们面前，充分体现地方美学、文学等多方面的文化内涵、意境和神韵，展现出历史文化的深厚和丰富内容。位于沙湾中心城区大渡河边的沫若广场，也是典型的展现历史文化特色的广场。作为打造"沫若文化城"的重点项目，广场无论在主题构思上还是在雕塑设置、空间小环境构造方面均体现出一定的文化色彩（图7-3、图7-4）。

图7-3　四川沙湾郭沫若广场
（资料来源：苏州科大城市规划设计研究院.
四川乐山市沙湾区景观规划，2004.）

图7-4　四川沙湾郭沫若广场
（资料来源：苏州科大城市规划设计研究院.
四川乐山市沙湾区景观规划，2004.）

7.1.3.3　自然性和生态性

随着环保意识的全面深化，人们的目光开始越来越多地聚焦于生态环境。建设适宜于人类生活的生态城镇，形成促进居民身心健康，提高生活质量，保护其赖以生存的生态系统已成为新时代人类所共同追求的目标。

生态环境与人们的健康有着极为密切的关系，小城镇广场作为人们公共生活的空间，在设计时不仅要有创新的理念和方法，而且还应体现出"生态为先"，促进环境的健康发展。毕竟小城镇与大城市相比有着较为适宜的小气候和更多的自然要素，丰富的自然资源和宜人的生活环境应该是小城镇较大城市更吸引人的地方。在广场设计中要充分利用这些资源，体现生态效益。注重生态性有两方面的含义：一方面，广场应通过融合、嵌入等园林设计手法，引入小城镇自然的山体、水面，使人们领略大自然的清新愉悦；另一方面，广场设计本身要充分尊重生态环境的合理性，广植当地树木，不过分雕饰、贪大求全。江苏东台的生态广场就是一个结合周边环境，充分挖掘生态性的例子。生态广场位于东台生态园的中心，广场的正中间有一个圆形的生态球，是生态园的标志性建筑，它是由666片金质绿叶和10只银鸽组成的，象征着永丰林人用勤劳的双手，实践"人类与自然和谐友好"这个主题。而广场东侧的玻璃顶房子是草木花卉盆景园，占地面积860m²，拥有木本、草本、藤本花卉200多种。岳阳洞庭湖桂花园广场位于洞庭风光带北端入口的桂花园岛，广场利用现有的湖光水色，结合绿化，不仅形成了良好的景观效果，也改善了小气候环境，生态效应显著发挥（图7-5）。

图7-5 岳阳洞庭湖桂花园广场

（资料来源：苏州科大城市规划设计研究院.
岳阳洞庭湖沿湖风光带北段修建性详细规划，2004.）

绿化与水被称之为小城镇广场的绿道和蓝道，人们愈来愈青睐于绿化、水体等有机结合的生态型广场。使用植物绿化是创造优美生态环境的最基本而有效的手法。植物绿化能够净化空气，改善局部小气候，创造幽静的环境，使人在健康的环境下产生舒适愉悦的心情。不仅如此，植物绿化还有天然的装饰效果。随季节变化，植物呈现的景色也各有千秋，具有很强的艺术表现力。一般来说，小城镇广场的绿地率不应小于50%。水体则是小城镇广场设计中不可忽视的另一个生态因素。"仁者乐山，智者乐水。"许多小城镇拥有天然的水体，在设计中应该充分考虑对其引用或呼应，不仅可以使小城镇更具有生命的活力和灵性，也更能满足人们的亲水心理，提供丰富的活动空间。

7.1.3.4 审美性

广场作为一种人工建造的空间环境，必然要具备满足人们一定的使用功能需求和精神方面的需求。因而，广场就自然地具有了实用的属性和艺术美的属性。尤其是具有一定主题意义的广场，在精神性与艺术美方面的要求也更加突出。

人们在建造广场时，必然要涉及形式美问题，运用形式美的规律来进行构思设计并把它实施建造出来。形式美规律与审美观念是不同的。形式美应该更具有普遍性和共性特征。而审美观念具有更多的不确定性因素，因为它会因时间、地区和民族的不同产生比较大的差异。把握形式美的规律，对不确定性因素认真分析，恰当运用，这样才能使广场达到赏心悦目的效果。

一种美学理论认为，美是形式上特殊关系所造成的基本效果，比如高度、宽度、大小或色彩等要素。美寓于形式本身，是由它们激发起来的。美的感受是一种直接被形式造成的结果。柏拉图认为，合乎比例的形式是美的。这种美学思想在建筑设计领域中引出比例至上的观念，在高、宽、厚、长的数学关系中寻找广场设计的美。另一种美学理论认为应关注艺术作品的美表现什么，这种表现十分得体，形式才是美的。黑格尔认为，以最完善的方式来表达最高尚的思想那是最美的。这些美学理论运用在广场设计中同样具有很高的指导意义。

（1）多样与统一关系

中外、古今的广场设计，不论在形式有多么大的变化和差异，一般都会自觉或不自觉遵循形式美的规律，即多样而统一的原理，也就是说在统一中存在变化，在变化中寻求统一的方法。若相反的仅有多样性就会显得杂乱而无序，仅有统一性就显得死板、单调。所以一切艺术设计的形式中都必须遵循这个规律——多样与统一的有机结合。构成广场形式美是多样统一的原理。实现多样统一必须通过影响广场形式美的因素去分析。影响广场形式美的因素包括广场中主与从的关系、序列关系、韵律关系、比例关系、尺度关系以及广场的均衡关系等。广场设计的统一性可以从形状、色彩协调来实现，如通过广场局部构件的尺寸、形状、色彩之间的相似关系来表现，或通过某种母题的重复等体现规律和共性。

（2）主从关系

从中外、古今的广场设计实例来看，采用左右对称的构图形式是比较普遍的。对称的构图形式主要表现为一主两从或多从的结构主体部分位于中央，其他形成陪衬。一般纪念性广场、市政广场和交通广场等都采用这种形式。而非对称的主从广场形式比较活泼。主从结构可以使广场形成视觉中心和趣味中心，产生鲜明的广场特征。

（3）对比关系

广场的对比关系有大小对比、强弱对比、几何形对比、色彩对比等多种形式，而这些关系往往是综合运用于一个广场设计中的。

（4）对称和非对称形式

在广场设计实践中，对称与非对称是广场形式中最普遍的构成形式，其规律的形成与人们生活过程中对对称与非对称的形式性认识相统一有关。

① 广场的对称性形式

自古以来，对称一直被认为是形式美的重要因素之一。在人类文化发展的早期，人们就建立和形成了对称概念，并运用对称规律建造房屋和生活用品以及绘画艺术。对称不仅运用于实用领域，也运用于审美领域。对称形式易形成庄严、隆重、规矩的感觉，多用于行政广场和一些纪念性广场。

② 广场的非对称性形式

非对称形式的广场与对称式的广场相比会显得随意和自由一些，创造的灵活空间更多。非对称的各个部分应力求取得均衡感。均衡是构成广场协调的基础。它取决于正确地符合广场功能要求和艺术完整性的处理。非对称的广场均衡可以用各种手法来实现。非对称的广场构成取决于形成它们的具体条件，即特定的内容、广场与特殊周围环境关系。而非对称均衡的形成条件是通过统一的比例权衡关系，实现非对称的各个组成部分的协调。为了使广场中的单元构件合乎比例，应把广场各个构件不同部分进行重复和模数化。只有形成严格尺度关系的形态和色彩相似关系才能实现非对称的协调和均衡。

③ 广场的韵律与节奏

在广场艺术设计中，常常运用形式因素有规律地重复和交替来作为构图手段。重复的类型有两种：韵律的重复和节奏的重复。韵律的基础是节奏，节奏的基础是排列。一般理解为具有良好的排列称为具有节奏感、节奏性，同样对良好的节奏人们一般称之为具有韵律感。韵律和节奏在广场竖向设计和平面设计的形态中有多种多样的体现，形成相互交替、有所可循的规律感（如柱廊的排列等）。

7.2 广场设计的基本原则

7.2.1 贯彻以人为本的人文原则

提倡以人为本和可持续发展战略，是人类对自身价值和地位的重新认识和反思，是人类社会的巨大进步与飞跃。今天，对人文主义思想的追求已成为新的社会发展趋势，如再具体到城镇空间环境的创造上，则要充分认识和确定人的主体地位和人与环境的双向互动关系，强调把关心人、尊重人的宗旨具体落实于空间环境的创造中。小城镇广场是人们进行交往、观赏、娱乐、休憩等活动的重要城镇公共空间，其规划设计的目的就是使人们更方便、舒适地进行多样性活动。因此，其规划设计要贯彻以人为本的人文原则，要注重对人在广场上活动的环境心理和行为特征进行研究，创造出不同性质、不同功能、不同规模、各具特色的城镇广场空间，以适应不同年龄、不同阶层、不同职业市民的多元化需求，达到真正为人服务的目的。

小城镇广场的设计、布局、规模、设施及审美性均应以满足人们的需求为衡量标准。随着时代的进步，21世纪的设计理念更趋向以人为本的设计原则，将尊重人、关心人作为设计指导思想落实到城镇空间环境的创造中。丽江束河镇就有规划、有步骤地建设了一批文化广场，成为老百姓"打跳"的平台，同时配备了一批广场文化活动的音响、大屏幕等设备，提升广场文化层次，适应群众，主动服务。

7.2.1.1 人在广场上的行为心理分析

人与空间环境之间存在着作用与反作用的双向关系。一方面，人在空间环境中起主导作用，理想空间环境的设计与创造都是为人——使用者服务的，以满足人多样化的行为心理需求为目标。但同时环境又限定人，它是人获取信息刺激的来源。人们身处环境之中，在使用和感受空间环境的同时，综合各种环境信息并结合以往的经验对环境做出判断和意象评价，进而对空间环境做出相应的反馈。因此，人的行为心理是人与环境相关关系的基础和纽带，是空间环境设计的依据和根本。心理学则提供了这种空间环境中的"人"的观点。近则关系亲密、耳闻目睹、感知清晰，超过百米之外虽有图形但发生任何交流都相当困难。从表7-1中可以了解这种距离与交往的作用。

距离与交往　　　　表7-1

0.9~2.4 m	社交距离（普遍谈话范围，人人之间关系密切，可看清谈话者面部表情，可以听清语气细节）
12 m以内	公共距离（可区别人面部表情）
24 m	视觉距离（可认清人身份）
150 m以内	感觉距离（可辨别身体姿态）
1200m	可看到人的最大距离

（资料来源：王珂，夏健等. 城市广场设计[M]. 南京：东南大学出版社，1999.）

另一方面，人在广场上徒步行走的耐疲劳程度和心理承受极限与环境景观的品质以及当时的心态等因素有关。在单调乏味的景物、恶劣的气候环境、烦躁的心态、明确紧急的目标追寻等条件下，近者亦远；相反，如果心情愉快，或与朋友同行，又有良好的景色吸引和引人入胜的目标诱导，远者亦近。但一般而言，人们对广场的选择从心理上趋于就近、方便的原则。

人在广场上的行为，伴随着时间而展开，在空间和时间两个维度上同时发生。所不同的是，空间可以逆向运动，时间却是一去不复返。就时间维度而言，人对广场环境刺激的反应一般有三种表现：瞬时效应、后续过程和历史效应。广场环境的信息是在历史的理解过程中不断生成和积淀的，形成的物质形态背后隐含着深厚的文化底蕴。在小城镇广场的设计中，对广场环境整体的理解和体验正是对小城镇历史信息和文化内涵的充分阐释和传承。

在广场空间环境设计中充分考虑环境心理的三种时间效应时，可以将下列要素作为参照构架：

（1）以自然要素作为参照构架

自然界中，有时、日、月、季、年之时间梯度，日出日落、春夏秋冬、气候变换都向人们传递着时间的信息，使人对广场上的景物产生四时感应。同时，植物的枯树老藤、岩石的风化、建筑材料的退色和老化等，也在向人们述说着时间的演变，使人们感受广场历史的沧桑。用自然界所表现的物境，触发人的情境，可以使人产生不同的心理感受。

（2）以人文要素作为参照构架

在人文要素的利用上，可以在三个时态上使人加大心理感应：

①缅怀历史。利用历史的遗存、生活的痕迹、文字的解说，将人带入往昔的追思，从而加大广场环境内含的信息量。如汉中门广场的古城墙和碑文对市民的诱发等。

②体验时代。利用当代的事件、现代的设施和充满生活情趣的场景，使人进入"随机性"、

小城镇广场规划设计　179

"偶发感"来享乐人生。小城镇广场虽不同于一些城市广场以音乐喷泉、声控装置等设施来烘托气氛，但随着小城镇经济的不断发展，现代设施运用于广场建设也成为一种趋势。

③期待未来。人总是生活在追求理想的意义世界中，对未来充满无限希望和幻想。广场环境可以通过富于想象的构思和高新技术手段，向人们展现未来世界的神奇和魅力。小城镇广场的建设可以用这些技术手段营造或传统或现代的空间，其发展也势必走向一个全新的阶段。

7.2.1.2 人在广场中的活动规律分析

（1）活动对象

①个人活动

个人在广场空间中的行为虽有总的目标导向，但由于活动的内容、特点、方式、秩序和时间的限制，主体随当时的客观环境条件和主观变化，不免会出现随机行为，或是来广场稍歇，或是散步，因而在广场中停留时间较短，少则几分钟，在广场绕一圈便走，多则在广场中的坐椅、草坪与围栏等处观赏休息一会，大多不到1小时便离开。

②成组活动

若干人以成组的形式在广场上的活动。此时行为主体不是单凭个人意志支配行为，而是双边或多边共同参与下选择和决定行为内容。这类活动一般有一定的目的性，且形式多样，种类繁多，如在广场上游玩、休息、参观、交谈等。成组活动在广场中停留的时间较长，对广场空间环境的要求也较高，不仅要求广场有吸引人的景观环境与建筑小品，更重要的是广场能为其活动提供相应的空间场所。由于小城镇的生活节奏比较舒缓，闲暇的时间相对更多，我们不难看到，在小城镇广场上经常有居民聚在一起锻炼身体、唱歌跳舞等。例如，每当夜幕降临，在丽江束河镇四方听音广场上就有不少当地居民和中外游客自发聚集在一起，踏着优美的纳西族等民族音乐翩翩起舞。

③群体活动

众多人有组织地在广场上开展具有同一目的性的活动。这类活动一般表现为人数众多，目的相同，有相应的组织形式，其活动的人群不仅自身有着强烈的凝聚力，而且易引起围观，并对周围人起着"吸引"与"感染"的作用。活动内容可以是集会、表演等。在小城镇中，根据当地不同的文化和风俗习惯，可能会针对性地在广场上举办一些节日庆祝和集会活动，这就需要广场中具备较大面积的集中空间场所。当然，举行这类活动的频率不高，一般一年几次或几年才有一次，所以平时对于这些空间的利用也要有充分的考虑。

（2）活动内容

不同年龄层次的市民在活动内容、活动时间上各有不同，表现出一定的规律性。休息活动是广场的一个主要功能。在休息的同时，又可进行观赏、交往等活动。近年来我国小城镇广场上的表演活动比较频繁，常常有人进行悠然自得的自我表演，既自娱自乐，又营造了很好的广场气氛。锻炼健身是小城镇广场的又一显著功能，随着健康意识的提高，居民们常常三五成群地在广场上进行太极、扇子舞等多项健身活动，为广场增添了人气。

（3）交往活动

现代城镇广场的重要功能之一是交往。从心理学的角度来说交往是指在人们共同活动的过程中相互交流不同的兴趣、观念、感情与意向等等。小城镇广场设计应该为人们的交际提供方便而理想的场所，形成场所精神，使人们的生存空间富有活力。这就需要对人们的交往活动及其相应的交往空间进行研究。

总之，设计者只有进行精心设计和有机组合，才能自始至终体现对人的关怀和尊重，使小城镇广场真正成为为人享受、为人喜欢、为人向往的公共活动空间。

7.2.1.3 人在广场上活动的特性分析

人在广场空间中，其生理、心理与行为虽然存在个体之间的差异，但从总体上看是存在普遍共性的。马斯洛关于人的需求层次理论认为："人类进步的若干始终不变的、本能的基本需要,这些需要不仅是生理的,同时也是心理的;人们对需求的追求总是从低级向高级演进,而最高的层次是自我实现和发展。"这一关于人的需求层次理论概括起来分为五个层次:生理需求、安全需求、社交需求、尊重需求和自我实现需求。小城镇广场设计是为人设计并为人所使用的,所以应把"尊重人、关心人"作为广场设计的宗旨。要满足人的各个层次需求,首要的是研究人的空间行为,概括起来可分:

(1) 群聚性

以多数人的行为心理习惯往往会选择向人群集中,不同文化、年龄、爱好的人相聚在一起。在广场空间中,人们可能出于同一行为目的或具有相同行为倾向而聚集在一起。人活动时有以个体形式出现也有以群体形式出现的,按人数分为:

①个人独处:活动范围小,如看书、休闲、健身等,个人独处一般需要相对较安静的空间。

②特小人群:一般以 2~3 人为一群,活动范围小,如下棋、谈话等,这部分人群占广场空间人数的多数。

③小人群:3~7 人为一组,活动范围较大,如聚餐、运动、祭祀、小组活动等。

④中等人群:7~8 人不超过 10 人,活动范围更大,如开会、聚餐、健身、娱乐等。

⑤较大人群:几十人以上,一般多见于有组织的活动,如健身、举办文艺晚会、商业促销等。

广场聚集的人群,有各种不同的群体人数、组成方式、活动内容、参与程度、公共设施使用情况等。从活动的性质上又分为有目的和无目的、主动参与和被动参与。如在广场上进行有目的的主动表演、集体健身等,跟随人群不知不觉介入、围观等行为活动就会随之发生。分析和研究人在广场空间中的行为心理,为我们的设计提供了必要的依据。

(2) 依靠性

人在环境中并不是均匀散布的存在,而是习惯在视线开阔并有利于保护自己的地方逗留,如大树下、廊柱旁、台阶、建筑小品的周围等可依托的地方集聚。对人的"依靠行为"的研究表明:"从空间角度考察,人偏爱有所凭靠地从一个空间去观察更大的空间。这样的小空间既具有一定的私密性,又可观察到外部空间中更富有公共性的活动。人在其中感到舒适隐蔽,但也要保证不产生闭塞恐怖感。"因此,在广场设计中应充分考虑到人对空间的"依靠性"要求,使人们在广场空间中坐有所依,站有所靠。

(3) 时间性

人在环境中的活动受到时间、季节、气候等方面的影响,通过观察可以发现,人们在空间中一天的活动变化、一周的变化乃至一年的变化、每个季节的差别都不一样。时间要素对人们的活动往往产生至关重要的影响。在烈日炎炎的夏季,人们会尽量避开中午时间外出活动,一般利用早晚时间到广场散步和锻炼。在烈日下人们都愿意躲避在有遮阳的地方休息;在数九寒冬,阳光普照的场所则为人们所青睐。所以,我们在设计时,要根据人的心理需求,尽可能使广场具有舒适性、安全性,充分考虑人们在各个时间段的不同需求。

(4) 领域性

领域性是人类和动物为了获得自身的生存条件和其他利益等对空间的需求特征之一。人类的领域性不仅体现生物性而且体现社会性,如人类除了生存需要、安全需要外,更需要进行社交,得到别人的尊重和自我实现等。在环境中领域的特征和使用范围也复杂得多。阿尔托曼对领域提出了这样的定义:"领域是个人或群体为满足某种需要,拥有或占用一个场所或一个区域,并对其加以人格化和防卫性的行为模式。"综上所述,领域具有排他性、控制性并具有一定的空间范围。例如,人们愿意与亲人及朋友拥有一个相对安静并且视野开阔的半封闭的空间领域相聚,感受亲和的气氛,避免处于完全暴露的状态,受到陌生人的打扰。同时人们喜欢相互交往,但并不喜欢跟陌生人过于亲密。如果广场中供人们休息的服务设施,如坐椅安排的距离过近,没有间断性,必然会导致应该保持适当距离的一般性交往的朋友和保持较远距离的陌生人交往处于过近距离的强迫交往状态。广场的领域性正是反映了人们的生理、心理需求，所以，我们在设计时要充分考虑到广场的空间层次、人们行为的多样性及广场的使用性质，创造出人性化的层次丰富的广场空间。

广场设计中最重要的因素就是人的行为需要，因为人是广场的主体。在小城镇中，广场的综合性更强，不同类型的广场一般都兼有城镇居民休闲的功能，就更应该将"以人为本"作为设计的基本原则。

7.2.1.4 广场环境品质分析

人们不同层次的需要会在广场环境上得到反映。广场作为满足人的需要的空间载体，应具有舒适品质、归属品质和认同品质三种环境品质。将广场使用者的行为与广场环境紧密结合是人的各种需求得到满足的根本途径。

（1）舒适品质

广场环境的舒适品质是人的行为心理最基本的需求，只有当这一需求得到满足，广场才能成为人们乐于前往的场所。广场的舒适品质体现在两方面：一是生理上的舒适，也就是说广场首先要有一个良好的小气候环境，比如在我国北方，人们喜爱在向阳背风的环境中进行户外活动，风大或背阴的广场利用率相对较低；二是心理上的舒适，这表现为人对环境的一种安全放松的精神状态，它往往由广场环境的综合品质所决定，如广场尺度与围合感、广场环境层次、广场的主体色彩等。然而，我国许多新建的小城镇广场却明显地违背以上的原则。一些广场过分追求大城市广场的气派和精美，缺乏领域感而少有人光顾。它们往往不是以市民使用为目的，而是把市民当作观众，广场上由绿地和硬质铺装组成的美丽图案没有近人的尺度，难以使用。如一些广场的建设只是为了显示政府功绩的市政工程，而没有从如何为城镇居民生活服务，切实改善城镇人居环境的角度入手，这也就失去了小城镇广场建设的本意。一个真正优秀的广场设计必须以人的活动为出发点，以普通的人、真正生活在城镇中的人的活动为出发点，因为是他们的活动决定了小城镇的广场空间形式。

（2）归属品质

广场为居民提供了活动交往的可能，通过交往共处，人的社会属性得到了很好的体现。广场环境的归属品质由广场活动的多样性和人们对活动的参与性两方面组成。人的行为活动有着极强的时间与空间的相关性。不同年龄层次、社会阶层的使用者都希望在广场上自由自在地进行自己的活动。设计者应从基本环节出发，注重对广场使用者各种活动需求最基础的关心，如划分私密、半公共半私密、公共等不同空间层次，避免过多的单一用途空间，应尽量关注共性，对广场各层次空间不宜限制得过于死板，这样才能使多样化的活动在广场上自由展开。

参与是人的本能需要，人们通过参与活动才能满足自己的好奇心并感受到自我的存在，找到归属感。现代的广场设计十分注重调动人们多感官的积极参与，鼓励人充当活动的主角，而不仅仅以旁观者的身份进入广场，多方面的感知参与可以使人从可攀爬的雕塑、可使用的室外体育器械、可进入的草坪中发掘出比仅是视觉愉悦更多的乐趣。在区位和环境条件允许的情况下，适当的喷泉设计可以让游人自由自在地进入到喷泉里面，参与喷泉的流动，增加了活力，使游人与喷泉相映成趣，引人入胜。

（3）认同品质

小城镇的广场往往是小城镇的象征和标志，其内涵往往包含了小城镇的历史、文脉、精神与情感的内容，即能体现出一种人们对环境的认同感。目前我国的小城镇广场有着千篇一律的现象，识别性很差。其实每个小城镇都有自己的自然环境、风俗习惯等地方特色，小城镇广场应在有机融入当地居民活动的前提下对这些特色有所体现。一方面，应充分把握每一小城镇自然要素的特征，使广场的景观风貌化（如小城镇形态结构、地理特征、植物特色等）；另一方面，是挖掘小城镇的人文景观特色，充分体现广场的场所定义，在广场空间中创造适合当地民俗活动的特殊场所空间。

7.2.2 把握小城镇空间体系分布的系统原则

广场作为小城镇空间的"调节器"，是城镇空间环境的有机组成部分，品质高的广场往往是城镇的标志。但在小城镇公共空间体系中，广场有功能、性质、规模、区位等区别，每一个广场只有正确地认识自己的区位和性质，恰如其分地表达和实现其功能，才能共同形成城镇广场空间的有机整体。因此，必须对广场在整个大空间环境体系中的系统分布作全面的把握。

7.2.2.1 位于小城镇空间核心区的广场

这种广场往往是小城镇环境中尺度较大、功能多样的公共活动空间，能突出体现小城镇整体的风貌，具有统领意义。通过在广场四周布置重要的建筑物，可以使其成为整体空间环境的核心，重要的建筑在此聚集，重大的事件在此发生，人们身临其境，能感受到整个小城镇的脉搏。它如同一个核心，既把每个重要的信息传送到各个角落，同时也能感受到来自各方面的力量。

一般而言，小城镇中心广场由下列几种形式出现：

①较大面积开阔地的中心广场，铺上地面砖，人们在广场上进行自由活动、节日庆祝、平时观赏等。如在广场上举行一些当地的民俗活动，传承和展现地方特色。

②中心广场面积虽然较大，但以绿化环境为主。整个广场如同一个公园，配上座位，把人引入到绿丛之中，以幽静、休闲、观赏为主。

③一些欧洲的小城镇，广场面积并不大。但所处的位置居中，配以绿化、座位、草坪及雕塑等，应有尽有，具有亲切、幽静、休闲三大特点。进入广场，有久久不想离去之感。这也为我国的小城镇广场建设提供了宝贵的借鉴。

7.2.2.2 位于街道空间序列或轴线节点的广场

应用最多的是小城镇的步行商业街区，它们往往以某一主题广场作为整个商业区的开端，然后以步行街作为纽带，连接其他各具特色的广场。这种线状空间和块状空间的有机结合，增加了小城镇空间的深度和广度，大大加强了空间群体的感染力和影响力。同时，在小城镇综合开发中，利用广场作为轴线的节点，展开内外公共空间的组织，常常使整个区域空间完整有序而富有变化。广场空间的整体设计，不但能改善小城镇的空间面貌，为居民创造了舒适、悦目的公共空间，也可以成为外来游客的吸引点之一，促进地方经济的发展（图 7-6）。

图 7-6 长沙黄兴广场

（资料来源：重庆大学城市规划与设计研究院. 长沙市黄兴南路商业步行街规划设计，2001.）

7.2.2.3 位于小城镇入口的广场

这类广场是进出小城镇的门户，位置重要，往往给过往旅客对该城镇的第一印象，传统称为交通性广场。它的设计不仅要解决复杂的人货分流和停车场等动、静态交通问题，同时也要合理安排广场的服务设施，有机组织人的活动空间，综合协调广场的景观设计，把广场空间的功能与形态纳入小城镇公共空间的整体中，加以考虑。

7.2.2.4 位于自然体边缘的广场

位于自然体边缘的广场与自然环境密切结合，最能体现可持续发展的生态原则。一般是利用溪流、江河、山岳、林地以及地形等自然景观资源和生态要素形成公共开放空间。这种空间往往是步行者的专用空间，没有汽车干扰，一般与绿地结合紧密，广场富有自然情趣，能欣赏到小城镇美丽的自然景观。这也是小城镇广场区别一般城市广场的优势所在。

7.2.3 倡导继承与创新的文化原则

小城镇是人类文明的载体，是人类宝贵文化和悠久历史的容器，也是多种民俗民风和传统的源头。随着小城镇的产生、建设和发展，人类在不断建造适应自身生活的建筑环境。然而，对于那些积淀已久的历史和文化，我们应该本着珍惜、保护和发扬的原则，把这些宝贵财富融入小城镇的空间环境中。广场是人们公共活动的发生器和舞台，它的形象和质量直接影响居民的心理和行为，更对综合环境质量和景观特色造成不可低估的影响作用。因此，高质量的广场是小城镇空间环境的决定因素之一。

要使广场富有文化品味，在设计中应考虑以下几点：

①挖掘内涵、突出特色：共同的文脉使市民产生认同感、亲切感和归属感，突出文化特色，即结合时代特征，将小城镇的地段文化、自然地理等条件中富有特色的部分加以提炼，并结合创新，物化到广场中去，赋予广场以鲜明的特色和个性。

②提升文化品质：倡导先进性义化，对某些通俗文化进行适度提高与创新，使身处广场的大众能够受益，情操得到陶冶，身心素质得到提高。

③整合文化关联：广场是小城镇整体空间系统中的一个构成单元。整合文化关联就是要对建于不同时代，具有不同功能、形式，位于不同位置的广场及周围环境的各元素、各组成部分所体现的各种文化品味加以整合，使之相互关联，成为一个有机整体。此外，在立足于地域、民族文化基础之上，积极批判地吸收外来文化，为小城镇的发展建设注入新的活力。

7.2.4 地方特色原则

地方特色包括社会特色和自然特色两个方面。广场设计首先要重视社会特色，将当地的历史文化（如历史、传统、宗教、传说、民俗、风情等）融入到广场设计构思中，以适应当地的风土民情，凸显小城镇的个性，避免千城一面，区别于一般意义上的城市广场，增强地域的凝聚力和吸引力，给人们留下个性鲜明的印象。其次，自然特色也是不可忽视的，要尽量适应当地的地形地貌和气温气候。不同地域的气候差异很大，广场作为人们室外活动的公共空间受气候影响很大，不同地区的人们在广场上进行的活动也会有所不同。因此在进行广场设计时应充分考虑当地的气候特征，扬长避短，为人们的室外公共生活创造更好的环境。

我国大部分发达地区属于温带和亚热带，夏季长且气温高，日照强。这些都使得遮阳成为广场设计中应充分考虑的问题。我国南方不少地方在大树树荫下布置茶座供人们休闲、纳凉，成为南方小城镇的独特风貌。然而，令人遗憾的是目前在我国一些小城镇广场模仿欧洲的印记较深，流行"大草坪"广场模式，这就是没有因地制宜地进行设计而盲目模仿的结果。草坪虽然具有视野开阔、色泽明快的优点，但在调节气候、夏季遮阴、生态效益方面远不及乔木。而且我国大部分地区的气候不适宜草坪的种、植、管，草坪的维护成本远远高过乔木，不仅占用大面积土地还耗费了巨大的养护费用，无法充分发挥使用价值，曲解了公共空间的意义。而这样的广场更是与小城镇的实际情况和要求大相径庭。因此，在我国小城镇广场设计中应考虑当地的气候因素确定铺地与绿化的比例及绿地中草坪与乔木的比例。设计休闲类广场，应提高乔木在绿地中的比例。因为乔木树林是一种复合型用地，既可容纳市民的活动，又可保证广场景观。例如，将大草坪改为乔木，人们则可以得到更多的休憩及活动空间，乔木下的用地还可以多层次地利用，既可散步，又可避暑，也可种植花草，还能起到短时间避雨的功能，有时也还可以将其作为停车场地。而且还可大大减少绿化用水，提供充足的氧气并降低室外热浪对人们的袭击。另外，树木的种类应尽量适应当地气候的树种，这样可使广场的绿化更有地方性，也利于树木的生长管理。广场是小城镇居民室外生活的重要场所，因而它的设计应充分考虑当地的气候条件，满足人们室外活动的需要，绝不能盲目地照抄照搬西方城市广场的设计模式。

不同的地区、气候、地势、自然景观均有所区别，不同广场的面积大小、形状、道路交通、周围建筑、日照、风向等各种因素也各不相同。设计时，要考虑该城镇的地形地貌特征，利用原有的自然景观、树木、地势的高低起伏来考虑广场的布局和形式，将广场巧妙地融入小城镇周围的环境中，达到"虽由人作，宛若天开"的效果。如丽江古城的方形广场，充分利用古镇依山傍水的自然优势，将周边水系引入其中，形成了"以水洗街"的独特景象（图7-7、图7-8）。

在设计手法上还可采用梯阶、平台、斜坡等，增加层次感或利用空间组合和标识物的造型以突

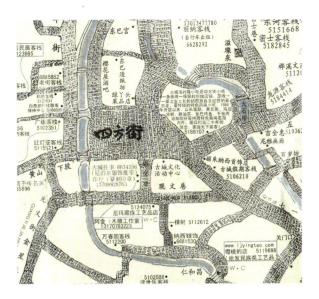

图7-7　丽江古城的方形广场
（资料来源：《丽江古城手绘示意》）

图7-8　丽江古城方形广场周边街区
（资料来源：《丽江古城》，2000.）

出地域特征。追求地域的认知感使广场具有可读性和高度印象性，成为一个城镇的象征。根据不同地区的气候，在设计北方城镇的广场时，还应注意北方日照时间短，冬天气候干冷，选择树种要耐寒，四季不易落叶。广场坐椅不应以石材为主，可选用木质材料。如采用喷水池，应考虑冬天的寒冷气候情况。对于南方地区的小城镇广场，因天气炎热，要选择一些高大的树种，起到避暑

纳凉的作用。广场设计要从总体上把握地域差异，体现地方特色，对于细节的处理更是要依据实际的区位特征，进行周密的考虑和安排。

7.2.5 效益兼顾原则

在进行广场设计时，不但要满足人的需要，创造宜人的生态环境，其经济效益也不容忽视。一个成功的广场，可以带动小城镇周边旅游、生态、商业、交通的发展，为经济发展提供良好的外部环境，创造可观的经济效益，并可提升小城镇的知名度。注重经济效益、社会效益、生态效益是小城镇发展建设需要把握的环节。就广场而言，并非规模越大越好，而是要根据地区及使用功能的不同，合理规划广场的规模大小，否则一味地追求规模宏大、气派，不但不能提升广场的经济效益，还会给人造成空旷、冷清、荒芜的感觉。

经济实用性是小城镇广场建设的关键要素之一。小城镇一般不像大城市有发达的交通枢纽、鳞次栉比的高楼大厦，小城镇的引人之处在于接近民情风俗的建筑设施、宽松适宜的环境。因此，小城镇广场的规划设计应突出的是经济实用性而不是奢华壮观。另外，经济实用的广场不仅符合小城镇的性格特征，而且也适应大多数小城镇的经济水平。一些小城镇的广场文化活动依托旅游景点，通过服务旅游带来经济效益。如在束河四方听音广场上，每天都由专职人员或导游等带领游客唱歌跳舞，使游客在感受丽江山美水美的同时，融入当地的广场文化活动，对丽江丰富多彩的民俗文化也就有了深层的体验。正是这些丰富多彩而又奇特迷人的民族文化，让全世界游客迷恋丽江，在丽江流连忘返（图7-9）。

我国大部分地区的小城镇建设刚刚开始起步，在规划建设中讲求经济实用对小城镇今后的健康发展尤为重要，切不可讲求排场，脱离实际。广场建设不仅要讲求本身建设的经济实用性，更应该在设计中综合考虑其建成后对小城镇经济发展

图7-9　丽江四方听音广场
（资料来源：《丽江古城》，2000.）

的推动作用，使其达到社会效益、环境效益和经济效益的综合体现。

2002年国务院发出了《加强城乡规划监督管理的通知》（国发［2002］13号文件，以下简称《通知》）。《通知》中指出，近年来，一些地方不顾地方经济发展水平和实际需要，盲目扩大城市建设规模，在城市建设中互相攀比，急功近利，贪大求洋，搞脱离实际、劳民伤财的所谓"形象工程"、"政绩工程"，成为城市规划和建设发展中不容忽视的问题。2004年建设部、国家发展和改革委员会、国土资源部、财政部则联合发出通知，要求各地清理和控制城市建设中搞脱离实际的宽马路、大广场建设，其中明确指出小城市和镇的游憩集会广场在规模上不得超过$1hm^2$。这无疑是对目前小城镇广场建设忽视经济实用性的批评和警示。

7.2.6 突出主题原则

设计主题各异的广场，按其使用功能也有不同的定位，如纪念广场、休闲广场、交通广场、商业广场等。不同的国家、民族、地域都有不可替代的广场形态和形式，这取决于迥异的地形地貌、历史文化、风土人情等。我们在给广场定位前，首先应该对该城镇自然、人文、经济等方面进行全面的了解，并通过提炼和概括，推敲出能够反映地域性、文化性和时代性的主题。

有准确定位的主题广场，也是具有鲜明个性的广场。如四川乐山的沫若文化广场中的古鼎雕塑就烘托了一定的历史主题。在广场的特色形成中，广场的符号如雕塑、铺装、喷水池、公共设施、照明、绿化等方面的设计，同样也起着关键性的作用，充分烘托出该广场的主题。好的创造灵感一般源于当地的地域、风俗民情、历史文化和经济状况等，应细细品味，有所挖掘。成功的广场雕塑不仅给人强大的感染力，而且也是广场主题的体现。另外，广场的雕塑、铺装、喷水池、公共设施等的材质，应避免千篇一律地采用磨光大理石、玻璃钢等，护栏、垃圾箱、电话亭等在造型上也应该有独创性。

小城镇广场无论大小如何，首先应明确其功能，围绕着主要功能，广场的规划设计就有了"轨迹"可循，也只有如此才能形成特色、内聚力与外引力。特定城镇广场的规划设计都应精心创造实用而突出主题特色的广场个体。一是要和谐处理广场的规模尺度和空间形式，创造丰富的广场空间意向。意向应根据镇级、区级和社区级合理规划，一般不宜过大且应分散设置，以取得均匀的活动公共空间；二是要合理配置建筑，实现广场的使用功能；三是要有机组织交通，完善市政设施，综合解决小城镇广场内外部的交通与配置。要特别注意空间距离的远近和交通时间的长短以方便居民使用广场，兼顾观赏性和实用性。

总之，小城镇广场设计应突出地域性、文化性、趣味性、艺术性和时代性。只有准确定位的广场才能够很好地反映小城镇的脉络，显得别具匠心、与众不同。

7.3 小城镇广场的设计手法

7.3.1 整体构思

小城镇广场的整体构思要总领全局，首先要充分考虑与当地的环境和背景特征相融合。在空间尺度和形象、材料、色彩等因素的处理上都应与大的环境背景相协调。广场设计构思要把客观存在与主观构思结合起来，一方面，要分析环境对广场可能产生的影响；另一方面，要分析、设想广场在小城镇环境或自然环境中的特点。特别要注重因地制宜、结合地形的高低起伏，利用和挖掘水面环境以及实际环境中有特色、有利的因素，追求广场设计构思的独创性，创造富于生命力的公共活动空间。

7.3.1.1 场地分析和容量确定

场地的分析和选择是广场设计的第一步，也是一个广场取得成功的前提条件。场地分析，首先应了解基地周围建筑的状况，立足于小城镇整体空间，对广场所处区域的周围环境进行分析，以确定广场位置是否合理，判定新设计的广场可能是受欢迎的还是被排斥的。最好的广场位置应能吸引各式各样的人群来共同使用广场，激发多样的活动发生的可能性。

其次，应对所建的广场有一个整体的认识，即确定广场的性质、容量和风格。广场性质一般可分为市政、交通、休闲、商业等。广场的容量估计，即广场的人流密度和人均面积指标，它涉及小城镇总体规划方案、人流量和交通量的统计、以及广场使用者行为规律。一般来说可按下列指标估算：人流密度以 $1.0 \sim 1.2$ 人$/m^2$ 为宜，广场人均占地面积约为 $0.7 \sim 1 m^2$。此外，还要根据小城镇的整体风貌确定广场的风格，如是现代风格还是传统中国园林风格，是开敞空旷的还是封闭等。

接下来的工作就是结合自然气候特征，对基地地形进行分析研究，确定可利用要素和需要改造的问题。对于广场和围合它的建筑而言，朝向与广场的日照和建筑的采光息息相关。根据相关调查统计数字分析，大约 1/4 的人去广场时首先是考虑享受阳光，所以广场的位置选择应考虑日照条件，即已建成或将建成的建筑对它产生的影响，以争取最多的阳光。对于因围合需要广场不得不采用东西向布置的时候，应当尽量满足主要使用功能部分南北向布置。广场南面应当开敞，周围避免布置高大建筑物，以防止广场被笼罩在高大建筑物的巨大阴影之中。广场的布置应当面向夏季主导风向，要对建筑规模和形状进行综合考察，要考虑好风向的入口和出口，不得影响通风。广场还可以结合周围街道形成小城镇的通风口和换气口，改善整体环境和空气质量。

分析场地周围是否与人行道系统相连通，保证良好的可达性也是广场设计需要关注的环节。在条件允许的情况下，广场可以与人行道、商业步行街加强联系以增加广场对人的吸引力。研究表明，只要广场与人行道相连，那么就会有30%~60%的行人穿越或使用它；当广场大或是位于街角时，使用率越高；而当广场狭窄或广场与人行道之间存在障碍时，使用率就会下降。

7.3.1.2 设计立意

高质量的广场体现的不仅是局部的出色，更是整体的优化，因此丰富的文化内涵、完美的立意就显得尤其重要。一个广场的成功与否并不仅在于它的空间元素、功能结构和主题意义，广场的空间形态还会受到许多外部条件的限制。这种限制一方面可以看成是广场设计中的不利因素，另一方面则可以看成是广场空间设计的立足点，创造出奇思妙想。因此在设计过程中，应当立足于基地现状、广场的功能特点以及小城镇发展的要求，创造出能够提高小城镇局部空间效益的广场空间。表达主题的手法很多，诸如建筑、雕塑、标志、重复使用相同母题、创造某种氛围等。在主题比较明确的环境中，用以表达主题的设计通常处于重要位置，如广场的几何中心、体量突出或色彩鲜明。一般来说，广场的立意包括空间立意、功能立意、发展立意三方面。

（1）空间立意

场地的状况为设计师提供创作多种方案的可能性，也是能从中发掘独特创意的要素。例如，对于比较繁华的地段，休闲广场的空间组织可以从"闹中取静"入手，创造具有一定内向性和封闭感的空间；而对于用地开阔或风景区中的广场，则积极引入外部环境的景观。地方性的文化环境是小城镇休闲类广场设计中最可利用的资源，广场环境中与地方文化脉络相关联的元素，是广场创作时考虑的重要因素。小城镇广场不仅需要取得良好的景观效果，满足使用的需要，更应该追求高质量的文化品位。

（2）功能立意

小城镇对广场的功能要求是广场空间设计中所必须满足的。但是广场的空间设计不应仅以满足这些功能为目标，可以在这些功能提供的内容上进行有特色的立意，从而使广场空间具有个性化的形象和适宜的功能。近年来广场空间系统的功能趋向多样化和多元化，使得广场的主题选择有了更宽的范围，如商业广场、交通集散广场等。关于这点，我们之前也有详细的描述。

（3）发展立意

小城镇的生态平衡和可持续发展对广场的立意提出了较高的要求。广场建设不能在工程竣工之后就一了百了，而应当体现在广场的全寿命过程中，以达到维护场地自然生态平衡和优化小城镇局域生态状况的目的。广场所处的基地可能会存在着比较稳定的生态小系统，广场新的空间形态的确立不应对现存的生态平衡起破坏的作用，而是要维持这种平衡，保全有益的生态因素，因而广场也是小城镇生态链中起着积极作用的因子。广场可以通过发挥水面、植被的生态效益，使空间的生态质量得以提高，从而提升小城镇整体空间品质。小城镇中引入广场的目的之一就是为了缓解小城镇的生态危机，"绿色"因此成为广场最常用的"母题"。因而广场的立意主题应当是有一定的超前性和前瞻性的，如"生态带"广场、"可持续"广场、"绿肺"广场等。

广场设计既是建造一个实质空间环境，也是一种艺术创作过程。它既要考虑人们的物质生活需要，更重要的是考虑人们精神生活需求。在广场设计过程中，必须综合考虑广场设计的各种需要，统一和协调解决各种问题；既要考虑使用的功能性、经济性、艺术性以及坚固性等内在因素，同时还要考虑当地的历史、文化背景、城市规划要求、周围环境、基地条件等外界因素。

7.3.2 总体布局

广场的总体布局应统筹全局，综合考虑广场实质空间形态的各个因素，做出总体设计，使广场的使用功能和景观艺术效果等各个因素彼此相协调，形成一个完整的有机体。在设计中使广场在空间尺度感、形体结构、色彩、交通与周围关系都应取得协调。

7.3.2.1 功能和形式设计

（1）广场的功能

广场功能在一定程度上是随着社会的发展和生活方式的变化而演变的。各种广场设计的基本出发点就是使广场充分满足人们的行为习惯、兴趣、心理和生理等需求。在功能分区上，广场一般由许多部分构成，设计时要根据各部分功能要求的相互关系，把它们组合成若干个相对独立的单元，使广场布局分区明确，使用方便。此外，广场的流线设计对于在整个广场上发生的活动来说举足轻重。人在广场环境中活动，人是广场中的活动主体，所以广场设计要安排交通流线，使各个部分相互联系便捷、合理。

（2）广场的形式设计

①轴线控制：轴线是不可见的虚存线，但它有支配广场全局的作用。应按一定规则和视觉要求将广场空间要素，依据轴线对称关系设计，使广场空间的组合构成更具条理性。

②特异变换：广场在一定的形式、结构以及关联的要素中，加入不同的局部的形状、组合方式的变异、变换，以形成较为丰富、灵活和新奇的表现力。

③母题运用：广场形式的母题设计手法使用最为普遍。它通常运用一个或两个基本形作为母题的基本形，在其基础上进行排列组合、变化，使广场形式具有整体感，也易于统一。

④隐喻、象征：运用人们所熟悉的历史流传典故和传说的某些形态要素，重新加以提炼处理，使其与广场形式融为一体，以此来隐喻或象征表现某种文化传统意味，使人产生视觉的、心理上的联想。最具代表性的作品是美国新奥尔良的意大利广场。

7.3.2.2 性格和造型艺术

广场的性格也就是广场形象的基本特征，在很大程度上取决于广场的性质和功能要求。广场形式要有意识地表现广场性质和内容所决定的形象特征。譬如，政治、纪念广场要求布局严整、规则，烘托庄重肃穆的气氛；而休闲性广场形式自由、悠闲，营造愉悦随性的感觉。

广场具有实用和美观的双重作用，根据不同广场性质和特征，它们的双重作用表现是不平衡的。实用性比较强的交通广场等，它的实际使用效果是首要的，艺术处理处于次要地位。作为政治广场和文化、纪念性广场，它们的艺术处理就居于较重要的地位，尤其是政治、纪念性广场艺术设计要求更加突出。广场艺术设计不仅仅是广场的美观问题，还有着更深刻的内涵。通过广场可以反映其时代精神面貌，反映特定小城镇在一定历史时期的文化传统积淀。

比较完美的广场艺术设计，要有良好的比例和适合的尺度，要有良好的总体布局、平面布置、空间组合以及细部设计相配合，充分考虑到材料、色彩和建造技术之间相互关系，形成较为统一的具有艺术特色和艺术个性的广场。

7.3.3 广场设计的空间构成

影响广场空间形态的主要因素有：周围建筑的体型组合与立面所限定的建筑环境、街道与广场的关系、广场的几何形式与尺度、广场的围合程度与方式、主体建筑物与广场的关系以及主体标志物与广场的关系、广场的功能等。

7.3.3.1 广场的空间围合

广场的空间围合是决定广场特点和空间质量的重要因素之一。恰到好处的围合可以较好地塑造广场空间的形体,使人产生对该空间的归属感,从而创造安定的环境。广场的围合从严格的意义上说,应该是上、下、左、右及前、后六个方向界面之间的关系。但由于广场的顶面多强调透空,因此焦点多聚集在二维层面上。

广场围合有以下四种原型:

①四面围合的广场:封闭性极强,既有强烈的内聚力和向心性,尤其当规模较小时。

②三面围合的广场:围合感较强,具有一定的方向性和向心性。

③二面围合的广场:空间限定较弱,常常位于大型建筑之间或道路转角处,空间有一定的流动性,可起到空间延伸和枢纽作用。

④一面围合的广场:封闭性很差,规模较大时可以考虑组织二次空间,如局部上升或下沉。

尽管广场的平面形式以矩形为多,但平面形式变化毕竟多种多样,以上所讨论的四个围合面只是以大的空间方位进行划分的。总体而言,四面围合和三面围合的广场是最传统的,也是小城镇较多出现的广场布局形式。

空间划分有围合、限定等多种方式,主要可分为实体划分和非实体划分两种。

①实体划分。实体包括建筑小品、植物、道路、自然山水等,其中以建筑物对人的影响最大,最易为人们所感受。这些实体之间的相互关系、高度、质感及开口等对广场空间有很大影响,高度越高,开口越小,空间的封闭感越强;反之,空间的封闭感较弱。对于广场空间而言,实体尤其是建筑物应在功能、体量、色彩、风格、形象等方面与广场保持一致。广场的质量来自于广场各空间要素之间风格的统一,因而建筑单体不应过于强调独创和自身的个性,而应整体协调。

②非实体划分。非实体要素的围合则可通过地面高差、地面铺装、广场开口位置、视廊等设计手法来实现。同时,还要注意在入口处向广场内看的视线设计问题。意大利许多古老的小城镇广场均是以教堂为主体建筑控制全局,广场的围合感很强,但从广场的各个入口处,仅能看到教堂的某个局部,美丽如画的引道不停地吸引着人们的视线。

目前,我国小城镇兴建的一些广场在围合感塑造方面都有所欠缺,周边建筑物杂乱无章,有失品质和内涵,围合的立面设计也不到位,或者根本没有围合可言,既有损小城镇形象,也给居民的户外活动带来了负面影响。这些都是我们在今后的设计中需要避免的。

7.3.3.2 广场的尺度和比例

广场的尺度应考虑多种因素的影响,包括其类型、交通状况以及广场建筑的性质布局等,但最终是由广场的功能也就是其实际需要决定的。如,游憩集会广场集会时容纳人数的多少及疏散要求,人流和车流的组织要求等;文化广场和纪念性广场所提供的活动项目和服务人数的多少等;交通集散广场的交通量大小、车流运行规律和交通组织方式等。总的来讲,小城市或小城镇的中心广场不宜规划太大,除中心广场外,还可结合需要设置小型休闲广场、商业广场等其他不同类型的广场。

在满足了基本的功能要求后,一般来说广场尺度的确定还要考虑尺寸、尺度和比例。人类的五官感受和社交空间划分为以下3种景观规模尺寸。

①25m见方的空间尺寸:日本学者芦原义信指出,要以20~25m为模数来设计外部空间,反映了人的"面对面"的尺度范围。这是因为人们互相观看面部表情的最大距离是25m,在这个范围内,人们可自由地交流、沟通,感觉比较亲切。超过这个尺寸辨识对方的表情和说话声音就很困难。这个尺寸常用在广场中为人们创造进行交流的空间。

②110m左右的场所尺寸:根据对大量欧洲古老广场的调查,广场尺寸一旦超出110m,肉眼就只能

看出大略的人形和动作，这个尺寸就是我们常用的广场尺寸。超过110m以后，空间就会产生广阔的感觉。所以尺寸过大的广场不但不能营造出"小城镇起居室"的亲切氛围，反而使人自觉渺小。

③390m左右的领域尺寸：大城市或特大城市的中心广场。大城市户外空间如果要创造一种宏伟深远的感觉时才会用到这样的尺寸，小城镇广场一般不应用这样的尺寸。

空间的尺度感也是广场设计中需要考虑的尺度因素。尺度感决定于场地的大小、延伸进入邻接建筑物的深度、周围建筑立面的高度与它们体量的结合。尺度过大有排斥性，过小有压抑感，尺度适中的广场则有较强的吸引力。在城市设计中提倡以人的尺度来进行设计，这是由于日常生活中人们总是要求一种内聚、安全、亲切的环境。就人与垂直面的关系而言，主要由视觉因素决定，如 H 代表界面的高度，D 代表人与界面的距离，则有下列的关系：

$D/H=1$，即垂直视角为45°，可看清实体的细部，有一种内聚、安全感；

$D/H=2$，即垂直视角为27°，可看清实体的整体，内聚向心不致产生排斥离散感；

$D/H=3$，即垂直视角为18°，可看清实体与背景的关系，空间离散，围合感差；

$D/H>3$，即垂直视角低于18°，建筑物会若隐若现，给人以空旷、迷失、荒漠的感觉。

所以 D/H 值在1~3之间是广场视角、视距的最佳值。

广场的比例则有较多的内涵，包括广场的用地形状、各边的长度尺寸及比例、广场的大小与广场上建筑物的体量之比、广场上各个组成部分之间相互的比例关系、广场的整个组成内容与周围环境的相互关系等。

从景观艺术的角度考虑，广场与建筑物的关系决定其大小。设计成功的广场大都有如下比例关系：$1<D/H<2$，$L/D<3$；广场面积小于广场上建筑面积的3倍。式中，D 为广场宽度，L 为广场的长度，H 为建筑物的高度。

但建筑物的体型与广场的比例关系，可以根据不同的要求用不同的手法来处理。有时在较小的广场上布置较大的建筑物，只要处理得当，注意层次变化和细部处理，虽然会显示出建筑物高大的体形，也会得到很好的效果。

广场尺度不当是小城镇广场建设失误的重要原因之一。小城镇与大中城市最大的区别就体现在空间尺度上，空间尺度控制是否合理直接关系着城镇的"体量"。大中城市有大中城市的尺度，小城镇有小城镇的尺度，如果不根据具体情况盲目建设显然是不合适的。许多小城镇在建设过程中都有着尺度失调的现象，为了讲求排场而建设大广场，完全与小城镇亲切的尺度相违背。毕竟与大城市相比，小城镇用地规模小，功能组成及其广场类型相对简单，对广场定量不当就会在广场建设中产生偏差与失误。当然，作为小城镇的中心广场追求气魄宏伟其实无可厚非，但其基本功能还是应以城镇居民平等共享、自由使用为核心。因此，广场空间的亲和度、可达性、可停留性显得尤为重要。重庆秀山广场充分利用基地地形，形成三角形制，广场虽然面积不大，但却很好地组织和转换了交通流线，与周围建筑物达到很好的契合（图7-10）。

图7-10 重庆秀山广场

（资料来源：重庆大学城市规划与设计研究院. 秀山文化公园片区修建性详细规划，2001.）

7.3.3.3 广场空间的角度处理

广场空间角度的处理，对于广场的围合效果同样也起着关键作用。广场围合界面开口越多，围合的效果就越差；周边建筑物多而高并且广场空间封闭性好，围合的感觉就越强。当然，随着时代的发展，人们对空间的认同也在不断的变化，但其宗旨还应是以人为本。下面是一些常见的广场空间组合关系的分析：

（1）四角封闭的广场空间

①道路从广场中心穿过四周建筑

此种设计，虽然四角封闭，但因其道路以广场中央为中心点穿过四周建筑，使得广场空间用地零碎，被均分为四份，造成了广场整体空间被支解的局面，因此很难达到内聚的效果。为了避免广场的整体空间被分割，应尽量使广场周边的建筑物形式统一，可在广场中央安置较宏伟的雕塑，借以加强广场空间的整体性。

②道路从广场中心穿过两侧建筑

与上述情况相同，此种空间组合四角封闭，道路仍然穿过广场中央，将广场一分为二，广场整体空间被打破，形成了无主从的局面。

③道路从广场中心穿过一侧建筑

当道路从建筑的一侧进入广场，虽然四角依然呈封闭状，但显示了主从关系，使得广场具有很强的内聚力，是较封闭的一种形式。

（2）四角敞开型广场空间

①四角敞开格网型广场空间

四角敞开型广场空间，多见于格网型广场。格网型广场是指道路从四角引入，缺点是道路将广场周边建筑四角打开，使广场与周边建筑分开，导致了广场空间的分解，从而削弱了广场空间的封闭性和安静性。

②四角敞开道路呈涡轮旋转形式

以涡轮旋转形式穿过广场，这种广场的特点是当人们由道路进入广场时，可以以建筑墙体为景。虽然是四角敞开，但仍然给人们一种完整的围合感觉。

③两角敞开的半封闭广场空间

当四角围合的界面其中一个被道路占用，就形成了两角敞开的半封闭广场空间。在半封闭广场空间中，往往是与开敞空间相对的建筑起着支配整个广场的作用。此建筑又称为主体建筑。为了加强广场的整体性和精彩感，可以在广场中央安置雕塑并以主体建筑为背景。此类广场较为常见，它的优点在于当人们由外面进入广场空间时，既可以欣赏广场内的主体建筑宏伟壮丽的景观，又可以观赏广场外的开敞景色，也属于封闭性广场中的一种。

④圆形辐射状广场空间

圆形围合界面广场空间，一般均有多条道路从广场中心向广场四面八方辐射。有较强的内聚力。此类型一般在国外的广场设计中运用较多。

⑤隐蔽性开口与渗透性界面

广场与周边建筑的另一种围合关系，是通过构架、柱廊的处理来达到既保证围合界面的连续性，又保证空间的通透性。研究表明，人们并不总是希望在完全封闭、与外界隔离的空间里逗留。在追求安静和安全的情况下，又与广场外界保持联系，十分符合人的心理需求。小城镇广场的规模相对来说可能会比较有限，大面积柱廊的使用不太合适，但可以考虑通过一些构架的灵活设置达到这种隐蔽与渗透相互交融的空间效果（图7-11）。

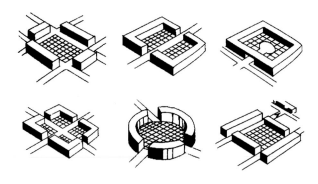

图7-11 广场空间的角度
（资料来源：文增. 城市广场设计［M］.
沈阳：辽宁美术出版社，2004.）

7.3.3.4 广场与城市环境的关系

广场是小城镇空间形态中的节点，为了能表现出清晰有力的小城镇形象，广场设计应注意以下几方面：

①集中体现该广场的性质和主要内容；
②具有特征鲜明的广场建筑物和空间形态；
③有明确的围合、屏蔽或向心的空间形式；
④有上下、左右、前后空间方位感；
⑤能通过穿透、重叠、围闭、连接、透视、序列、光影变化等手法来阐明空间。

7.3.3.5 广场与道路的关系

广场与道路的关系是密不可分的，从广场与道路的实用属性关系来看，它们都是人们的活动空间。广场是可以较长时间停留的点状或面状空间，而道路是线状空间形态，更偏重于交通功能，而非供人们在此作长时间逗留。

广场与道路的关系表现为道路既具有引向广场的作用，道路也可以穿越广场，或是广场布置在道路的一侧。

广场周边道路的布局以及道路的特征（包括方向性、连续性、韵律与节奏等）都直接影响到广场的面貌、功能和人们活动的空间环境。道路是广场周边众多制约因素之一。小城镇广场的道路设计应以城市规划为依据，依靠广场的性质等因素来进行全盘考虑。

彭一刚先生在《建筑空间组合论》关于城市外部空间的序列组织的内容中谈到：城市外部空间程序组织的设计应首先考虑主要人流必经的道路，其次还要兼顾到其他各种人流活动的可能性。只有这样，才能保证无论沿着哪一条流线活动，都能看到一连串系统的、完整的、连续的画面。小城镇由于自身的规模和等级有限，其广场与道路的关系也相对简单，但对于流线的处理以及景观序列的构筑仍旧不容忽视。

7.3.3.6 广场与标志物、主体建筑的关系

（1）广场与标志物的关系

一般布置在广场的中央标志物，适用于体积感较强，无特别的方向性的标志物。成组布置，应当具有主次关系，同时也适用于大面积或纵深较大的广场。标志物布置在广场的一侧，适用于侧重某个方向或侧重轮廓线的标志物。分列设置，适用于相似形或相似地位的成组标志物。而将标志物布置在广场一角，更适用于按一定观赏角度布置的标志物（图7-12）。

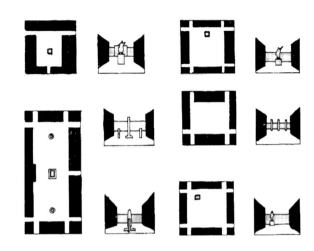

图7-12 广场与标志物的关系
（资料来源：建筑设计资料集，1994.）

（2）广场与主体建筑的关系

①主景：主要建筑处于广场一侧主要位置形成广场的主景。
②衬景：主要建筑处于广场一侧，为广场中心标志物作陪衬。
③并景：几座建筑物并列布置在广场一侧，形成并景效果。
④居间：建筑处于广场中心位置。像北京天安门广场中毛泽东纪念堂就是处于广场之中心。
⑤围合：主要建筑形成围绕广场，形成围合空间。
⑥退隐：主要建筑物前有敞廊、过道等，使建筑物不显著。

7.3.4 广场设计的空间组织

人在广场中的活动的多样性决定了广场除主要功能外还有其他多重功能，从而间接导致了广场空间的多样性。广场的空间组织必须按广场的各项具体功能进行安排。广场的功能要求按照

小城镇广场规划设计　193

实现步骤的不同，大致可以分为整体性功能和局部性功能两类。整体性功能目标确定属于广场创作的立意范畴，而局部性功能则是为了实现广场的"使用"目的，它的实现则必须通过空间的组织来完成。

7.3.4.1 整体性

整体性包括两方面内容：一方面是广场的空间要与小城镇大环境新旧协调、整体优化、有机共生，特别是在旧建筑群中创造的新空间环境，它是镶嵌在大环境中的，而不是一种破坏，整体统一是空间创造时必须考虑的因素之一；另一方面是广场的空间环境本身也应该格局清晰，严谨中求变化，保持一定的理性和整体有序性。环境设计手段十分丰富，设计者应有所取舍，提炼核心的要素，避免造成彼此矛盾，内容庞杂零乱。要特别重视安排空间秩序，在整体统一的大前提下，善于运用均衡、韵律、比例、尺度、对比等基本构图规律，处理空间环境。

7.3.4.2 层次性

随着时代的发展，广场的设计越来越多地考虑人的因素，人的需要和行为方式成为了城镇公共空间设计的基本出发点。小城镇广场多数为居民提供集会活动及休闲娱乐场所的综合型广场，尤其应注重空间的人性特征。广场由于不同性别、不同年龄、不同阶层和不同个性人群的心理和行为规律的差异性，空间的组织结构必须满足多元化的需要，包括公共性、半公共性、半私密性、私密性的要求，这决定了广场的空间构成方式是复合的。

整体广场空间在设计时，根据不同的使用功能分为许多局部空间即亚空间，以便于使用。每个亚空间完成广场一个或两个功能，成为广场各项功能的载体，多个亚空间组织在一起实现广场的综合性。这种多层次的广场空间提升了空间品质，为人们提供了停留的空间，更好地顺应了人的心理和行为。

层次的划分可以通过地面高程变化、植物、构筑物、坐椅设施等的变化来实现。领域的划分应该清楚并且微妙，否则人们会觉得自己被分隔到一个特殊的空间。整个广场或亚空间不能小到使人们觉得自己如同进入了一个私人领域空间，使彼此产生尴尬不适感，也不应大到几个人坐着时都感到空旷疏远。例如四川乐山沙湾的沫若文化广场在坐椅设置、植物配置、多重空间营造上都经过了精心的设计和考量，体现出丰富的层次性，满足了市民的多种活动需求（图7-13）。

图7-13 四川沙湾郭沫若广场的空间小环境
（资料来源：苏州科大城市规划设计研究院.
四川乐山市沙湾区景观规划, 2004.）

7.3.4.3 步行设计

由于广场的休闲性、娱乐性和文化性，在进行广场内部交通组织设计时，要考虑到广场内不设车流，应是步行环境，以保证场地的安全、卫生。这是城镇广场的主要特征之一，也是城镇广场的共享性和良好环境形成的必要前提。在进行广场内部人流组织与疏散设计时，要充分考虑广场基础设施的实用性，目前许多广场设置大量仅供观赏的绿地，这是对游人行走空间的侵占，严重影响了广场实用性。绿草茵茵的景象固然宜人，但是如果广场内草坪面积过大，不仅显得单调，而且也为广场内人流组织设置了障碍。另外，在广场内部人行道的设计上，要注意与广场总体设计和谐统一，还要把广场同步行街、步行桥、步行平台等有机地连接起来，从而形成一个完整的步行系统。由于人们行走时都有一种"就近"的心理，对角穿越是人们的行走特性，当人们的目的地在广场外而要路过广场时，人们有很强烈的斜穿广场的愿望；当人的目的地不在广场之外，而是在广场中活动时，一般是沿着广场的空间边沿行走，而不选择在中心行走，以免成为众人瞩目的焦点。因此，在设计时，广场平面布局不要局限于直角。另外，人们在广场行走距离的长短也取决于感觉，当广场上只有大片硬质铺地和草坪，又没有吸引人的活动时，会显得单调乏味，丝毫不能激发人的逗留欲望，而只会感觉距离漫长；相反，当行走路程中有着多种不同特色的景观，人们会不自觉地放慢脚步加以欣赏，距离也就自然而然不再成为障碍。因此，地坪设计高差可以稍有变化，绿树遮阴也必不可少，人工景观要力求高雅生动，并与自然景观巧妙地融合在一起。注重广场空间的步行化，也是体现以人为本的重要手段。

7.4 小城镇广场的客体要素设计

7.4.1 广场水景设计

广场水景的设计要注重人们的参与性和亲水性，同时还应注意地域差异。如北方和南方的气候差别，北方冬季气候寒冷，水易结冰，故北方小城镇广场的水面面积不宜太大，喷泉最好设计成旱地喷泉，不喷水时也可作为活动场地。

7.4.1.1 广场水景的作用和特性

水景是重要的软质景观，也是环境中重要的表现手段之一。中国传统文化中就有"仁者乐山，智者乐水"的说法，山与水构成了中国艺术精神中最具代表性的符号系统。在广场设计中对于水的运用比比皆是，也达到了很高的景观艺术效果和使用效果。

（1）水的可塑性和形状

水自身无固定形态，水的形态是由一定容器或限定性形态所形成。不同的水的造型取决于容器的大小、形状、高差和材质结构的变化。有的涓涓细流，有的激流涌进、一泻千里。水有动、静两种形态。根据这一特性，我们将水分为静水景观和动水景观两大类。静的水，给人以宁静、安详、柔和的感受；动的水，给人以激动、兴奋和欢愉的感受。

（2）水的音响

不同运动的水撞击所形成不同的音响，有的是叮咚叮咚，有的是大浪湍急的咆哮。所以，我们可以根据不同环境的需要，设计水的不同的音响。

7.4.1.2 广场水景设计类型

水景的表达方式很多，诸如喷泉、水池、瀑布、叠水等，使用得当能使环境生动有灵气。

（1）广场静水设计

所谓静水，就是水的运动变化比较平缓。静水一般表现在平面比较平缓，无大的高差变化。静水可以产生镜像效果，产生丰富的倒影变化，一般适合做较小的水面处理。日本的造园中处理较小水面时常用具象的形状，如心字形池、云形池、葫芦形池等作法就十分值得我们借鉴。如果做大面积的静水要考虑神韵的提取，避免单调呆板。譬如可以在形式上考虑曲折自由的形式，以达到"虽静尤动"的艺术效果。

静水有着比较良好的倒影效果，水面上的物体由于倒影的作用，给人诗意、轻盈、浮游和幻象的视觉感受。在现代建筑环境中这种手法运用较多，可以取得丰富环境和景观层次的效果。

（2）广场落水设计

流水的主要形式有瀑布和跌水两大类。

①瀑布：瀑布是一种自然景观，是河床陡坎造成的，水从陡坎处滚落下跌形成瀑布恢宏的景观。瀑布可分为面形和线形。面形瀑布是指瀑布宽度大于瀑布的落差。线形瀑布是指瀑布宽度小

于瀑布的落差。瀑布的形式有泪落、线落、布落、离落、丝落、段落、披落、二层落、对落、片落、重落、分落、帘落、滑落和乱落等。

②跌水：跌水是指有台阶落差结构的落水景观。这种设计对空间尺度的要求不大，不受场地的限制，还可以营造出灵活丰富的景观效果。

（3）广场喷水设计

喷水原是一种自然景观，是承压水的地面露头。喷水是广场中运用最为广泛的人为景观。它有利于广场的水景造型，人工建造的具有装饰性喷水装置，可以湿润周围空气，减少尘埃，降低气温。但是喷泉的使用应讲求因地制宜，考虑当地的实际，并注意尺度的把握，不能为了讲求排场和气势而盲目模仿欧洲城市和国内一些大城市的做法，使小城镇原本的特色风貌消失殆尽。

图7-14 重庆丰都公园入口广场

（资料来源：重庆大学城市规划与设计研究院.
丰都新县城人民公园规划设计，2001.）

7.4.2 广场绿化设计

广场绿化设计和其他广场元素一样，在整体设计中起着至关重要的作用。它不仅能为人们提供比硬质场地更自然宜人的休闲空间，符合人亲近自然的心理，还能起到美化广场的作用。更值得一提的是它可以改善广场的生态环境，提供人类生存所必需的物质环境空间。完整的广场设计应包括广场周边的建筑物、道路和绿地的规划设计。

广场绿化要根据广场的具体情况及其功能、性质等进行设计。如纪念广场，它的主要功能是为了满足人们集会、联欢和瞻仰的需要。此类广场一般面积较大，为了保持广场的完整性，道路不应在广场内穿越，避免影响大型活动，保证交通畅通。广场中央不宜设置绿地花坛和树木，绿化应设置在广场周边。布局应采用规则式，不宜大量采用变化过多的自由式，目的是创造一种庄严肃穆的环境空间。目前广场的功能逐渐趋于复合化，虽然是性质较为严肃的纪念广场，但人们在功能上也提出了更高要求。在不失广场性质的前提下，可以利用绿地划分出多层次的领域空间，为人们提供休息的空间环境的同时也丰富广场的空间层次。为了调解广场气氛、美化环境，配置手法上可多样化，如采用色彩优雅的花坛、造型优美的草坪、绿篱等。在植物的搭配上要得当，避免整体环境单调而缺乏植物自身固有的生机与活力。

休闲广场的设计应遵循"以人为本"的原则，以绿为主。广场需要大面积的绿化，整体绿化面积应不小于总面积的25%。为人们创造各种活动的空间环境，可利用绿地分隔成多种不同的空间层次，如大与小、开敞与封闭等。绿化整体设计可栽种高大的乔木、低矮的灌木、整齐的草坪、色彩鲜艳的花卉，并设置必要的水景，从而产生错落有致、参差变化、层次丰富的空间组合，构成舒展开阔的巧妙布局。当人们走进广场仿佛置身于森林、草地、水景之中。合理绿化，不但可以美化广场环境而且还可以为人们避阳遮雨，减少污染，减弱大面积硬质地面受太阳辐射而产生的辐射热，改善广场的小气候。

交通广场的功能主要是组织和疏导交通，因此汽车流量很大，为了减少汽车尾气和噪声污染，保持广场空气清新，实践证明，种植大量花草树木可以达到良好的吸尘减噪的效果。另外，设置绿化隔离带，可采用一些低矮的灌木、草坪和花卉，树高不得超过70cm，以避免遮挡司机的视线，保证行车安全。绿化布局应采用规则式，图案设计应造型简洁、色彩明快，以适应司机和乘客瞬间观景的视觉要求。广场中央可配置花坛起到装饰效果。

绿化组织可分为规则式和自然式两种。规则式体现庄重、平稳。但如果处理不当，易造成过于单调的感觉，应适当加以变化。自然式则显得生动活泼、富有变化。但如处理不当，易造成杂乱无章的效果，应考虑适当统一树种、花种，将色彩统一在总色调之内。自然式不建议在交通广场上使用，因车速高，不利于人的视觉交换，给人们造成不安全的感觉。

7.4.2.1 广场绿化设计的作用和目的

植物绿化不仅有生态作用，还能起到划分界面、划定区域、联系空间的多重作用，为广场营造了丰富的绿色空间，是小城镇广场空间环境的重要内容之一，并能增加城镇绿化覆盖率。广场绿化可以调节空气的温度、湿度和流动状态，吸收二氧化碳，放出氧气，并能阻隔、吸收烟尘，降低噪声。广场绿化还可以根据不同要求，利用不同植物观赏形态并加以设计，以增加广场所绿色景观，丰富广场美的感受。

7.4.2.2 广场绿化设计手法

（1）广场草坪

广场草坪是广场绿化设计运用最普遍的手法之一。广场草坪能净化空气，防暑降温，吸附尘土，减弱噪声，起保护环境的作用。广场草坪是指多年生矮小草本植株密植，并经人工修剪成平整的人工草地。不经修剪的长草地域称为草地。用于广场草坪的草本植物主要有结缕草、野牛草、狗牙根草、地毯草、钝叶草等。广场草坪的草个体小，数量多，生长快，适应性强，易成活，草紧贴地面生长，可防止尘土飞扬和水土流失。草坪在广场中形成通风道，降低温度。广场草坪一般布置在广场辅助性空地，供观赏、游戏之用。

广场草坪空间具有开阔宽广的视线，引导视线，增加景深和层次，并能充分衬托广场形态美感。如四川乐山沙湾的沫若文化广场的绿化草坪就在历史与文化的风格下增添了广场的休闲性，使人赏心悦目。

广场草坪，一般也是根据广场用途的不同进行分类。休闲、游戏广场草坪可开放供人休息、散步，一般选用叶细、韧性较大、较耐踩踏的草种。观赏性广场草坪不开放，不能进入游戏，一般选用颜色碧绿均一，绿色期较长，能耐炎热，又能抗寒的草种。

（2）广场花坛与花池

花坛和花池设计是广场绿化形态和广场建筑语言基本手段之一。广场花坛、花池又通常被称为广场立体绿化主要造型要素。广场花坛、花池高度一般要高出地面 0.5~1.0m 左右。花坛、花池应根据广场地形、位置需要而加以变化。它的基本形式有花带式、花兜式、花台式、花篮式等，可根据需要确定是否固定，也可与坐椅、栏杆、灯具等广场设施结合起来加以统一处理。适当的广场花坛、花池造型设计可以对广场平面和立面形态设计加以丰富和补充，同时对绿化形态处理带来多重造型变化可能性。

广场花坛、花池有单体式或独立式和组合式二类，形式变化主要在高差和形状两方面，在设计时必须与广场整体形式统一处理。广场花坛、花池布置非常灵活多变，有布置在广场中央，也有布置在广场边缘的。

（3）广场花架

用花架联系空间，并进行空间的变化是小城镇广场的常见设计手法。广场花架，也称绿廊，一般用于非政治特征的广场。它可在小型休闲广场的边缘进行布置，在广场中起点缀作用，同时也是休息、遮阴、纳凉的好去处。

7.4.2.3 广场绿化的植物配置

根据广场设计要求和植物生态习性，合理配置广场中的各种植物，以发挥它们的绿化、美化作用。广场植物配置是广场绿化设计的重要环节。

广场植物的配置方式有自然式和规则式两种，不论选择哪种方式，都要整体考虑到各种植物相互之间的配置，根据植物种类选择树丛的组合、平面和立面的构图，同时还要兼顾植物与广场其他要素如广场硬地、水景、道路等相互间的整体设计。

（1）广场植物种类的选择

不同植物具有不同的生态习性和形态特征。它们的干、叶、花的形状和姿态及其质地、色彩在一年四季存在不同变化和景观差异。因此，在进行广场植物配置时，要因地制宜、因时制宜，充分发挥植物特有的观赏价值。同时还要考虑与广场中其他要素的巧妙结合，如水景绿化配置宜选用耐水喜湿的植物，在有倒映的水景水面不宜栽植水生植物等。

（2）广场植物配置的艺术手法

①对比和衬托：运用植物不同形态特征包括高低、姿态、叶形叶色、花形花色的对比手法，配合广场建筑其他要素整体地表达出一定的构思和意境。

②韵律和节奏：广场植物配置可以通过反复、对比等手法进行形式上的多重组合，表现出韵律和节奏感。同时应注重植物配置的层次关系，保证在统一中有所变化。

③色彩和季相：植物的干、叶、花、果色彩丰富，可采用单色表现或多色组合表现，达到广场植物色彩搭配取得良好图案化效果。要根据植物四季季相，处理好在不同季节中植物色彩的变化，产生具有时令特色的艺术效果。

7.4.3　广场地面铺装

铺地作为硬质景观在创造环境景观中有重要作用，它虽属于广场设计的细节部分，但也是衡量广场品质高低的不可缺少的因素。广场最基本的功能是为市民的户外活动提供场所，铺装场地简单而具有较大的适应性，可以满足市民多种多样的活动需要。铺地可划分为复合功能场地和专用场地两种类型：复合功能场地没有特殊的设计要求，不需要配置专门的设施，是广场铺地的主要组成部分；专用场地在设计或设施配置上具有一定的要求，如露天表演场地、某些专用的儿童游乐场地等。地面不仅为人们提供活动的场所，而且对空间的构成有很多作用。它可以有助于限定空间、标志空间、增强识别性，可以通过地面处理给人以尺度感，通过图案将地面上的人、树、设施与建筑联系起来，以构成整体的美感，也可以通过地面的处理来使室内外空间与实体相互渗透。铺装的巧妙运用还可以给人多样的感受。如沫若文化广场的玻璃地砖铺装，青灰的地砖与玻璃结合，不仅与环境十分融合，而且也给具有历史主题的文化广场注入了时代的气息。广场空间铺装图案一方面应多样化，最大限度地给人以美的感受，另一方面也要考虑多样化图案的秩序性和整体性，否则会使人眼花缭乱而产生视觉疲倦，造成负面影响。

7.4.3.1　功能性和装饰性

铺装是广场设计中的一个重点，广场铺地具有功能性和装饰性的意义。首先在功能上可以为人们提供舒适耐用的路面。利用铺装材质的图案和色彩组合，界定空间的范围，为人们提供休息、观赏、活动等多种空间环境，并可起到方向诱导的作用。其次是装饰性，利用不同色彩、纹理和质地的材料组合，可以表现出不同的风格和意义。

7.4.3.2　组织形式

广场铺装图案常见的有规则式和自由式两种组织形式。规则式有同心圆、方格网等。同心圆形式给人一种既稳定又活泼的向心感觉，方格网形式给人一种安定的居留感。自由式组织形式给人一种活泼、丰富、变幻感。根据广场不同的性质和功能采用不同的组织方式，可以创造出丰富多彩的空间环境。

7.4.3.3 形状与质感

常见的铺装地砖形状有矩形、方形、六边形、圆形、多边形。矩形地砖具有较强的方向性，可有目的地用在广场的道路上，起到引导人们方向的作用。六边形和方形没有明确的方向感，所以应用较广泛。圆形可赋予地面较强的装饰性，但因为它的拼缝处理较难，所以不宜在广场上大面积使用，可在局部起到装饰作用。

地砖表面质感有光面、凹凸粗糙和有纹理等多种形式。在设计时要根据人们具体的使用目的和舒适度来决定采用何种形式。如广场上供人们行走的交通性路面不宜采用表面过于光滑的地砖，在有坡度的地段还有特别加设防滑处理。总之，地砖的选择要在考虑实际使用功能的基础上考虑优美的视觉效果。

7.4.3.4 工程选材

广场铺地比较适宜的是广场砖或凿毛的石材，在重点地方稍加强调，会对比衬托出一种意想不到的美感。天然材料的铺地，如砂子、卵石则显得纯朴甜美，富有田野情趣，对人往往更具亲和力，是广场铺地中步行小径的理想选材。此外，混凝土可以创造出许多质感和色彩搭配，是一种价廉物美、使用方便的铺地材料。

7.4.3.5 装饰效果

广场铺地不同于室内装修，以简洁为主。通过其本身色彩、图案等来完成对整个广场的修饰，通过一定的组合形式来强调空间的存在和特性，通过一定的结构指明广场的中心及地点位置，以放射的形式或端点形式进行强调。同时，广场铺地要与功能相结合，如通过质感变化标明盲道的走向，通过图案和色彩的变化界定空间的范围等。

7.4.4 广场小品

小品是小城镇广场设计中的"活跃元素"，它除了起到活跃广场空间，改善设计方案品质的作用外，更主要的是它本身就是广场设计的有机组成。多数小品是具有一定功能的，可以称为功能性小品，如坐椅、凉亭、柱廊、时钟、电话亭、公厕、售货亭、垃圾箱、路灯等。设计时应体现"以人为本"的设计原则，符合人体工程学和环境行为学的原理。一般来讲，人们喜欢歇息在有一定安全感，具有良好视野并且亲切宜人的空间环境中，所以在设计坐椅等时要考虑到这些因素。广场小品在满足人们使用功能的前提下也可满足人们的审美需求，如广场空间环境中的环境小品，包括雕塑、壁画等传统艺术品，以及喷泉、花坛、花架等。利用广场小品的色彩、质感、肌理、尺度、造型的特点，结合成功的布局，可以创造出空间层次分明，色彩丰富具有吸引力的广场空间。

小品色彩，处理得好可以使广场空间获得良好的视觉效果。色彩很容易造成人们的视觉冲击，巧妙地运用色彩可以起到点缀和烘托广场空间气氛的作用，为广场注入无限活力。如果处理不好，则易产生色彩杂乱、视觉污染的效果。小品的色彩应与广场的整体空间环境相协调，色彩不能过于单调，否则将造成呆板的效果，使人们产生视觉疲劳；小品色彩应与广场周边环境和广场的主体色相协调。

小品造型要统一在广场总体风格中，要分清主从关系。在具体形制上有所变化的同时，要保证完整性和系统性，做到统一而不单调，丰富而不凌乱。只有这样才能使广场具有文化内涵，风格鲜明，有强烈的艺术感染力。

每一个广场都或多或少表达着一定的主题思想，而雕塑小品对于主题的渲染和表达发挥着至关重要的作用。对于广场形象的塑造，更是起到画龙点睛之功效。优秀的雕塑小品能将艺术美、生活美、情感美融为一体，它们是广场的灵魂，吸引和感染着人们。广场雕塑小品的主题确定应能反映小城镇的文化底蕴，代表城镇形象，彰显小城镇的独特个性，能给人留下深刻的印象。广场雕塑小品作为公共艺术品，影响着人们的精神世界和行为方式，体现着人们的情趣、意愿和理想，应把握住积进取的主格调。

雕塑小品是三维空间造型艺术，为人们在空间环境中从多方位观赏提供了可能性，所以它涉及的环境因素很多。雕塑小品的设计应注重与广场自然环境因素相协调，应考虑主从关系，使代表广场灵魂的雕塑小品在杂乱的背景中显现出来。同时，要把握好与人的距离关系，人是广场的主体，雕塑小品与其距离远近是关系到小品是否能够完整地呈现出来的关键。人在广场中一般呈动态时候较多，所以要考虑雕塑小品大的形与势，不仅仅注重局部的刻画，所谓"远观其势"就是注重远距离的效果。此外，小品与周边环境的尺度关系也是相当值得关注的方面。首先，要考虑雕塑小品本身各部分的透视角度；其次，要注意雕塑小品与广场环境的尺度。如果广场面积过大，雕塑形体过小，会给人们一种荒芜而难以把握的感觉；如相反，则会给人们一种局促的感觉。总之，要正确处理好雕塑小品的尺度问题，使之与大环境相匹配。

广场雕塑是广场主要设计手法之一。古今中外许多著名的广场上都有精彩的雕塑设计，有些广场甚至以雕塑内容而定名，雕塑对广场设计所起的关键作用由此可见一斑。如四川乐山沙湾的沫若文化广场就是一个很典型的例子（图7-15）。

图7-15　四川沙湾郭沫若广场

（资料来源：苏州科大城市规划设计研究院.

四川乐山市沙湾区景观规划，2004.）

7.4.4.1　雕塑小品的特征

广场雕塑多为永久性雕塑，这主要取决于雕塑材料的耐久性，主要材料都是大理石和青铜等永久性材料制作，同时它还具有装饰性特征。广场雕塑是一个时代精神的反映，所以比其他雕塑要严肃。因为广场雕塑存留时间长久，少则数百年，多则数千年，所以需要雕塑家和建筑师充分认识广场雕塑所具有的反映社会和表现时代精神的功能。在小城镇建设中，广场雕塑应注意发掘那些可以表现小城镇特色的题材，塑造地域性的标志和特色景观。任何广场雕塑内容都具有特定内容、特定的地点，因而表现特定的人物和事件就不能离开历史的关联性。具有一定的关联性才具有更强的纪念性。如沫若文化广场中的沫若雕像，不仅起到全领整个广场的作用，其纪念性和文化性也尽显无疑。

广场雕塑必须从属于广场建筑环境。黑格尔曾说过：艺术家不应该先把雕塑作品完全雕好，然后再考虑把它摆在什么地方，而是在构思时就要联系到一定的外在世界和它的空间形式和地方部位。

7.4.4.2　广场雕塑小品的类型设计

根据广场雕塑所起的不同作用，可分为纪念性雕塑广场、主题性雕塑广场、装饰性雕塑广场和陈列性雕塑广场四种类型。

（1）纪念性广场雕塑设计

通过纪念性雕塑的表现来加以体现和渲染是许多纪念性广场设计常用的手法。纪念性广场雕塑是以雕塑为核心材料，以雕塑的形式纪念人与事，塑造广场的主题意义。纪念性广场雕塑最重要的特点是它在广场环境景观中所处的中心或主导位置，起到控制和统帅全广场的作用，而所有广场要素和总平面设计都要服从雕塑的总立意。

纪念性广场雕塑根据需要可建造成大型和小型两种。对于小城镇而言，比较小型的纪念性广场雕塑更为普遍。

（2）主题性广场雕塑设计

主题性广场雕塑是指通过主题性雕塑在特定广场环境中揭示某些主题。主题性雕塑同广场环境的结合，可以充分发挥雕塑在广场中的特殊作用，弥补一般广场缺乏表意的功能，因为一般广场无法或不易表达某些具体的思想。主题性广场雕塑最重要的是雕塑选题要贴切，一般采用写实手法，适当加以渲染，以烘托主题立意。

（3）装饰性广场雕塑设计

装饰性广场雕塑是以装饰性雕塑作为广场主要构成要素。装饰性雕塑可丰富广场特色。在地域文化特色显著地区的广场设计中，装饰性雕塑的运用不仅能丰富活动空间的艺术效果，还可以彰显地方特色。此类雕塑虽然并不强求鲜明的思想性，但应强调广场视觉美感的作用。

（4）陈列性广场雕塑设计

陈列性广场雕塑是指以优秀的雕塑作品陈列作为广场的主体内容。该类型重在展示功能，应从整体把握，组织好参观的流线。

7.4.4.3 广场雕塑的平面设计

广场雕塑的平面设计基本类型包括以下几个方面：

①中心式：雕塑处于广场中央位置，具有全方位的观察视角，在平面设计时注意人流特点。

②丁字式：雕塑在广场一端，有明显的方向性，视角为180°，气势宏伟、庄重。

③通过式：雕塑处于人流线路一侧，虽然也有180°的观察视角方位，但不如丁字式显得庄重，比较适合用于小型装饰性雕塑的布置。

④对位式：雕塑从属于广场的空间组合需要，并运用广场平面形状的轴线控制雕塑的平面布置，一般采用对称结构。这种布置方式比较严谨，多用于纪念性广场。

⑤自由式：雕塑处于不规则广场，一般采用自由式的布置形式。

⑥综合式：雕塑处于较为复杂的广场结构之中，广场平面、高差变化较大时，可采用多样的组合布置方式。

总的来讲，平面设计是将视觉中雕塑与广场环境要素之间不断进行调整，从平面、剖面因素去分析雕塑在广场上所形成的各种观赏效果。雕塑在广场平面上的布置还涉及道路、水体、绿化、旗杆、栏杆、照明以休息等环境设计。

7.4.5 广场色彩设计

色彩是广场设计最重要的设计手段之一，它是广场设计中最易创造气氛和情感的要素。广场色彩设计应结合广场的使用性质、功能，所处的气候条件、自然环境和广场周围建筑环境以及广场本身建筑材料特点进行整体设计。

7.4.5.1 广场使用性质对广场色彩设计的影响

①对广场使用的性质、风格、体形及规模的影响。规模比较大的广场宜采用明度高、彩度低的色彩，规模比较小的彩度可以高些。明亮的暖色可使广场具有明快的感觉。

②根据广场建筑材料表面的原色、质感及其热工状况，应充分利用表面材料的本色和表面效果，还可以充分利用建筑材料的光面与毛面由于反光的反射与阴影等而改变其色彩的明度和彩度。

③广场所在地区环境条件（如一般建筑材料和地方性建筑材料）和气候条件对广场色彩设计的影响。

7.4.5.2 色彩在广场设计中的作用

运用色彩可以加强广场造型的表现力，同时也可丰富广场空间形态效果，加强广场造型的统一性，最终达到完善广场造型的效果。由于现代材料、新技术、新工艺的多种多样，构成广场的因素又是多方面的（自然的、人工的、固定的、流动的），因而，要想形成和谐统一的格局，进行色彩的统一规划和设计就显得至关重要。

任何一个广场的色彩都不是独立存在的,均要与广场周边环境的色彩融为一体,相辅相成。广场设计应尊重历史,切不可将广场的色彩与周边建筑色彩相脱节,形成孤岛式的广场。因此,正确运用色彩是表现广场整体性的重要手段之一,成功的广场设计应有主体色调和附属色调。我国许多小城镇历史悠久,有着特定的传统色彩,在广场设计中可以从周边建筑、环境小品塑造中延续历史的文脉,显示历史原貌,彰显这种传统的色彩。

广场的色彩还取决于广场的功能和性质。如纪念性广场,色彩一般应凝重些,色相不宜过多,主要是表达庄严、稳重的感觉。而商业广场为烘托商业气氛,促进消费,激发人们的购物欲望,可以使色彩变化丰富多元一些,突出热闹的效果。休闲广场的色调应给人以轻松、舒适、自由愉悦的感觉。无论哪种功能和主题的广场,在色彩的处理上,都可以通过广场与周边自然环境色彩的统一以及广场元素之间色彩的统一,来构成和谐的广场性格。

8 小城镇绿地详细规划

中国城市绿地的分类也经历了一个逐步发展的过程。1961年版高等学校教材《城乡规划》中将城市绿地分为公共绿地、小区和街坊绿地、专用绿地、风景游览或休疗绿地共四类。1973年国家建委有关文件把城市绿地分为五大类：即公共绿地、庭院绿地、行道树绿地、郊区绿地、防护林带。1981年版高等学校试用教材《城市园林绿地规划》（同济大学主编）将城市绿地分为六大类：即公共绿地、居住绿地、附属绿地、交通绿地、风景区绿地、生产防护绿地。1990年国标《城市用地分类与规划建设用地标准》（GBJ 137—90），将城市绿地分为三类，即公共绿地（G1）、生产防护绿地（G2）及居住用地绿地（R14、R24、R34、R44）。

1992年，国务院颁发的新中国成立以来第一部园林行业行政法规《城市绿化条例》，将城市绿地表述为："公共绿地、居住区绿地、防护林绿地、生产绿地"及"风景林地、干道绿化等"，即至少六类。1993年建设部印发的《城市绿化规划建设指标的规定》（建城〔1993〕784号文件）中，"单位附属绿地"被列为城市绿地的重要类型之一。

2002年，建设部颁布了《城市绿地分类标准》（CJJ/T 85—2002），将城市绿地划分为五大类，即公园绿地（G1）、生产绿地（G2）、防护绿地（G3）、附属绿地（G4）、其他绿地（G5）。

2007年05月01日，国家颁布实施的《镇规划标准》中将镇用地中的绿地分为公共绿地和防护绿地，特别指出不包括各类用地内部的附属绿化用地。

公共绿地（G1）是面向公众、有一定游憩设施的绿地，如公园、路旁或临水宽度等于和大于5m的绿地。

防护绿地（G2）是用于安全、卫生、防风等的防护绿地。防护绿地应根据卫生和安全防护功能的要求，规划布置水源保护区防护绿地、工矿企业防护绿带、养殖业的卫生隔离带、铁路和公路防护绿带、高压电力线路走廊绿化和防风林带等。

与绿地相关的现行法规和标准主要有：《中华人民共和国城乡规划法》、《城市绿化条例》、《城市用地分类与规划建设用地标准》（GBJ137）、《公园设计规范》（CJJ48）、《城市居住区规划设计规范》（GB50180）和《城市道路绿化规划与设计规范》（CJJ75）等。这些法规和标准从不同角度对某些种类的绿地作了明确规定。从行业要求出发编制本标准时，与相关标准进行了充分协调。

8.1 小城镇绿地的类型及特点

小城镇绿地是指小城镇用地中专门用于改善生态、保护环境，为居民提供休憩场地和美化景观的绿化用地。城镇绿化包含着各种类型、规模、功能、性质的绿地，内容多样，分布均匀，形成不同层次的绿地网络。无论是小城镇生态、景观与空间、环境保护，还是人们游览、休息、娱乐、健身的需要，小城镇的发展、人民生活水平的提高与绿地建设都应是协调和同步的。

8.1.1 小城镇绿地的特点

小城镇绿地系统的构成、作用、规划和建设都与大中城市及乡村有所不同，具有自己的明显特点。

①由于小城镇规模较小，与周边农村及邻近大城市联系紧密，小城镇的一个突出特点是在大中市与乡村之间起着联系纽带作用。小城镇绿

地与城镇郊区大环境绿地之间的联系较之大中城市更为密切。

②小城镇绿地的使用者无论在生活方式上还是在欣赏水平上，与大中城市居民均存在明显的差别，所以在进行小城镇绿地规划建设时必须充分考虑到主体使用者的具体需求。特别是小城镇绿地详细规划设计阶段，要充分考虑到小城镇浓郁的民俗风情、宗教信仰、亲密的邻里关系等地域性的特点，打造具有地方特色的新时期中国小城镇。

③小城镇绿地类型有其自身的特点，由于小城镇的人口规模和用地规模与大中城市相比区别很大，因此小城镇绿地系统中的各类绿地类型不同于大中城市，一般数量较少，类型不多，规模较小。

④小城镇一般建筑层数较低，街道较窄，一些未经规划便建起的城镇空间变化丰富。但不规则、无规律，这一切都为小城镇绿地的规划设计提供了难点和创造的机会。

根据小城镇绿地系统的特点，充分发挥其优势，弥补其不足，是小城镇绿地规划建设中应重点把握的关键。

8.1.2 小城镇绿地的类型

目前，国内在小城镇规划建设中县城所在地的建制镇常采用的是城市建设用地分类标准，而一般镇则采用《镇规划标准》（GB 50188—2007）。前者将绿地分为三类：公共绿地（G1），生产防护绿地（G2）及居住用地绿地（R14、R24、R34、R44）；而《镇规划标准》中则分为两类：公共绿地和防护绿地。建设部在《城市绿地分类标准》（CJJ/T 85—2002）中将城市绿地划分为五大类，即公园绿地（G1）、生产绿地（G2）、防护绿地（G3）、附属绿地（G4）、其他绿地（G5）。作者认为在小城镇的绿地规划设计中，《城市绿地分类标准》分类较细，较适合小城镇绿地的详细规划与设计。

8.1.2.1 公园绿地（G1）

公园绿地指"向公众开放，以游憩为主要功能，兼具生态、美化、防灾等作用的绿地。"公园绿地与城镇的居住、生活密切相关，是城镇绿地的重要部分。

根据《城市绿地分类标准》（CJJ/T 85—2002），公园绿地包括综合公园、社区公园、专类公园、带状公园以及街旁绿地。它是城区绿地系统的主要组成部分，对城镇生态环境、市民生活质量、城镇景观等具有无可替代的积极作用。

（1）综合公园（G11）和社区公园（G12）

各类综合公园绿地内容丰富，有相应的设施。社区公园为一定居住用地内的居民服务，具有一定的户外游憩功能和相应的设施。二者所形成的整体应相对地均匀分布，合理布局，满足城镇居民的生活、户外活动所需。城镇公园的服务半径参考数据见表8-1。

综合性公园一般应能满足市民半天以上的游憩活动，要求公园设施完备，规模较大。公园内常设有茶室、游艺室、溜冰场、露天剧场、儿童乐园等。全园应有较明确的功能分区，如文化娱乐区、体育活动区、儿童游戏区、安静休息区、动植物展览区、管理区等。用地选择要求服务半径适宜，土壤条件适宜，环境条件适宜，工程条件适宜（水文水利、地质地貌）。

城镇公园和社区公园的合理服务半径　　　　表8-1

公园类型	面积规模（hm²）	服务半径（m）	居民步行来园所耗时间（分钟）	适应小城镇规模
市级公园	≥10	1000~2000	15~20	5万人左右
区级公园	≥4	50~800	8~12	2万人左右
小区级公园	≥0.5	300~500	5~8	1万人左右

注：作者根据工作经验等建议适用于小城镇的公园规模。

(2) 专类公园（G13）

小城镇自身具有良好的绿地景观资源，可以依托这种资源设计专类公园，如植物园、文化与历史公园等。大城市周围地区的小城镇往往承担大城市区域性专类公园的功能，如风景旅游区、名胜古迹、大型动植物园、各类生态保护绿地的公园。有些地处国家级、省级风景名胜区周边的小城镇，则城镇自身必须依据各级风景名胜区规划制定的策略协调发展（图8-1）。

图8-1 重庆望江生态园

（资料来源：重庆大学城市规划与设计研究院.
重庆市现代生态农业示范园详细规划设计，2001.）

植物园是以植物为中心的，按植物科学和游憩要求所形成的大型专类公园。它通常也是城镇绿化的示范基地、科普基地、引种驯化和物种移地保护基地，常包括有多种植物群落样方、植物展馆、植物栽培实验室、温室等。植物园一般远离居住区，但要尽可能设在交通方便、地形多变、土壤水文条件适宜、无城镇污染的下风下游地区，以利各种生态习性的植物生长。

风景名胜区是风景名胜资源集中，自然环境优美，具有一定规模和游览条件，经县级以上人民政府审定命名、划定范围，供人们游览、观赏、休息和进行科学文化活动的地域（见《风景名胜区规划规范风景名胜区规划规范》(GB 50298—1999)）。

风景名胜指具有观赏、文化或科学价值的山河、湖海、地貌、森林、动植物、化石、特殊地质、天文气象等自然景物和文物古迹、革命纪念地、历史遗址、园林、建筑、工程设施等人文景物和它们所处的环境以及风土人情等。我国的风景名胜区按其风景的观赏、文化、科学价值和环境质量、规模大小、游览条件等，划分为三级。即市（县）级风景名胜区，具有一定观赏、文化或科学价值，环境优美，规模较小，设施简单，以接待本地区游人为主，由市、县人民政府审定公布；省级风景名胜区，具有较重要的观赏、文化或科学价值，景观具有地方代表性，有一定规模和设施条件，在省内外有影响，由省、自治区、直辖市人民政府审定公布；国家重点风景名胜区，具有重要的观赏、文化或科学价值，景观独特，国内外著名，规模较大，由国务院审定公布。风景名胜区是构成良好生态环境和生活环境的重要组成部分，是广大人民休息、游览的胜地，国家法律规定予以严格保护。例如以自然风光享誉天下的桂林市兴坪镇、四川省九寨沟风景名胜区、云南与四川交界处的泸沽湖景区等。

中国历史文化名镇是由建设部和国家文物局共同组织评选的，保存文物特别丰富，且具有重大历史价值或纪念意义的，能较完整地反映一些历史时期传统风貌和地方民族特色的镇。通常和

"中国历史文化名村"一起公布，例如闻名于世的周庄、同里等。

在一些有条件的地区，除以上各种专类公园外还有特定主题内容的绿地，包括雕塑园、盆景园、纪念性公园等。这类公园的绿化占地比例应大于等于65%。例如，桂林雁山区大埠乡的愚自乐园，以洞窟艺术和当代雕塑为主体的大型国际地理景观艺术公园，兼具收藏、展览、娱乐、研究、教育推广等多种功能，同时也是该乡主要经济来源之一。

（3）带状公园（G14）

以绿化为主的可供市民游憩的狭长形绿地，常常沿城镇道路、城墙或滨河、湖、海岸设置，对缓解交通造成的环境压力，改善城市面貌，改善生态环境具有显著的作用。带状公园的宽度一般不小于8m。

（4）街旁绿地（G15）

街旁绿地是位于城镇道路用地之外，相对独立成片的绿地。在历史保护区、旧城改建区，街旁绿地面积要求不小于1000m^2，绿化占地比例不小于65%。街旁绿地在历史城市、大城市中分布最广，利用率最高。而现状小城镇不注重街旁绿地的建设，造成景观环境和居民的游憩质量较差，所以小城镇绿地建设中必须对其加以重视。

8.1.2.2 生产绿地（G2）

主要是指为城镇绿化提供苗木、花草、种子的苗圃、花圃、草圃等圃地。它是城镇绿化材料的重要来源，对城市植物多样性保护有积极的作用。

实际上在小城镇中，城镇绿化的苗木直接来源于周边地区，小城镇本身不配备上述定义的生产绿地。而处于大城市周边的小城镇一般也扮演着为大城市提供苗木花草的角色，这同时也是小城镇的重要经济来源之一。

生产绿地作为小城镇绿化的生产基地，要求土壤及灌溉条件较好，以利于培育及节约投资费用。它一般占地面积较大，受土地市场影响，现在易被置换到郊区。城镇生产绿地规划总面积应占城市建成区面积的2%以上；苗木自给率满足城镇各项绿化美化工程所用苗木的80%以上。

加强苗圃、花圃、草圃等基地建设，通过园林植物的引种、育种工作，培育适应当地条件的具有特性、抗性的优良品种，满足城市绿化建设需要，保护小城镇生物多样性，是生产绿地的重要职能。

8.1.2.3 防护绿地（G3）

防护绿地是指对城镇具有卫生、隔离和安全防护功能的绿地，包括城镇卫生隔离带、道路防护绿地、城市高压走廊绿带、防风林、城市组团隔离带等。

在《镇规划标准》（GB 50188—2007）中定义为用于安全、卫生、防风等的防护绿地。防护绿地应根据卫生和安全防护功能的要求，规划布置水源保护区防护绿地、工矿企业防护绿带、养殖业的卫生隔离带、铁路和公路防护绿带、高压电力线路走廊绿化和防风林带等。

防护绿地的主要特征是对自然灾害或城镇公害具有一定的防护功能，不宜兼作公园使用。其功能主要体现为：①防护固沙，降低风速并减少强风对城镇的侵袭；②降低大气中的CO_2、SO_2等有害、有毒气体的含量，减少温室效应，降温保温，增加空气湿度，发挥生态效益；③城镇防护绿地有降低噪声、净化水体、净化土壤、杀灭细菌、保护农田用地等作用；④控制城镇的无序发展，改善城镇环境卫生和城市景观建设。具体来看，不同的防护林建设各有其特点。

（1）卫生隔离带

卫生隔离带用于阻隔有害气体、气味、噪声等不良因素对其他城镇用地的骚扰，通常介于工厂、污水处理厂、垃圾处理站、殡葬场地等与居住区之间。

（2）道路防护绿带

道路防护绿地是以对道路防风沙、防水土流失、以农田防护为辅的防护体系，是构筑城镇网络化生态绿地空间的重要框架，同时也改善道路两侧景观。不同的道路防护绿地，因使用对象的差异，防护林带的结构有所差异。如城镇间的主要交通枢纽，车速在 80~120km/h 或更高时，防护林可与农用地结合，起到防风防沙的作用，同时形成大尺度的景观效果。城镇干道的防风林，车速在 40~80km/h 之间，车流较大，防风林以复合性的结构有效降低城市噪声、汽车尾气，减少眩光确保行车安全为主，又形成了可近观、远观的道路景观。此外，铁路防护林建设以防风、防沙、防雪、保护路基等为主，有减少对城市的噪声污染，减少垃圾污染等作用，并利于行车安全。铁路防护林应与两侧的农田防护林相结合，形成整体的铁路防护林体系，发挥林带的防护作用。

（3）高压走廊绿带

高压走廊一般与城镇道路、河流、对外交通防护绿地平行布置，形成相对集中、对城镇用地和景观干扰较小的高压走廊，一般不斜穿、横穿地块。高压走廊绿带是结合城镇高压走廊线的规划，根据两侧情况设置一定宽度的防护绿地，以减少高压线对城镇的不利影响，如安全、景观等方面。特别是对于那些沿城镇主要景观道路、主要景观河道和城镇中心区以及风景名胜区、文物保护范围等区域内的供电线路，在改造和新建时不能采用地下电缆敷设时，宜设置一定的防护绿带。

（4）防风林带

防风林带主要用于保护城镇免受风沙侵袭，或者免受 6m/s 以上的经常强风、台风的袭击。城镇防风林带一般与主导风向垂直。

8.1.2.4 附属绿地（G4）

是指城镇建设用地（除 G1、G2、G3 之外）中的附属绿化用地。包括居住用地、公共设施用地、工业用地、仓储用地、对外交通用地、道路广场用地、市政设施用地和特殊用地中的绿地。

根据《城市绿地分类标准》（CJJ/T 85—2002），附属绿地由以下绿地所组成。

（1）住区绿地（G41）

住区绿地属于居住用地的一个组成部分，具体包括居住小区游园、宅旁绿地、住区内公建庭园、居住区道路绿化用地等。与居民日常的户外游憩、社区交流、健身体育、儿童游戏休憩相关，与居住区的生态环境质量、环境美化密切相关。

（2）公共设施绿地（G42）

公共设施绿地指公共设施用地范围内的绿地，如行政办公、商业金融、文化娱乐、体育卫生、科研教育等用地内的绿地。

（3）工业绿地（G43）

工业绿地是指工业用地内的绿地。工业绿地应注意发挥绿化的生态效益以改善工厂环境质量，如吸收二氧化碳、有害气体、放射性物质，吸滞粉尘和烟尘，降低噪声，调节和改善工厂小环境。

（4）仓储绿地（G44）

城镇仓储用地内的绿地。

（5）对外交通绿地（G45）

对外交通绿地涉及火车站场、汽车站场和码头用地。它是城镇的门户，汽车流、物流和人流的集散中心。对外交通绿地除了城镇景观和生态功能外，应重点考虑多种流线的分割与疏导、停车遮阴、人流集散等候、机场驱鸟等特殊要求。

（6）道路绿地（G46）

道路绿地指城镇道路广场用地内的绿化用地，包括道路绿带（行道树绿带、分车绿带、路侧绿带）、交通岛绿地（中心岛绿地、导向岛绿地、立体交叉绿岛）、停车场或广场绿地、铁路和高速公路在城镇部分的绿化隔离带等。不包括住区级道路以下的道路绿地。

道路绿地在城镇中将各类绿地连成绿网，能改善城镇生态环境，缓解热辐射，减轻交通噪声与尾气污染，确保交通安全与效率，美化城镇风貌。

（7）市政设施绿地（G47）

包括供应设施、交通设施、邮电通信设施、环境卫生设施、施工与维修设施、殡葬设施等用地内部的绿地。

（8）特殊绿地

包括军事用地、外事用地、保安用地范围内

的绿地。

8.1.2.5 其他绿地（G5）

其他绿地是指城镇建设用地以外，对小城镇生态环境质量、居民休闲生活、小城镇景观和生物多样性保护有显著影响的绿地。包括风景名胜区、水源保护区、郊野公园、森林公园、自然保护区、风景林地、小城镇绿化隔离带、野生动植物园、湿地、垃圾填埋场绿地等。

（1）风景名胜区

也称风景区，是指风景资源集中，环境优美，具有一定规模和游览条件，可供人们游览欣赏、休憩娱乐或进行科学文化活动的地域。

（2）水源保护区

水源涵养林建设不仅可以固土护堤、涵养水源，改善水文状况，而且可以利用涵养林带，控制污染或有害物质进入水体，保护市民饮用水水源。一般水源涵养林可划分为核心林带、缓冲林带和延绵林带三个层面。核心林带为生态重点区，以建设生态林、景观林为主；缓冲林带为生态敏感区，可纳入农业结构调整范畴；延绵林带为生态保护区，以生态林、景观林为主，可结合种植业结构调整。

（3）自然保护区

自然保护区是指对有代表性的自然生态系统、珍稀濒危野生动植物物种的天然集中分布区、有特殊意义的自然遗迹等保护对象所在的陆地、陆地水体或者海域，依法划出一定面积予以特殊保护和管理的区域。

（4）湿地

湿地是生物多样性丰富的生态系统，在抵御洪水、调节径流、控制污染、改善气候、美化环境等方面起着重要作用。它既是天然蓄水库，又是众多野生动物，特别是珍稀水禽的繁殖和越冬地。它还可以给人类提供水和食物，与人类生存息息相关，被称为"生命的摇篮"、"地球之肾"和"鸟的乐园"。

8.1.3 绿地类型的适用性

在小城镇建设中，首先，县城所在地的建制镇常采用1990年国标《城市用地分类与规划建设用地标准》（GBJ 137—90），将城市绿地分为三类，即公共绿地（G1），生产防护绿地（G2）及居住用地绿地（R14、R24、R34、R44）。这一划分标准是针对城市总体规划阶段的用地划分而设置的，对于小城镇绿地的详细规划而言，这种标准相对比较笼统，具有一定的模糊性，分类不是很明确，可操作性差。所以其适用性在小城镇绿地详细规划中就体现不出优势。

其次，2007年05月01日，国家颁布实施的《镇规划标准》（GB 50188—2007）中将镇用地中的绿地分为公共绿地和防护绿地。这种划分也主要是针对镇的总体规划而言的，在小城镇绿地系统规划、绿地详细规划、绿地设计等操作性较强的阶段，随着小城镇绿地规划设计的逐步深入，其劣势也逐渐显现，所以只能作为小城镇绿地规划设计的参考资料。

第三，建设部为统一全国城市绿地分类，科学地编制、审批、实施城市绿地系统规划，规范绿地的保护、建设和管理，改善城市生态环境，促进城市的可持续发展，在2002年颁布了《城市绿地分类标准》（CJJ/T 85—2002）。该标准将绿地分为大类、中类、小类三个层次，共5大类、13中类、11小类，以反映绿地的实际情况以及绿地与城市其他各类用地之间的层次关系，满足绿地的规划设计、建设管理、科学研究和统计等工作使用的需要。

《城市绿地分类标准》是按绿地的主要功能进行分类，并与城市用地分类相对应。该分类比较细，在小城镇绿地规划与设计中能承上启下，很好地联系总体规划层面的绿地规划和详细规划层面的绿地规划与设计、绿地设计等，可操作性强。在此，作者建议采用建设部《城市绿地分类标准》（CJJ/T 85—2002），见表8-2。

绿地分类表 表8-2

类别代码			类别名称	内容与范围	备注
大类	中类	小类			
G1			公园绿地	向公众开放，以游憩为主要功能，兼具生态、美化、防灾等作用的绿地	
	G11		综合公园	内容丰富，有相应设施，适合于公众开展各类户外活动的规模较大的绿地	
		G111	全市性公园	为全市民服务，活动内容丰富、设施完善的绿地	
		G112	区域性公园	为市区内一定区域的居民服务，具有较丰富的活动内容和设施完善的绿地	
	G12		社区公园	为一定居住用地范围内的居民服务，具有一定活动内容和设施的集中绿地	不包括居住组团绿地
		G121	居住区公园	服务于一个居住区的居民，具有一定活动内容和设施，为居住区配套建设的集中绿地	服务半径：0.5~1.0km
		G122	小区游园	为一个居住小区的居民服务、配套建设的集中绿地	服务半径：0.3~0.5km
	G13		专类公园	具有特定内容或形式，有一定游憩设施的绿地	
		G131	儿童公园	单独设置，为少年儿童提供游戏及开展科普、文体活动，有安全、完善设施的绿地	
		G132	动物园	在人工饲养条件下，移地保护野生动物，供观赏、普及科学知识，进行科学研究和动物繁育，并具有良好设施的绿地	
		G133	植物园	进行植物科学研究和引种驯化，并供观赏、游憩及开展科普活动的绿地	
		G134	历史名园	历史悠久，知名度高，体现传统造园艺术并被审定为文物保护单位的园林	
		G135	风景名胜公园	位于城市建设用地范围内，以文物古迹、风景名胜点（区）为主形成的具有城市公园功能的绿地	
		G136	游乐公园	具有大型游乐设施，单独设置，生态环境较好的绿地	绿化占地比例应大于等于65%
		G137	其他专类公园	除以上各种专类公园外具有特定主题内容的绿地，包括雕塑园、盆景园、体育公园、纪念性公园等	绿化占地比例应大于等于65%
	G14		带状公园	沿城市道路、城墙、水滨等，有一定游憩设施的狭长形绿地	
	G15		街旁绿地	位于城市道路用地之外，相对独立成片的绿地，包括街道广场绿地、小型沿街绿化用地等	绿化占地比例应大于等于65%
G2			生产绿地	为城市绿化提供苗木、花草、种子的苗圃、花圃、草圃等圃地	
G3			防护绿地	城市中具有卫生、隔离和安全防护功能的绿地，包括卫生隔离带、道路防护绿地、城市高压走廊绿带、防风林、城市组团隔离带等	
G4			附属绿地	城市建设用地中绿地之外各类用地中的附属绿化用地，包括居住用地、公共设施用地、工业用地、仓储用地、对外交通用地、道路广场用地、市政设施用地和特殊用地中的绿地	
	G41		居住绿地	城市居住用地内社区公园以外的绿地，包括组团绿地、宅旁绿地、配套公建绿地、小区道路绿地等	
	G42		公共设施绿地	公共设施用地内的绿地	
	G43		工业绿地	工业用地内的绿地	
	G44		仓储绿地	仓储用地内的绿地	
	G45		对外交通绿地	对外交通用地内的绿地	
	G46		道路绿地	道路广场用地内的绿地，包括行道树绿带、分车绿带、交通岛绿地、交通广场和停车场绿地等	
	G47		市政设施绿地	市政公用设施用地内的绿地	
	G48		特殊绿地	特殊用地内的绿地	
G5			其他绿地	对城市生态环境质量、居民休闲生活、城市景观和生物多样性保护有直接影响的绿地，包括风景名胜区、水源保护区、郊野公园、森林公园、自然保护区、风景林地、城市绿化隔离带、野生动植物园、湿地、垃圾填埋场恢复绿地等	

8.2 小城镇绿地系统规划

城镇绿地控制性规划以城镇总体规划、城镇控制性详细规划和城镇绿地系统规划为依据，详细规定了各类城镇建设用地中的绿地控制指标和其他各类绿地规划管理要素。

城镇绿地控制性规划强化了绿地系统规划与规划管理之间的关系，使两者有机地结合在一起，是保证城镇绿地系统规划的指导思想与目标能够通过规划管理加以贯彻实施的有效手段，对于提高城镇绿地系统规划的可操作性有着十分重要的意义。

①城镇绿地控制性规划与城镇绿地系统规划的关系

城镇绿地系统规划是城镇总体规划的一个组成部分，它对城镇绿地的发展提出总体目标和要求，并对城镇各类绿地进行规划布局，从宏观的角度全面控制城镇绿地的建设和发展。而城镇绿地控制性规划是对城镇绿地系统规划的进一步深入与完善。它在城镇控制性详细规划的基础上，将绿地系统规划的意图通过一系列指标反映在城镇用地的每一地块上。这些指标直接体现了绿地系统规划的指导思想和规划意图，使绿地系统规划更加便于城镇规划管理者操作。

②城镇绿地控制性规划与城镇控制性详细规划的关系

城镇绿地控制性规划是与城镇控制性详细规划相配套的，是其在绿地规划中的展开。城镇绿地控制性规划与其在内容和深度方面属同一层次，二者在城镇绿地发展过程中相互依存。一方面，城镇控制性详细规划指导城镇绿地控制性规划的编制与执行；另一方面，通过城镇绿地控制性规划，城镇控制性详细规划得以更加全面、完整。通过这种相互间的协调，能够将城镇绿地的规划建设提到更高的地位，使城镇绿地的建设走上健康发展的轨道。

但是，目前不论城市绿地系统规划的编制，还是城镇绿地系统规划的编制，在内容上和深度上都与上述要求有一定差距。产生这种差距的主要原因之一就是当前绿地系统规划与城镇绿地设计、建设相脱节，在规划管理过程中不能够有效地控制各类绿地的具体设计与实施。所以，城镇绿地的控制性详细规划应运而生。

小城镇绿地系统专项规划是对小城镇总体规划层次上的绿地规划的细化和深化，而其又为小城镇绿地的详细规划提供依据。所以小城镇绿地详细规划设计应在此基础上结合小城镇自身的地理和文化特点，在规定的绿地规模、空间中做好详细规划设计，力求满足小城镇居民及游客的需求。小城镇绿地详细规划主要包括小城镇绿地的控制性详细规划、小城镇绿地的修建性详细规划等。

8.2.1 详细规划设计的原则及任务

根据城镇建设及规划的深化和管理的需求，一般应当编制城镇的控制性详细规划来指导城镇建设。而小城镇的绿地控制性详细规划也是必不可少的，特别是建设社会主义和谐社会的今天。小城镇绿地的控制性详细规划是对小城镇绿地系统专业规划的深化、完善，是具体落实小城镇绿地建设的依据。

8.2.1.1 控制性详细规划中的绿地规划原则

①结合小城镇绿地系统规划以及其他部分的规划，综合考虑，全面安排。绿化应与工业区布局、公共建筑分布、道路系统规划密切配合，如设置卫生防护隔离林带、水源涵养林带及城镇通风绿带轮廓线、公共绿地。

②因地制宜，从实际出发。结合当地自然条件与现状特点，充分利用本地的人文景观特色，综合合理地布置城镇绿地，丰富城镇的文化生活内容。

③均衡分布，比例合理，满足城镇居民休息

游览需要。新型城镇既要有满足人们休息游览、文体活动需要的设施齐全的大型公园、市民广场，也要有满足人们平日休闲的小型公园、街头绿地。均应考虑一定的服务半径，根据人口密度配置相应数量的公共绿地，保证居民方便利用。

④着眼长远，分步实施，远近结合。充分研究城镇长期发展规模和人民生活水平不断提高的要求，远期规划为公园景点的，近期可作为苗圃使用。城镇周边适当划定县级公益林、植物园、风景区等，严格加以保护。有计划地对周边坡耕地、低产田地实施退耕还林，扩大林地面积，建设城镇周边森林生态环境。

8.2.1.2 控制性详细规划中的绿地规划内容

小城镇绿地控制性详细规划的主要任务是以小城镇总体规划、小城镇绿地系统专项规划为依据，对小城镇的各种绿地进行详细的规划与设计，为小城镇的绿地系统规划的实施提供技术支撑，为小城镇的绿地建设提供依据。

城镇绿地控制性规划由绿地规定性指标体系和绿地引导性指标体系组成。通过两个指标体系的组合搭配，确定城镇绿地建设的最低标准和相关设计要素，为城镇绿地的设计与建设提供基本的保证。

（1）绿地规定性指标体系

绿地规定性指标体系指在城镇建设中必须达到的最低绿地建设标准，它在执行过程中具有一定的强制性。该规定性指标体系由绿地率体现。对于城镇用地中每一地块来讲，其绿地率为该地块中用于绿化的面积与该地块面积之比。由于城镇控制性详细规划中也规定了各地块的绿地率指标，因此在绿地控制性规划中确定绿地率指标时，应以其为基础，但为贯彻城镇绿地系统规划的意图，在某些地块可做适当调整。

绿地规定性指标体系的确定与实施，保证了城镇中绿地的最基本面积，为形成完整的城镇绿地系统提供了基本保证。

（2）绿地引导性指标体系

绿地引导性指标体系是指对各类绿地中的植物种植形式、植物观赏特性、绿地中的铺装形式及铺装中绿地所占面积的比例、绿地中的设施内容以及绿地的整体设计风格等一系列规划设计要素提出引导性要求，达到在城镇绿地规划设计及建设中能够形成风格协调、设施齐全而又各具特色的各类绿地的目的。绿地引导性指标体系在执行过程中具有一定的建议性。

植物种植形式：在城镇不同性质的地块内其植物种植形式应有所区别。在绿地引导性指标体系中，将植物种植形式分为密林、疏林草地、空旷草地、垂直绿化、立体绿化、花径、缀花七项。根据绿地所在地块的用地性质，分别采取不同的布置方式以达到最佳的绿化效果。

植物观赏特性：对于城镇中不同性质的用地来讲，其植物的观赏特性应有所不同。在绿地引导性指标体系中，将植物观赏特性分为观花、观叶、观果、观干、芳香五类，供市民在不同的城镇地段观赏。

绿地中的铺装形式：绿地中的铺装广场，是人们在绿地中进行活动的主要场所，同时也是城镇室外环境的重要组成部分。根据城镇不同用地中人流量的大小与活动的频繁程度，绿地中的铺装形式可分为园林广场和普通广场两类。园林广场是指其中绿化面积较大的一类广场，主要用于市民活动相对较少的区域；而普通广场则是指其中绿地面积较少的广场，该类型广场用于市民活动相对频繁地区。

绿地中的设施种类：设施是城镇绿地的重要组成部分，也是城镇绿地向市民提供服务的主要手段。根据对各类绿地中设施的调查、归纳，可将绿地中的设施分为5大类15小类，大类包括游戏设施、休息设施、服务管理设施、宣传设施和造景设施。其中，游戏设施又可分为儿童游戏设施和体育娱乐设施两项；休息设施可分为亭廊花架和坐凳两项；服务管理设施可分为公共厕所、商亭、管理房、助残设施四项；宣传设施分为指示牌、广告宣传牌、阅报栏三项;造景设施可分为雕塑、水景、石景、花坛四项。在不同性质的城镇用地中,可通过对其绿地内不同类型设施的选用,达到满足市民使用要求的目的。

绿地整体设计风格:在城镇绿地规划设计与建设过程中,不但要考虑绿地内各种问题的解决方案,还应重视绿地与周围环境之间的相互联系。这种联系不但指交通与视线上的沟通,更包括设计风格的和谐统一。绿地引导性指标体系中绿地的整体设计风格一项正是考虑到这一点。根据城镇绿地周边环境的不同,绿地整体设计风格可分为自然式、规则式、混合式三类,以便在城镇不同区域内,根据绿地周边环境因地制宜地进行绿地的设计(图8-2)。

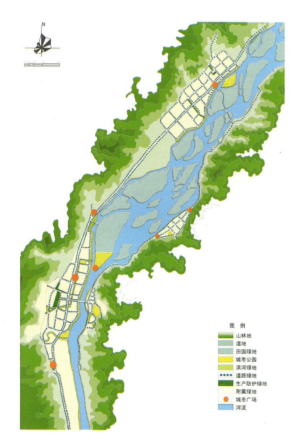

图8-2 乐山市沙湾区绿地系统规划

(资料来源:黄耀志,黄勇,张康生等.苏州科大城市规划设计研究院.乐山市沙湾区景观规划设计,2004.)

绿地引导性指标体系是对各块绿地设计提出的要求,是绿地系统规划与绿地设计之间联系的纽带。它既要对设计阶段有一定的引导性,又不能过分硬性规定而不为绿地设计者留有发挥的余地。

①小城镇绿地的控制性详细规划的任务

a. 详细规定规划范围内各类绿地的性质和边界,确定各类用地内适建、不适建或者有条件地允许建设的绿地类型。

b. 根据该地区的自然、人文特点,确定各类绿地的分布、规模及控制指标,确定各地块的绿地率控制指标。

c. 确定公共设施配套要求、步行交通设施。县政府所在镇的县级公园还应该确定公园绿地、风景名胜区等大型绿地的交通出入口方位、停车泊位、周边建筑高度及后退红线等要求。

d. 提出各类绿地的植物配置、植物种植形式、植物观赏特性的引导性要求。

e. 提出相关绿地中各类景观小品的色彩、规模等适宜度、绿地中的铺装形式及铺装中绿地所占面积的比例、绿地中的设施内容等一系列规划设计要素引导性要求。

f. 确定市政工程管线位置、管径和工程设施的用地界线,进行管线综合。

g. 制定相应的绿地使用与建筑管理规定。

②绿地的控制性详细规划的文件和图纸要求

a. 绿地的控制性详细规划文件包括规划文本和附件、规划说明及基础资料。规划文本中应该包括规划范围内绿地的建设管理规定;附件应该具体说明规划范围内植物的生理习性及管理方法。

b. 绿地的控制性详细规划图纸包括规划地区区位图、现状图、控制性详细规划图及图则。图纸比例为1:500~1:2000。

8.2.2 小城镇绿地系统的布局

要充分利用小城镇接近自然和环境条件好的特点,以自然环境为我所用,创造优美、清静、舒适的城镇环境。规划中要明确以绿为主,从宏观上重视大环境绿化,使小城镇、大农村的绿化相互联网;

从微观上注重绿地面积的增加，注重植物造景的艺术美。绿地系统规划还要充分利用和发挥小城镇具有的地理、自然、历史和文化特色，特别重视和弘扬当地的历史文化，包括古迹遗址、古树名木、历史人物和民间传说等，使之融于绿系统的布局中，形成别具一格的小城镇风貌。

8.2.2.1 小城镇绿地系统规划的原则

编制小城镇绿地系统规划一般应遵循以下基本原则：

（1）整体部署，统一规划

小城镇园林绿地系统规划应依据有关法律、法规、技术标准规范、相关规划和当地的现状条件，配合城镇总体布局，实行同步进行、全面规划、综合设计的原则。

（2）依山就水，因地制宜

城镇绿地系统的规划布局，必须结合城镇的自然环境特点和地域文化的特性，做到因地制宜，形成特色。

我国地域辽阔，城镇的自然条件差异很大，各地区的风俗习惯、历史文化和经济与社区发展水平不同，城镇的大小、布局、形式各有特点，绿化的标准选择也不一样。因此，要充分发挥小城镇的自然环境优势，根据城镇的地形，因地制宜进行绿化；在破碎地形和不宜建筑的地段布置绿地，既可充分利用自然，节约用地，又能达到良好的绿化美化效果，构成丰富多彩的绿地空间。

与此同时，要深入挖掘城镇的历史文化内涵，结合城镇总体规划用地布局，对各类园林绿地综合考虑，统筹安排，形成有特色的城镇园林绿地系统。

（3）强化功效，科学绿化

小城镇绿地建设，需根据城镇的性质、规模、布局形式和当地的气候、地形、地貌、水文、土壤等自然条件科学绿化。如南方城镇夏季湿热，绿地宜以遮阳、降湿、改善小气候功效为主；北方受风沙影响较大的城镇及地区，绿地应着重以防风沙和水土保持的功效为主，强化生态环境的保护；旅游小城镇的绿地是城镇赖以存在和发展的基础，宜加大投资，完善规划，明确方向，做足特色，打造旅游品牌，特别是要将名胜古迹等历史文化遗产和河湖山川等自然风光有机结合；工业小城镇，特别是有一定污染的城镇，应重视卫生防护林地的建设，提高生产防护绿地的比重。

（4）植物配置，因树制宜

绿化建设的主要材料是树木，而树木需要经过多年的培育生长才能达到预期的效果。树种选择直接关系到绿化建设的成败、绿化成效的快慢、绿化质量的高低和绿化效应的发挥。我国土地辽阔，土壤、气候和环境条件等各不相同，树木种类繁多，生态特性各异。因此，树种选择要从本地区的实际情况出发，根据树种特性和不同的生态环境，因地制宜地进行树种规划。坚持以适应本地生长的乡土树种为主，引进外来树种为辅的原则，制定合理的乔、灌、花、草比例，以乔木和灌木为主，同时要考虑植物的观赏、生态和经济价值。

（5）类型合理，规模恰当

按照国家有关园林绿地指标规定，根据城镇游憩要求、景观建设、生态环境、避灾防灾等需要，综合考虑小城镇现状条件和经济发展水平，合理确定园林绿地的类型与规模。

（6）均衡布局，点线面相结合

城镇中点状（指均匀分布的小块绿地）、线状（指道路绿地、江畔湖滨绿带、林荫道等）和面状（指公园绿地等）绿地因其各自的功能和特点，成为城镇园林绿地系统中不可或缺的组成部分。规划布置时应将这些绿地均衡分布，使每个城镇居民在日常生活中都能观赏、享用到绿地。同时，这些绿地宜连成系统，做到点、线、面相结合，使各类绿地连接成为一个完整的体系，形成网络，发挥园林绿地的最大效用。

8.2.2.2 小城镇绿地系统的布局形式

小城镇绿地的结构是指导致绿化景观外在呈现的内在决定性因素，也受到外界因素（如文化传统、意识形态等）的影响。它与小城镇的功能结构，空间形态有很大关系，一般小城镇所处的地理区位决定着它的绿地布局的结构形式。

城镇绿地系统的布局形式可归纳为四类：

块状绿地：若干封闭的、大小不等的独立绿地，分散布置在规划区内。这种布局多数出现在旧城改建中，在城镇规划总图上，公园、花园、广场绿地成块状、方形、不等边多角形均匀分布于城镇中。其优点是可以做到均衡分布，方便居民使用，但因分散独立，不成一体，对综合改善城镇小气候作用不显著。

带状绿地：沿城镇道路、城墙、水滨等，有一定游憩设施的狭长形绿地。依各种工业为系统形成的工业区带状绿地；依生产与生活相结合，组成相对完整地区的片状绿地；结合市区的道路、河流水系、山地等自然地形现状，将城镇分为若干区，各区外围以带状环绕。这种绿地布局灵活，可起到分隔地区的作用，具有混合式的特点。绿带与城镇水系、道路、城墙等结合成线状，形成纵横向绿带、放射状绿带、环状绿带交织的绿地网。其对构成城镇景观作用明显，起到生态廊道的作用，并可引入新鲜空气，对城镇生态环境的改善也有重要作用。

楔形绿地：城镇中通过林荫道、广场绿地、公园绿地的联系从郊区深入市中心的由宽到狭的绿地，称为楔形绿地，如合肥市、莫斯科市等。尽管这种布局使市区和郊区联系起来，绿地伸入市中心可以改善城镇小气候，但它把城镇分割成放射状，不利于横向联系。

混合式绿地：将前三种绿地布局系统配合，使全市绿地呈网状布置，与居住区接触面大，方便居民使用，市区的带状绿地与郊区绿地相连，有利于城镇通风和输送新鲜空气，有利于表现城镇的艺术面貌（图8－3）。

一般来说，块状绿地能均匀分布，方便居民利用；带状绿地易表现城镇的艺术面貌；楔形绿地能改善通风条件，体现城镇艺术面貌；混合式绿地是前三种形式的综合利用，具有综合优点。绿地系统的布局结构常随城镇小大、自然条件、

图8－3 岳西县绿地系统规划

（资料来源：黄耀志，范凌云，郑皓等. 苏州科大城市规划设计研究院. 岳西县城总体规划，2004.）

现状条件的不同而不同。不论城镇大小，绿地系统应做到"点"（公园、游园、广场）、"线"（街道绿化、河滨绿地、防护绿地等）、"面"（居住区绿地、专用绿地、风景游览区等）相结合，构成完整的园林绿地系统。

一般以"点"、"线"所组成的不规则绿地网为骨架的混合布置形式比较理想。城镇四周环以防护绿带、大片森林和风景游览绿地，放射形的绿色走廊从四周引向中心，把城郊的大片绿地和城内的各公园联系起来，城内各公园与各种带状绿地相连接。以这种绿地网为骨架再紧密联系小区绿地、专用绿地的混合式绿地布局能极大地方便居民利用绿地，改善城镇生态环境，展现城镇的艺术面貌。

8.2.3 小城镇绿地布局中的总体控制

不同性质和形式的绿地分布在城镇不同的空间方位里，起着不同的作用，所以在小城镇的绿

地布局中就应该进行总体的控制与协调，正确引导城镇绿地建设，明确城镇绿地面积的比重。另外，还应该明确绿地景观轴线、节点、界面、开放空间、视觉走廊等空间构成元素的布局和边界以及绿地率标准。

城镇绿化覆盖率、城镇绿地率和城镇人均公共绿化地面积等城镇绿化规划指标，系依照国家规定和本地实际制定。城镇绿化规划指标按照近期、中长期分步实现。城镇绿化规划的近期目标，应当达到国家山水园林城镇标准；城镇绿化规划的中长期目标，应当达到本地城镇总体规划所确定的城镇绿化各项指标。

城镇绿化规划应当安排与城镇性质、规模和发展需要相适应的绿化用地面积。在城镇新建区，城镇绿地应当不低于总用地面积的30%；在旧城改造区，城镇绿地应当不低于总用地面积的25%。城镇生产绿地应当不低于城镇建成区面积的2%。

城镇公共绿地、住区绿地、单位附属绿地的建设，应以植物造景为主，适当配置园林建筑及小品。各类公园建设用地指标，应当符合国家行业标准。小游园建设的绿化种植用地面积不低于小游园用地面积的70%；游览、休憩、服务性建筑的用地面积不超过小游园用地面积的5%；住区绿地和单位附属绿地的绿化种植面积不低于其绿地总面积的75%。

城镇防护绿地的设置，应当符合下列规定：

①城镇干道规划红线外侧建筑物的后退地带和公路规划红线外两侧的不准建设建筑区，除按城镇规划设置人流集散场地外，均应用于建造隔离绿化带。其宽度分别为：城镇干道规划红线宽度26m以下的，两侧各2～5m；规划红线宽度26～60m的，两侧各5～10m。公路规划红线外两侧不准建筑区的隔离绿化带宽度为：国道各20m，省道各15m，县（市）道各10m，乡（镇）道各5m。

②在城镇高速公路两侧应当进行绿化，宽度根据具体需求来确定。

③铁路沿线两侧隔离绿化带宽度各不少于20m。

④高压线走廊下安全隔离绿化带的宽度，550kV的，不少于50m；220kV的，不少于36m；110kV的，不少于24m。

⑤沿城镇江、河、湖景观堤岸防护绿化带宽度各不少5m，江河两岸防护绿化带宽度各不少于30m；水源涵养林宽度各不少于100m；流溪河两岸防护绿化带宽度各为100～300m。

⑥重要防洪河段的防护绿化必须符合河道通航、防洪、泄洪要求，同时还应满足风景游览功能的需要。

在具体建设工程项目中必须安排配套绿化用地，且绿化用地占建设工程项目用地面积的比例，应符合下列规定：

①医院、休（疗）养院等医疗卫生单位，在新城区的，不低于45%；在旧城区的，不低于40%。

②高等院校、机关团体等单位，在新城区的，不低于40%；在旧城区的，不低于35%。

③经环境保护部门鉴定属于有毒有害的重污染单位和危险品仓库，不低于40%，并根据国家标准设置宽度不少于50m的防护林带。

④宾馆、商业、商住、体育场（馆）等大型公共建筑设施，建筑面积在2万m²以上的，不低于30%；建筑面积在2万m²以下的，不低于20%。

⑤住宅组群，在新城区的，不低于30%；在旧城区的不低于25%。其中公共绿地人均面积，居住小区不低于1m²，住宅组团不低于0.5m²。

⑥干道规划红线内的，不低于20%；支路规划红线内的，不低于的15%。

⑦工业企业、交通运输站场和仓库，不低于20%。

⑧其他建设工程项目，在新城区的，不低于30%；在旧城区的，不低于25%。

城镇绿化规划应当根据当地的特点，充分利用自然、人文条件，并与文物古迹的保护相结合，突出地方特色，合理设置公共绿地、单位附属绿地、居住区绿地、防护绿地、生产绿地和风景林地等，充分发挥城镇绿地的环境效益、社会效益和经济效益。

8.2.4 小城镇绿地规划应注意的几个问题

在小城镇绿地规划设计中还应该注意以下几个方面的问题：

8.2.4.1 注重大环境绿地规划

小城镇虽然区域范围较小，但周围可供开发利用为绿地的自然环境点多而面广，许多小城镇都有因地制宜利用自身现状环境条件发展成为园林山水城镇的先天优越条件。小城镇的大环境绿地主要指小城镇范围内可利用的自然山水、林地、风景名胜区、自然保护区、森林公园以及农田、草场、果园等一系列以植物为主体的用地。在合理保护的前提下，小城镇绿地规划应将这些用地通过规模组织，合理补充完善，和系统网络连通，使其结合成一个能充分发挥效益的有机整体。

大环境绿地不但能够为小城镇居民提供活动空间，而且在小城镇生态环境保护方面也起着决定性的作用。

8.2.4.2 建立合理有效的各类防护绿地

我国因小城镇乡镇企业多，过境交通频繁多等一系列问题而导致城镇生态环境和安全防护较差，所以在小城镇加强防护绿地的规划建设十分重要。防护绿地规划建设的具体内容包括：

①建立50~100m以上宽度的环城镇隔离林地，提高小城镇环境质量。

②建立50m以上宽度的乡镇企业（特别是有污染的乡镇企业）与城镇居民生活区之间的卫生隔离林地，以减弱企业污染对居民生活的影响。

③建立过境道路两侧不少于10~50m宽的道路保护林地，以减弱道路交通对居民的影响，同时起到美化街景、保护道路的作用。

④建立河流两侧、水库周围50~300m宽的水体保护林地，以涵养水源，防止水体流失。

8.2.4.3 建立适合小城镇的公园绿地体系

小城镇的公共绿地的与大中城镇相比有其自身的特征，规划中应对这些特征加以突出，形成小城镇公园绿地的特色。小城镇公共绿地规划应突出以下内容：

①根据多数小城镇人口密度较低的特点，规划中人均公园绿地面积应在8m²以上，城镇绿地率大于30%，以提高小城镇公共绿地的面积和水平。

②根据小城镇居民使用绿地的特点和居民的主要要求，在公园绿地的整体布局上应以普及型公园和游园绿地为主，每5000人应建立一个3km²以上的公园，以方便使用为中心，以重点突出为特色。

③小城镇公园绿地内容在规划上应强调地域传统文化与现代生活方式的结合，形成每个小城镇自身公共绿地的特点。

（1）突出地方特色，挖掘当地传统文化，创造优美的城镇环境

我国许多小城镇建置历史悠久，尤其在一些少数民族地区，形成了本地特色的建筑风格和城镇村落布局。古树名木、传统栽植、手工艺品等具有明显特征的代表元素，在进行小城镇绿地规划建设时应充分挖掘，并利用其创造出别具风情的城镇环境。

（2）因地制宜，充分利用现有自然条件

由于城镇建设用地面积小，绿地更是"小中取小"，所以小城镇绿地的规划建设必须充分利用现有自然条件，与自然地形、地貌、地物充分结合，特别对原有林木、地被植物进行保护和利用。这样既可节约建设资金，降低建设成本，又可加快施工建设进度，创造出特色（图8-4）。

（3）突出植物造景，强调综合效益

我国现状小城镇的建筑由于一系列原因，建筑造型单一，景观层次不够丰富，多数是简单的排子楼。利用绿地植物则可以起到改善城镇街道立面、丰富街景的作用，并可增加色彩视觉效果，最大限度地发挥园林绿地的生态效益。

图8-4 江油市西山公园规划

(资料来源：邢忠等．重庆建筑大学城市规划与设计研究院．江油市西山公园详细规划设计，2000．)

（4）统筹规划，分期建设

每个小城镇的园林绿地本身都可形成一个系统。为了统筹兼顾，构景合理，就必须做到统筹规划，有计划地分期实施，逐步建设。特别在小城镇中，一般投入绿地建设中的财力有限。为保证其健康发展，一要搞好规划，按规划组织实施；二要根据投入的资金合理分配，进行分期建设。

8.3 小城镇绿地规划设计

小城镇绿地修建性详细规划主要任务是以小城镇的总体规划、小城镇绿地系统专项规划、小城镇绿地控制性详细规划为依据，对小城镇的各种绿地进行修建性的规划与设计，为小城镇绿地规划的实施提供技术支撑，为小城镇绿地的各项工程建设提供依据。对于当前要进行建设的各类绿地，应该编制修建性详细规划来指导各类工程设施的设计及施工。

（1）修建性详细规划的任务

①建设条件分析及综合技术经济论证；

②认真研究小城镇的历史人文、地域特征，做出建设区内各类设施、景观小品的空间布局等的规划设计方案，即规划总平面图；

③做好绿地的树种规划，确定绿地的植物配置。处理好小城镇古树名木的保护与绿地修建性详细规划设计内容之间的关系；

④道路交通规划设计；
⑤工程管线规划设计；
⑥竖向规划设计；
⑦估算工程量和总造价，分析投资效益；
⑧从政策、法规、行政、技术经济等方面，提出小城镇绿地详细规划设计的实施措施和管理要求。

（2）小城镇绿地修建性详细规划的文件和图纸

①修建性详细规划设计的说明；
②修建性详细规划的图纸包括：规划区现状图、规划区内资源分析图、规划总平面图、各项专业规划图、竖向规划图、反应设计思想的整体鸟瞰图及局部透视图。图纸比例为 1:500 ~ 1:2000。

8.3.1 各类绿地修建性详细规划设计的要点

8.3.1.1 公园绿地的特点及设计要点

（1）小城镇公园的特点

小城镇公园的主要特点就是规模小、功能全、游人固定、地貌复杂、使用率高，大众性和公共性较为突出。

在我国的小城镇中，一般小城镇都会有公园。这就决定了公园不仅供儿童、老人玩耍散步，而且还要为学生和其他人员提供交往、游玩、活动的场地空间，丰富城镇居民的业余文化生活。其服务对象的全方位化、功能多样化，决定了小城镇公园的特点是可供游览、休息、活动，同时具有文化娱乐功能的休闲绿地。

在整个小城镇的园林绿地系统中，小城镇公园是城区绿地的核心，也是小城镇外部形象的代表。

（2）小城镇公园的景观设计要点

为适应游人观赏游览的需求，尽可能在小面积的用地上规划出多功能的空间形态，多布置场地空间和各类景区以便进行多种活动与游玩。

因地制宜，巧妙组景，合理布置园林建筑，增加意境处理，增添文化氛围，丰富景物情趣，以提高游人文化水平，增强欣赏品味。

小城镇的周围环境多是自然山水和田园风光，所以公园的风景应与小城镇周围环境互补，适当增加一定面积的人工环境，使之成为自然空间与小城镇空间的过渡。

在小城镇公园中，多利用植物和水面等生态要素，以植物造景为主，以自然山水取胜。注意景观层次的处理，使得空间丰富、游路曲折，增加游览路程，做到小中见大，在小园中体会到大空间的氛围（图 8-5）。

图 8-5 江油市西山公园规划鸟瞰图
（资料来源：邢忠等. 重庆建筑大学城市规划与设计研究院. 江油市西山公园详细规划设计，2000.）

小城镇中大多只有一两座公园，且面积较小，城镇居民对其景物都很熟悉，缺乏新鲜感，所以在规划设计时应考虑到景物的可更新性，如运用植物四季季相造景；组织场地表演、文艺汇演；组织艺术画展、盆景展等展览内容；多中心组景，形成多个标志点；游览路线根据不同的时间适时切换，组织不同的观景效果。

小城镇公园的水。水体不应太小也不宜过大，水面大小以能划船为宜。水体应邻近公园边界为好，有适量水景渗入多个景区。公园水体不宜居于公园正中或以水为主空间，否则会使得全园空间过于零碎，而减少了活动场地。

（3）小城镇公园的建筑规划设计

由于公园面积较小，人们在公园中的游玩都在 2~3 小时之内，且游人距家都较近，所以公园内不宜设置餐厅等建筑，可设一些小型的活动、休息建筑，如茶座、小展览馆、小型俱乐部和拱桥、花架、景亭等景观建筑。这些小型建筑也应布置在公园或景区的边界，临水设置，对内围合；建筑造型应新颖美观，色彩鲜艳明朗，轻巧、通透的园林建筑较易和小规模的公园协调统一。

公园中的建筑小品应突出其特色，宜小巧、齐整，具有园趣；并且小品之间应互相有机呼应，与建筑、绿地、地形、水体等园林要素相协调，使园中的所有景物具有整体感。

8.3.1.2 小城镇住区内小型公园的特点及设计要点

（1）住区绿地的特点

住区绿地不同于一般性的公共绿地，它有着鲜明的特点，主要体现在如下几个方面：

①绿地分块特征突出，整体性不强。

②分块绿地面积小，设计的创造性难度比较大。

③在建筑的北面会产生大量的阴影区，影响植物的生长。

④绿地设计在安全防护方面（如防盗、亲水、无障碍设计）要求高。

⑤绿地兼容的功能多，如交通、休闲、景观、生态、游戏、健身、消防等。

⑥绿地中管线多，不仅包含绿地建设自身的管线，同时还有大量的建筑外部管网及公共设施，设计容易受制约。

⑦在大量的居住区中存在有"同质"空间，由于建筑多行列式条状排列，因此大量的东西向条状空间是不可避免的"同质"空间。

⑧绿地和建筑的关联性强，在入口大门、架空层、屋顶绿化等区域绿地和建筑需要紧密配合设计。

因此，在住区绿地的规划设计中需要依据自身的特点，扬长避短，因势利导地运用有创造力的设计手法来对居住区绿地进行规划。

（2）住区绿地的设计要点

①创造整体性的环境

住区绿地被建筑和道路分块，整体性不强。但环境景观设计是一种强调环境整体效果的艺术，一个完整的环境设计不仅可以充分体现构成环境的各种要素的性质，还可以形成统一而完美的整体效果。没有对整体性效果的控制与把握，再美的形态和形式都只能是一些支离破碎或自相矛盾的局部。因此，对住区绿地中的各区块要积极运用各景观要素以创造它们之间的关联，适当调整道路体系，使其合理地融入大环境中。铺地式样的重复、绿化种植的围合、主题素材的韵律、实体空间的延续、竖向空间的整体界定等都可以达到整体性的效果。

②创造多元性的空间

住区兼容的功能多，有人行步道的交通空间，有休闲娱乐的交流空间，有健身、游戏的场地空间，有自然绿化的生态空间，有文化、艺术的景观空间以及消防、停车的功能性空间，因此住区绿地设计必须是一个多元的环境设计。当然在某些方面，这些空间是可以复合的，以突出整体性的要求。

③创造有心理归属感的景观

相对于人的行为方式，人的心理需求并不需要具体的空间，但是它需要有空间的心理感受。住区是人类活动的主要场所，是人类安身立命的场所，因此其环境最主要的是要体现出心理的归属。这种归属在环境中最集中的表现就是住区的景观风貌。人文和艺术作为人类文明思想的积淀，在景观创造中要有所体现。情调、品位的价值认同是心理归属感的关键，同时产生一种自豪感。

④创造以建筑为主体的环境

住区绿地环境是建筑群体围合下的空间，因此空间的尺度、比例、形状、边界和建筑主体密切关联。同时，绿地设计和建筑一二层住宅的居家生活也有很紧密的关系，在日照、阳光西晒、私密空间的遮蔽、安全保护、住宅的进出口等方面都需要在绿地环境中体现建筑的主体中心地位。

另外，绿地设计的形式、风格、材料色彩等方面在风貌上也需要和建筑主体相对应。在重要的住区建筑中，景观鉴赏意义上的对景、框景、室内外环境的空间相互渗透等都需要绿地环境对建筑主体的烘托。

⑤创造以自然生态为基调的环境

在生活中，建筑和道路在硬质环境方面构筑了城镇主体，相应地需要在城镇中不断强化和增加绿地软质环境。在绿地设计的细节中，应突出环境的自然生态属性，城镇生活才得以平衡。由此，在住区绿地规划中更应该贯彻人与自然的和谐原则。在有较多的地面道路和消防登高场地的条件下，设计应以自然生态为环境基调，以满足城镇居民亲近自然、亲水的要求。

⑥景观小品是住区环境中不可缺少的部分

在住区绿地环境中，不能忽视景观小品的设置，如花架、景亭、雕塑、水景、灯具、桌椅、凳、阶梯扶手、花盆等。这些小品色彩相对丰富，形态多姿，给居住生活带来了便利，又增加了情趣，可以说在主题和氛围上起着画龙点睛的作用。

⑦景观环境设计要以空间塑造为核心

居住区绿地的空间看似由建筑来围合，但这只是一个大空间、大环境，生活其中的居民在日常交往中还需要尺度更小的空间感受。在这种小空间中，主题、景观、色彩、材料等在细节上都得到最细致的反映，给人的感觉是最集中和直接的。因此，其景观环境设计要以空间塑造为核心。当然小空间的产生并不能完全依附于其周边的住宅建筑单体，树木的围合、竖向高差导致的空间界定，材料的心理空间的边界界定等都可以创造小尺度的空间。

⑧利用先进的设备产品完善绿地环境

在绿地的景观环境设计中，水景设备、浇灌系统设备、日常晚间照明设备、特殊亮化工程设备以及背景音乐设备等都会对完善绿地环境产生一定的作用。这些设备中有相当一部分需要埋设于地下，是隐蔽工程，这就需要采用先进的设备产品及完善的工艺来完善和丰富绿地环境。在安装上，要尽量避免对原有理想景观的破坏，让手井、安装盒、水管及水龙头、雨水井等露出地面的设备有较好的遮蔽和处理。当然设备产品的工艺越先进，其处理手段也越丰富和容易隐蔽。

8.3.1.3 防护绿地的特点及设计要点

防护绿地是出于卫生、隔离、安全等要求而建设的，具有一定防护功能的绿地，它是小城镇绿地建设的重要组成部分。

防护绿地的建设，除了直接的遮挡带来的物理性作用外，还有植物的生物学特性所带来的生态作用、生理病理性作用及美化作用。具体表现在以下几个方面：①防护林植物群体的物理阻挡作用，如降低风速，减弱强风及强风所夹带的沙、尘等对城镇的侵袭；②植物根系对土壤的拉结和地被植物对土壤的覆盖可防、止径流，起到固沙保土、防止水土流失的作用；③通过植物枝叶的光合作用、吸附作用、遮蔽作用等可吸收、降低大气中的二氧化碳、有毒有害气体，吸滞烟尘，降低噪声，净化水体，净化土壤，杀灭病菌，降温保温，发挥卫生防护作用；④通过艺术性的营造，防护林还可美化城镇。

（1）防护绿地的组成分布特点

城镇防护绿地按不同的划分依据可分为以下不同的类型：

①根据防护林的功能或主要防护的危害源种类分为防风林、治沙林、防火林、防噪林、防毒林、卫生隔离林等。

②根据主要的保护对象分为道路防护林、农田防护林、水土保持林、水源涵养林、交通防护林（铁路、公路）等。

③根据防护林营造的位置分为环城防护林、江（或河、湖）岸防护林、海防林、郊区风景林等。

城镇防风林带的主要作用是防止大风以及其所夹带的粉尘、沙石等对城镇的袭击和污染，同时也可以吸附市内扩散的有毒、有害气体，减少对郊区的污染，还可以调节市区的温度和湿度。

卫生隔离林主要是建设在工业企业与城镇其他区域之间的卫生防护林。工矿企业生产过程中经常散发煤烟粉尘、金属粉末甚至有毒气体，这对城镇环境的污染相当严重。卫生隔离林对于减少这些污染，净化城镇空气，保护城镇环境起着至关重要的作用。

农田防护林是为了防止自然灾害，改善气候、土壤、水文条件，创造有利于农作物和牲畜生长繁育的环境，以保证农牧业稳产高产，并对人民生活提供多种效用的人工林生态系统。

道路防护绿地是指在道路两侧营建的以保护路基、防止风沙和水土流失、隔声为主要目的，兼顾卫生隔离、农田防护和美化城镇的防护林，包括铁路防护林、高速公路防护林、公路防护林和城镇道路防护林。

（2）各类防护绿地规划设计的要点

①防风林

为能使防风林带承担起减弱风势的作用，应了解和把握当地风向的规律，确定可能对小城镇造成危害的季风风向，以便在城镇的外围正对盛行风的位置设置与风向方向相垂直的防风林带。如果受到其他因素的影响，或可以与风向形成30°左右的偏角，但须注意若偏角大于45°时防风的效果就会大大减弱。通常，要减弱风势，仅靠一条林带难以起到很大作用，需要依据可能出现的风力来确定林带的结构和设置量。

林带的结构对于防风效果具有直接的影响。按照结构形式防风林带可以分为不透风林、半透风林和透风林三种。

防风林带的组合一般是在迎风面布置透风林，中间为半透风林带，靠近城镇的一侧设置不透风林。由透风林到半透风林以至不透风林形成一组完整的结构组合，可以起到较为理想的防风效果。在城镇外围设立一道结构合理的防风林体系，可使城镇中的风速降低到最小的程度。

单一的防风林带可以承担相应的物理功能，但如果情况允许，在经过合理设计的基础上予以适当的调整，也可形成兼防风功能与景观功能为一体，或集防风功能与游憩功能为一体的综合性绿地。

②卫生防护林带

规划营造卫生防护林，可以根据污染源的因素，平行营造1~4条主林带，并设计与主林带相垂直的副林带。卫生部曾对各种企业及公用设施同住宅街坊间营造卫生防护林的总宽度及卫生防护林主带的条数、宽度和间距，做过具体标准规定，在规划设计时请参考相关规定。

由于各种林带结构的防护林有其各自的防护作用和特点，所以，应根据防护对象的具体要求加以选择。如紧密结构的防护林，作为消减噪声的卫生防护林，具有最佳的防护效果。但在实际情况中，大气中的污染源并非单一的环境污染，所以，在严重污染区，为达到最佳防护效果，可以在多条防护林区，采用通风结构、疏透结构和紧密结构三种结构林带配合设置，作为三种吸滞净化的绿化带。

卫生防护林的树种选择，应该尽量选择对有害物质有较强抗性或能够吸收有害物质和粉尘的乡土树种，还应注意选择杀菌能力强的树种。

卫生防护林带附近的污染范围内，不宜种植粮食、蔬菜、瓜果等，以免引起食物慢性中毒，但可种植棉、麻及工业油料作物等。

虽然卫生防护林带是净化空气、保护环境卫生的重要措施之一，但并不是万能的。有些工矿企业污染很严重（例如化工厂），再宽的卫生防护带也不可能完全清除污染，必须采取综合措施。首先，从工厂本身的技术设备上加以改进，杜绝不符合排放标准的污染物的根源；其次，在规划时要考虑工业区的合理位置，尽量减少对大气和居住区的污染；加之卫生防护带的设置，互相配合，才可能达到理想的效果。

③道路防护绿地

a. 高速公路防护绿地规划设计

高速公路防护绿地一般每侧宽度为20~30m，现多以单一落叶树种为主。考虑到远期发展，应以落叶树和常绿树结合种植。树种要求枝干密，叶片多，根系深，耐贫瘠干旱，不易发生病虫害等。

高速公路防护林宜结合周围地形条件进行合理的设计，如田野、山丘、河流、村庄等，使高速公路防护林与农田防护林相结合，形成公路、农田的防护林网络。

为防止行人穿越高速公路，现常用禁入护栏作为防护绿地的外围界限，但容易被破坏而且景观效果差。针对这一问题，可以采用营造高速公路禁入刺篱防护带的办法，选用有刺植物进行绿篱栽植，形成防护绿带。

b. 城镇公路、干道防护绿地规划设计

城镇公路、干道防护绿地规划设计要注意如下几方面。

公路、干道防护绿地应尽可能与农田防护林、卫生防护林、护渠防护林以及果园等相结合，做到一林多用，少占耕地，结合生产创造效益。

公路、干道防护绿地的种植配置要注意乔灌木相结合，常绿树与落叶树相结合，速生树与慢长树相结合，实现公路绿地的可持续发展。

在临近城镇时，一般应加宽防护林的宽度，并与市郊城镇防护绿地相结合，如结合园林建设则能形成较好的城镇外围景观，产生良好的生态效益和社会效益。在公路干道通过村庄、小城镇时，则应结合乡镇、村庄的绿地系统进行规划建设，注意绿化乔木的连续性。如果公路两侧有较优美的林地、农田、果园、花园、水体、地形等景观时，则应充分利用这些立地自然条件来创造具有特色的公路干道景观，留出适宜的透视线供司机、乘客欣赏。

c. 铁路防护绿地规划设计

在铁路两侧种植乔木时，应离开铁路外轨不小于10m，种植灌木要离开外轨不小于6m，一般采用内灌外乔的种植形式（图8-6）。

铁路通过城镇建设区时，在可能条件下应留出较宽的防护林带以防止噪声、废气、垃圾等；采用不通透防护林结构，靠近路轨一侧采用自然种植形成景观群落，宽度在50m以上为宜。

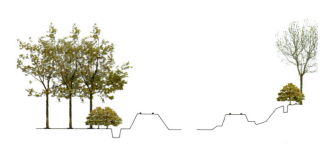

图8-6 铁路防护绿地断面示意

（资料来源：徐文辉，城市园林绿地系统规划［M］，华中科技大学出版社，2007.）

长途旅行会使旅客感到行程单调。如果铁路防护林能结合每个地区的特色进行规划，在树种、种植形式上产生变化，并结合地形、水体适当搭配，则既可获得生态效益，又可取得良好的社会效益。

与高速公路防止行人穿越相同，铁路也存在防止行人穿越的问题，禁入刺篱的设置可以起到相应的禁人作用。

d. 滨水防护林

城镇的江、河、湖、海等滨水区域往往是招风的区域、导风的廊道与文化的发源地，是城镇人赖以生存的源泉。滨水防护林由水岸林带、进水沟道林带和坝坡林带三部分组成。

水岸林带。水岸林带主要是防止来自边岸的径流泥沙淤积于水体内，同时也可防止风浪对岸坡的冲蚀。水岸林带由三条林带组成。第一条林带是防波浪冲击地带，设置在低于正常水位线以下的地方，宜选用耐水淹的灌木树种，不宜选用高大乔木。营造宽度决定于可能产生的风浪的高度，风浪越高则越宽（风浪高度与风速有关，可由实际观测求得）。第二条林带大致位于正常水位线与最高水位线之间，带内由耐湿性乔木和喜湿性灌木组成乔、灌混交林。第三条林带位于最高水位线以上的坡地地段（地下水位深度在5～6m以下），由抗旱性能较好的乔、灌木组成混交林。最后在林带靠上坡林缘处栽植一定宽度（5～8行）的灌木带，林带宽度依水体和毗连的斜坡特点及坡度而定。水库防护林的配置如图8-7所示。

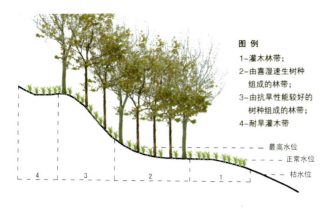

图 8-7 水库防护林配置
（资料来源：徐文辉，城市园林绿地系统规划［M］，华中科技大学出版社，2007．）

进水沟道林带。在水体周围常有一些沟道，这些沟道具有一定的集水面积，是水和泥沙流入的主要通道。为了防止淤积，应在沟道中营造挂淤林。这种林带通常由灌木组成，其长度（顺流方向）不应小于40m，沟道较长时每隔100m设置一段，当沟道下游较宽时，可以留出水路。

坝坡林带。常用来保护坝体、边坡，减少水土流失，防止滑坡等自然灾害的发生。坝坡林带的规模、形式、植物配植等应根据相关专业的设计要求、所处的自然地理状况来设计。

8.3.1.4 生产绿地规划设计

（1）生产绿地的合理布局

苗圃、花圃等生产绿地，一般应设置在城镇近郊的小城镇。园林苗圃应比较均匀地分布在市区周围，以便就近出圃，缩短运输距离，提高苗木成活率。同时，生产绿地的布局应综合考虑城镇绿地系统规划中近期建设与远期发展的结合。远期要建立的公园、植物园、动物园等绿地，均可作为近期的生产绿地。这类生产绿地的设置既可以充分利用土地，就地育苗，又可熟化土地，改善环境，为远期的建设创造有利条件。

（2）生产绿地的用地选择

选择苗圃地得当与否，直接影响苗木的产量、质量和育苗成本以及城镇生态景观。因此，合理选择苗圃地要注意以下几个方面。

①选择恰当的地理位置

园林苗圃地一般选择在省道、国道旁的城郊农业用地或荒山，要求交通方便，道路良好，有利于运输，既能保证电力的正常供应、劳动力和技术管理的投入，又能缩短苗圃地与城镇运输距离，降低成本，提高绿化苗木成活率。盆栽苗圃最好选在主要公路两侧或苗圃较为集中，能集中经营的城镇附近。

②选择适宜苗木生长的地形条件

农用地建苗圃，地形地势开阔，对苗木花卉生长无多大影响；若山地地形复杂，应选择坡度适中的山地，一般坡度为1°~3°，最大坡度不超过5°。如果要选择在坡度较大，同时土壤较黏的地方作为苗圃地，可采用梯田种植方式，可以防止水土流失，提高土壤肥力。

不同苗木品种其生物生态学特性不同，对地形的坡向要求也不同，应选择适宜树种苗木种植，以达最佳栽植效果。如阳坡面日照时间长，温度相对较高，有利于培育阳性树种苗木；阴坡面日照短，温度相对较低，适宜培育阴性树种苗木或较耐阴的苗木等。

（3）园林苗圃的面积计算

为了合理的使用土地，保证育苗计划的完成，对苗圃的用地面积必须进行正确的计算，以便于土地征收、苗圃规划和兴建等具体工作的进行。苗圃的总面积包括生产用地和辅助用地两部分。

生产用地的面积计算

生产用地即直接用来生产苗木的地块，通常包括播种区、营养繁殖区、移植区、大苗区、母树区、实验区以及轮作休闲地等。

计算生产用地面积应考虑计划培育苗木的种类、数量、单位面积产量、规格要求、出圃年限、育苗方式以及轮作等因素。具体计算公式如下：

$$P = \frac{NA}{n} \times \frac{B}{c}$$

式中：P——某树种所需的育苗面积；

N——该树种的计划年产量；

A——该树种的培育年限；

B——轮作区的区数；

c——该树种每年育苗所占轮作的区数；

n——该树种的单位面积产苗量。

由于可用土地有限，在我国一般不采用轮作制，而是以换茬为主，故 B/c 常常不作计算。

依上述公式所计算出的结果是理论数字，在实际生产中，在苗木抚育、起苗、贮藏等工序中苗木都会受到一定损失，在计算面积时要留有余地，故每年的计划产苗量应适当增加，一般增加3%~5%。

某树种在各育苗区所占面积之和，即为该树种所需的用地面积。各树种所需用地面积的总和再加上引种实验区面积、温室面积、母树区面积就是全苗圃生产用地的总面积。另外，苗圃辅助用地包括道路、排灌系统、防风林以及管理区建筑等的用地。在计算时苗圃辅助用地面积不能超过苗圃总面积的20%~25%，一般大型苗圃的辅助用地占总面积的15%~20%，中小型苗圃占18%~25%。

（4）园林苗圃的规划

苗圃的位置和面积确定后，为了充分利用土地，便于生产和管理，必须进行苗圃规划。规划时，既要考虑目前的生产经营条件，也要为今后的发展留下余地。

进行规划之一前，应首先对苗圃用地进行勘查，并收集各种资料，使规划有的放矢。苗圃规划应充分考虑以下因素，即按照机械化作业的特点和要求，安排生产区，如果现在还不具备机械化作业的条件，也应为今后的发展留下余地；合理地配置排灌系统，使之遍布整个生产区，同时应考虑与道路系统协调；各类苗木的生长特点必须与苗圃地的土壤水分条件相吻合。

①生产用地的规划

生产用地规划一般可设置播种区、营养繁殖区、移植区、大苗区、母树区、引种驯化区等作业区。生产用地的规划要保证各个作业区的合理布局。每个作业区的面积和形状应根据各自的生产特点和苗圃地形来决定。小区的方向应根据地形、地势、主风方向、圃地形状确定。坡度较大时，小区一长边应与等高线平行。一般情况下，小区长边最好采用南北向以利于苗木生长。在树种配置上，要注意各树种的不同习性要求。

②非生产用地的规划

苗圃的非生产用地包括道路系统，排灌水系统，各种用房如办公用房、生产用房和生活用房，蓄水池，蓄粪池，积肥场，晒种场，露天贮种坑，苗木窖，停车场，各种防护林带和圃内绿篱，围墙，宣传栏等。辅助用地的设计与布局，既要方便生产，少占土地，又要整齐、美观、协调、大方。

8.3.1.5 滨水区绿地规划设计

滨水区是城市中一个特定的空间地段，指"与河流、湖泊、海洋毗邻的土地或建筑，城镇临水体的部分"。水滨按其毗邻的水体性质的不同，可分为河滨、海滨。滨水区由于其所在的特殊空间地段往往具有城镇的门户和窗口的作用。滨水区的开发，不仅可以改善沿岸生态环境，重塑城镇优美景观，提高居民生活品质，而且往往能创造良好的社会形象，增加就业机会，促进新的投资，进而带动城镇的发展（图8-8）。

图8-8 洞庭渔都段滨水绿化

（资料来源：黄耀志，张瑜等．苏州科大城市规划设计研究院．岳阳市洞庭湖沿湖风光带北段修建性详细规划，2003．）

滨水区多呈现出沿河流、海岸走向的带状空间布局。在进行规划设计时，应将这一地区作为整体全面考虑，通过系统绿地、林荫步行道、自行车道、植被及景观小品等将滨水区联系起来，保持水体岸线的连续性，而且也可以将郊外自然空气和凉风引入市区，改善城市大气环境质量。

线性公园绿地、林荫大道、步道及车行道等皆可构成水滨通往城市内部的联系通道。在适当的地点进行节点的重点处理，放大成广场、公园，在重点地段设置城市地标或环境小品。将这些点线面结合，使绿带向城市扩散、渗透，与其他城市绿地元素构成完整的系统。

在城镇滨水区绿地设计中应强调场所的公共性、功能内容的多样性、亲水性及生态化，创造出市民及游客渴望滞留的休憩绿地场所。滨水区绿地应提供多种形式的功能，如林荫步道、成片绿茵休憩场地、儿童娱乐区、音乐广场、观景台等，结合人们的各种活动组织室内外空间。

亲水性是人的天性。但很多城镇的滨水区往往面临潮水、洪水的威胁，设有防洪堤、防洪墙等防洪公共设施。因此处理好绿地、人们的亲水性和防洪三者之间的关系尤为重要（图8-9）。

图8-9 洞庭湖沿湖亲水平台

（资料来源：黄耀志，张瑜等. 苏州科大城市规划设计研究院. 岳阳市洞庭湖沿湖风光带北段修建性详细规划，2003.）

在滨水植被设计方面，应增加植物的多样性。他们不仅在改善城市气候、维持生态平衡方面起到重要作用，而且为城镇提供了多样性景观和娱乐场所。另外，增加软地面和植被覆盖率，种植高大乔木，以提供遮阴和减少热辐射。城镇滨水的绿化应多采用自然化设计，植被的搭配——地被花草、低矮灌丛、高大树木的层次的组合，应尽量符合自然植物群落的结构。

此外，还应充分尊重地域性特点，与文化内涵、风土人情和传统的滨水活动相结合，保护和突出历史建筑的形象特色，以人为本，让全社会成员都能共享滨水绿地。

8.3.2 植物配植规划

城镇是以人为主体的生态系统，但是人们的活动需要服从生态学的基本规律。一个城镇生态环境的好坏与其植被保护利用的好坏有特别直接的关系。而树木是植被的主体，绿化树种的选择关系到城镇绿化速度快慢、质量优劣，是建立生态城镇的关键问题，也是城镇绿地系统规划的一个重要组成部分。因此，搞好树种规划意义重大。

8.3.2.1 绿化树种选择原则

我国的小城镇绿化资源丰富，在城镇绿化树种的选用中应依据其分类方法、经济价值、观赏特性及生长习性，适地适树，正确选用和合理配植自然植物群落。

树种规划工作，一般由城镇规划、园林、林业以及植物科学工作者等共同配合制定。合理选择树种利于城镇的自然再生产、城镇生物多样性的保护、城镇特色的塑造以及城镇绿化的养护管理。城镇绿化树种选择应遵循以下原则。

（1）尊重自然规律，以地带性植物树种为主

在选择树种时，应充分考虑城镇的自然、地理、土壤、气候等条件和森林植被地理区中的自然规律，坚持以小城镇当地有代表性的地带性乡土树种为主。这是因为乡土树种对当地土壤、气候条件适应性强，能充分表现地方特色。同时，结合选用经过驯化的外来树种，按照树木的生物学特性和景观特性，结合立地条件和景观要求进行合理配植，增加城镇的生物多样性，丰富城镇景观。

(2) 乔、灌、花、草相结合的原则

从城镇整体绿化来看，应以乔木绿化为主，乔、灌、花、草及地被植物相结合，形成小城镇立体绿化的植物景观，充分发挥绿地的生态效益。同时坚持常绿和落叶相结合的原则，以达到丰富植物季相的效果，提高物种多样性（图8-10）。

图8-10 乔、灌、花、草结合配置

(3) 速生树种与慢生树种相结合的原则

城镇绿化近期应以速生树种为主，因为速生树种具有早期效果好，易成荫的特点，可以很快地达到绿树成荫的效果。但是其寿命较短，一般在两年后需要更新和补充，所以还应考虑与慢生树种的结合。虽然慢生树种需要较长时间才能见效，但是它寿命长，可以弥补速生树种更新时带来的不利影响。

(4) 生态效益与景观效益相结合的原则

城镇绿化树种的选择应从生态的角度出发，选择那些抗性较强，即对工业"三废"适应性强和对土壤、气候、病虫害等不利因素适应性强的树种，充分发挥绿化的生态效益。同时兼顾树种的美化功能和经济功能，多选择观花、观果、观形、观色的树种，构成复合型的植物群落，达到生态效益、景观效益和经济效益的三效统一。

8.3.2.2 树种规划

(1) 调查研究和现状分析

现状调查分析是整个树种规划的基础，所收集的资料应该准确、全面、科学。通过踏勘和分析，搞清楚绿地现状及问题，找出城镇绿地系统的建设条件、规划重点和发展方向，明确城镇发展的基本需要和工作范围，做出城镇绿地现状的基本分析和评价。

主要调查内容包括：当地植被的地理位置，分析当地原有树种和外来驯化树种的生态习性、生长状况等；目前树种的应用品种是否丰富；新优树种的应用是否具有针对性，是否经过了引种、驯化和适应性栽培；大树、断头树的移植比例是否恰当；种植和维护管理是否达到了相应的水平；目前绿化树种生态效益、景观效益和经济效益结合的情况等等。为后续规划工作做好服务。

(2) 确定基调树种

小城镇绿化的基调树种，是能充分表现当地植被特色，反映城镇风格，能作为小城镇景观重要标志的应用树种。如桂林市海洋乡，根据当地自然现状以及该镇的发展要求，在规划中以银杏树作为镇树，并且开发了以观银杏树为主的旅游项目，特别是深秋之际，该镇完全淹没在一片金黄色的海洋之中。

(3) 确定树种的技术指标

树种规划的技术指标主要包括裸子植物与被子植物比例、常绿树种与落叶树种比例、乔木与灌木比例、木本植物与草本植物比例、乡土树种与外来树种比例、速生、中生和慢生树种比例、城区绿地乔木种植密度、城区种植土层深度、行道树种植规格等技术指标（图8-11）。

(4) 确定骨干树种

小城镇绿化的骨干树种，是具有优异的特点，在各类绿地中出现频率最高，使用数量大，有发展潜力的树种，主要包括行道树树种、庭园树树种、抗污染树种、防护绿地树种、生态风景林树种等。其中城镇干道的行道树树种选择要求最为严格，因为相比之下，行道树的生境条件最为恶劣。骨干树种的名录需要在广泛调查和查阅历史资料的基础上，针对当地的自然条件，通过多方慎重研究才能最终确定。

图 8-11 江油市西山公园植物配置规划

(资料来源：邢忠等．重庆建筑大学城市规划与设计研究院．
江油市西山公园详细规划设计，2000.)

（5）市花和市树的选择建议

市花和市树的选择一般从以下几个方面进行综合考虑。

①主要从乡土的或已有较长栽培历史的外来树种中进行选择；

②适应性强，能在本地城区广泛推广应用；

③具有良好的景观效果和生态功能；

④影响力大，知名度高，或为本地特有，或富有特殊文化品位；

⑤市树以乔木为佳，体现其雄伟，同时要求树形好、寿命长；市花要求花艳或花形奇特。

8.3.2.3 植被的适应性及区划

中国国土辽阔广大，南北延伸5500km，跨纬度约50°，东西距离5200km，跨经度将近62°。由于纬度不同，南北地区太阳入射角的大小和昼夜长短差别很大，由此导致辐射能和温度的差异。从南到北，全国（除青藏高原高寒区外）跨越了赤道带、热带、亚热带、暖（南）温带、中温带和寒（北）温带等六个温度带。又因位于大陆东部，季风气候显著，大部分地区受来自太平洋和印度洋夏季风的影响，下半年雨热同季，温度和水分条件配合良好，为发展农业提供了优越条件。特别是占全国面积26%的亚热带地区温度高而降水丰沛，天然植被为亚热带季雨林与常绿阔叶林，适宜种植水稻和多种亚热带经济作物。植物种类多，是世界上植物资源最丰富的国家之一。

植被区划或称植被分区，是根据植被空间分布及其组合，结合它们的形成因素而划分的不向地域。它着重于植被空间分布的规律性，强调地域分异性原则。植被区划可以显示植被类型的形成与一定环境条件互为因果的规律。我国的植被区划划分为八大植被区域（包括16个植被亚区域）、18个植被地带（8个植被亚地带）和85个植被区。其中，八大植被区域是：Ⅰ寒温带针叶林区域，Ⅱ温带针阔叶混交林区域，Ⅲ暖温带落叶阔叶林区域，Ⅳ亚热带常绿落叶林区域，Ⅴ热带季雨林、雨林区域，Ⅵ温带草原区域，Ⅶ温带荒漠区域，Ⅷ青藏高原高寒植被区域。

8.3.2.4 植物的分类

植物的分类方法很多，从方便绿地规划和种植设计的角度出发，常依其外部形态分为乔木、灌木、藤本、竹类、花卉、水生植物和草地七类。

（1）乔木

具有体形高大，主干明显，分枝点高，寿命长等特点。依其体形高矮常有大乔木（20m以上）、中乔木（8~20m）和小乔木（8m以下）之分。从一年四季叶片脱落状况又可分为常绿乔木和落叶乔木两类；叶形宽大者，称为阔叶常绿乔木或阔叶落叶乔木；叶片纤细如针状者则称为针叶常绿乔木或针叶落叶乔木。乔木是城镇绿化建设中的骨干植物，对城镇景观影响很大，在一定程度上能起到主导作用。

（2）灌木

没有明显主干，多呈丛生状态或自基部分枝。一般体高2m以上者为大灌木，1~2m为中灌木，高度不足1m者为小灌木。灌木也有常绿灌木与落叶灌木之分，主要作下木、植篱或基础种植，开花灌木用途最广，常用在重点美化地区。

(3) 攀藤植物

凡植物不能自立，必须依靠其特殊器官（吸盘或卷须），或靠蔓延作用而依附于其他植物体上的，称为攀藤植物，亦称为攀缘植物，如地锦、葡萄、紫藤、凌霄等。藤本有常绿藤本与落叶藤本之分，常用于垂直绿化，如花架、篱栅、岩石和墙壁上的攀附物。

(4) 竹类

属于禾本科的常绿乔木或灌木，干木质浑圆，中空而有节，皮翠绿色；但也有呈方形、实心及其他颜色和形状的（例如紫竹、金竹、方竹、罗汉竹等），不过为数极少。竹类形体优美，叶片潇洒，在人们生活中用途较广，是一种观赏价值和经济价值都较高的植物。

(5) 花卉

花卉指姿态优美，花色艳丽，花香郁馥，具有观赏价值的草本和木本植物。其姿态、色彩和芳香对人的精神有积极的影响，通常多指草本植物。根据花卉生长期的长短及根部形态和对生态条件要求可分为以下四类：一年生花卉、两年生花卉、多年生花卉、球根花卉。

(6) 水生植物

水生植物是指生活在水域，除了浮游植物外所有植物的总称。本节内容仅涉及部分适于淡水或水边湿地生长的水生植物。

水生植物在水生态系统中扮演生产者的角色，吸收二氧化碳并释放出氧气供水中的鱼类呼吸，枝叶可作为鱼类的庇护，植物体可以减少水面反光并增添水中景色。水生植物根据其需水的状况及根部附着土壤之需要分为浮叶植物、挺水植物、沉水植物和漂移植物四类。

(7) 草皮植物

草皮植物指绿地中种植低矮草本植物用以覆盖地面，并作为供观赏及体育活动用的规则式草皮，和为游人露天活动休息而提供的面积较大而略带起伏地形的自然草皮，俗称草地或草坪。

草地可以覆盖裸露地面，有利于防止水土流失，保护环境和改善小气候，也是游人露天活动和休息的理想场地。柔软如茵的大面积草地不仅给人以开阔愉快的美感，同时也给园林绿地中的花草树木以及山石建筑以美的衬托，所以在中外园林绿地中应用比较广泛。

8.3.2.5 植物各器官的观赏特性

通常所见的园林植物，系由根、干、枝、叶、花和果实（种子）所组成的。这些不同的器官或整体，常有其典型的形态、色彩，而且能随季节和年份的变化而有所丰富与发展。例如枫香叶春季黄绿微红，夏季深绿，到了深秋就变为深浅不同的红色。正是由于植物有一系列的色彩与形象的变化，借以组成的城镇绿地才能随季节的变化呈现出不同景观。因此，我们必须掌握其不同部分、不同时期的观赏特性及其丰富的变化规律，充分利用其叶容、花貌、色彩、芳香及其树干姿态等特点，结合生态习性要求，来构成特定环境的风景艺术效果。

(1) 根

典型的根是生长在土壤中的，观赏价值不大，只有某些根系特别发达的树种，根部往往高高隆

图 8-12 花草配置

（资料来源：仇春晖摄）

起，凸出地面，盘根错节，可供观赏。例如榕树类盘根错节、郁郁葱葱，树上布满气生根，倒挂下来，犹如珠帘下垂，落地又可生长成粗大树干，奇特异常，给人以新奇的感受。

(2) 树干

树干的观赏价值与其姿态、色彩、高度、质感和经济价值都密切相关。银杏、香樟、珊瑚朴、银桦等主干通直、整齐壮观，是很好的行道树种。白皮松青针白干，树形秀丽，为极优美的观赏树种。还有"大腹便便"的佛肚竹、布满奇节的龙鳞竹、紫色干皮的紫竹、红色干皮的红瑞木和白色干皮的白桦等，都具有较高的观赏价值。

(3) 树枝

树枝是树冠的"骨骼"，其生长状况、枝条的粗细、长短、数量和分枝角度的大小，都直接影响着树冠的形状和树姿的优美与否。例如油松侧枝轮生，呈水平伸出，使树冠组成层状，尤其老树更是苍劲。而垂柳小枝下垂，轻盈婀娜，摇曳生姿，植在水边，低垂于碧波之上，最能衬托水面的优美。一些落叶乔木，冬季枝条像图画一样的清晰，衬托在蔚蓝色的天空或晶莹的雪地上时，其观赏价值更具有特殊的意义。

(4) 叶

叶的观赏价值主要在于叶形和叶色。一般叶形给人们的印象并不深刻，然而奇特的叶形或特大的叶形较容易引起人们的注意，如鹅掌楸、银杏、王莲、苏铁、棕榈、蒲葵、荷叶、芭蕉、龟背竹、八角金盘等的叶形，都具有较高的观赏价值。春夏之际大部分树叶的共同颜色是绿色，只不过是浓淡不同而已，但是到了深秋很多落叶树的叶就会变成不同深度的橙红色、紫红色、棕黄色和柠檬黄色等。前人"霜叶红于二月花"的诗句，就是对枫叶变红时景色的写照。

(5) 花

花，种类繁多，其姿容、色彩和芳香对人的精神都有很大的影响，如荷花高洁丽质，雅而不俗，香而不浓。梅花姿容、色彩、香味三者兼而有之，"一树独先天下春"是对梅花坚贞、勇敢不畏冰霜的品格的赞誉。其他如牡丹盛春怒放，朵大色艳，气息豪放；夏季石榴似火；金桂仲秋开花，浓香郁馥；隆冬山茶吐艳，腊梅飘香。花的种类不同给人们的感受是不一样的。

(6) 果实与种子

果实与种子除供食用、药用、用作香料之外，很多鲜果都很好看，尤其在秋季硕果累累、色彩鲜艳，为绿地景观平添景色。如果能搭配得当，效果更为显著。如金橘、佛手、珊瑚豆等观赏效果都很高。

(7) 树冠

树冠系由枝、花、叶、果所组成，其形状是主要的观赏特征之一，特别是乔木树冠的形状在风景艺术构图中具有重要的意义。不论街道或建筑，与具有不同形状的乔木相配，即可产生不同的艺术效果。因此在做规划设计时一定要考虑树冠的形状。一般可概括为：尖塔形（雪松、南洋杉）、圆锥形（云杉、落羽杉）、圆柱形（龙柏、钻天杨）、伞形（枫杨、槐树）、椭圆形（馒头柳）、圆球形（七叶树、樱花）、垂枝形（垂柳、龙爪槐）、匍匐形（偃柏）等。

在自然界中树冠的天然形状是复杂的，而且其随树龄的增长在不断地改变着自己的形状和体积。树冠的观赏特性除与它的形状大小有关外，树叶的构造和颜色、分枝疏密和长短也会影响树冠的艺术效果。例如，外围枝短而密的小型分枝系统，会形成密实浑厚不透光的树冠；外围枝条疏密而又长大型的分支系统，就可以组成多孔、中空透光的树冠等。在选配树种时都应加以考虑。

8.3.2.6 植物的配植方式

绿地植物的配景准则是与植物的功能、艺术构图及生物特性的主要要求相结合的，同时尽可能继承园林植物配植的艺术传统。虽然形式很多，但通常可由以下几种基本的组合形式中演变而来（图8-12）。

(1) 森林

森林是大量林木结合的总体，它不仅数量多，面积大，而且具有一定的密度和群落外貌，对周围环境有着明显的影响。为了保护环境、美化城镇，除市区内需要充分绿化外，一些自然条件优越的小城镇也可以在郊区开辟森林公园、修疗养区等，栽植具有森林景观的大面积绿地。

（2）树群

大量的乔木或灌木混合栽植在一起的混合林称树群。树群主要是表现群体美，因此对单株要求并不严格。但是组成树群的每株树木，在群体外貌上都起一定的作用，要能为观赏者看到，所以树群中的乔木品种不宜太多，以1~2种为好，且应突出优势树种。另一些树种和灌木等作为从属的和变化的成分。区域边缘的树群中最好有一部分采用区域外围的树种，便于互有联系，有过度，有呼应。树群的配植应注意层次和轮廓，以体现在远处欣赏的群体美。

（3）树丛

为数不多的乔、灌木成丛的栽植，既体现群体的美，又可以体现每株树木的个体美。同时还要使树丛从多个角度上看起来均十分完美。

形式上一般采取自然式，但规则式绿地中有时也采用规则式树丛。树丛是园林绿地中重要的点缀部分，比树群更多地作为主景处理，一般布置在草地、河岸、道路弯角和交叉点上。树丛也可以配合建筑、景观小品，作配景来用。

（4）对植

凡乔、灌木以相互呼应的形式栽植在构图轴线两侧的称为对植，多用耐修剪的常绿树种，如柏树等。对植不同于孤植和丛植，前者永远是作配景，而后者可以作为主景。种植形式有对称种植和非对称种植两种。

（5）单植

单植树主要是表现植物的个体美，在绿地景观功能上有两种：一是单纯作为构图艺术上的单植树，一是作为绿地中庇荫和构图艺术相结合的单植树。单植树的构图位置应该十分突出，体形要特别巨大，树冠轮廓要富于变化，树姿要优美，开花要繁茂，香味要浓郁或色叶具有丰富季相变化的树种都可以

成为单植树，例如榕树、珊瑚、黄果树、白皮松、银杏、红枫、雪松、香樟、广玉兰等。

（6）行植及绿篱

①行植

按直线或几何曲线栽植的乔灌木叫做行植。在道路、广场和规则式的绿地中广泛采用等距的行植，以求得庄严整齐的效果。在大面积造林或防护林带中也常采用行植的形式，每行之间的组合关系可以为四方形、矩形、三角形和梅花形等。行植可以采用韵律的处理，求得既有变化而又统一的效果，也可以采用不等距的行植，求得自然的效果。

②绿篱

组成边界用的绿篱、树墙或栅栏常称行篱，其功能除了上述作用外，还具有组织空间，防止灰尘，吸收噪声，防风遮阴，充当雕塑、装饰小品、喷泉、花坛、花境的背景，建筑基础栽植，以及作为绿色屏障隐蔽不美观地段的作用。绿篱一般采用耐修剪的常绿灌木如黄杨、冬青等。

（7）地表种植

通常指贴近地面的地被植物的种植，草地是应用最广泛地表植物。草坪在城镇绿地中除供观赏外，主要用来满足广大游人的休息、运动和文化娱乐等活动，同时在防沙固土、环境保护、美化市容等方面都有很大作用，是城镇绿化建设中不容忽视的内容之一。

除了草地以外，还有许多大量的地被植物覆盖地皮，达到了较好的效果。如北方的三叶草、麦冬、地锦，南方的醉浆草等。有的开花，有的有色彩，达到了多样性的效果。

（8）攀缘种植

利用攀缘植物绿化墙面、花架、廊柱、门拱等形成垂直面的绿化。许多藤本植物均能自动攀援，但有的不能自动攀援植物需要木格子钢丝等加以牵引。

（9）水体绿化

利用水生植物可以绿化水面，增加水面景色，有的水生植物还可以起护岸作用，有的可以净化

水质。水面绿化时要根据水深、水流和水位的状况选用不同的植物，避免满铺一池，虚实不分，反而体现不出水面来。

（10）花坛

花坛要求有较多种类的花卉，具有不同的色彩、香味或形态，在绿化中起点缀的作用。其形式可分为独立花坛、组群花坛、附属性花坛、活动花坛。

8.3.3 古树名木保护

古树名木是有生命的珍贵文物，是民族文化、悠久历史和文明古国的象征和佐证。通过对现存古树的研究，可以推究成百上千年来树木生长地域的气候、水文、地理、地质、植被以及空气污染等自然变迁。古树名木同时还是进行爱国主义教育，普及科学文化知识，增进中外友谊，促进友好交流的重要媒介。

保护好古树名木不仅是社会进步的要求，也是保护小城镇生态环境和风景资源的要求，对于历史文化名镇而言，更是应做之举。

8.3.3.1 古树名木的含义与分级

根据全国绿化委员会和国家林业局共同颁发的文件《关于开展古树名木普查建档工作的通知》（全绿字［2001］15号），有关古树名木的含义表述和等级划分如下。

①古树名木的含义

一般系指在人类历史过程中保存下来的年代久远或具有重要科研、历史、文化价值的树木。古树指树龄在100年以上的树木。名木指在历史上或社会上有重大影响的中外历代名人、领袖人物所植或者具有极其重要的历史、文化价值、纪念意义的树木。

②古树名木的分级及标准

古树分为国家一、二、三级。国家一级古树树龄在500年以上，国家二级古树300～499年，国家三级古树100～299年。国家级名木不受树龄限制，不分级。

另外，根据建设部颁发的《关于印发＜城市古树名木保护管理办法＞的通知》（建城［2000］192号），有关古树名木的含义表述和等级划分则有所不同，其体表述如下。

①古树名木的含义

古树，是指树龄在100年以上的树木。名木，是指国内外稀有的以及具有历史价值和纪念意义及重要科研价值的树木。

②古树名木的分级及标准

古树名木分为一级和二级。凡树龄在300年以上，或者特别珍贵稀有，具有重要历史价值和纪念意义、重要科研价值的古树名木，为一级古树名木；其余为二级古树名木。

8.3.3.2 保护方法和措施

确定调查方案，并对参加调查的工作人员进行技术培训，使其掌握正确的调查方法以统一普查方法和技术标准。

挂牌登记管理。对古树名木进行现场测量调查，并填写调查表内容。应用拍摄工具对树木的全貌和树干进行纪录。统一登记挂牌、编号、注册、建立电子档案；做好鉴定树种、树龄、树高、胸围（地围）、冠幅、生长势、立地条件，核实有关历史科学价值的资料及生长状况、生长环境的工作；完善古树名木管理制度；标明树种、树龄、等级、编号，明确养护管理的负责单位和责任人。

收集整理调查资料，进行必要的信息化技术处理，分析城镇古树名木保护的现状，提出切实可行的保护建议。

技术养护管理。除一般养护如施肥、除病虫害等外，有的还需要安装避雷针、围栏等设施，修补树洞及残破部分，加固可能劈裂、倒伏的枝干，改善土壤及立地环境。定期开展古树名木调查、物候期观察、病虫害自然灾害等方面的观测，制定古树复新的技术措施。

划定保护范围。防止附近地面上、下程建设的侵害，划定禁止建设的范围。

加强立法工作和执法力度。城镇政府可以按照国家发布的《关于加强城市和风景古树名木保护的通知》精神，颁布一系列关于古树名木保护的管理条例，制订适应本地区的保护办法和相应的实施细则，严格执行，杜绝一切破坏古树名木的事件发生。

8.4 景观小品设计

景观小品通常是指公园绿地中那些供休息、装饰和展示的构筑物。其中一些与园林建筑的界限并不十分清晰，如有将亭、廊之类体量较小的园林建筑归入景观小品，也有把一些不能容纳游人的售货小亭视为园林建筑的情况。大多数景观小品都没有内部空间，但造型优美且能与周围景物相和谐。景观小品的特点是体型不大、数量众多、分布较广，并有较强的点缀装饰性。按功能景观小品可以分为以下五类。

8.4.1 休憩性景观小品

休憩性景观小品主要有各种造型的凳、椅、桌和遮阳伞、罩等等。由于椅、凳主要用于室外，所以材料应考虑能承受日晒雨淋等侵蚀，固定安放在公共绿地各处的凳、椅多以木、石、铁及钢筋混凝土为材料。

木材因加工容易，且与人的肌肤亲和性好而曾被广泛采用，但需要经常进行养护维修。石构的凳坚固耐久，十分适宜于安放在露天的公园等绿地中。石材能加工成各种造型的椅、凳，大大丰富了休憩类景观小品的种类。钢筋混凝土具有良好的可塑性，能够模仿自然材料的造型，也能塑作简洁的几何形体，使椅、凳体现现代风格。钢筋混凝土的椅、凳、桌虽有坚固耐用、制作方便、维护费用低的优点，但也存在着质地粗糙的不足。所以为追求精美，人们还需对其表面进行装饰处理，或直接用木、石等天然材料做面。可移动的桌、椅、凳过去主要是木构，如今除继续使用木构桌椅外，更多使用的是型钢或塑料家具。型钢家具富有现代气息，塑料家具不仅能做成各种别致的造型，而且色彩鲜艳。在园林的自然主调中，点缀一些多彩的塑料桌椅，配以色彩明亮的遮阳伞罩，能使景色更为生动活泼。

8.4.2 装饰性景观小品

装饰性景观小品种类十分庞杂，大体可包括各种固定或可移动的花盆、花钵，雕塑及装饰性日晷、香炉、水缸，各类栏杆、洞门、景窗等等。

8.4.2.1 花盆、花钵类小品

公共绿地中设置的大型花盆与花钵主要用来植栽一些一年生的草本花卉，而且这些花卉只是在花期植入其中，并经常更换品种，使之常年保持鲜花盛开。从实用方面说，这些盆、钵主要充作种花器，便于移动。与室内养花一样，花盆、花钵也有造型的要求，以便与盆、钵内的花卉以及周围的绿地景观相和谐。固定式的花盆、花钵常用石材雕凿而成，为降低造价也可采用钢筋混凝土塑造，但不及石材精致。可移动的主要为陶制。由于大型花盆、花钵造型优美，其中的花卉艳丽动人，所以常常被当作装饰性的雕塑安放于对景位置，如公园园路的交叉点、丁字路口的顶端或者硬质铺地的广场轴线的一端（图8-13）。

图8-13 景观小品

8.4.2.2 雕塑

雕塑在公园等公共绿地中可以点缀风景，表现园林主题，丰富游览内容。若进一步细分则大致可分为纪念性雕塑、主题性雕塑及装饰性雕塑三大类。

纪念性雕塑大多布置在纪念性公园内，当然也可用于一般公园绿地。此类雕塑以纪念碑和写实的人物雕像为多，其前布置草坪或铺装广场，以供集体性的瞻仰，背后密植丛树，形成浓绿的背景，以增添庄严的气氛。

主题性雕塑可以用于绝大多数的公园绿地中，但需要与园林的主题相一致。如儿童公园内的雕塑应选择儿童人物、儿童故事、童话作为题材。但一些过于直接的雕塑，如在熊猫馆外塑造一个硕大的熊猫；狮虎山上置一头凶猛的老虎等等，因其难以令人产生更多的联想，很难被看作优秀的作品。

装饰性雕塑题材广泛，形式多样，几乎所有的公园绿地中都能见其身影。小城镇公园绿地的设计可以继承和借鉴中国古典园林和外国园林的设计手法，抽象出一些装饰性景观小品。诸如除在公园绿地中设置各种独立的具象或抽象雕塑外，还有仿树杆的灯柱，仿树桩的凳、桌，仿木的桥梁，仿石的踏步、台阶等等（图8-14）。

图8-14 装饰性景观小品

（资料来源：黄建彬摄）

雕塑的布置需要注意与周围环境的关系。首先，要与相邻的建筑小品、山水、花木和谐相处，这就需要对雕塑的题材、尺度、材料、位置予以慎重的斟酌。其次，因雕塑在公共绿地中往往作为点睛之笔，是视线的聚焦点，所以需要考虑其观赏距离和视角。第三，公共绿地内的雕塑不能太多，过多雕塑的存在会让观赏者无所适从，其实也削弱了雕塑的点缀作用。另外，题材的选择也相当重要，应该体现当地的历史、文化及地方特色。

8.4.2.3 栏杆

栏杆主要起防护、分隔以及装饰美化的作用，座栏还有给人小坐休息的功能。公园绿地中栏杆的使用不宜太多，最好将防护、分隔与装饰美化结合起来。除了城镇空间交界处的栏杆需要有一定高度外，公共绿地内的栏杆通常不能过高，因为有可能遮挡风景。一般设于台阶、坡地、游廊的防护栏杆，高度可为85～95cm；自然式池岸不必设置栏杆，如果是整形驳岸，且在沿岸布置游憩观光道路，则可在缘边安置50～70cm的栏杆，或用40cm左右的坐栏；林荫道旁、广场边缘若设置栏杆，其高度应视需要而定，大体上控制在70cm以下；花坛四周、草坪外缘若用栏杆，其高度大致在15～20cm之间。

常用的栏杆材料有竹、木、石、铸铁、钢筋混凝土等等。用细竹弯曲而成的栏杆虽然简单、容易损坏，但价格低廉、制作方便，而且造型也与花坛十分和谐。木制栏杆易朽，需要经常维护，一般多用于花架、廊下等，因其可用细木条拼出各种装饰图案，也常用于城镇公园绿地中。石制栏杆粗壮、坚实、耐用。铸铁栏杆体积小，可以做出各种装饰纹样，但也有易锈蚀的缺点。钢筋混凝土栏杆可预制装饰花纹，且无需养护，但也有失于粗糙的不足。

8.4.3 展示性小品

公园绿地中起提示、引导、宣传作用的设施

属展示性小品，主要有各种指路标牌、导游图板、宣传廊、告示牌，以及动物园、植物园、文物古迹中的说明牌等等。

相对于其他绿地景观小品，指路牌、导游板、说明牌、告示牌之类看似十分简单，似乎只要将需要提醒、告知游人的内容书写、张挂于醒目位置就能解决问题。但事实上过于简陋往往不易引起人们的注意，从而难以达到宣传的目的，所以此类小品的位置、材料和造型也应进行精心的设计。首先，应对各类牌、板的位置和数量斟酌考虑，除了一些说明标牌，需掌握"宜精不宜多"的原则；其次，为保证即使是在露天的情况下也不致因日晒雨淋而损坏、变形，所以材料的选择就应坚实和耐久；第三，牌、板的造型不仅需要与周围山水、花木等景观比例协调，而且其形式亦应予以精心的设计，以便能够引起游人足够的注意。此外，各种牌、板的造型应尽可能统一，以免杂乱而影响观瞻。

公园绿地内的宣传廊是为张挂、陈列而设，平面可布置成直线形、曲线形和弧形，断面依据陈设的内容设计为单面或双面、平面或立体式的。宣传廊的位置需要方便游人的利用，一般应设置于游人较多的地方，但也要注意行人与读报或观赏展品者间的相互干扰。宣传廊之前需要有足够的空间，周围有绿树可以遮阴等等。展板的高度应与人的视高相适应，上下边线宜在 1.2~2.2m 之间，所以宣传廊高不能高于 2.4m。

8.4.4 服务性小品

小型售货亭、饮水泉、洗手池、垃圾箱、电话亭等可以归入服务性园林小品（图 8-15）。

规模较大的公园绿地虽然一般都设有餐厅、茶室、小卖部等服务性建筑，但因园地广大，在不少地方还需设置小型售货亭，以方便游人购买食品。一些小型绿地可能不适宜设置具有一定规模的服务性建筑，就更有设置售货亭的必要。售货亭的体量一般较小，内部能有容纳一二位售货

图 8-15 服务性景观小品

（资料来源：http://image.baidu.com.）

员及适量货品的空间即可。其造型需要新颖、别致，并能与周围的景物相协调。过去的售货亭有用木构或砖石结构的，随着铝合金、塑钢等型材的普及，人们也逐渐以此来构筑此类服务性景观小品。

电话在今天人们的生活中已经须臾不可离开，尽管各类电话都已十分普及，但作为公共场所的公园绿地还需要设置公用电话。对于有防寒、避雨雪等要求的电话亭可采用能够关闭的，与售货亭相类似的材料和结构，而公园绿地因风雨天游人不会太多，所以可更注意其造型变化，甚至色彩的要求。

饮水泉和洗手池常因管线的原因被设置于室内，但如果在一些游人较集中的地方安排经过精心设计、造型优美的作品，则不仅可以方便利用，还能够获得雕塑般的装饰效果。

为了清洁和卫生，公园绿地中需设置一定数量的垃圾箱。垃圾箱一般应放置在游人较多的显眼位置，因此其造型就显得非常重要。当然垃圾箱的主要功能还是收集垃圾，这就需要考虑收集口的大小和高度应方便丢放，在垃圾存满后又须便于清理、回收。废物箱的制作材料要容易清洗，以时时保持美观、清洁。随着环保意识的增强，垃圾分类已为越来越多的人所理解，公园之中也应考虑实施。

8.4.5 游戏健身类小品

小城镇公园绿地使用频率最高的当属老人和儿童,所以在公园绿地中通常都设有游戏、健身器材和设施,而且如今还有数量和种类逐渐增多的趋势。

传统的儿童游戏类设施主要是秋千、滑梯、沙坑及跷跷板之类,结构和造型都较为简洁单一。其材料一般以木材为主,具有良好的接触感,但耐久性较差。也有用钢材、水泥代替木料的,虽然可使设施的维护要求降低,但也会使触感变差。在有些公园绿地中,人们利用城镇建设和日常生活中的余料,如水泥排水管、水泥砌块、砖瓦、钢管、铁链、绳索、废旧轮胎等予以组合设计,形成了供儿童爬、滑、钻、荡、摇等活动要求的组合式游戏设施。若能精心设计,不仅可提高游戏的趣味性,而且也易形成优美的造型。近年来随电动游艺机的广泛使用,在儿童活动内容进一步丰富的基础上,其造型也发生了极大的变化。儿童游戏类设施应根据儿童年龄段的活动特点,结合儿童心理进行设计,其形象应生动活泼,具有一定的象征性,色彩鲜明,易于识别,从而产生更强的吸引力。

过去对于老年人对公园绿地的使用通常只是考虑他们的散步、休息需要,至多辟出一定面积的场地供他们做操、打拳。随着近年来各种运动器具生产品种的增多,公园绿地中也陆续出现了健身器材的身影。目前公园绿地中所使用的健身器材大多由钢件构成,结构满足健身运动的要求设计,而造型方面考虑不多。其实,在我们的生活工作中任何东西除了应考虑使用方便之外,都可以在美观上予以必要的设计,即使是机械设备也有工业造型设计。因此,像这类健身器材的外形经过设计也完全可以做得更为美观,就算为了保养而涂制的油漆,如果采用鲜艳明快的涂饰材料,就能成为绿地景观的点缀,若在造型方面再做更多的考虑,则可以进一步增进其装点公园绿地的效果。

总之,小城镇绿地详细规划就应该以环境生态要求、审美观赏和游憩功能为指导,以营造一个生态协调、层次丰富、结构合理、四季有景、景观独特的城镇绿地景观为目标,以发挥小城镇绿地的最大景观效益和生态效益为目的,创造具有地方特色的绿地景观,真正体现出城镇绿地的生态功能和游憩功能。这对建设现代化和谐小城镇具有十分重要的意义。

9 小城镇历史文化遗产保护

9.1 小城镇历史文化遗产保护概述

9.1.1 总体概况介绍

《中华人民共和国文物保护法》于1982年颁布，标志着我国以文物保护为中心内容的文化遗产保护制度已经形成。同年，国务院批转了国家建委、国家城建总局、国家文物局《关于保护我国历史文化名城的请示的通知》，将24个城市确定为首批国家历史文化名城，历史文化名城保护工作由此展开。之后，我国又陆续公布三批国家历史文化名城名单。到目前为止，累计公布四批共计103个国家历史文化名城，其中很多都是县城级别的小城市。

另外，建设部和国家文物局从2003年开始，评选并命名了三批共157个"历史文化名村名镇"，将具有不同地域特色、具有典型代表的历史文化村镇纳入保护范围。这些村镇分布在全国25个省份，包括太湖流域的水乡古镇群、皖南古村落群、川黔渝交界古村镇群、晋中南古村镇群、粤中古村镇群，既有乡土民俗型、传统文化型、革命历史型，又有民族特色型、商贸交通型，基本反映了中国不同地域历史文化村镇的传统风貌。

在2002年新修订的《中华人民共和国文物保护法》中，明确将历史文化街区、历史文化村镇的保护纳入法律内容，这标志着我国已经建立起了"历史文化名城—历史文化保护区（历史地段）—文物古迹保护点"的多层次保护体系。这在小城镇历史文化遗产保护的过程中同样适用。

9.1.2 保护的必要性和迫切性

小城镇的历史文化遗产保护工作，已经成为我国文物保护体系中的重要组成部分。我国于1985年成为《保护世界文化和自然遗产公约》的缔约国，并逐步建立了多层次的历史文化遗产保护体系。1986年，国务院在公布第二批历史文化名城的同时，提出要对文物古迹比较集中的城镇、村落进行保护，将历史文化村镇纳入历史文化遗产保护的内容中。2000年，在我国政府积极申报下，安徽西递、宏村两个古村落被列入世界遗产名录。2002年新出台的《中华人民共和国文物保护法》中明确提出历史文化村镇的概念，并以法律形式确立了历史文化村镇在我国遗产保护体系中的地位。这是我国历史上第一次以国家强制力来保护这些优秀的文化遗产，改变了依靠地方法规、乡规民约、当地政府等来进行保护的局面，建立了强有力的国家保护机制。

但是，我国历史悠久，幅员辽阔，拥有数量众多的历史文化遗产。这其中除一部分集中在国家和省级历史文化名城外，还有相当大一部分分散在众多历史文化村镇中。目前许多小城镇（市）在历史文化遗产保护中对工作的重要性认识不够，加上人力、物力、财力等方面的严重欠缺，普遍存在保护力度不足的现象，特别是一些建设性、开发性破坏尤其让人痛心。

历史文化小城镇的风貌作为宝贵的物质精神财富，具有不可再生性和脆弱性，一旦遭到破坏就无法恢复。改革开放以来，随着各地经济发展水平的提高，城镇化进程加速进行，城乡建设浪潮迅速席卷全国。这种史无前例的大面积改造和建设过程，导致众多历史文化城镇、村落和优秀历史建筑正处于非常危急的阶段。如果不能利用好文物保护法规，不能让群众认识到古建筑、传统街区、城镇历史风貌等的宝贵价值，我们将永远失去这批不可再生的财富。我国许多具有历史价值的小城镇在进行旧城改造和村落整治中，不但拆毁了很多建筑遗产，而且没有从保持历史文化小城镇的风貌出发去规划建设，盲目模仿大中城市风格，严重破坏了千百年来城镇逐步形成的传统格局和历史脉络。因此，必须抓紧抢救城镇化、村镇建设中面临破坏的大批建筑文化遗产，保护历史文化城镇的风貌，防止建设性破坏在历史文化村镇的继续蔓延。近年来开展的历史文化村镇命名和保护工作，就是为了更大范围地去保护历史文化遗产，促进我国传统文化的继承和发展。

旅游、商业开发等也是造成历史文化遗产被破坏的重要原因之一。旅游浪潮是我国另一个不可抑制的大趋势，每年超过 10 亿人次的旅游人数，并以每年 20% 以上的速度递增，世界各地到我国旅游的人数也在不断增加，我国已经成为世界第四大旅游国。但旅游的开发具有两面性：一方面，通过旅游使国内外的游客认识我国历史文化村镇独特的风貌和丰富多彩的地方文化，使这批民族的瑰宝体现出其自身的社会价值和经济价值；另一方面，旅游业也可能产生很大的破坏作用，其破坏性不同于建设性破坏，它是在初步认识到历史文化村镇的文化价值前提下，将这些不可再生且十分脆弱的文化遗产作为普通的旅游资源来开发，以经济效益为单纯的追求目标，使保护利用变成了开发旅游的措施，将遗产保护与旅游开发本末倒置。本来应该是以保护为主，旅游开发为辅，达到不断增值的可持续发展模式。但现在有些地方的旅游发展模式采取了"杀鸡取卵"的方式，对建筑遗产进行了不恰当的重新包装改建，使古建筑"旧貌换新颜"，破坏了历史文化村镇中建筑遗产的历史原真性。

9.1.3 保护的意义

历史文化名城、历史文化村镇、历史地段和文物古迹等，具有很好的考古、文化、建筑、旅游等价值，保护好历史文化遗产，有以下重要意义。

①历史文化遗产是人类的物质文化遗产，是各个历史时期的社会文化积淀，是研究社会经济、科学技术、文化艺术发展的重要例证和源泉。

②大多数历史文化遗产，尤其是在一些受外来文化影响较少的地区，是当地文化的结晶，而且因历史时期、民族、地区不同而存在一定差异性。了解这些中华民族的伟大创造和古代灿烂文化，对于启迪爱国主义精神，增强民族自尊心有积极的教育意义，是建设社会主义精神文明的重要材料。

③历史文化遗产作为体现传统文化的优秀范例，是今天进行城市、村镇规划和建设的重要思想源泉。只有认真熟悉这些历史文化遗产所体现的传统文化精髓，才能继承和发展中国的建筑文化，建设具有中国特色的新城镇、新农村。

④历史文化遗产是进行文化艺术活动和发展旅游事业的重要物质条件。

9.1.4 法律依据

历史文化遗产保护的法律体系，是历史文化遗产保护工作的核心与保障。我国文物保护法律体系已基本形成，从宪法、文物保护法到相关法律（如城乡规划法、环境保护法等，乃至地方关于城市历史文化遗产保护的法律文件）的颁布实施，以文物保护为中心的历史文化遗产保护制度在我国已趋于成熟。目前我国关于文物保护和历史文化名城保护的国家和地方法规均较为完善，并有关于历史文化名城保护规划编制及审批方面文件的颁布。历史文化保护区保护的立法体系尚在建设完善之中，历史文化名镇、名村的保护内容则仍处于起步阶段，目前仅能参考历史文化名城和历史地段的保护制度。

新中国成立以来，我国历史文化遗产保护制度在现有的法律框架中，可分为全国性保护法律、法规及法规性文件和地方性法规及法规性文件两个层次。依照内容分为文物保护、历史文化保区保护、历史文化名城保护三个方面。

9.1.4.1 全国性的法律、法规

文物、历史文化保护区及历史文化名城都适用的法律：《中华人民共和国宪法》第二十二条，1982年《中华人民共和国刑法》第一百七十四条，1989年《中华人民共和国城市规划法》，1989年《中华人民共和国环境保护法》，2007年《中华人民共和国城乡规划法》。

关于历史文化名城保护的相关法规与文件：1982年《关于保护我国历史文化名城的指示的通知》，1983年《关于加强历史文化名城规划工作的通知》，1986年《关于公布第二批国家历史文化名城名单通知》，1994年《关于审批第三批国家历史文化名城和加强保护管理的通知》，1994年《历史文化名城保护规划编制要求》。

关于历史文化保护区保护的相关文件：1997年《转发<黄山市屯溪老街历史文化保护区保护管理暂行办法>的通知》。

关于文物保护的主要法律、法规与文件：2002年《中华人民共和国文物保护法》和1992年《中华人民共和国文物保护法实施细则》。

9.1.4.2 地方性法规及规章

由于我国地域广大，各地情况千差万别，因而在全国性法律法规的框架下制定地方性法规及规章很有必要，在现实操作中取得了良好的效果。我国大多数历史文化名城根据自身的需要，针对不同的保护对象制定的各类保护管理法规及政策性规章文件，可简要地分为三个层次：

①关于历史文化名城及其整体空间环境保护的法规及管理规定，如《福州市历史文化名城保护条例》、《平遥古城保护条例（试行）》、《青岛市城市风貌保护管理办法》、《关于北京市区建筑高度控制方案的决定》等。

②关于历史文化名城特殊区域或历史文化保护区保护的法规及管理规定，如《天津市风貌建筑地区建筑管理若干规定》、《遵义市老城保护区及历史纪念文物建筑规划管理》、《黄山市屯溪老街历史文化保护区保护管理暂行办法》等。

③关于文物保护单位及其他单项保护的法规及管理规定，如《北京市文物保护单位保护范围及建设控制地带管理规定》、《上海市优秀近代建筑保护管理办法》、《南京城墙保护管理办法》、《济南名泉保护管理办法》、《苏州园林保护和管理条例》等。

城市、村镇的历史文化遗产保护工作是一项长期性工作，需要全社会各方面的认同、协调和配合。在保护工作中，政府、规划师和建筑师以及公众是代表不同利益的三个方面，三者之间的协调和合理平衡是保证保护工作在法律、政策、技术、艺术、民主、公共利益以及个人利益各方面均得到保障的重要基础。

9.2 小城镇历史文化遗产保护

9.2.1 保护体系和框架

我国历史文化遗产保护体系的建立经历了三个历史阶段，即以文物保护为中心内容的单一保护体系的形成时期，以历史文化名城保护为重点的双层保护体系的发展时期，以历史街区、历史地段为重心的历史环境的多层保护体系的完善时期。现在，我国历史文化遗产保护体系的概念已经较为明确，即历史文化名城应建立"历史文化名城—历史文化保护区（历史地段）—文物古迹保护点"三个层次的保护体系。

历史文化名城保护的内容包括物质文化遗产保护和非物质文化遗产保护两大部分。其中，物质文化遗产保护包括：历史文化名城的格局和风貌，与历史文化密切相关的自然地貌、水系、风景名胜、古树名木，反映历史风貌的建筑群、街区、村镇，各级文物保护单位等。非物质文化遗产保护则包括民俗精华、传统工艺、传统文化等（图9-1）。

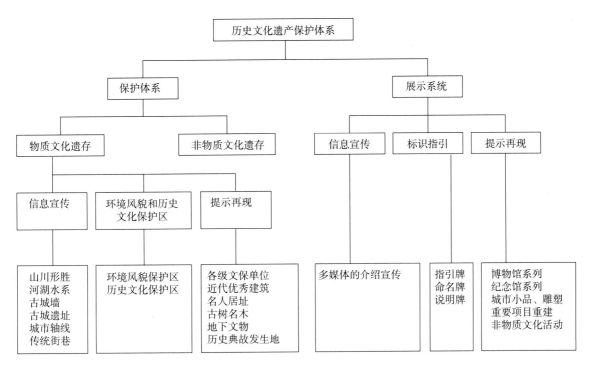

图 9-1 历史文化遗产保护的体系框架

(资料来源：周岚等. 快速现代化进程中的南京老城保护与更新 [M]. 南京：东南大学出版社，2004.)

9.2.2 建筑保护

建筑是构成小城镇建成环境的基本要素之一，是小城镇历史文化遗产保护中最主要的内容。具有不可移动性的建（构）筑物类文物是小城镇历史文化遗产的最重要组成部分。在小城镇历史文化遗产保护规划中，被保护的建筑包括文物保护单位和由于各种原因而需要保护的其他建筑物两大类。

文物保护单位是指国家确定的在城市、村镇和郊野中不可移动的文物，以及历史遗迹、历代遗址、古代和近现代杰出人物的纪念地、古木、古桥等构筑物。其中包括古建筑、历史纪念建筑物、具有各种文化意义的建筑物和构筑物、在建筑艺术和城镇发展过程中具有重要意义的建筑物或构筑物，以及具有重大意义的近现代建筑物和构筑物，包括古文化遗址和遗迹、尚未完全探明的地下历史遗存、古典园林、风景名胜、古树名木及特色植物等。文物保护单位是不能被拆除的，其保护要遵循尊重原物的基本原则，在不得不更换某些构件时，要尽量采用原来的式样，并且要有明确的界线和相应的说明，同时应该保护其周围的环境。

文物保护单位分三级，经过一定程序由国家或各级地方政府部门批准，列入各级法定保护建筑的保护名录。其中，由国家文物局确定的为"全国重点文物保护单位"，由省确定的为"省级文物保护单位"，由市、县确定的为"市级文物保护单位"或"县级文物保护单位"，有些村镇也确定了"文物控制单位"。在保护工作中，既要注意地面上可见的文物，也要注意埋藏在地下的文物及遗址；既要注意古代的文物，也要注意近代的代表性建筑及革命的、历史的和文化的纪念地（物）；既要注意已定级的重点文物保护单位，也要注意尚未定级但确有价值的文物古迹。要在普查的基础上对文物进行定级，经论证无法保存原物的，可采取建立标志或资料存档等方式

小城镇历史文化遗产保护 239

妥善处理。

9.2.2.1 文物保护单位的保护方式

对文物保护单位本身应当尽量采用保存的保护方式，即在保护对象原封不动保护的基础上，仅做必要的维护性修缮、加固和恢复性修复。修缮、加固和修复必须以不改变原貌为前提，特别强调要对其进行全面的考古研究，特别要尊重原始资料和确凿的考古学证据，不应有丝毫的臆测。

《威尼斯宪章》总结了欧洲各国的经验教训，提出了文物修复的方法和原则，并逐渐成为世界各国公认的准则。按照《威尼斯宪章》，修复工作必须严格遵循以下两条原则：一是修复和补缺的部分要与原有部分形成整体，保持景观上的和谐一致，条件许可时，最好采用与之同时期的构件进行替换，以有助于恢复而不是降低它的艺术价值和历史价值；二是任何增添部分都必须跟原有部分有所区别，使人们能够识别，以保持文物建筑的历史可读性和历史真实性，同时加固和维护措施应尽可能少，而且应不妨碍以后采取更有效的保护措施。

当文物保护单位所处位置与目前城市建设发展有冲突，并且无法协调，或其存在的环境已经被破坏而无法改变时，可以对其采取整体搬迁或异地原样、原材料复建的方法。

对尚未完全探明的地下历史遗存的存在区域，应采用冻结保存的保护方法，即在该区域内不再建造任何永久性建筑，已建造的建筑不再翻建或增建，以便给今后进一步的研究发掘减小阻力和经济损失，也保证地下遗存不再受进一步的人为破坏。

一些在历史上十分重要的、对地方或民族文化具有象征性意义的，同时也对考古、科学研究和建筑艺术有重要价值的建（构）筑物，由于各种原因现在已经基本被毁或全部被毁的，以建立遗址、遗迹碑牌为宜。

根据《中华人民共和国文物保护法》的规定，对各级文物保护单位应当划定适当的保护范围，并根据实际需要划出建设控制地带。同时制定相应的土地使用和建筑管理规定。在文物保护范围内，一般不得进行其他建设，对文物保护单位四周建设控制地带的范围，要根据文物在历史上的价值、功能和环境特征，科学地加以划定，使文物及其环境得以保护和保持。

9.2.2.2 文物保护单位的利用

位于城镇中的文物保护单位，不论其自身还是周围环境是否保存良好，均应该成为城镇的有机组成部分。对文物保护单位的利用，必须以保护为基础。对其进行利用应当以下列原则为基础：不仅保护文物保护单位自身，而且也带动其周围地区，甚至影响整个城镇的发展，合理地给予它在城镇功能和景观方面应有的地位，使它继续成为城镇生活中的重要组成部分。对于目前国内许多地方出现的过度挖掘文物保护单位商业价值的行为，应当坚决予以制止。

（1）利用原则

①利用与维护相结合。《威尼斯宪章》第五条特别提到："为社会公益而使用文物建筑，有利于它的保护。"在"保护第一"的前提下，妥善合理地使用文物建筑，是保护并使其传之永久的一个最好方法。它不仅有助于保护，而且赋予了文物建筑以新的活力。

②尽可能按其原有功能来利用。这种方式意味着最少的变更，有利于保存文物建筑各方面的价值，体现其原来的面貌。

③应和恢复与营造文物及其周围地段的活力相结合。《内罗毕建议》提出："在保护和修缮的同时，要采取恢复生命力的行动。"为此，很多国家和地区在对文物建筑进行保护、修缮和使用的同时，还制定了专门的政策，以复苏历史建筑及其所在地区的社会生活，使它们在社区和周围地区的社会文化发展中起促进作用，同时把保护和重新利用历史建筑同城镇建设过程结合起来，使它们具有新的意义。

④考虑整体保护。不论采用何种保护和利用方式，均应在城镇整体保护规划的指导下进行。

（2）利用方式

文物保护单位的利用方式一般可分四种，具体为：

①继续原有的用途

这种利用方式最有利于文物保护，在条件允许时应当大力提倡。国外的绝大多数宗教建筑、部分政府行政办公建筑和我国的古典园林都属于这一类型。由于悠久的历史和其承载或相关联的历史典故，使得它们比新建的同类建筑具有更大的吸引力。如欧洲的教堂、我国许多地方的寺庙建筑、苏州的古典园林等。

②改变原有的用途

作为博物馆使用的方式比较普遍，也是可以较好发挥其效益的使用方式之一。根据不同的需要和建筑状况，规模可大可小，可以是宫殿、官邸或民宅，例如苏州同里镇的历史陈列馆等。

作为学校、图书馆或其他各种文化、行政机构的办公用地的情况也常有出现。一些文物保护单位因其建筑体量巨大，内部空间相对宽敞，因此欧洲的很多学校、图书馆和政府办公楼都是利用这类古建筑，我国也不乏其例。

对保护等级较低的文物，作为旅游设施使用比较适合发展需求。可利用作为旅馆、餐馆、公园及开放的游览景点等使用。如苏州周庄的沈厅、张厅等，就是将原来的富商府第作为周庄江南水乡特色旅游的一个重要景点供游客参观。一些文物保护单位通过图画展示、人物蜡像摆放等形式来反映各个历史时期文物保护单位发生的历史事件或日常生活，也是值得提倡的，能起到较好的直观体验效果（图9-2）。

③留作城镇的空间标志

有些文物保护单位，由于各种原因而不能或不宜继续承担具体的用途，但它却代表了城镇发展历史中重要的阶段或事件，代表了某一时期的建筑艺术或技术成就。对这类文物应该维护其既有状况，保留作为城镇的空间标志，以时刻让人

图9-2 世界文化遗产——苏州同里退思园
（资料来源：许鹏程摄）

们感受到城镇发展的历史脉络，也可作为纪念、凭吊、观光的场所。如一些小城镇中现存的古代戏台、牌坊、石碑、砖塔等。

9.2.2.3 其他需要保护的建筑

文物保护单位的保护必须严格按照国家相关法律的规定，而小城镇中其他需要保护的建筑，应该以是否能够保持城镇空间景观的连续性和逻辑性，是否具有潜在的历史、文化、建筑和艺术方面的价值为目标来进行分析。也就是应根据建筑在城镇环境中所起的作用，看是否有更好的替代可能，如果没有或暂时没有，则不应该被拆除，而应该予以保护。这些被保护对象可能是古代建筑，也可能是近现代具有重要纪念意义的建（构）筑物。

小城镇由于技术人员和资金较少，对各类建筑的潜在价值没有能力进行全面评估。什么样的建筑可以拆除，什么样的建筑需要保护，并没有统一的标准，需要在具体的规划行为中细致观察和分析。从单个建筑本身而言，可能并不具备像文物保护单位那样大的价值，保护它们的意义在于它们对构成和表现城镇某一方面或某一地段的特征起着不可替代的作用。这些需要保护的建筑可能是某种建筑的类型，也可能是某一或某几个时期的建筑物或建筑的一部分。像这样的一些需要保护的建筑可能散布在城镇的各个角落，也可

能以不同的规模集中在城镇的某些区域。

这类被保护的建筑不应该拆除，对被保护的部分也不应该作与其原有部分不符的改变。保护建筑周围的建筑和未被列为保护对象的建筑部分，它们的建筑高度、形式、材料和色彩均应在规划中受到不同程度的控制。

9.2.3　历史地段的保护

历史地段在我国通常也称作历史街区。它是保存有一定数量和规模的历史建（构）筑物，且风貌相对完整的地段。对处于城镇中的历史地段而言，还应具有具体的生活内容，通常称为历史街区。历史文化名镇、名村的保护范围通常较小，其规模与城市中的历史街区较为接近，因此在保护方式上通常会借鉴历史街区，所不同的是历史文化名镇、名村的保护要涉及整体风貌保护和与周边自然环境协调等内容。

1986年，国务院在公布第二批国家历史文化名城的同时，提出了"历史文化保护区"的概念，并要求地方政府依据具体情况审定、公布地方各级历史文化保护区。1997年，建设部在《转发〈黄山市屯溪老街历史文化保护区保护管理暂行办法〉的通知》中明确指出："历史文化保护区是我国文化遗产的重要组成部分，是保护单体文物、历史文化保护区、历史文化名城这一完整体系中不可缺少的一个层次，也是我国历史文化名城保护工作的重点之一。"

小城镇中的历史地段应该具有一定的规模，并具有较完整或可被整治的风貌景观，能反映某段历史时期某民族、某地区的文化特色。它并不要求在其中留存有多少文物建筑，但整体景观环境应具有完整而浓郁的传统风貌。它应该含有大量的历史信息，包括有形的和无形的，应该依然在当前的城镇生活中具有一定的地位，还在不断地记录着当今城镇发展的信息。

小城镇中的历史地段是城镇整体机能的有机组成部分，其保护要求及方法与文物保护不完全相同，目的是要保持历史地段的风貌特征和城镇生活，并提高当地居民的生活质量，即在保存其真实的历史遗存和历史风貌的同时，维持并发展它的使用功能，保持它的活力，促进城镇繁荣，使该地段居民的生活条件满足现代生活的需求，并使该地段适应城镇整体发展的需要。历史地段的保护范围之内是建设行为受到严格限制的地区，也是风貌整治的重点地区，任何可能使历史地段降低或失去其特色的改变都是不允许的。因而，历史地段的保护规划应该从保护和更新整治两方面来开展。

9.2.3.1　历史地段保护的内容

历史地段的保护包括建筑、街道、巷弄、公共和半公共空间及其界面、私密和半私密院落、围墙、门楼、过街楼、牌坊、植物、铺地、河道和水体等构成历史地段风貌特色的物质要素。一般可归纳为建筑保护、街道格局维护、空间系统及景观界面的维护三方面的内容。

（1）建筑保护

在历史地段中，除了必须保护的各级文物保护单位，还有很多是具有潜在价值和对构成历史地段整体风貌特征具有不可替代作用的建筑。对前者的保护和利用应按相关法律法规要求进行；后者的数量在历史地段的保护建筑中占绝大多数，对它们的保护应结合居民生活条件的改善进行，不使当地原有居民因生活环境较差导致外流，以使该地段始终因各类活动的存在而保持内在活力。

对后一类保护建筑的保护方式一般可概括为整体保存和局部保存两种。整体保存是指在不改变被保护建筑原有特征的基础上，对建筑的外观和内部进行修缮、整饰，对建筑整体结构进行加固，对损坏部分进行修复。局部保存是指保留被保护建筑中体现历史风貌的最主要要素，如立面、屋顶、墙面材料、结构、外观色彩和建筑构件等。针对不同的情况保留部分要素，并对保留的部分进行修缮，同时对建筑进行不改变其原有形象特征的改造。

被保护建筑的现状以及在地段中的位置，在很大程度上决定着其保护方法的差异，是否针对各类型的保护建筑选择了恰当的保护方法，对整个地段的保护效果往往产生重要的影响。

(2) 街道格局维护

街道格局是反映历史地段城镇肌理并体现该地段乃至整个小城镇个性的重要元素（图9-3）。因此，在历史地段的保护过程中，街巷格局的保

图9-3　云南丽江的街道空间

（资料来源：许鹏程摄）

持和街巷系统的整理就显得十分重要。

保持街道的格局应该考虑街道布局与形态、街道功能和街道空间及景观三个基本方面。街道的布局与形态主要包含街道网络的平面布局特征、主次街道的相互连接关系、街道的分级体系和空间层次关系。一般情况下历史地段的街道布局与形态不应改变，同时历史地段街道的功能应在原有主体功能上予以扩展，历史地段街道的尺度、界面和空间标志物应当给予保持和保留。由于现代交通需要而必须改造或新辟的规划道路，其尺度、走向、线形等空间要素，必须考虑与该地段乃至城镇街道格局的相互关系。

(3) 空间系统及景观界面维护

空间系统及景观界面也是体现小城镇风貌特征的重要部分，同时也是构成城镇肌理的重要元素，两者是相辅相成的。空间系统由城镇中各个层次的空间关系与形态，各种空间在城镇空间系统及城镇生活中的地位与作用，以及其中的活动等要素构成（图9-4）。景观界面包括开放空间周围的界面、主要景观视线所及的建筑、自然界面以及街道界面。它不仅集中表现了一个城镇的精华和特点，同时也展示着城镇的文化。对景观界面的分析，不应局限于历史地段，还应扩展到整个城镇的范围。

图9-4　小桥、流水、人家——
江南古镇的典型城镇空间

（资料来源：许鹏程摄）

在历史地段的保护规划中，保护建筑的确定原则同样适用于确定需要保护的空间和景观界面。通常情况下，历史地段的空间系统应该予以保持，重要的开放空间和有特征的景观界面应该予以保护，其重点在于空间功能和形态、空间联系的结构关系和界面的景观特征的维护。因而，空间和景观界面的保护往往和建筑的保护结合在一起。

9.2.3.2 历史地段的整治与更新

历史地段的整治与更新是达到历史地段保护目标的必要手段，其内容主要包含建筑物内部的改造、建筑景观环境的整合、基础设施的改造、居住环境的改善、地段功能的定位和地段交通的重组等。

(1) 建筑物内部的改造

历史地段内需要保护的历史性建筑，其平面

布局及内部设施均已陈旧，且许多居民家中没有水厕、浴室，厨房条件也相当简陋，与现代生活要求不相适应。因此需要对其在平面布局和内部设施方面进行改造，以满足现代生活的需求。建筑物内部的改造，应以不破坏建筑物外观的历史风貌特征和内部的结构特征为原则，对内部空间做重新划分，对设施做更替与添置，对室内环境做整饰。

(2) 建筑景观环境的整合

对历史地段现有的建筑环境进行整治，使历史地段的新建和改建建筑与现有的景观整体协调，是历史地段建筑环境整合的主要工作。在历史地段中，并不是所有的建筑都需要保护，对历史地段中现存的各类不合理建（构）筑物，包括不符合卫生、消防和景观要求的新旧建筑物和临建、搭建物，应根据具体情况对其采取拆、改、补的方法，改善该地段居民的生活条件，充分体现该地段的整体景观特征。

历史地段和小城镇中其他地区一样都有新建和改建的需要。历史地段的新建和改建建筑应该与现有的建筑尺度相适应，如开间、柱距、层高、高度、面宽和体量等，并在色彩、材料、工艺和形式等方面考虑与现存环境的协调关系（图9-5）。

图9-5 云南玉溪市北城镇旧城改造规划

(资料来源：黄耀志，黄勇，仇建亮等．重庆建筑大学珠海规划建筑设计院．云南省玉溪市红塔区北城镇旧城改造规划，2000．)

一些在历史上十分重要的、对地方或民族文化具有象征性意义的，同时也对考古、科学研究和建筑艺术有重要价值的建（构）筑物，由于各种原因现在已经（或基本）被毁，在确实需要并条件允许的情况下可以考虑重建。重建必须在有完整的历史资料和科学研究分析的基础上进行。

(3) 基础设施的改造

历史地段的基础设施条件一般较差，尤其是绝大部分的历史地段仍没有良好的污水排放设施，整个历史地段内管网陈旧，路面破损，积水现象严重，雨污合流、电线架空等现象十分普遍。由于基础设施不符合基本的城镇建设规范要求，普遍存在安全隐患。

历史地段基础设施的改造应与小城镇中其他地区保持统一标准，包括供水、供电、排水、供气和取暖等管网，垃圾收集清理，道路路面等街区市政基础设施的改造和完善，并且力争统一规划，一步到位。

(4) 居住环境的改善

居住环境的改善除了建筑物内部的改造外，从城市规划的角度还包括居住人口规模的调整和户外居住环境质量的提高。

保持适当的居住人口是历史地段维持内在活力的基本条件，过高或过低的人口密度既不利于保护也不利于城镇发展。对居住人口密度过高的历史地段，由于不可能依靠大量新建建筑以增减居住面积的方式来使该地段居民达到舒适的住宅面积标准和户外环境标准，因此应适当减少居住人口，调整居民结构，迁走一定数量的住户。同时拆除搭建建筑和少量无价值的破损建筑，增加绿地与空地，以保证依然居住在历史地段的居民的居住质量达到一定标准。而对居住人口密度太低的历史地段，则应该考虑如何吸引居民来此居住、工作和消费，达到恢复其内在活力的目的。

(5) 地段功能的定位与土地使用的调整

历史地段在不同程度上均存在适应现代城镇发展的问题，它关系到历史地段的复兴与发展，以及它在城镇中的地位和对城镇的贡献。因而，如何在小城镇的发展中保持并发挥历史地段的作用，对历史地段是否能够合理有效予以保护具有十分重要的意义。对小城镇中历史地段的功能应该做重新定位，并通过土地使用调整的方法来逐步实现。

对历史地段功能的定位研究，主要从城镇的发展历史和今后城镇性质的发展方向两个方面进行，以最大限度地保持地段的历史文化价值为基点，结合地段的振兴与地区活力的保持，合理地把握历史地段的发展方向。

历史地段土地使用调整一般有四种方式：保持原用途，恢复原用途，纳入部分其他用途和改为新用途。保持原用途和恢复原用途这两种方式一般常用在以居住用途为主的历史地段的保护规划中。但是在通常情况下，由于城镇的发展，历史地段的用途或多或少都需要作适当的改变，在历史地段中纳入新的用途是必要的。在历史地段中纳入新用途时，应对新用途的规模有所限制，历史地段的主体功能一般不宜被改变，除非原有用途已经完全不适应现在的要求，才采用完全改变为新用途的做法。无论是哪种情况，抛弃历史地段内的社会生活方式，将历史地段完全转变为博物馆式的游览景区的做法都是不可取的。

（6）地段交通的重组

在一些人口密集、交通拥挤的历史地段，交通工具的改变常使原来的街巷无法适应。疏导是解决历史地段交通问题的主要途径，以在满足居民对现代化交通需求和保持历史地段的历史文化环境特征之间的寻求平衡。一般采取的解决方案是最大限度地将交通疏导到历史地段的外围，或是在街区内利用现有街道组织单向交通，或是两种措施并用，以保持历史地段的空间景观特征。一般不主张采用拓宽原有街道、开辟新的道路和新建停车场等做法来解决交通问题（图9-6）。

和文物保护单位及其他被保护的建筑一样，历史地段也是人为确定的。在小城镇中划定历史地段的保护范围，是一种小城镇历史文化遗产保护规划的分析研究方法。历史地段保护规划的基

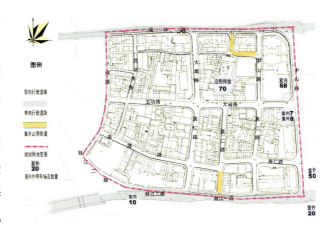

图9-6 交通的重新组织

（资料来源：广西建筑综合设计研究院.
梧州市骑楼城规划设计，2005.）

本内容和方法，同样适用于历史城区甚至整个城镇范围，目的是更好地保护城镇中留存下来的精华部分，真实反映该城镇的历史，集中表现小城镇的特色。

9.2.3.3 案例介绍——云南省澄江县老城区详细规划

澄江县位于云南省中部，县城凤麓镇离省会昆明60km。澄江老城的文化积淀深厚，是中国传统文化和地方特色文化相融合的结果，具有滇中系统文化中"中庸、安逸、闲适、平和"的特点。

在澄江县老城区详细规划中，首先对县城发展历史和现状的建筑、基础设施、人口结构等进行了详细的调查，并据此确定了继承性、发展性和特色性三条规划原则。由于澄江老城尚未被划定为历史文化名城名镇，因而规划所受的法律法规限制较少，可以根据自身特点对其历史街区主动进行保护规划，以发展为目的，以营造特色城镇为目标，采取较为灵活的改造方法，既为老城留下宝贵历史积淀，又更新老城的整体环境，同时也满足房地产开发及城市经济和旅游发展的要求。规划中，近期建设与远期建设、重点保护与一般性改造保护、居民自建与统一开发建设等统筹考虑，保证规划的可操作性及近期、远期规划目标的实现（图9-7）。

图9-7 澄江县老城区详细规划总平面图
(资料来源:王贺,顾奇伟,朱良文等.昆明理工大学
建筑学系.云南省澄江县老城区详细规划,2002.)

在老城区"城市传统商业文化中心"、"旅游服务基地及居住区"的功能定位基础上,为体现老城的主题特色,采取"强化与凸显、净化与亮化、恢复与重现、发掘与创新"四条对策对老城进行系统性的保护、更新与开发,充分营造与展现老城的优势特征。

规划方案中将建筑分为商业建筑、居住建筑和文化建筑三类,并以未来发展民俗文化特色旅游为目标,发挥经典传统建筑的优势,为老城留下原汁原味、高质量的建筑群。

对于老城区中保存较好的文物古迹——文庙,规划将其周边区域划定为古迹保护区,对文庙加以严格保护。部分已经毁坏的建筑进行维修或重建,保持文庙的原有格局,对保护区内的不协调建筑予以拆除。另外,将文庙附近的现县政府驻地南半部开发为休闲娱乐区,兼具商业文化广场的功能,与文庙所在的古迹保护区共同组成文庙公园,成为整个澄江老城区的中心(图9-8)。

图9-8 澄江文庙公园鸟瞰图
(资料来源:王贺,顾奇伟,朱良文等.昆明理工大学
建筑学系.云南省澄江县老城区详细规划,2002.)

9.2.4 城镇整体环境的保护

小城镇历史文化遗产保护除了建筑和历史地段保护之外,还应包括城镇整体环境的保护。

城镇是建筑、历史地段和历史文化赖以生存和发展的基础,也是表现城镇特征与风貌的重要环境。小城镇历史文化遗产的保护要从整个城镇着眼,而不能单纯保护城镇内的几个珍贵文物或历史地段。因为即使划定了文物或历史地段的保护范围,制定了保护办法,但如果周围环境的变化失控,小城镇所具有的风貌特色也会失去。因此,小城镇整体环境的保护应特别重视景观环境的保护,它包含城镇特别是历史城区空间格局的保护、城镇布局的调整和城镇外围环境的控制三方面的内容。

9.2.4.1 城镇空间格局的保护

城镇空间格局保护是小城镇整体景观环境保护的重点。城镇空间格局一方面是城镇受自然环境制约的结果,另一方面也反映出城镇社会文化与历史发展进程方面的差异和特点。构成城镇空间格局的要素通常包括:地理环境、城镇空间轮廓、城镇轴线、街道骨架、街巷尺度、河网水系、山体、林地,还包括城镇中起空间标识作用的建

（构）筑物，以及那些已经成为构成城镇特色有机组成部分的成片居住建筑。这些需要保护的要素既可能是历史的或传统的，也可能是现代的，关键是看它在表现城镇特征方面和构成城镇肌理方面的作用。

城镇空间格局保护的重点是小城镇中的历史城区，根据城镇不同情况也往往扩展至城镇的整个城区范围。如在法国西部城镇布雷斯特（Breast）的"建筑、城市与自然风景保护区规划"中，便将整个中心城区以及周围的自然景观地带纳入保护区范围之内。

9.2.4.2 城镇布局的调整

从小城镇总体发展策略和城镇总体规划空间布局的层面，研究确定历史城区保护与城镇发展的关系，并合理地落实到小城镇建设与发展的总体空间布局上，是保护小城镇历史文化环境，并延续包括文物、历史地段和历史城区活力的重要环节。归纳起来，在城镇空间布局层面处理城镇发展与城镇历史文化遗产保护关系的方式有两种，即开辟新区和新旧相融并存。

开辟新区或在历史城区以外进行新的建设，以减轻历史城区的压力，是当前协调城镇历史文化遗产保护与城镇发展的一种方式，是一种希望避免保护与发展相冲突的战略性规划。如云南丽江以及苏州的周庄、同里、锦溪等，无不是跳出原来的老镇区来实现城镇的继续发展。

小城镇自身的发展、人口的增长、经济活动的拓展、城镇规模的扩大、交通流量的增加，对已经处于饱和状态的历史城区势必构成巨大的冲击。从城镇总体战略布局上，将新的建设和新的功能引向历史城区以外，有可能在总体布局上为保护小城镇历史文化遗产，尤其是保护小城镇的整体环境创造有利的条件。其作用可以概括为以下三方面：

①有利于合理定位历史城区的主体功能与性质，将不适宜在历史城区内继续发展的用地调整出去，减少对历史城区环境的影响，发挥历史城区在居住、特色商业、文化和旅游等方面独特的优势。

②有利于疏散历史城区人口，避免超饱和的人口和建筑容量对历史城区历史文化环境的直接破坏，提高历史城区中居民的居住环境质量。

③有利于缓解历史城区的交通压力，避免以拓宽、增加道路来解决城镇交通问题，有利于保持历史城区的空间尺度。

将新的建筑形态和城镇空间融入原有城镇空间格局中，以求整个城镇在形态和功能的不断新旧交替中得到发展，则是一种新旧并存的城镇发展战略，如法国巴黎的中心城区、德国的慕尼黑和我国的北京等。这种以新旧并存的方式处理城镇保护与发展关系的做法，应该基于这样一种观念，即在保持城镇肌理的连续性和逻辑性的前提下，考虑介入现代城镇要素的协调性。新旧并存是一种有利于保持城镇发展整体性和历史城区持续发展的城镇发展战略，它的意义不仅仅在于空间景观方面，也在于城镇内部机能的协调发展。

无论采用哪种方式，也无论是在历史城区还是在历史地段，或多或少地都会有新的建筑和城镇空间要素介入。编制一个合理的规划，并进行有效的控制和管理，对平衡与协调新旧之间的关系是必要的。在历史城区、历史地段以及保护建筑周围地区，任何以破坏或降低城镇特色为代价的改变都不应该被采纳。只有当改造方案被认为是保持或突出了城镇原有的特征时，这样的改变才能被允许。因为作为独一无二的历史文化资源，它是城镇进一步发展的优势和基础所在。

9.2.4.3 城镇外围环境的控制

小城镇的外围环境是小城镇特征和文化形成及发展的基础。改变或脱离其原有的生存环境，小城镇的历史文化价值将大大丧失，其特征也会逐渐被磨灭（图9-9）。因此，保护小城镇的外围环境，特别是自然风景，保持自然与城镇间相容的协调关系，对保护小城镇历史文化遗产，并使其在发展中继续生存具有重要的意义。如何在小城镇的发展中恰当地保持其原有外围环境，既十分重要，也相当困难。

图9-9　苏州锦溪古镇的外围环境

（资料来源：许鹏程摄）

与体现自然风景有关的要素均应当属于城镇外围环境控制需要考虑的内容，包括农田、树木、水域、地形、自然村落以及通路等。在城镇外围环境控制范围内，所有的自然风景要素都不能被破坏，对于改善自然环境与景观的生态型改造工程应予以鼓励，对现有的居民点和其他人工设施应控制在原来的建设范围之内，限制其扩大规模。

9.2.5　历史文化遗产的保护范围

小城镇历史文化遗产保护规划中，划定保护范围是很重要的一项内容。其目的是通过对各类保护对象、保护范围的划定，确定相应的保护原则，制定不同的保护办法，使各类历史文化遗产得到有效保护和合理利用。保护范围的划定应在充分的现状调查与分析的基础上进行。

城镇历史文化遗产保护的空间范围应该是具体而明确的，它通常由文物保护范围及建筑控制地带范围、历史地段保护范围、城镇外围环境控制范围共同组成（图9-10）。后两者也常常称为"保护区"。在划定保护范围时，一般主要是考虑建筑高度、景观视廊、风貌特征地区以及构成城镇格局的要素本身（如城墙、城濠、街道、河网、山川等）等景观方面的因素。根据各个城镇的具体情况，可能由多片分散的、或大或小的、在城区或城镇外围地区的保护区组成。它可能包括整个历史城区，也可能仅仅是历史城区的部分区域。

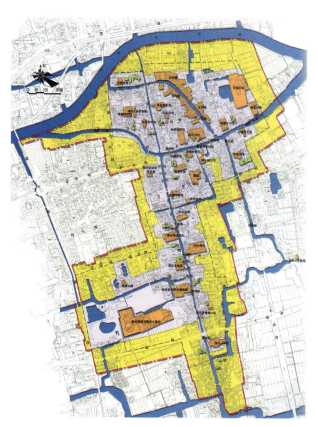

图9-10　各种类型的保护范围

（资料来源：湖州市城市规划设计研究院．南浔历史文化保护区保护规划，2004．）

9.2.5.1　文物保护单位的保护范围

对文物保护单位，据其本身价值和环境的特点，一般设置绝对保护区和建设控制地带两个层次（图9-11）。对有重要价值或对环境要求十分严格的文物保护单位，可加划环境协调区为第三个层次的保护范围。绝对保护区一般以文物保护单位本身的四至界线为界，环境协调区的界线则主要限定在文物保护单位内外视线所及的范围。按《中华人民共和国文物保护法》的规定，国家级、省（市）级文物保护单位，除绝对保护区外，其周围要划出50m的建设控制地带，其内不得有易燃、易爆、有害气体以及与文物保护单位性质不相符的建筑及设施。我国《文物保护法实施细则》规定:"文物保护单位的保护范围内(绝对保护区)不得进行其他工程建设;根据保护文物的实际需要,可以在文物保护单位周围划定并公布建设控制地带;在建设控制地带内,不得建设危及文物安全的设施,不得修建其形式、高度、体量、色调等与文物保护单位的环境风貌不相协调的建筑物或构筑物。"

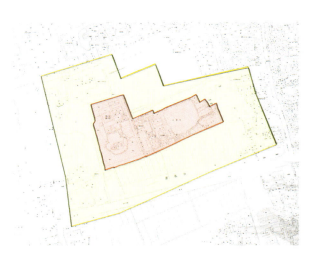

图9-11 文保单位的保护范围划定
(资料来源:湖州市城市规划设计研究院.
南浔历史文化保护区保护规划,2004.)

一般情况下,文物保护单位的各类保护范围的具体划定应考虑以下四个方面:①保护等级;②在城镇景观中的作用;③景观环境要求;④周围既成的环境事实,如道路、河流等地理界线以及已有建筑的边界等。

9.2.5.2 历史地段的保护范围

历史地段保护范围应该根据确定历史地段的要求来划定,主要考虑保存相对完整的历史风貌和相对完整的社会生活结构体系,并能够体现城镇的历史特征。它的保护范围包括历史地段本身和从地段内的街道向外眺望的景观范围,也包括进入历史地段的通道以及周围的景观范围。

历史地段自身的范围,一般以其四周的街巷为界,在确定保护范围是否需要向外扩展时,主要考虑视线景观因素。

9.2.5.3 城镇外围环境控制区

小城镇外围环境控制区是指起展示城镇外围作用的自然与人工环境,一般以自然环境为主。其范围应尽可能多地包含小城镇外围现存的、尚未被破坏的自然景观地区,如农田、林地、山地和水域等。

小城镇外围环境控制区的界线虽然没有明确的划定标准,但对于保护小城镇的风貌特色却是必不可少的。应该根据小城镇当前的外围环境状况,结合小城镇总体规划的布局发展方向综合、合理地予以划定。一般而言,可以考虑以下五个方面的原则:①是否具有历史或文化方面的价值或意义;②是否能较集中或完整地表现出小城镇或当地的风貌特色;③是否没有或至少现在没有更好的替代可能性;④是否有保存或维修的可能;⑤是否在主要的视野范围之内。

《城市规划编制办法》第三十一条规定:在城市总体规划中应当包括"确定历史文化保护及地方传统特色保护的内容和要求,划定历史文化街区、历史建筑保护范围(紫线),确定各级文物保护单位的范围;研究确定特色风貌保护重点区域及保护措施"的内容。然而,保护范围的划定并不宜规定一个统一的标准。上述关于各类保护范围划定所提出的因素,也仅仅是在保护范围划定时需要考虑的几个方面。应该根据不同城镇、不同地段、不同类型的建筑和它们现存环境的状况,具体分析保护范围的合理界线,并将保护范围的划定与具体的保护措施和保护规定结合在一起考虑。

9.2.6 小城镇人文旅游开发

随着人们生活水平的提高,旅游在人们生活中的地位越来越重要,周末游、假日游等成为人们生活中不可缺少的一部分。通过旅游,人们可以休息、学习,增加知识,陶冶情操,开阔视野。随着人们对旅游出行的逐渐重视,旅游业已经成为近年发展最快的产业之一。

拥有一定数量历史文化遗产的小城镇在规划与建设中,可以因地制宜地发展当地的人文旅游。人文旅游大多以保护历史文化遗产为基础,合理地进行人文旅游开发,能够很好地促进当地历史文化遗产的保护,重新体现文物保护单位所具有的价值;在旅游开发中对环境的改善,还可以有效地保护或恢复历史文化遗产周边的城镇整体环境,保存历史城区的空间格局和历史风貌。正因为小城镇人文旅游开发可以实现保护历史文化遗产,创造优美城镇环境和取得较好经济效益的多重目标,因此,在保护的基础上对历史文化遗产进行合理的旅游开发,已经成为小城镇历史文化遗产保护工作中的一项重要内容。

9.2.6.1 人文旅游资源的类型

旅游资源可以分为自然旅游资源和人文旅游资源。其中,人文旅游资源是某一地区人类长期社会活动的产物,是指能够吸引人们旅游的古今人类所创造的物质财富和精神财富。它具有鲜明的时代性、民族性和高度的思想性、艺术性,在旅游业中比自然资源更具强烈的感染力和吸引力,占有很重要的地位。人文旅游资源主要包括以下四种类型。

（1）历史古迹资源

一个地区的物质文化遗产,尤其是历史古迹,是当地文明的长期积淀结晶,是地区文化、历史的独特体现,属于人文旅游资源中最重要的旅游资源之一。我国拥有悠久辉煌的历史,在很多地方都留下了大量的历史古迹,在小城镇规划中必须对其加以保护、开发和利用。常见的历史古迹为古建筑、古遗址。

（2）民族风情旅游资源

在长期的历史发展过程中,华夏各民族逐渐形成了各自鲜明的特点。他们的风俗、服饰、节庆活动以及建筑、艺术、歌舞等都对其他民族的旅游者具有强烈的吸引力。我国是一个多民族的国家,具有丰富的民族风情旅游资源。

（3）城镇风貌旅游资源

城镇风貌是小城镇自然环境、文化古迹、建筑群及各项功能设施给人们的综合印象,也是物质文明在小城镇建设中的具体体现。我国地域辽阔,城镇风貌千变万化,许多小城镇的风貌独具特色,是很好的旅游资源。如苏州的周庄古镇,凭借其浓郁的江南水乡小镇特色,大力发展古镇旅游及相关配套产业,2007年周庄接待的国内外游客已达到350万人次,取得可观的旅游收入（图9-12）。

图9-12 水乡古镇——苏州周庄

（资料来源:黄耀志摄）

（4）其他人文旅游资源

小城镇除了以上人文旅游资源以外,其他非物质文化遗产类型的旅游资源,如风味小吃、特色菜肴、名优特产、工艺品、土特产、博物馆、纪念馆、旅游设施等都是重要的旅游资源。同样以苏州的周庄古镇为例,周庄在发展水乡古镇旅游的同时,当地的美食"万三蹄膀"、表演《渔鹰捕鱼》、昆曲演唱等都成为当地旅游的重要组成部分。

9.2.6.2 人文旅游开发的方式

小城镇人文旅游开发是一项系统工程,不仅仅是旅游资源本身的开发利用,还涉及与之相配套的食、住、行、购、娱乐等许多方面,必须认真地进行可行性研究,切忌盲目上马而造成巨大浪费,另外还应当因地制宜,合理开发,具有特色。由于小城镇经济基础较弱,应对现有历史文化遗产和城镇自然景观进行开发,切忌盲目人工造景。

根据小城镇人文旅游资源的不同,常有以下几种类型的开发方式:

开发利用城镇历史古迹。中国五千年的历史为各地小城镇留下了丰富的历史古迹,包括寺庙、殿、戏楼、传统民居、城堡、堡门、行碑、石旗杆、故居等。如周庄镇,位于苏州市东南38km,处于澄湖、白蚬湖、淀湖和南湖的环抱之中,特有的自然环境造就了典型的江南水乡风貌。"镇为泽国,四面环水","咫尺往来,皆须舟楫",形成了"小桥、流水、人家"的格局。900年的历史加之河湖阻隔使它避开了历代战乱,至今仍完整地保存着原有水镇建筑物及其独特的格局。古镇区内河道呈井字形,民居依河筑屋,依水成街。河道上横着多座元、明、清代的古桥梁,其中有国内仅有的桥楼富安桥和闻名中外的双桥。镇上近千户人家的居所,明清建筑占60%以上,其中有明代中山王徐达之弟徐逵后裔所建的"轿从前门进,船从家中过"的张厅,沈万三的后裔所建的沈厅和一大批名人故居。另外还进行了乡俗、特产的综合开发,使周庄成为上海、苏州附近一颗灿烂的明珠。

发展文化旅游城镇。以当地的文化特色吸引游客,如吉林、浙江、安徽等有许多小城镇以地方戏、地方风土人情和名人故事为主开发旅游资源。

开发新时期现代化城镇风貌旅游资源。许多小城镇的建设处在全国小城镇建设的前列,成为其他小城镇规划、建设的榜样。如江苏省江阴市华士镇(图9-13)、广东省中山市小榄镇等大量工业小城镇,以及其他许多以农业发展为特色的示范小城镇。

发展体育、娱乐城镇。在小城镇长期的发展过程中,有些会形成以某种体育项目为特长,具有如狩猎、钓鱼等体育特色的小城镇,可以以此吸引大城市中的爱好者前来旅游参观,从中获得收益。

发展商贸城镇。有些小城镇在长期的发展过程中,成为某种产品重要的集散地,吸引了大批

图9-13 江阴市华士镇"华西村旅游"

(资料来源:许鹏程摄)

游客前来购物。如江苏省张家港市的妙桥镇,就利用自己长期形成的纺织传统和优势,聚集了一大批成规模的大型纺织企业,进而成为全国闻名的羊毛衫生产、集散中心。

发展民风、民俗旅游城镇。我国是一个多民族国家,民风、民俗各不相同,吸引了大量的游客,如云南、广西壮族自治区等地的旅游小城镇。

除此之外,各地可根据自身的情况,因地制宜地发展各种特色旅游。如江阴市新桥镇的海澜工业园,早在2000年就导入了工业旅游的概念,并在产业规划时有意识地做了前瞻性的设计,建造了海澜大酒店、专门为游客准备的商务楼、喜盈门大酒店以及歌厅、迪厅等娱乐设施,形成了食、宿、行、游、购、娱的工业旅游产业链。除了从门票中直接获得利润外,更成为企业形象宣传的窗口(图9-14)。

9.3 小城镇更新

9.3.1 小城镇更新概述

小城镇更新与城市更新一样,是将不适应现代化社会生活的城镇地区有计划地进行改造的建设活动。1958年8月,在荷兰召开的第一次城市更新研讨会上,对城市更新做了有关的说明:"生活在城市中的人,对于自己所居住的建筑物、周

图9-14 江阴市新桥镇海澜工业园的厂房
（资料来源：许鹏程摄）

围的环境或出行、购物、娱乐及其他生活活动有各种不同的期望和不满；对于自己所居住的房屋的修理改造，对于街道、公园、绿地和不良住宅区等环境的改善有要求及早施行，以形成舒适的生活环境和美丽的市容抱有很大的希望。包括所有这些内容的城市建设活动都是城市更新。"

城市更新和城市历史文化遗产保护之间有着紧密的联系，二者面对的都是已建成的城镇地区，在大部分时候都同时面临保护与更新两方面的问题。二者之间的差别只是：到底是保护的内容多些，还是更新的内容多些。但是，不论是保护还是更新，它们的目标都是塑造一个富有特色的城镇形象，通过改善城镇的生活品质，实现并促进城镇的持续发展。

在规划方法上，保护和更新也是基本相同的，两者都包含城市规划和城市设计两方面的内容。因此，只要是在城镇中已建成地区进行不同程度的再建设，其目标都应同时考虑保护和更新两方面的要求。

更新策略在小城镇更新改造中至关重要，但其制定也会受到各种因素的支配和制约。城市更新是一个复杂的过程，对旧城的更新改造不能仅从单纯的经济效果出发，将复杂的问题简单化处理，采取不顾具体情况，一律推倒重建的单一开发模式。而是应深入了解各种因素的影响，在充分考虑旧城区的原有城镇空间结构和原有社会网络及其衰退根源的基础上，针对各地段的不同特征和类型模式，因地制宜，因势利导，运用多种途径和多种手段进行综合治理和更新改造，以达到最佳的综合效益。

9.3.2 小城镇更新的方式

小城镇更新的方式与城市更新方式一样，可以分为三类，包括重建或再开发（redevelopment）、整建（rehabitation）及保留维护（conservation）。重建或再开发是将城市土地上的建筑予以拆除，并对土地进行与城市发展相适应的新的合理使用；整建是对建筑物的全部或一部分予以改造或更新设施，使其能够继续使用；保留维护是对适合继续使用的建筑，通过修缮活动，使其继续保持或改善现有的使用状况。

9.3.2.1 重建或再开发

建筑物、公共服务和市政设施、城镇活动空间等是重建或再开发的主要对象。这类城镇生活环境要素的质量常全面恶化，降低了城镇居民的生活品质，并且阻碍正常的经济活动和城镇的进一步发展。对于已无法通过非建设性方式，使其重新适应当前城镇生活要求的地区，必须对整个地区重新考虑合理的使用方案。在方案中，建筑物的用途和规模、公共活动空间的保留或设置、街道的拓宽或新建、停车场地的设置以及城镇空间景观等，都应在规划中统一考虑。应对现状做充分的基础调查，包括该地区自身的情况以及相邻地区的情况。重建是一种最为完全的更新方式，但这种方式在城镇空间环境和景观方面、在社会结构和社会环境的变动方面均可能产生有利和不利的影响，同时在投资方面也更具有风险，因此只有在确定没有其他可行方式时才可采用。

9.3.2.2 整建

需要整建的是建筑物和其他市政设施尚可使

用，但由于缺乏维护而设备老化，建筑破损，环境品质不佳的地区。对需要整建的地区也必须做详细的调查分析，大致可细分为以下三种情况：

① 若建筑物经维修、改建和更新设备后，尚可在相当长的时期内继续使用的，则应对建筑物进行不同程度的改建（图9-15）。

图9-15 高鼓楼整建前后对比
（资料来源：刘来有摄．黄耀志，黄勇，仇建亮等．
重庆建筑大学珠海规划建筑设计院．云南省玉溪市红塔区
北城镇旧城改造规划，2000．）

② 若建筑物经维修、改建和更新设备后仍无法使用，或建筑物密度过大，土地或建筑物的使用不当，或因土地或建筑物的使用不当而造成交通混乱，停车场地不足，通行受到影响等情况时，则应对造成上述各种问题的原因通过各种方式予以解决，如拆除部分建筑物，更换建筑和土地的用途等。

③ 若该地区的主要问题是公共设施缺乏或组合不当，则应增加或重新调整公共设施的配置与布局。

整建的方式比重建需要的时间短，也可减轻安置居民的压力，投入的资金也较少，这种方式适用于需要更新但仍可恢复并无需重建的地区或建筑物。整建的目的不只限于防止其继续衰败，更是为了由此改善地区的生活环境。

9.3.2.3 维护

维护适用于建筑物仍保持良好的使用状态，整体运行情况较好的地区。如果维护的工作做得较好，重建或整建就可大为减少。应广泛宣传维护的重要性和方法，并就限制建筑密度、人口密度、建筑物用途及其合理分配和布局等提出具体的规定。维护是变动最小、耗资最少的更新方式，也是一种预防性的措施，普遍适用于城镇地区。

虽然可以将更新的方式分为三类，但在实际操作中应视当地的具体情况，将某几种方式结合在一起使用。

9.3.3 旧居住区的整治与更新

小城镇中的旧居住区由于年代久远，其住宅和设施常常会超过其合理的使用年限，造成结构破损、腐朽，设施陈旧、简陋，无法继续使用。在一些旧居住区中，由于社会历史的诸多原因，还存在人口密度高、市政公用设施落后、道路狭窄和用地混乱等与现代文明和城镇生活相悖的严重问题。但也正因为旧居住区的历史悠久，常常保留着一定数量的名胜古迹和传统建筑，社会网络也呈现出复杂的结构形态。只有在对旧居住区进行科学分类与合理评价的基础上，才能对其结构形态做出正确的评定，进而制定出适宜的更新改造策略。

9.3.3.1 旧居住区的分类与评价

（1）有机构成型旧居住区

有机构成型旧居住区是以"目标取向"作为结构形态的形成机制，其目标取向的依据主要为形制、礼俗、观念、规范和规划等。我国古代居住区建设所依据的城市形制、宅制、法式等，均为官方确定的制度和规定，是在礼制、强权的基础上参照一定的营造经验设立的。近、现代的居住区更多地加入了科学、理性和强调功能的色彩。我国城市居住区从古代的里坊制、坊巷制等形制，到近、现代在西方居住区规划理论影响下产生的居住街坊、邻里单位和居住小区，其演化过程反映了社会政治、经济、生活方式等方面的变革和

进展。虽然不同的历史阶段有不同的结构形态的具体表现，而且越是历史悠久的居住区，其演化过程中受外力冲击和内应力自我协调作用的影响越大，结构形态的变形也越大，但由于它们以目标取向为形成机制，具有一些共同的结构形态特征，表现出系统稳定性、目标性和自我谐调性等特征。

①物质结构形态特征

我国传统居住区首先采用"里坊制"和"坊巷制"，两者均以经纬道路界线将居住区划分为"里"或"坊"的基本单元，分地段组织的聚居制度。里（坊）内每户以院落组织空间布局，以坊门、坊表作为内外界定的特征。这样的空间组织方式使得居住区空间呈现序列性和有机性强的特点。在建筑和设施上，传统居住区严格遵守等级制度，住宅的形式、材料、规模、尺度和装饰都有统一标准，使居住区形式统一，颇具整体性，具有调和、统一的特点。交通组织平直方正，并井然有序，而且不同的道路等级有不同的宽度和路面标准。居住区内一般有一定的基础设施，如给水排水、防火通道等，然而其经过历史发展仍维持原有设施水平，导致现有设施远不能适应现代生活需要。居住区内的公共服务设施，主要是一些商业网点和文化设施，经过从集中制到市坊结合的演变过程。从现存的传统居住区来看，居住区的公共服务设施一般是市坊结合，但现有的公共服务设施在数量和内容上已不符合时代的要求。

近、现代有机构成型居住区主要受国外居住区规划理论影响，从新中国成立前殖民城市的里弄住宅、花园住宅和实验性的居住小区，到新中国成立后大量推广的居住街坊、邻里单位和居住小区。近、现代城镇的居住区更注重功能而不是礼制等级。通常有机构成型的居住区位于城镇商业中心与外围工业区之间的适中地段，以方便生活和工作的需要。按功能进行分区使居住生活更加便利，居住功能更加明确集中，日趋繁多的交通也通过加宽路面和更新交通组织得到一定程度的解决。在空间组织形式上，近、现代的有机构成型居住区是以居住功能为出发点进行规划布局的，往往以城市干道来划定居住区的界域，区内有大路、小路、入户路等，形成较为完整的道路系统。组团空间组织有里弄式、周边式、行列式、混合式和自由式等多种方式，形成了既相对独立，又相对开放的多层次居住空间。居住区不再以"户"作为空间组织的基本因素，而代之以一栋住宅楼，住区的规模和人数也不断扩大。住宅的层数不断加高，对通风、采光等的要求也随之提高，而住宅密度则逐步减小。此外，它的基础设施也日趋完备，但公共服务设施配套仍存在一些问题。

②社会结构形态特征

有机构成型居住区形成之初，居民通常是同类而聚的，或是依等级贵贱，或是依职业，有时则是依血缘（如曲阜以孔姓血缘而居），依祖籍（如广州、泉州有"藩坊"），或依宗教。不论居住分区的依据如何，人们在选择居住环境时，总有"求同质"的心理要求，在行为模式和行为空间中总是倾向于与自己社会地位和素质特征相近的人交往。因而，虽经社会经济的发展和政治文化的变迁，居住人群的同质性却大体上保留下来。虽然新中国成立后在政治观念上和住房分配制度上取消了等级差别，但是由单位建房、分房这一事实却实际上加强了居住分区的业缘性。因此，在有机构成型居住区里，居民的整体性较强，在社会结构形态的深层组织生活观念和价值观念上，表现出相当一致的倾向。此外，有机构成型的居住区还往往有比较明显的社会网络，集中的社会网络为其公共活动提供了组织上的可能性，居民的同质又为公共活动提供了心理上的可能性。因此，在此居住区居民们之间的熟识程度较高，居民的归属感较强，比较容易形成共同的社会生活。这种社会生活可以是有组织的和集中的，如居委会组织的家庭比赛、卫生活动，或教民的礼拜；也可以是自然的、分散的，如自发进行的体育锻炼，或纳凉聊天。从而使居住区内人际关系表现得较为简单、和谐，居民交往亦十分主动。这种良好的人际关系对生活居住起整合、调节和保健作用。

(2) 自然衍生型旧居住区

自然衍生型旧居住区的形成是因为在建设之初没有明确的规划目标，在建设过程中也没有有效的行政干预，基本通过城镇内在的自然生长力和自发协调力不断作用而形成发展，所以具有自然、随机的特点。促成其自发协调力发挥作用的一般是经济规律、价值观、社会心理等社会深层的支配力和自然因素影响下的功能需求。自然衍生型旧居住区的形成大致有两种情况。一种是原来属于城郊或乡村的自然形成聚落，它们常是因城镇范围的扩大而被包容进来，在城市文化的同化和城市经济的影响下，逐步转变为城镇居住区的一部分。这种居住区由于远离后来的城镇中心，在城镇快速发展的过程中未能进行有效的治理，大多数仍基本保持自然发展状况，形成"城中村"现象。另一种是原本位于老城区，为当地外来人口自发聚集的居住地，它们往往位于城镇外围区域，或处在城镇总体布局中不是很重要的地区，在城镇的强制力之外自然发展。如一些城镇周边出现的"浙江村"、"新疆村"，多为外来农民或外来务工人员在铁路或工厂附近自发聚居。这些旧居住区没有统一、明确的先验目标作为形成与发展的指导，但在强大的社会文化、社会经济和社会心理的影响下，"求同质"的趋向非常明显，使其物质结构形态和社会结构形态在某些方面又呈现出相对的稳定和一致。

① 物质结构形态特征

被扩大的城区包围进来的居住区，原为城郊或乡村的自然村落，空间组织方式较为自然、随意。随着城镇新辟道路或其他一些基础设施的建设，其自然形态会受到一定影响。此外，由于居住区内部不断地加建和扩建，原来松散的住宅布局逐渐被填充，成为建筑和人口密度均较大的危房集中区（图9-16）。基础设施和公共服务设施的缺乏也是这一类旧居住区中普遍存在的问题，原来自给自足的生活中并不十分重要的商店、学校等服务设施在今天也显得十分必要。

图9-16　旧居住区内无序的建筑空间
（资料来源：许鹏程摄）

处在城镇中的自然衍生型旧居住区，空间布局、住宅建设均由个人完成。人们总是顺应正常的生理需要，依自己的经济能力去建造，在空间组织上有一定的序列性和层次性，他们常常注意公共交往空间的营建。但其环境质量差，建筑破损现象十分严重，甚至没有起码的基础设施和公共服务设施，而且一些不合理的用地功能性质混杂也是这类旧居住区的一大问题。

② 社会结构形态特征

自然衍生型旧居住区最初的居民通常是自发地、不约而同地选择同一块土地作为自己的生存地，选择目的不同，居民也就按类型产生了分区。在同一个旧居住区居住的居民有共同的生活背景、相关的利益和相同的观念意识，因而有较强的内在凝聚力。在此类居住区中，社会生活以平和的方式进行，并多与日常家居生活密切相关。但由于此类旧居住区生活环境条件差，拥挤的居住条件又使人们尽力占领公共空间，这一切都与居住生活的基本需要直接相关，它使居民非自愿地进行日常交往，并产生矛盾和摩擦，表现出人际关系复杂矛盾的一面。

(3) 混合生长型旧居住区

混合生长型旧居住区是旧居住区中比较复杂的一种类型，其结构形态不是由目标取向，也不是由过程取向单独作用，而是以两种机制共同作用形成的。根据两种机制对混合生长型旧居住区结构形态影响作用的时间先后和范围的不同，可将它们分为时段性和地域性两种。"时段性"类型主要指目标取向和过程取向两种机制常常不是同时作用，而是以其中一种为主，当居住区所处的环境背景变化后，原先的机制被另一种代替，继续发挥作用，而原先机制作用的结果却在一定程度上被保存下来。这样，居住区结构形态在某些方面表现出这一种特征，在另一些方面又表现出另一种特征，呈现复杂多元的趋向和特征。如一些封建社会的贵族府邸或官府衙门，在新中国成立后变为普通居民住宅，经住户在原有基础上加建，逐渐失去了原有的面貌，但其总体布局却仍保持原有的格局特点。"地域性"类型主要指当两种机制的更替发生在居住区的局部地域时，居住区结构形态则形成地域性混合。混合型旧居住区在我国城镇旧居住区中是最常见的一种类型，也是最复杂的一种类型，其复杂性表现于结构形态的各方面。

①物质结构形态特征

混合生长型旧居住区广布于城镇区域的各处，常常具有功能混杂、新旧参杂的特征，在空间布局上表现为整体上的有序和具体上的无序，或整体上的无序和局部上的有序。其建筑从质量、形式、风格、体量到材料、结构乃至单体布局，都呈现出较大的差异。在设施方面，时段性混合区的设施常停留在早期水平，容量小，水平低，质量差，远不能适应现代生活的需要。如道路不成形，路面质量差，共用自来水和公厕等情况在此类居住区中非常普遍。在地域性混合区中，虽然局部地段经过改造，其基础设施达到一定水平，但未经改造的旧区部分仍处于非常落后的状况。在用地使用方面，由于混合生长型旧居住区结构形态形成的特有机制和独特的历史发展背景，其用地状况常常是居住、商业、办公、工业或一些特殊用地混杂，使居住生活受到严重侵扰。

②社会结构形态特征

在混合生长型旧居住区中，由于居民来源不一，聚居心态和聚居方式均不相同，而且各自的职业、文化水准、心理素质、生活目标和价值观念等也不尽相同，这些都导致居民的相互交往存在一定障碍。此外，混合生长型旧居住区内居住环境质量差别很大，不同环境内居住生活所面临的主要问题也不一样。居住环境质量较好的地区内，主要问题在于如何满足文化、娱乐和社会交往等高层面的需求；而居住环境质量较差的地段内，主要问题还停留在如何满足人的基本生活这样的低层次需求。由于差异悬殊，不同类型的居民很难打破实际的和心理的界限进行正常的人际交往。由于邻里关系基础薄弱，一些基本的社会活动在这里也较难于开展。

9.3.3.2 旧居住区的更新改造模式

从某种意义上说，旧居住区是一个涵盖了历史与现实双重意义的概念。旧居住区更新改造即在更新发展的前提下，对旧居住区结构形态进行基于原有社会、物质框架基础上的整合，保持和完善其中不断形成的合理成分，同时引进新的机制和功能，把旧质改造为新质。通过这样的更新改造，使得旧居住区在整体上能够适应并支持新的生活需求。

目前对旧居住区的更新改造多侧重于物质结构形态方面，很少考虑社会结构形态方面。而实际上，旧居住区的社会结构形态也存在着更新改造的需求，有时甚至比物质结构形态的改造更为迫切。全面的更新改造应从物质结构形态和社会结构形态两方面对旧居住区做全面分析和评价。在此基础上，去除和整治旧居住区结构形态中不合理的和与现代城镇生活不相适应的部分，对旧居住区结构形态中合理的良性成分则可采用保留、恢复和完善等方式。

（1）有机构成型旧居住区的更新改造

传统有机构成型旧居住区通常位于城镇较为中心的区域，由于其通常保存得较为完好，而且在整体上具有有机、统一的特点，因而往往代表着城镇及区域特色，成为当地历史、文化、民俗等的现实体现。尤其是那些损坏较轻、保存较好的旧居住区，不仅有文化性的观瞻价值，而且有较好的使用价值。这一类旧居住区保留和维护的现实可能性较大，经过适当的改造，完全可以与现代城镇生活的高品质要求相符，可作为富有特色的城镇形态和功能在现代生活中继续发挥作用。因而对于此类旧居住区，应视其必要性和可能性，有选择、有重点地进行保护，对整个旧居住区则采取加强维护和定期维修的办法，以阻止早期破损现象的进一步恶化，而对那些既无文化价值，又无使用价值的危房区，则应彻底清除，予以推倒重建。

近、现代的有机构成型旧居住区，由于建造年代较晚，建造的材料和手段更趋于现代化，虽有一定的老化现象，经过整建、维护，仍能有一定的使用价值，而且年代较早的一些旧居住区，本身又构成了城镇文化及特色的一部分；而年代较晚的旧居住区质量与功能更与现代生活要求相近，根据我国现阶段国情，对这类旧居住区进行维护整建，以便于利用，是十分必要的（图9-17）。

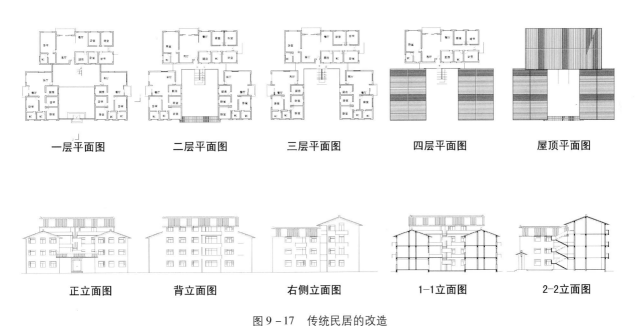

图9-17 传统民居的改造

（资料来源：王贺，顾奇伟，朱良文等. 昆明理工大学建筑学系. 云南省澄江县老城区详细规划，2002.）

有机构成型旧居住区内较少混杂其他性质的城镇功能，其居住环境比较单纯，这是非常有利于居住生活的一面，在更新改造中应从城镇整体角度，从根本上保护这种功能的纯洁性。此外，有机构成型旧居住区中和谐的人际关系和富有凝聚力的社会网络，既是源于其稳定、有机的物质结构形态所创造的空间氛围，也来源于居民整体的同质。保存原有的空间氛围和保存居民的同质性，对于维护良好的社会网络也是必不可少的。

(2) 自然衍生型旧居住区的更新改造

自然衍生型旧居住区在结构形态上自由、随机，其物质结构形态的总体状况较差，住宅年久失修或原本就是非永久性的棚户，基础设施不全，居住条件亦较为恶劣，在使用上远不能适应现代生活的基本需要。对此类旧居住区的更新改造，不能只以居住品质来决定，而应视其综合价值。对于那些保护区的旧居住区，应将其历史价值、文化价值、建筑美学价值以及旅游观赏价值等方面放在评价的首位，在保留恢复的前提下进行全面整治。而对于大部分没有上述价值的旧平房居住区，则应通过重建方式予以更新改造。

自然衍生型旧居住区中往往混杂一些其他性

质的用地，这从居住区的使用来看是不利因素，居住功能受到了干扰。但是在更新改造中却可以将这一不利因素化为有利因素，将旧居住区的更新改造与其他功能的改造结合起来，使居住区更新改造在经济效益不利的情况下，也能随其他功能的更新改造被带动起来。

自然衍生型旧居住区的社会组织是有一定内聚力的矛盾整体，这样的社会结构形态在整体上具有一定的保存价值，更新的关键在于要解决其中的矛盾性，使其更为有机、和谐。社会结构形态中人际关系复杂、矛盾的现象，一方面是由于居民的文化素养较低，另一方面则是由于恶劣的居住条件，使居民日常生活难以避免摩擦和冲突（图9-18）。前者是社会问题，后者则可以通过改善居住条件，提高生活品质等手段得到根本解决。同时，旧居住区更新改造经历了自助建房，或拆迁回迁，或重新分配等一系列过程后，居民的交往机会有所增多，同质性也将得到加强。新形成的社会组织，如居委会等，也会使社会网络得到进一步扩展。

图9-18　拥挤的居住环境很容易产生邻里矛盾
（资料来源：许鹏程摄）

（3）混合生长型旧居住区的更新改造

混合生长型旧居住区在城镇中分布最广，其结构形态也是三类旧居住区中最复杂的，物质结构形态差异大，布局和使用功能混乱，社会结构形态极为松散且关系复杂。因而混合生长型旧居住区的更新改造难度也是最大的，简单地重建、整建或维护不能从根本上解决其结构形态中存在的问题。

时段性混合区结构形态与自然衍生型旧居住区具有一定的相似性，原则上可以采取与自然衍生型旧居住区相类似的更新改造方式。而地域性混合区情况则不同，它在同一居住区域里混杂着两种形成机制或目标完全不同的居住类型，对它的更新改造不应是针对其中某一种类型，而应根据其不同的老化程度和面临的主要问题，分别采取不同的更新改造方式。针对此类旧居住区的物质环境可采取不同的更新改造方式，如对于这一地区内出现早期衰退迹象，但区内建筑和各项设施还基本完好的地段，只需要加强维护和进行维修，以阻止更进一步的恶化；对于这一地区存在部分建筑质量低劣、结构破损，以及设施短缺的地段，则需要通过填空补齐进行局部整治，使各项设施逐步配套完善；对于这一地区出现大片建筑老化、结构严重破损、设施简陋的地段，只能通过土地清理，进行大面积的拆除重建。

相比混合生长型旧居住区物质结构形态的环境恶劣和功能混杂，其社会结构形态的复杂和松散才是最大问题，这也是加快这一类旧居住区老化和解体的根本原因，但在更新改造中往往容易忽视这一方面原因。要解决混合生长型旧居住区的社会结构形态问题，只有通过推倒重建的办法来重新建构良性的社会网络和人际关系，在更新改造中可以通过创造有利于交往和公共活动的空间与环境氛围，加强居住区基层组织的作用，以及在居民的需要中注意将文化素质和价值观念相近的人相聚在一起，以提高居住区的凝聚力和集体感。但值得注意的是，社会问题是十分复杂的，期待以单纯的更新改造来解决问题是不现实的，而应将对旧居住区的更新改造与社会规划结合起来。

总结旧居住区更新改造的几种典型类型模式，详见表9-1。

旧居住区的更新改造类型模式 表9-1

特征及更新手段	类型	有机构成型	自然衍生型	自然衍生型	混合生长型	混合生长型	混合生长型
现状特征	物质结构特征	良好	较差		良好		较差
	社会结构特征	和谐整体，内聚力强	矛盾整体，有内聚力		复杂、松散		复杂、松散
更新改造措施		保留原有设施，保持社会网络的延续性	改造建筑及设施，使社会网络在改善了的物质环境下得以保存		保留其原有建筑及设施，改变建筑使用性质，使之为新的社会活动服务		拆除原有建筑，新建各种设施，使之为新的社会活动服务

（资料来源：《现代城市更新》，东南大学出版社，1999.）

9.3.4 中心区的再开发与更新

从20世纪开始，西方城镇中心就已经成为近代工商业和政府行政活动的集中地。在其后的城镇化发展、经济与技术水平迅速提高的现代化进程中，城镇功能与结构重构始终围绕中心区展开，这一状况直到20世纪70年代逆城市化现象出现时才略有变化。中心区是小城镇独特的地域组成，在功能发展的推动下，中心区物质环境及其功能结构一直处于更新建设与再开发之中。这里的交通设施持续建设，建筑物不断增加，现代通信设施密如网络，集中体现出当代工程科技和社会财富的水平。改革开放以来，中国经济迅速发展，相应地要求小城镇进行产业结构调整，大力发展第三产业，提高和复兴小城镇的中心机能，真正使小城镇成为国民经济的重要增长点。由于小城镇中心区通常具备较好的交通条件和区位优势，集中有城镇功能活动的重要部分，自然成为小城镇再开发和功能结构调整的主要载体。

9.3.4.1 现代小城镇中心的高层次要求

（1）传统小城镇中心的特点

中国城镇的经济建设在改革开放以前长期受到所谓"先生产、后生活"和"重生产、轻消费"的方针影响，小城镇的流通功能萎缩，服务业很不发达，严重制约了小城镇中心功能作用的发挥。归纳起来，以往的小城镇中心有如下特点：

①城镇中心职能不明显

小城镇的中心职能应当是为周边农村地区提供公共服务，包括公共管理、商业零售、金融贸易、文化娱乐四种主要职能。但在大多数传统的小城镇中，其城镇中心职能严重不足。这一方面表现在行政职能比重较大，另一方面则是商业、金融、贸易等活力不足。

②城镇中心商业首位度和聚集度不高

商业首位度和聚集度是衡量城镇中心商业职能程度的主要指标。首位度是根据中心区网点数、面积规模、零售总额在全市商业体系的分权评价中所占比重和排序得出，它可以反映出中心商业在整个城镇商业等级体系中的重要程度。对于单核心城镇，中心区首位度越高，其中心功能越强。商业聚集度是指中心区商业服务设施的密集程度，一般可取中心区商业服务业建筑总面积与中心区总建筑面积的比值。聚集度越高，说明商业服务功能在中心区的比重越大，也说明中心区商业功能越强。

传统小城镇中心的首位度与聚集度不高与改革开放以前的产品销路有关。层层分设的批发站和零售网点是按照配给制均匀分布的，此外日用百货、五金交电、轻工纺织、文化用品等专业系统没有竞争，中心区的集聚效应对于产品经济的流通方式影响不大。因此，传统小城镇中心区商业除规模上比乡村级中心较大以外，在功能方面的重要性上并不突出。

③城镇中心的空间特性较弱

传统小城镇中心在空间上与城镇其他区域是

相似的。除行政中心区有较强的识别性外，城镇中心的空间结构、土地容量以及建筑形式都缺乏明显的特征，这一点是与前面两个问题相联系的。一般来说，中心功能越强，中心区范围越大，那么它的空间识别性也就越大。但是在许多小城镇的中心区域，除十字街头的几家商场，基本上与其他区域相差无几。

（2）现代小城镇中心的发展趋势

改革开放以后，我国小城镇的人口和各类型工商业的规模增长迅速，小城镇中心区也越来越表现出特殊的职能作用，呈现出以下特征：

① 中心性

小城镇的中心功能使城镇各组成部分均与中心区紧密联系并受其支配。中心区由此成为小城镇及周边农村地区的政治、经济和文化活动中心，成为小城镇中最富有活力的地区之一，是经济吸引力和辐射力最强的核心。

② 高价性

小城镇中心因其区位好、人流量达、信息集中、各类活动密集，自然成为小城镇中地价最高的区域。在城镇地价梯度曲线上，小城镇中心总是位于峰值区段。此外，商务活动是城镇土地利用中价值最高的用途，并总是能够支付最高的地租。

③ 集聚性

中心区是小城镇商业及相关活动最为集中的地区，同时它也是最高等级商业活动的地区，活动集聚性使中心区呈现"规模经济"特征。中心区的活动集聚导致了空间的集聚，因为它必须在有限的范围内为所有的中心活动提供空间场所。导致空间集聚的另一个原因是用地的高价性，中心区高昂的地价必须在土地的高强度利用中得到回报。空间集聚使小城镇中心的土地利用呈现出强烈的空间特征，无论建筑高度、密度和土地总容量都明显超出其他地区（图9-19）。

④ 流通性

在小城镇中心区，除不动产以外的一切物质要素都处于高速流动中，其中最为主要的是人流、

图9-19 兼有多种功能的场所——同里镇中心广场

（资料来源：许鹏程摄）

信息和资金的流通。活动的集聚和交往流通使中心区呈现繁忙拥挤的景象，有时还会伴随着昼夜人口的周期性变化。资金流通的需要使金融业在小城镇中心区聚集，而信息流通又使各类商务办公机构、公司总部和信息服务设施进入小城镇中心。

⑤ 可达性

小城镇中心即使不是位于城镇的几何中心，也会是在较为居中的位置，使小城镇的各个边缘到中心区都有相对较短的路程。同时也要求具有到达小城镇中心的良好交通体系，包括动态交通设施和静态交通设施。

这些特殊职能作用对传统小城镇中心区提出了更高层次的要求，要求传统小城镇中心区的产业结构、空间结构、总体布局以及基础设施进行全面的重新建构和更新改造。

9.3.4.2 小城镇中心区的再开发与功能重构

由于所处的发展阶段和复杂的社会历史原因，注定中国小城镇和国外城镇的中心区不能采取同样的发展途径。国外城镇中心的发展经历了"扩散—衰退—复兴"的过程，而中国小城镇中心职能加强和功能结构重构的再开发行动采取的是"城镇总体布局调整和拓展"与"城镇中心结构调

整和完善"这一外延扩展和内涵调整相结合且并行的发展战略,其具体内容涉及相关的用地布局结构拓展、空间容量扩大、城镇规模调整、基础设施更新改造、商业网络重构、交通组织完善、布局形态调整和用地结构调整等实质内容。

(1) 城镇总体布局的调整和拓展

改革开放以后,计划经济逐步解体,市场经济逐渐深化,我国经济的运行机制、产业结构和生产力布局等从根本上发生了巨大的变化。随着改革的继续向前推进,一些在计划经济时代发展比较落后的小城镇,因为率先捕捉到了市场经济条件下发展的机遇,成为区域乃至全国的商品贸易集散地或专业类商品生产基地,城镇人口、用地规模得到了迅速的扩大。在这种快速城市化的背景下,城镇用地安排、交通组织、基础设施配套、商业网络形成和自然环境保护等等问题,毫无疑问都对城镇物质结构提出了新的要求。

(2) 城镇中心用地布局的调整和完善

小城镇产业结构和用地布局息息相关,产业结构的转变必然导致用地布局的巨大调整。随着小城镇第三产业的迅速发展,第三产业与第二产业对用地布局要求的巨大差别,也都在城镇用地结构的变化中反映出来。以第三产业为核心的小城镇中心区自然首当其冲。过去,由于我国小城镇的经济建设受到所谓"先生产、后生活","重生产、轻消费"的思想影响,小城镇的流通功能萎缩,商业中心区普遍存在着功能混乱、布局缺乏系统、土地利用率低、基础设施不足、交通拥挤等问题。改革开放以后,国家经济实力迅速发展、城镇人民生活水平的迅速提高和信息时代的到来等因素,将小城镇的发展推进到现代化发展的新时期,对小城镇中心的布局提出了新的要求。在强大的经济发展动力驱使下,许多小城镇对原中心区的空间结构、用地布局和交通组织等方面进行了全面调整和综合治理。

中心区用地布局调整的另一重要工作就是商业网点的重新组织。在计划经济体制下,产品的分配是在计划的操作下实行分级定点而运行的。受其影响,小城镇商业网点的布局呈现出分级定向联系的树枝状布局形态,即由市(县)级商店、居住区级商店、小区级商店、组团级商店组成,形成以市(县)级商店为中心的等级结构。随着市场机制的引入,这一典型模式越来越受到土地区位价值规律的冲击。因此,应当以中心区的性质为依据,以市场经济为导向,以能满足市场经济的发展要求,并依据内在运行关系来确定应增加和减少的要素。与此同时,还应采取大力增加三产用地和道路交通设施用地,以及适当增加绿地等措施。

10 小城镇详细规划中的生态规划设计

10.1 小城镇生态规划概述

10.1.1 生态规划的发展历程

生态规划（Ecological Planning）是在自然综合体的天然平衡情况不作重大变化，自然环境不遭破坏和一个部门的经济活动不给另一个部门造成损害的情况下，应用生态学原理，计算并合理安排天然资源的利用及组织地域的利用。依据的基本原则是：①保护人类的健康；②增加自然系统的经济价值；③对土地资源、水资源、矿产资源等进行最佳使用；④保护人类居住环境的美学价值；⑤保护自然系统的生物完整性。

生态规划在早期（20世纪60年代）偏重于土地利用规划。美国宾夕法尼亚大学的麦克哈格（Mcharg，1969年）在他的《结合自然的设计》（Design with the Nature）一书中写道："生态规划法是在认为有得利用的全部或多数因子的集合，并在没有任何有害的情况或多数无害的条件下，对土地的某种可能用途，确定其最适宜的地区。符合此种标准的地区便认定本身适宜于所考虑的土地利用。利用生态学理论而制定的符合生态学要求的土地利用规划称为生态规划。"可见土地利用规划在生态规划中占有重要的地位。

生态规划作为一种学术思想其产生可以追溯到19世纪末。马歇（G. Marsh）于1864年首先提出合理地规划人类活动，使之与自然协调而不是破坏自然。鲍威尔（J. Powell）于1879年强调应制定一种土地与水资源利用的政策，因地制宜地利用土地，实现新的管理机制和生活方式。格迪斯（P. Geddes，1915年）在《进化中的城市》一书中进一步强调应把规划建立在研究客观现实的

基础上，强调根据地域自然环境的潜力与制约因素来制定规划方案。到20世纪末，生态规划迅速发展，并逐步发展成为一门独立的学科。

随着生态学的迅速发展并渗入社会经济的各个领域，我国目前所进行的区域性发展规划中有关生态规划已不仅仅限于空间结构布局、土地利用等方面的内容，而已渗入到经济、人口、资源、环境等诸方面，与国民经济发展和生态环境保护、资源合理开发利用紧密结合起来。因此，对生态规划也可理解为：应用生态学的基本原理，根据经济、社会、自然等方面的信息，从宏观、综合的角度，参与国家和区域发展战略中长期发展规划研究和决策，并提出合理开发战略和开发层次，以及相应的土地及资源利用、生态建设和环境保护措施。从整体效益上，使人口、经济、资源、环境关系相协调，并创造一个适合人类舒适和谐的生活与工作环境。

10.1.2 小城镇生态规划的发展历程

小城镇生态规划是运用系统分析手段、生态经济学知识和各种社会、自然信息、经验、规划、调节和改造城镇各种复杂的系统关系，在城镇现有的各种有利和不利条件下寻找扩大效益、减少风险的可行对策所进行的规划。简而言之，小城镇生态规划即遵循生态学原理和城乡规划原则，对小城镇生态系统的各项开发与建设做出科学合理的决策，从而能动地调控城镇居民与城镇环境的关系。小城镇生态规划的科学内涵强调规划的能动性、协调性、整体性和层次性，倡导社会的开发性、经济的高效性和生态环境的和谐性。

二战以后，发达国家经济发展步入"黄金时期"。在经济强大的推动下，发达国家的城市化运

动推到历史顶峰。随之，大量的城市问题堆积在人们面前，因而城市生态规划的焦点主要汇集在对城市问题的处理上，尤其是大城市生态环境问题的处理上。与大中城市生态规划相比，无论在理论创建上，还是在实践中，小城镇生态规划都处于附属地位，且关于小城镇的生态规划多作为解决大城市问题的手段，以卫星城镇或新城形式规划筹建，在地位上从属于大中城市规划，单独的小城市生态规划较少。20世纪60年代开始，发达国家又掀起了"反城市化"浪潮。小城镇由于优美的环境和开敞的空间，成为人们向往的新天堂，小城镇生态规划也成为人们所需。小城镇多数作为高质量的居住社区进行生态规划。以美国为例，小城镇被作为介于大中城市和乡村社区之间能享受较高生活质量的居住区来进行规划与建设，绝大多数小城镇比较成熟，已没有再扩张和演变成大中城市的趋势，它将作为一种具有自身特点和优势的相对稳定的社区单位长期存在和发展一下去。20世纪后期，城镇生态规划已在欧美发达国家蓬勃兴起，产生了不少规划设想和来自于实践的理论。D. Gorden 于1998年出版了《绿色城镇》一书，探讨了城镇空间的生态化途径。其中印度学者 Hashmi Mayur 博士对绿色城镇的设想较为突出，包括：①绿色城镇是生物材料与文化资源的最和谐关系的体现及两者相互联系的凝聚体；②在自然界中具有独立的生存能力，能量输出平衡，甚至产生剩余价值；③保护自然资源，以最小需求原则消除或减少废物，对不可避免产生的废弃物循环再利用；④拥有广阔的开敞空间和与人类共存的其他物种；⑤强调人类健康，鼓励绿色食品；⑥城镇各组成要素按美学关系加以规划安排，基于想象力、创造力及与自然的关系；⑦提供全面的文化发展；⑧是城镇与人类社区科学规划的最终成果。

前苏联生态学家 O. Yanitsy 提出了理想的生态城镇模式：①技术与自然的充分融合；②人的创造力、生产力最大限度发挥；③居民的身心健康与环境质量得到最大限度的保护；④按生态学原理建立社会、经济、自然协调发展及物质、能量、信息高效利用和生态良好循环的人类聚居地。

J. Smyth 在南加州文图拉县（Venture County）拟定持续发展规划时，提出了持续性规划的生态规划八原理：①自然环境的保护、保存与恢复；②建立实价体系作为经济活力基础，即价格不应只反映当时的可获得性状态，还应从长远的、可循环的、系统的角度建立；③支持地方农业及地方工商业、服务业；④发展聚落状、综合功能的、步行系统的生态社区；⑤利用先进的交通、通信及生产系统；⑥尽量保护与发展可再生性资源；⑦建立循环计划和可循环材料工业；⑧支持参与管理的普及教育。

C·B·契斯佳科娃1991年总结了俄罗斯城镇规划部门对改善城镇生态环境的工作，提出城镇生态环境鉴定的方法原理及保护战略：①规划布局与工艺技术在解决城镇自然保护问题中所占比重；②城镇地质、生态边界、相邻地区的布局联系和功能联系、人口规划；③城镇生态分区，以限制每个分区的污染影响，降低其影响程度；④解决环境危害时的用地功能及空间组织的基本方针；⑤符合生态要求的城镇交通、工程、能源等基础设施；⑥建筑空间与绿色空间的合理比例，并以绿为"骨架"；⑦生态要求的居住区与工业区改建原则；⑧城镇建筑空间组织的生态美学要求。

改革开放以来，我国的小城镇发展极快，小城镇已成为推动具有我国特色城市化道路的一支重要力量。但这么多年的小城镇建设也带来诸多问题，如资源浪费问题、小城镇污染问题、小城镇规模不经济问题等等，已受到人们的广泛关注。与发达国家的小城镇相比，我国小城镇除发展水平较低，基础设施落后外，绝大多数小城镇还处于成长时期，其发展方向和未来规模存在很大的不确定性。具体表现为：一部分小城镇不断走向成熟，但今后规模可能不会再扩大，仍以小城镇的方式存在；另一部分小城镇在走向现代化过程中规模不断扩张，朝着小城市，甚至中等城市方向发展。小城镇发展路径的多样性与我国经济发展水平和区域差异相对应。20 世纪 80 年代后，小城镇由原先的"大问题"已经上升到 90 年代的"大战略"，明确了小城镇是推动中国 21 世纪城市化道路的中坚力量。由于小城镇量大面广，一旦受到生态环境破坏，其后果将不堪设想。因此，发展中的小城镇绝对不能走 20 世纪 80 年代"轻生态环境建设，重经济建设"的老路，而是要经济建设和生态环境建设一同抓，一个都不能少。随着时间的变迁，小城镇生态规划终将成为我国生态规划的一个重要领域。从近几年苏南小城镇生态规划的实践中，我们看到了这一不可阻挡的趋势。

10.1.3 小城镇生态化建设的意义

"小城镇、大战略"的提出，使小城镇在加快农村工业化进程，吸收农村剩余劳动力等方面的功能备受关注，然而小城镇的生态危机却长期受到忽视。究其原因，关键在于人们没能全面认识小城镇生态建设在城乡生态环境的持续发展中所具有的重要地位。

10.1.3.1 小城镇客观上成了大中城市向乡村地区转移污染的跳板

小城镇在地理位置上介于城市与乡村之间，具有"城之头、乡之尾"的地位，也是城市产业、生产生活方式向乡村地区转移的跳板。但由于我国许多大城市当前处于集聚阶段，扩散出来的多是工艺落后、污染严重的夕阳产业。从主观上看，许多大城市实际上也将周边小城镇作为其"退二进三"、缓解城市病的载体，因此在客观上，小城镇充当了污染由城市向乡村地区转移和蔓延的跳板。

10.1.3.2 小城镇生态建设的成效对农村地区的可持续发展至关重要

一方面，小城镇建设带来的生态问题严重地破坏着农村的生态环境。散布于广大乡村地区的小城镇，尽管是点状分布，但由于数量众多，加上乡镇企业规模小、分布散、技术水平低，造成污染由点及面，以更快的速度向广大农村蔓延，使农村生态系统遭受到严重破坏。如在某些地区，空气受到严重污染并形成酸雨，造成土壤变质，农田毁损，对农村生态环境造成毁灭性破坏；又如在化工行业中，许多乡镇企业生产的化肥、农药达不到相应的质量标准，不仅无助于农业生产，反而造成土壤破坏和水源污染，并严重危害人们的身体健康。

另一方面，小城镇又是推进农村地区生态建设的人才、技术、教育、理念等集散中心。小城镇作为农村地区的组织中心，对于农村的物质文化生活影响巨大，乡镇企业的集中布局和技术水平的提高需要小城镇的组织管理和小城镇土地、财税等机制的改革。小城镇生态建设的推进对于农村地区居民生态意识的提高具有重要意义，对于生态技术与理念等向农村地区的传播不可或缺。因此，小城镇生态建设的开展对于农村地区的持续发展至关重要。

10.1.3.3 大中城市生态建设工作需要以小城镇为依托

由于生态系统的高度不完整性，加上内部绿化的减少、热岛效应的增强、产业和人口的高度集聚等因素破坏了城市生态系统本身就相对低下的服务功能，使其越来越依赖于以小城镇为首的乡村地区提供的调节气候、平衡大气成分、涵养水源、净化空气及储存基因库等多方面的生态服务。然而，小城镇生态环境的恶化却引发了农村地区生态环境的破坏，不断削弱乡村生态系统的生态服务功能，进而使城市的生态保护工作失去依托。

10.1.4 小城镇的生态优势和特色

发展中小城市，是推进我国城市化进程的一

个重要举措，是避免人口过度向少数中心城市集中，减轻大城市的人口、就业和环境压力的有效途径。小城镇如何在大城市建设的过程中获取市场和人才是小城镇建设成败的关键。而如何发挥生态学在小城镇建设中的作用，又是建设特色和吸引力的关键。小城镇的优势和特色中的生态学内容主要体现在几个方面：

①地方性。小城镇是一个基本上由当地人构成的空间实体，他们具有共同的文化背景和需求，在环境建设方面容易获得高度认同。

②尺度小。小城镇具有人们生活和工作步行可达的小尺度，因而可以避免大城市巨大的机动车交通流量带来的空气和噪声污染等环境问题。

③城外是乡村。小城镇的周围通常被乡村田野和自然山水景观所包围，没有无序蔓延的城乡结合带，是霍华德所追求的天然的"田园城市"。

④城乡环境一体。通过河流、残遗的农田林网等将城市与周围的乡村自然景观连为一体，城市和乡村互相融合，可以避免在城市中建设大型开放绿地需要额外占用土地，而将城市建设成为高效紧促的可持续城市形态。

⑤低消费。小城镇在物质生活方面较大城市简单，数量也较少，可以避免过度的物质消费带来的社会财富的浪费。

⑥低能耗。建设合理的小城镇不会有大城市的"热岛效应"，可以节约大量的调温用能，同时具有很好的使用太阳能的条件，各种屋顶太阳能热水器可以成为城市形象的一部分。

小城镇的这些生态上的特点，表明小城镇与生态学应用的基本原则有着天然的联系，对于本地居民安居乐业，大城市中追求过一种简朴宜人生活的人群具有强烈吸引力。

10.1.5 小城镇生态规划的目标、任务和原则

10.1.5.1 小城镇生态规划的目标

小城镇生态规划是包括生态工程、生态管理在内的城乡生态建设三大方法论体系之一。其目的就是要通过生态辨识和系统规划，运用生态学原理、方法和系统科学的手段去辨识、模拟和设计人工生态系统内的各种生态关系，探讨改善系统生态功能，促进人与环境关系持续发展的可行的调控对策。它本质上是一种系统认识和重新安排人与环境关系的复合生态系统规划。

小城镇生态规划不同于传统的小城镇环境规划只考虑小城镇环境各组成要素及其关系，也不仅仅局限于将生态学原理应用于小城镇环境规划中，而是涉及小城镇规划的方方面面，致力于将生态学思想和原理渗透于城镇规划的各个方面和部分，并使小城镇规划"生态化"。同时，小城镇生态规划在应用生态学的观点、原理、理论和方法的同时，不仅关注小城镇的自然生态，而且也关注城镇的社会生态。此外，小城镇生态规划不仅重视城镇现今的生态关系和生态质量，还关注小城镇未来的生态关系和生态质量，关注小城镇生态系统的持续发展。

小城镇生态规划目标主要包括：

致力于小城镇人类与自然环境的和谐共处，建立小城镇人类与环境协调有序的结构。主要内容有：①人口的增殖要与社会经济和自然环境相适应，抑制过猛的人口再增长，以减轻环境负荷；②土地利用类型与利用强度要与区域环境条件相适应，并符合生态法则；③城镇人工化环境结构内部比例要协调。

致力于小城镇与区域发展的同步化。小城镇发展离不开一定的区域背景，城镇的活动有赖于区域的支持。从生态角度看，小城镇生态系统更与区域生态系统息息相关，密不可分，这是因为：①小城镇生态环境问题的发生和发展都离不开一定区域；②调节小城镇生态系统活性，增强小城镇生态系统的稳定性，也离不开一定区域；③人工环境建设与自然环境的和谐结构的建立也需要一定的区域回旋空间。

致力于城镇经济、社会、生态的可持续发展。小城镇生态规划的目的并不仅仅是为小城镇人类提供一个良好的生活、工作环境，而且要通过这

一过程，使城镇的经济、社会系统在环境承载力允许的范围之内，在一定的可接受的人类生存质量的前提下得到不断发展，并通过小城镇经济、社会系统的发展，为城镇生态系统质量的提高和进步提供源源不断的经济和社会推力，最终促进小城镇整体意义上的可持续发展。小城镇生态规划不能理解为限制、妨碍了小城镇经济、社会系统的发展，而应将三者看成相辅相成、缺一不可的整体。

10.1.5.2 小城镇生态规划的任务

小城镇生态规划的任务就是要探索不同层次复合生态系统的动力学机制、控制论方法，辨识系统中各种局部与整体、眼前和长远、环境与发展、人与自然的矛盾冲突关系，寻找调和这些矛盾的技术手段、规划方法和管理工具。"人"加"土"等于"生"，规划的表现形式是社区的格局、形态，而实质却是生态的"生"字，包括生存能力（示范区的吸引力、离心力和竞争力）、生产能力（从生态系统的第一性生产到废弃物的处置）、生活条件（方便适宜的设施、丰富多彩的环境）和生境活力（风、水、花、鸟等自然生境和生物活力）。小城镇生态规划的最终目的，就是要依据生态控制论原理去调节小城镇系统内部各种不合理的生态关系，提高系统的自我调节能力，在外部投入有限的情况下，通过各种技术的、行政的和行为诱导的手段去实现因地制宜的持续发展。它与传统规划思路不同之处在于：

①规划对象从物到人，着眼于人的动力学机制、人的生态效应、人的社会需求、人的自组织自调节能力以及整个复合生态系统的生命力。

②规划的标准从量到序，着眼于对生态过程和关系的调节及复合生态序的诱导，而非系统结构或组分数量的多少。

③规划的目标从优到适，通过进化式的规划，充分利用和创造适宜的生境条件，引导一种实现可持续发展的进化过程。

④规划的方法从链到网，强调将整体论与还原论、定量分析与定性分析、理性与悟性、客观评价与主观感受、纵向的链式调控与横向的网状协调、内禀的竞争潜力和系统的共生能力、硬方法与软方法相结合。

10.1.5.3 小城镇生态规划的原则

小城镇生态规划的研究对象是小城镇生态系统，它既是一个复杂的人工生态系统，又是一个社会—经济—自然复合生态系统。但其决非三部分的简单加和，而是一种融合与综合，是自然科学与社会科学的交叉，又是时间（历史）和空间（地理）的交叉。因此，进行小城镇生态规划，既要遵守三生态要素原则，又要遵循复合系统原则。

（1）自然原则（自然生态原则）

小城镇的自然及物理组分是城镇赖以生存的基础，又往往成为城镇发展的限制因素。为此，在进行城镇生态规划时，首先要摸清自然本底状况，通过城镇人类活动对城镇气候的影响、城镇化进程对生物的影响、自然生态要素的自净能力等方面的研究，提出维护自然环境基本要素再生能力和结构多样性、功能持续性和状态复杂性的方案。同时依据城镇发展总目标及阶段战略，制定不同阶段的生态规划方案。

（2）经济原则（经济生态原则）

小城镇各部门的经济活动和代谢过程是城镇生存和发展的活力及命脉，也是搞好城镇生态规划的物质基础。因此，小城镇生态规划应促进经济发展，而决不能抑制生产；生态规划应体现经济发展的目标要求，而经济计划目标要受环境生态目标的制约。从这一原则出发进行生态规划，可从城镇高强度的能流研究入手，分析各部门间能量流动规律、对外界依赖性、时空变化趋势等，并由此提出提高各生态区内能量利用效率的途径。

（3）社会原则（社会生态原则）

这一原则存在的理论前提在于城镇是人类集聚的结果，是人性的产物，人的社会行为及文化观念是小城镇演替与进化的动力泵。这一原则要求在进行城镇生态规划时，应以人类对生态的需求值为出发点，规划方案应被公众所接受和支持。

(4) 系统原则（复合生态原则）

小城镇乃区域环境中的一个特殊生产综合体，小城镇生态系统是自然生态系统中的一个特殊组分。因此，进行城镇生态规划，就必须把城镇生态系统与区域生态系统视为一个有机体，把城镇内各小系统视为城镇生态系统内相联系的一单元，对小城镇生态系统及其生态扩散区（如生态腹地）进行综合规划。如在小城镇远郊建立森林生态系统，这是实现小城镇生态稳定性的重要举措之一。

10.1.6 小城镇生态规划的内容

小城镇生态规划的目的是利用城镇的各种自然环境信息、人口与社会文化经济信息，根据小城镇土地利用生态适宜度的原则，为小城镇土地利用决策提供可供选择的方案。它以小城镇生态学和生态经济学的理论为指导，以实现小城镇的生态和环境目标值为宗旨，采取行政、立法、经济、科技等手段，提供小城镇生态调控方案，以维持小城镇系统动态平衡，促使系统向更有序、稳定的方向发展。因此，它的出发点和归宿点均为维持和恢复城镇的生态平衡。

在内容上，小城镇生态规划大致可以分成以下几个子规划：人口适宜容量规划、土地利用适宜度规划、环境污染防治规划、生物保护与绿化规划、资源利用保护规划等。

小城镇生态空间规划也是小城镇生态规划的一部分，与区域、城镇等规划和城镇设计紧密相连。从某种程度上讲，未来的区域、城镇规划和设计必然走向生态空间规划。小城镇生态空间规划的中心问题是研究和探索一条能解决小城镇与区域空间持续发展和保护之间的矛盾，促进城镇和区域空间持续和良性发展的科学途径与对策。

小城镇生态空间规划的基本构思是建立"大规划"的研究体系。大规划将规划看成人性化空间的一个部分，它同实存空间一样是一个动态的进化和演替过程。在规划演替的过程中，规划库、规划流和规划场是决定规划产生与扩散的动力机制。大规划的基本类型包括定居性规划和超越性规划，规划方法则有状态控制性规划、空间增长性规划和空间发展性规划三种，每一种规划类型均包含很多具体的规划方法。它们主要有下面的内容。

①状态控制性规划包括：集中规划、分散规划、梯度规划、逆梯度规划、多样性规划、均质性规划。

②空间增长性规划包括：开放与封闭规划、引力与反引力规划、平衡与非平衡规划、边缘与核心规划、等秩与变秩规划、竞争与共生规划。

③空间发展性规划包括：高速发展规划、稳定发展规划、协调发展规划、持续发展规划。

在进行具体的规划实践时，以上方法可同时兼用，根据当时当地的实际情况，因时因地制宜。选择的方法可依据四个原则，即发展的态势原则、生长的临界性原则、运行的适合性原则、形态的循环再生原则。

总之，生态空间规划不是单一空间因素型的控制，而更注重空间发展的内在规律，从空间自身形态、状态、动态和静态入手，制定相应的规划策略。从本质上讲，它是一种机制规划（Organic Planning），有机、整体、动态、循环、优化等观点是城镇生态空间规划的基本思想。

10.2 控制性详细规划阶段的小城镇生态规划设计

10.2.1 小城镇用地适用性评价

用地评价主要为总体规划服务，详细规划中有时也对局部地段做更具体的分析与评价。评定时以自然环境条件为主，同时考虑社会经济因素的影响，以确定其对城镇建设的适应程度，为正确选择、合理组织城镇用地提供依据。

10.2.1.1 小城镇用地适用性评价的重要性

小城镇用地适用性评价是小城镇详细规划的重要工作内容之一。它是在调查分析小城镇基础资料的基础上，对可能成为小城镇发展建设用地的地区进行科学的分析评价，确定用地的适用程度（图10-1），即哪些用地适合建设，哪些不适合，为选择小城镇用地和编制规划方案提供依据。新建小城镇或现有小城镇的扩建都需要选择适宜的用地。如果用地选择适当，就可以节约大量资金，加快建设速度；反之，就要增加工程费用，延长建设年限，给小城镇的建设和管理带来许多困难，给建设事业造成损失。选择适宜用地的重要前提条件之一就是要进行科学的用地评价，特别在自然条件和建设环境较为复杂的地区，小城镇用地评价的工作更为必要。

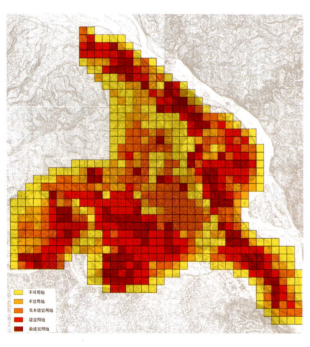

图10-1 四川乐山市犍为县用地适宜度评价图

（资料来源：黄耀志，刘翀，李潇等. 苏州科大城市规划设计研究院. 犍为县城总体规划，2004.）

10.2.1.2 小城镇用地适用性评价

小城镇用地根据是否适宜于建设，通常划分为三类用地。

（1）一类用地

即适宜修建的用地。适宜修建的用地是指地形平坦、规整，坡度适宜，地质良好，没有被洪水淹没的危险的用地。这些地段因自然条件比较优越，适于小城镇各项设施的建设要求，一般不需或只需稍加工程措施即可进行修建。属于这类用地的有以下几种：

① 非农田或者在该地段是产量较低的农业用地。

② 土壤的允许承载能力满足一般建筑物的要求，这样就可以节省修建基础的费用。建筑物对土壤允许承载力的要求如下：

1层建筑：$0.6 \sim 1.0 \text{kg/cm}^2$；

2~3层建筑：$1.0 \sim 1.2 \text{kg/cm}^2$；

4~5层建筑：$>1.2 \text{kg/cm}^2$。

当土壤承载力小于1.0kg/cm^2时，应注意地基的变形问题。各类土壤的允许承载力应以现行的《工业与民用建筑地基基础设计规范》（TJ 7—74）中的规定为准。

③ 地下水位低于一般建、构筑物的基础埋置深度。建、构筑物对地下水位距地面深度的要求如下：

1层建筑：$\geq 1.0 \text{m}$；

2层以上建筑：$>2.0 \text{m}$；

有地下室的建筑：$>4.0 \text{m}$；

道路：$0.7 \sim 1.7 \text{m}$（沙土为$0.7 \sim 1.3 \text{m}$，黏土为$1.0 \sim 1.6 \text{m}$，粉砂土为$1.3 \sim 1.7 \text{m}$）。

④ 不被10~30年一遇的洪水淹没。

⑤ 平原地区地形坡度一般不超过5%~10%，山区或丘陵地区地形坡度一般不超过10%~20%。

⑥ 没有沼泽现象，或采用简单的措施即可排除渍水的地段。

⑦ 没有冲沟、滑坡、岩溶及胀缩土等不良地质现象。

（2）二类用地

即基本上可以修建的用地。基本上可以修建的用地是指必须采取一些工程准备措施才能修建的用地。属于这类用地的有以下几种：

①土壤承载力较差，修建时建筑物的地基需要采用人工加固措施。

②地下水位较高，修建时需降低地下水位或采取排水措施的地段。

③属洪水淹没区，但洪水淹没的深度不超过1.0~1.5m，需采取防洪措施的地段。

④地形坡度约为10%~20%，修建时需有较大土（石）方工程数量的地段。

⑤地面有渍水和沼泽现象，需采取专门的工程准备措施加以改善的地段。

⑥有不大的活动性冲沟、砂丘、滑坡、岩溶及胀缩土现象，需采取一定工程准备措施的地段等。

（3）三类用地

即不适宜修建的用地。用地条件极差，需要采取特殊工程措施后才能用以建设的用地。这取决于科学技术和经济的发展水平。具体是指下列几种情况：

①农业价值很高的丰产农田。

②土壤承载力很低。一般容许承载能力小于$0.6kg/cm^2$和厚度在2m以上的泥炭层、流砂层等，需要采取很复杂的人工地基和加固措施才能修建的地段。

③地形坡度过陡（超过20%以上），布置建筑物很困难的地段。

④经常受洪水淹没，淹没深度超过1.5m的地段。

⑤有严重的活动性冲沟、砂丘、滑坡和岩溶及胀缩土现象，防治时需花费很大工程数量和费用的地段。

⑥其他限制建设的地段。如具有开采价值的矿藏开采时对地表有影响的地带、给水源防护地带、现有铁路用地、机场用地以及其他永久性设施用地和军事用地等。

小城镇用地适宜性区划需要按各地区的具体条件相对来拟定，某城镇的一类用地在另一个城镇可能只是二类用地，同时，类别的多少也要视缓建条件的复杂程度和规划的要求来确定。所以，用地分类具有地方性和使用性，不同地区不能做质量类比。

10.2.2 小城镇土地利用的生态适宜度分析

通过对上一小节的论述，我们可以看出由于目前缺乏有针对性的生态理论和方法指导，指导小城镇用地评价的首要因素还是工程技术经济评估方法，综合各项用地的自然条件以及整个用地的工程措施的可能性与经济性，对用地质量进行评价，包括地基承载力、地形坡度、地下水位、洪水淹没深度、工程地质等评价因素。这种分类的出发点仅以建设的难易程度和建设投资的经济性为依据的，而缺少考虑土地的生态效益与综合功能，没有进行系统的土地利用的生态适宜度分析。对于类别的划分应该视生态环境条件的复杂程度和规划的要求来综合加以确定。

随着生态理论和规划设计方法研究的不断深入，小城镇用地布局规划和用地评定方法也在不断发生变革。土地利用的生态适宜度分析有利于从自然生态角度对小城镇进行用地评定，从而更好地指导小城镇用地布局。它包含在生态城镇规划建设的理论与实践之中，是麦克哈格"设计结合自然"理论与方法的延续与深化。

对用地适宜度分析的形成做出重要贡献的学者是美国宾夕法尼亚大学的麦克哈格（L. McHarg）教授。他在《设计结合自然》中做出了系统阐述：用地适宜度是指由土地的水文、地理、地形、地质、生物、人文等特征所决定的土地对特定、持续的用途的固有适宜程度。它只有与特定的土地利用方式联系起来考虑才有意义。在生态登记（ecological register，调查生态基础资料并形成数据库的工作方法）的基础上，为寻求最佳可行的用地布局方案，对土地各种利用方式情况下的适宜度大小进行评议。它引导人们按土地内在的适宜方向进行开发，对保证适当地利用土地，提高土地的社会价值具有重要意义。

生态适宜度是指在规划区内确定的土地利用方式对生态因素的影响程度（生态因素对给定的土地利用方式的适宜状况、程度），是土地开发利用适宜程度的依据。生态适宜度分析是在网格调查的基础上，对所有网格进行生态分析和分类，将生态状况相近的作为一类，计算每种类型的网格数，以及其在总网格中所占的百分比。

研究小城镇生态适宜度，可为小城镇生态规划中污染物的总量排放控制，搞好生态功能分区及制定土地利用方案提供科学依据。城镇用地生态适宜性分析，就是从生态学角度，根据城镇各项建设的生态学需求（生态平衡、建立良好协调的生态关系的要求），分析城镇土地质量（包括自然因素和社会经济因素的共同作用）的供给能否满足需求，给出城镇土地质量能够满足生态学需求的程度的评价。由此可见，城镇用地的生态适宜性分析，是以生态学原理为理论基础，从保护和建设良好的城镇生态环境的观点出发，来认识城镇用地对城镇生态环境的影响的。它是制定城镇生态规划的基础，是协调城镇中人地矛盾、用地生态矛盾以及各种用地之间矛盾的基础。

由于小城镇各项建设（功能用地）对生态学的需求有所差异，故在分析评价时具有针对性，只有通过对城镇各项建设（功能用地）的生态适宜性进行综合分析和优化，才可得出城镇生态系统的最佳用地功能组织。这是因为通过城镇各功能用地生态适宜性分析后提出的土地利用方式，可以使相近功能的用地增强相互联系，共同提高生态位和正效应，同时使得功能相互排斥的不同用地减弱相互干扰，降低负效应，从而取得优化布局的效果。根据小城镇各种功能用地对生态学需求的差异性和一致性，在分析评价时可主要考虑城镇建设的两大方面，即城镇的生活和生产功能用地，着重分析城镇生活居住用地的生态适宜性和城镇工业生产用地的生态适宜性。对具有特殊自然生态环境特征和社会经济环境特征的小城镇，也可针对特殊的功能用地来进行生态适度性分析。如作为风景旅游性的城镇，可针对风景旅游功能用地进行生态适宜性分析。通过上述几种功能用地的生态适宜性分析，可以找出哪些用地能够满足哪项建设（生活居住、工业生产、风景旅游等）的生态需求及其满足程度，从而为土地利用的优化提供依据。

小城镇用地生态适宜性分析，首先在小城镇自然生态因素和城镇用地结构的分析基础上确定生态适宜性分析的因子（土地质量的影响因子），然后进行生态因子的量化处理（单因子评价），最后在单因子评价的基础上对生态适宜性进行综合评价，得出城镇用地生态适宜程度的地域差异。其主要环节包括以下几部分内容。

10.2.2.1 生态因子的确定

根据小城镇用地的生态需求，选取对小城镇各项用地共性影响较大的生态因子作为生态适宜性分析的评价因子。例如四川乐山市犍为县城发展用地的生态适宜度分析评价是基于现状基础资料，依据对土地利用方式影响的显著性及资料的可利用性筛选出地表水、生态生产力、高程、视频率、承载力、土地生产力、坡度、植物多样性、土壤渗透性等九个生态因子（图10-2），并按各单位因子对某种土地利用方式适宜度高低分为三级。同时根据各单位因子对土地的特种利用方式的影响程度不同，赋予不同权值。最后通过分析县城用地环境的有关生态因子及其相互作用的集合效应，对其开发建设的影响程度提出适宜的开发方向优化方案，指导制定土地利用规划，谋求最佳的土地利用方式。

生态敏感性分析与生态敏感度模型的建立，是从自然生态需求出发，充分或最低限度地满足自然生态在人为干扰下仍能基本保持其循环能力，即从土地利用的量化标准方面保证城市生命支撑系统的最低自然环境需求。换句话说，生态敏感度模型的建立就是从不允许建设的角度提出决策者选择的参考依据。

岳西县城发展用地的生态敏感区共分为四级（图10-3）：Ⅰ类（最敏感区）为皖水、衙前河

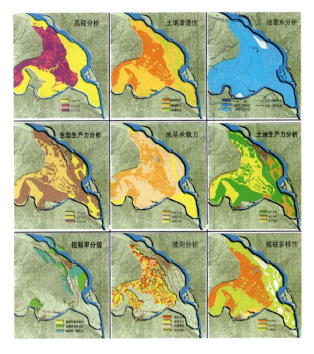

图10-2 四川乐山市犍为县生态因子分析图
(资料来源：黄耀志，刘翱，李潇等．苏州科大城市规划设计研究院．犍为县城总体规划，2004．)

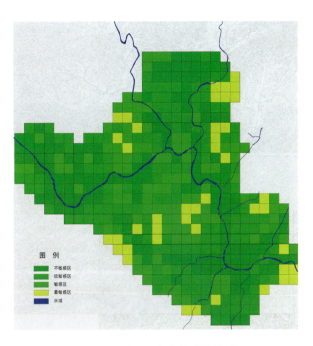

图10-3 岳西县生态敏感性模型图
(资料来源：黄耀志，范凌云，郑皓等．苏州科大城市规划设计研究院．岳西县城总体规划，2006．)

两岸，河流两侧支流及其湿地，散布的水库及其湿地；Ⅱ类（敏感区）一般为平缓区域上的林地，坡度大于20%的山体、林地，皖水及其支流水陆交接地带的临近影响区等；Ⅲ类（低敏感区）主要分布于丘间林地与水田菜地交接地带，包括荒山灌木草丛以及国林地；Ⅳ类（不敏感区）主要是旱地农田等，可承受一定强度的开发建设，土地可做多种用途开发。在规划中确定的Ⅳ类敏感区包括用地评定范围内的城乡结合部用地、密集村庄用地以及周边农田菜地、耕作密度大的坡地旱地等，主要分布在城市建设用地以及村庄周围。

10.2.2.2 基础资料的网格化处理（评价单元的确定）

将所收集到的各种生态因子的基础资料难确、全面、系统、清晰地展绘在底图上（即编制单项生态因子图），并用一定大小的格网占分割底图，如1∶10000的底图上可采用2.5cm×2.5cm的网格，将底图上的生态信息与网格相对应。

10.2.2.3 网格生态因子的量化处理（单因子评价）

首先将所选的生态因子进行等级划分并赋值（给分），然后将每个网格单元的生态因子信息按等级（给分）以数值形式表现出来。数值的大小与该生态因子对某一功能用地的生态适宜程度成正比，赋值区间可为0~9。

10.2.2.4 生态因子适宜性权值确定

每个生态因子对城镇某一功能用地的影响程度是有差异的，在综合评价时可用加权方法加以考虑。各因子对各功能用地的适宜性权值可采用专家咨询——层次分析法（AHP法）确定。

10.2.2.5 生态适宜性综合评价

一般可采用直接叠加法（简单地图复叠法）和加权复叠法。直接叠加法计算模式为：

$$P_i = \sum_{i=1}^{n} \sum_{j=1}^{m} C_{ij}$$

式中：i——第i个网格单元$(i=1,2,\cdots,n)$；

j——第j个生态适宜性分析因子($j = 1,2,\cdots,m$);

P_i——第i个网格对某一功能用地的生态适宜性值(指数);

C_{ij}——第i网格第j生态因子对某一功能用地的生态适宜性值。

在对小城镇用地生态适宜性分析中,因各因子对工业用地、居住用地的影响程度相近,故可采用直接叠加法来求生态适宜性综合评价值。

加权复叠法的计算模式为:

$$P_i = 0 (当 M_{ij} = 0 时);$$

$$P_i = \sum_{i=1}^{n}\sum_{j=1}^{m} W_{ij}M_{ij}(当 M_{ij} \neq 0 时);$$

式中:M_{ij}——第i网格中任何一个生态因子的适宜性值;

W_{ij}——第j个生态因子对某一功能用地的权重值。

10.2.3 小城镇生态环境的控制

在控制性详细规划阶段对小城镇的生态环境进行控制规划,应首先以总体规划中确定的生态功能区划为基础,根据小城镇生态系统结构及其功能的特点,划分不同类型的单元,研究其结构、特点、环境污染、环境负荷以及承载力等问题。充分发挥各地区生态要素的有利条件,及其对功能分区的反馈作用,使整个城镇构成协调有序的有机统一体,促使功能区生态要素朝良性方向发展。

10.2.3.1 生态环境控制遵循的原则

(1) 生态学原则

区划过程必须依照生态学基本原理进行。区划要有利于保持小城镇的生态平衡,促进生态良性循环,维护物种和生态系统多样性,有利于综合防治污染,有利于保护环境,使区域内的环境容量得以充分利用而又不超出环境的承载能力。

(2) 经济发展和环境保护协调性原则

地方经济的发展是实现生态保护目标的根本保证。为此,功能分区应在注重自然生态功能保护的同时,充分考虑地方社会经济发展的需求。

(3) 区域分异原则

功能区划坚持区域分异理论,在充分研究区域生态要素功能现状、问题及发展趋势的基础上,综合考虑区域规划、城市总体规划的要求和规划布局,以利于社会经济的发展和居民生活水平的提高,实现社会、经济和环境效益的统一。

10.2.3.2 生态环境控制规划的方法

对小城镇生态环境的控制就是根据小城镇生态系统结构及其功能的特点,划分不同类型的单元,研究其结构、特点、环境污染、环境负荷,以及承载力等问题,综合考虑地区生态要素的现状、问题、发展趋势及生态适宜度。通过生态功能分区可以合理地把经济发展和环境保护的矛盾统一起来,因地制宜地进行城镇用地布局的控制,扬长避短,发挥区域优势,在提高经济效益的同时提高生态效益,提高生态系统的服务功能,从满足城镇用地发展需求和生态维育的双重要求,对各个生态功能分区进行空间管制。在不违背大环境生态循环的基础上,通过对小环境的组织和改造,使小城镇建设与生态维育相结合,重构人类环境与自然环境的和谐统一,是实现生态维育效益与小城镇建设用地开发效益最大化,达到精明增长的目的。

根据《城市规划编制办法》提出的禁建区、限建区、适建区范围,规划从空间管治角度将用地相应地分为禁止开发建设地段、以环境维育为主的适度开发建设地段、控制开发限建地段、引导开发地段四类,进行生态环境控制。

(1) 禁止开发建设地段

禁止开发建设地段是指水源地保护的重点地段、河流及其两侧15m范围内地段。此用地内除步行游览设施外禁止任何其他性质的开发建设,容积率为零,实现生态维育效益最大化。

(2) 以环境维育为主的适度开发建设地段

以环境维育为主的适度开发建设地段是自然

需求与人的需求之间的过渡区，指建成区外围山体、林地。该类用地的主要功能必须服从地表水与地下水维育的要求，可适当开发如休疗养、健身游乐等设施，严格控制开发强度，对建筑的体量、色彩提出要求。

(3) 控制开发限建地段

控制开发地段是指满足城市建设活动但需对开发强度严格控制的建设地段。此类用地内必须把环境维育与城市建设放在同等重要的位置，可开发低密度的建设用地，如一类居住用地、旅游设施用地、医疗用地、教育科研用地等。

(4) 引导开发地段

指除以上地段以外的城市建设用地。引导开发的首要功能为土地利用规划确定的用地性质，开发目的是实现土地利用效益最大化。通过控制性规划的用地兼容性引导，可以改造其用地性质。其原则是：改变性质后的用地应与周边用地性质相容，其建设控制指标由图则确定。

10.2.4 小城镇生态网络系统规划

目前我国小城镇发展中许多生态环境问题都与不合理的生态格局有关。对于任何一个城镇，良好的生态功能发挥都必须以完整的自然生态系统为基础。在生态学中，生态系统是一个极为复杂、性能完善的多级结构的大系统，因此需要不断地进行自组织与优化。城镇作为一个"自然—社会—经济"复合生态系统，其内部的物质代谢、能量流动和信息传递关系，不是简单的链，也不是单个的环，而是一个环环相扣的网，其中网结和网线各司其能，各得其所。可见，生态的网络形态和网络的生态效应是相互关联的，两者均可作为小城镇研究的一种新的思维模式。

10.2.4.1 小城镇生态网络系统规划概述

(1) 生态网络系统规划的含义

生态网络系统规划思想溯源于19世纪的公园规划时期，以美国景观设计师奥姆斯特德（Olmsted）在1858年规划建设的纽约中央公园为代表，该时期形成了大批城市公园与保护区。20世纪60年代以来，以《生存的蓝图》、《增长的极限》为代表，促使人们对片面追求经济增长的发展模式提出质疑，城市生态环境保护日益受到重视，同时西方城市规划更加注重将自然引入城市，构建城市生态网络。20世纪80年代以后，城市生态化的研究更成为可持续发展的科学基础，而综合性生态网络规划的兴起标志着一个新浪潮的到来。

目前，国外对生态网络规划的研究还没有形成统一观点，不同学科或不同地域的学者从各自领域对生态网络进行了多种多样的探索。北美学者主要关注基于乡野土地、未开垦的自然保护区及国家公园的生态网络建设，研究中较多采用"绿道网络"一词；西欧学者则更多地关注高度开发的土地上建设生态网络的意义，特别是如何削减城市化对生态环境造成的负面影响，如何维护生物多样性等，研究中倾向于用"生态网络"这一术语。

斑块、廊道和基质是构成景观的基本元素，众多绿色廊道相互交织形成网络，景观生态学将这一客观存在的自然景观现象称为生态网络。生态网络是除了建设密集区或用于集约农业、工业或其他人类高频度活动以外，自然的或植被稳定的以及依照自然规律而连接的空间，主要以植被带、河流和农地为主（包括人造自然景观），强调自然的过程和特点。它通过绿色廊道、楔形绿地和结点等，将城市的公园、街头绿地、庭园、苗圃、自然保护地、农地、河流、滨水绿带和山地等纳入生态网络，构成一个自然、多样、高效、有一定自我维持能力的动态绿色景观结构体系，促进城市与自然的协调。

(2) 小城镇生态网络系统的界定

小城镇是"自然演替"和"人为开拓"两种力交叉作用的结果。所以，当我们把小城镇看作是自然生态系统和社会经济系统复合的结果进行对象研究时，"生态"主要取自然生态含义，即我们主要关注的是小城镇中生物（主要是人）与其生境的关系以及自然生态系统单向对社会经济系统的效应。从这一角度来看，"生态网络"实质是指一个自然的网络。从国内外对于这一概念的研究的历史、现状和发展方向来看，这一概念也主要是限定在自然生态这一层面，这更便于深入研究生态网络及其对实践的指导。

网络是对地表事物空间和非空间关系现象的一种描述，其构成要素为结点和路径。小城镇生态网络系统具有网络的一般特征，是反映和构成地表景观的一种空间联系模式。从自然生态系统出发，生态网络体系构建是以景观斑块为结点，生态廊道为路径，在小城镇基底上镶嵌一个连续而完整的生态网络，成为小城镇的自然骨架（图10－4）。所以，小城镇生态网络系统规划是一种应用景观生态学原理——"斑块—廊道—基质"模式，从城市空间结构上解决环境问题的规划范式。值得说明的是，生态网络系统规划属于总体规划的内容，但是在详细规划层面里必须落实和保证，因为它们是相通的。

10.2.4.2 "小城镇生态网络"与"小城镇绿地"的异同

小城镇生态网络与小城镇绿地相比，对空间存在形态的限制有所不同。小城镇绿地要求其用地以植被为主要存在形态，注重绿地的生态价值；而小城镇生态网络则在注重空间生态价值的同时，还强调自然景观的整体性，空间的存在形态蕴涵了更多的选择性。小城镇生态网络所对应的用地类型比小城镇绿地所涵盖的范围更广，它包括城市建设用地中的城市绿地和其他具有生态、景观或游憩价值的开敞空间如公园等，以及建设用地之外的所有农用地和未利用地，如农田、林地、山体、湿地和水面等。

我国目前的绿地规划大多是针对各类绿地的策略性规划，如居住区绿地、单位附属绿地、风景林地等，很难整合在大比例尺地图上，不利于操作。规划理念也只停留于一般的点、线、面结合，较少关注小城镇空间扩展和内部结构更新等重要因素。社会经济的不断发展对城镇生态环境提出了更高的要求，而绿地规划却仍滞后于小城镇建设的需要。"见空补绿"的绿地布局显然已不能满足改善城镇景观及生态环境的要求，小城镇生态化建设需要从城市发展理论、景观学、生态学等方面获得更多的理论支撑。小城镇生态网络的构建对改善城镇生态环境、维护城镇景观格局、引导小城镇空间合理发展具有重要的意义。

10.2.4.3 城镇生态网络的功能

（1）生态服务功能

城镇生态网络是城镇生态系统中最活跃、最富有生命力的部分，它能有效改善生态环境，增强城镇自然环境容量，为城镇持续健康发展创造条件。城镇生态网络的生态服务功能主要体现在以下几个方面：保持水土，贮水调洪；固碳制氧，维持大气成分稳定；调节气温，改善城镇小气候；净化空气，吸尘减尘，消减噪声；保护城镇肌理，

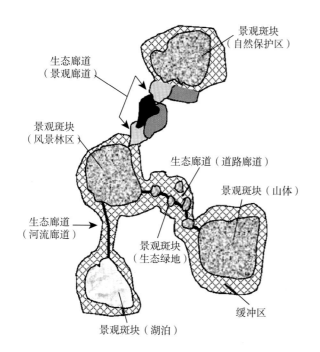

图10－4　生态网络示意图
（资料来源：马志宇. 基于景观生态学原理的城市生态网络构建研究——以常州市为例［D］. 苏州：苏州科技学院，2007.）

综合防治灾难的功能。

（2）保护生物多样性功能

生境的破碎化是对生物多样性保护的最大威胁。生态网络建设注重对城镇自然景观的保护，并通过生态廊道连接城镇中分散的景观斑块，减少甚至消除景观破碎化对生物多样性的影响，对保护生物多样性有重要意义。

（3）景观游憩功能

人类是自然的产物，人性亲近自然。城镇中有保护意义的斑块和生态廊道是城镇景观中的主要自然要素。它与城镇要素结合，形成独特的城镇风貌，如形成城镇轴线，创造视觉走廊等。随着社会经济的高度发达和休闲时代的到来，城镇中景观斑块和生态廊道成为休闲活动的主要场所，它还能满足人的自然情趣。

（4）引导城镇空间发展的功能

由于城镇的发展，城镇空间结构处于不断的演变中。生态网络与城镇建设实体构成了互为共轭的关系，城镇生态网络的网状结构能与城镇的发展保持动态平衡。生态网络在城镇空间上表现为一张弹性的网，控制城区无序扩张，维护城镇景观格局，引导城镇有序发展。

10.2.4.4 景观生态学中与生态网络相关的理论与原理

（1）岛屿生物地理学理论

岛屿生物地理学理论是景观生态学中的一个重要理论。景观中斑块面积的大小、形状以及数目，对生物多样性和各种生态过程都会有影响。一般而言，斑块数量的增加常伴随着物种的增加。Preston（1962年）提出了著名的物种—面积方程式：

$$S = cA^z \text{ 或 } \log S = z\log A + \log C$$

式中 S 为物种数目，A 为岛屿面积，c 和 z 是常数。z 的理论值为 0.236，通常在 0.18~0.35 之间。c 值的变化反应地理位置的变化对物种数目的影响。c 和 z 的值随岛屿的类型及有关物种类型的变化而变化。

MacArthur 和 Wilson 综合上述规律，发展形成了岛屿生物地理学理论。他们认为岛屿物种数目取决于两个过程：物种的迁入和绝灭。任何岛屿上的生境有限，已定居的物种越多，新迁入的物种能成功定居的可能性越小，而已定居的物种的灭绝概率则越大。因此，对于某一岛屿而言，迁入率和灭绝率将随岛屿中物种数目的增加而分别呈下降和上升趋势（图10-5）。

岛屿上的物种数目有两个过程决定：物种迁移率和灭绝率。离大陆越远的岛屿的物种的迁入率越小（距离效应A）；岛屿的面积越小其灭绝率越大（面积效应B）。因此，面积较大而距离较近的岛屿比面积较小而距离较远的岛屿的平衡态物种数目（S_e）要大。面积较小和距离较近的岛屿比大而遥远的岛屿的平衡态物种周转率（R）要高。

岛屿生物地理学一般数学表达式为：

$$dS/dt = I - E$$

式中的 S 为物种数，t 为时间，I 为迁居速率（是种源与斑块间距离 D 的函数），E 为绝灭速率（是斑块面积 A 的函数）。

岛屿生物地理学理论将生境斑块的面积和隔离程度与物种多样性联系在一起，其最大贡献在于把斑块的空间特征与物种数量用一个理论公式联系在一起，为景观生态学理论奠定了基础。虽然岛屿生物地理学理论在定量方面的应用十分有限，但我们可以依据其原理进行景观斑块的保护与规划。独立于某一背景中的景观斑块，其内部物种的生存，不仅取决于斑块的尺度，还决定于外部环境的形式、与相似区域的距离、及动物穿越其间距离的可能性。依据岛屿生物地理学理论，在景观斑块的保育与生态网络构建中应注意以下几点：

①面积效应：一个大的景观斑块比一个小的景观斑块能支持更多物种。

②连接效应：通过廊道连接景观斑块，使物种的扩散变得容易。

③边缘效应：紧凑的、圆形的景观斑块比不规则的或长条形的斑块好，有利于减少边缘负面影响。

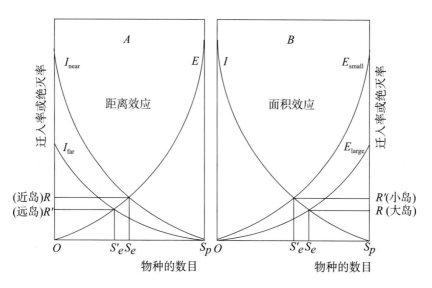

图 10-5 岛屿生物地理学理论示意图

（资料来源：邬建国. 景观生态学——格局、过程、尺度与等级 [M]. 北京：高等教育出版社，2000.）

④距离效应：斑块间的距离越接近则越容易进行物种的移动，对物种的多样性越有利，因此斑块之间不应分隔太远，规划时需进行生物栖地的调查，避免景观斑块间间距太远影响生物移动。

（2）景观格局原理

"不可替代格局"和"最优景观格局"由Forman提出并用于景观规划。我国学者俞孔坚在此基础上又提出了"景观安全格局"的理念。

①不可替代格局

景观生态规划将不可替代格局作为优先考虑保护或建成的格局模式：几个大型的自然植被斑块作为水源涵养所必需的自然地，有足够宽的廊道用以保护水系和满足物种空间运动的需要；同时，在城镇建成区或开发区内，又有一些小型的自然斑块和廊道，用以保证景观的异质性。不可替代格局应作为任何景观生态规划的基础格局。

②最优格局

最优景观格局是在不可替代格局的基础上提出的，是一种"集聚间有离析"的格局模式。它强调规划师对土地利用进行分类集聚，并在城镇建成区和开发区保留小的自然斑块，同时沿主要的自然边界地带分布一些小的人为活动斑块（图10-6）。将自然植被小斑块和廊道分散到农业区和建成区，有利于保护生境和维护生物多样性。同时，将建筑斑块分散到农业区和自然植被区，为城镇居民提供接近自然的机会。

这一模式有以下几方面的生态意义：a. 保留了生态学上具有不可替代意义的大型自然植被斑块，用以涵养水源，保护稀有生物；b. 景观质地满足大间小的原则；c. 风险分担；d. 遗传多样性得以维持；e. 形成边界过渡带，减少边界阻力；f. 小型斑块的优势得以发挥；g. 廊道有利于物种的空间运动，在小尺度上形成的道路交通网能满足人类活动需要。

③安全格局

俞孔坚认为景观中存在着某种潜在的空间格局，它们由一些关键性的局部、点及位置等关系所构成。这种格局对维护和控制某种生态过程有着关键性的作用，被称为安全格局（Security Patterns，简称SP）。同时认为通过对生态过程潜在表面的空间分析，可以判别和设计景观生态安全格局，从而实现对生态过程的有效控制。不论景观是均相的还是异相的，景观中的各点对某种生态过程的重要性都是不一样的。其中有一些局部、点和空间关系对控制景观水平生态过程起着关键性的作用，这些景观局部、点及空间联系便构成景观生态安全格局。

一个典型的景观生态安全格局（图 10-7）包含以下几个景观组分：①源（Source）：景观现状中存在的乡土物种栖息地，它们是物种进行扩散和得以维持生存的元点；②缓冲区（Buffer Zone）：环绕源的周边地区，是物种进行扩散的相对的低阻力区；③源间联结（Inter-source Linkage）：相临两源之间

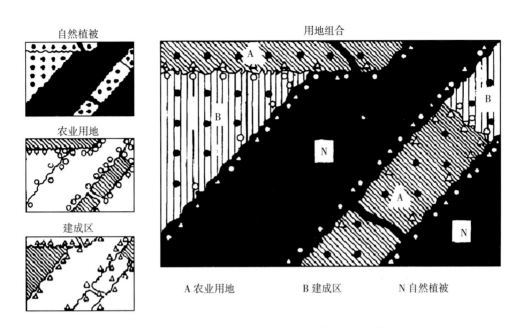

图 10-6 "集中与分散相结合设计"的理想景观模式图

（资料来源：俞孔坚，李迪华. 城乡与区域规划的景观生态模式 [J]. 国外城市规划，1997（3）.）

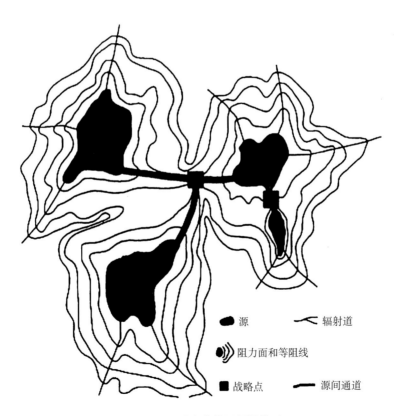

图 10-7 景观安全格局假设模型图

（资料来源：俞孔坚. 生物保护与景观安全格局 [J]. 生态学报，1999，19（1）.）

小城镇详细规划中的生态规划设计

最易联系的低阻力通道；④辐射道（Radiating Routes）：由源向外围景观辐射的低阻力通道；⑤战略点（Strategic Point）：对沟通相邻源之间联系有关键意义的"跳板"（Stepping Stone）。景观生态安全格局识别步骤包括源的确定、建立阻力面、依据阻力面进行空间分析判别缓冲区、源间连接、辐射道和战略点。

（3）"斑块—廊道—基质"模式

斑块、廊道、基质是景观生态学用来解释景观结构的基本模式，普遍适用于各类景观，包括荒漠、森林、草原、郊区和建成区景观。这样，景观中任意一点都有所归属，或是属于某一斑块，或是属于某一廊道，或是属于作为背景的基质。

"斑块—廊道—基质"模式是基于岛屿生物地理学和群落斑块动态研究之上形成和发展起来的。这一模式为具体而形象地描述景观结构、功能和动态提供了一种简明和可操作的"空间语言"。

可以看出，景观格局原理中的不可替代格局、最优格局、安全格局和"斑块—廊道—基质"模式都是一脉相承的。"斑块—廊道—基质"模式实际上是对景观安全格局的一种更容易的定性概括。景观安全格局中的"源"相当于"斑块—廊道—基质"模式中的重要的、大型的斑块，战略点相当于辅助的、位于源间连接上的斑块；源间连接相当于廊道；缓冲区相当于基质；辐射道则表示着斑块阻力相对较小或具有潜力的发展方向。在城镇生态网络构建研究中，综合应用这两方面的原理与方法，能够使分析更全面和充分。

10.2.4.5 小城镇生态网络系统构建的原则

小城镇生态网络主要是由小城镇中的景观斑块与生态廊道组成，所以，通过对小城镇景观生态资源的调查与分析，采用"连藤结瓜"的规划方式，使生态廊道与景观斑块有机连接，是生态网络构建的主要内容。同时，在小城镇空间形态上，生态网络与城镇建设实体构成了互为共轭的关系，这种空间形态关系对促进城镇的有序发展具有战略性的指导意义。

城镇是一个处于不断发展与演变中的巨大系统。小城镇生态网络的构建以自然生态系统为基础，强调与小城镇发展保持动态平衡。因此，构建小城镇生态网络应遵循以下原则：

（1）生态性原则

小城镇生态网络的构建必须在尊重小城镇自然环境的基础上进行，恢复和重建在过去小城镇开发过程中破坏的自然景观，建立为提高小城镇生物多样性和小城镇自然属性的生态网络体系是生态性原则的重要体现。

（2）保护性原则

小城镇生态网络的构建将自然引入城镇，使自然与小城镇和谐共生。在小城镇快速发展的情况下，牺牲自然生态往往成为小城镇发展的代价。所以强调保护性原则，用生态网络来保护自然环境，进而以自然要素来组织城镇空间，对小城镇生态化建设具有重要意义。

（3）整体性原则

小城镇生态网络的整体性应从景观完整性、连接性等方面来考虑。自然景观是一系列生态系统组成的具有一定结构与功能的整体，整体性是生态网络发挥功能的基础。小城镇生态网络的构建必须考虑到小城镇外部因素的影响，应以区域自然生态环境为基础条件，所以生态网络是一个完整的自然景观体系。

（4）多样性原则

小城镇生态网络构建中，多样性表现为两大方面：生物多样性和景观多样性。生物多样性主要是针对小城镇自然生态系统中自然组分缺乏、生物多样性低下的情况提出来的，可以通过保护多样化的生境类型来实现。景观多样性表现在自然景观类型多样性和布局的多样性。在景观布局上，有大小景观斑块镶嵌结合、集中与分散相结合、宽窄廊道相结合等。遵循多样性原则，对于增进小城镇生态平衡，创造多样的小城镇自然景观具有重要意义。

10.2.5 小城镇水系统规划

10.2.5.1 水源地的规划控制

应在小城镇总体规划阶段,合理规划布局城镇居住区和工业区,尽量减轻对水源的污染。一些容易造成污染的工业,如化工、冶炼、电镀、造纸工业等应布置在小城镇及水源地的下游。勘察新水源时,应从防止污染角度,提出水源地合理规划布局的意见,提出卫生防护条件与防护措施。一般在水源地周围应设置卫生防护地带,防护地带分为禁戒区和限制区两个区域(图10-8)。

对城镇集中给水水源地的卫生防护带的要求主要有下列几点:

(1) 地表水源卫生防护要求

①为了保护水源,取水点周围半径不小于100m的水域内不准停靠船只、游泳、捕捞和从事一切可能污染水源的活动。

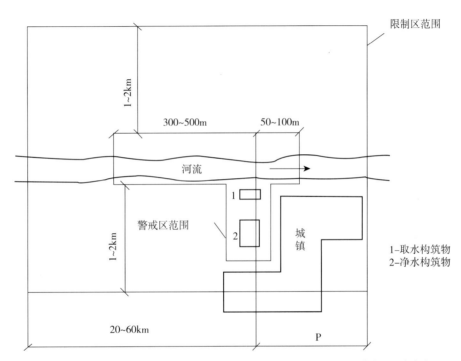

P—从净水构筑物到下游距离(一般到城镇的下游),由风向、潮水和航行可能带来的污染决定.

图10-8 水源地的规划控制

(资料来源:袁中金等. 小城镇生态规划[M]. 南京:东南大学出版社,2003.)

②河流取水点上游1000m至下游100m水域内,不得排入工业废水和生活污水。其沿岸防护范围内,不准堆放废渣,设置有害化学品的仓库,不得设立装卸垃圾、粪便和有毒物品的码头。沿岸农田不准使用工业废水或生活污水灌溉及施用持久性或剧毒的农药,并不得从事放牧等有可能污染该段水域水质的活动,以防有害物质随雨水流入水源地,污染水质。

③在地表水源取水点上游1000m之外,排放工业废水和生活污水应符合《工业"三废"排放试行标准》(GBJ 4—73)和《工业企业设计卫生标准》(TJ 36—79)的要求。医疗卫生、科研和兽医等机构含病原体的污水必须通过严格消毒处理,彻底消灭病原体后方可排放。

④供生活饮用水专用的水库和湖泊,应视具体情况,将整个水库或湖泊及其沿岸列入上述防护带的要求。

⑤在水厂生产区或单独设立的泵站、沉淀池和清水池外围不小于10m范围内,不得设立生活居住区和修建禽畜饲养场、渗水厕所、渗水坑,

不堆放垃圾、粪便、废渣或铺设污水管道，应保持良好的卫生状况，并充分绿化。

⑥沿海受潮汐影响的河流取水点位置应选在潮汐影响之外，以免吸入咸水，其水源上下游防护范围，由水厂会同当地卫生防疫站、环境卫生监测站根据具体情况来定。

（2）地下水源卫生防护要求

①地下水取水构筑物的防护范围，应根据水文地质条件、取水构筑物的形式和附近地区的卫生状况来确定。其防护措施应按地表水水厂生产区的要求而定。

②在单井或井群的影响半径内，不使用工业废水或生活污水灌溉和施用持久性或剧毒性农药，不修建渗水厕所、渗水坑、堆放废渣或铺设污水管道，并不应从事破坏深层土层的活动，如取水层在井的影响半径内不露出地面或取水层与地表水没有互相补给关系时，可根据具体情况设置较小的防护范围。此外，农田尾水的污染应积极研究对策，确保地下回灌水质，以防污染地下含水层。

③在地下水水厂生产区的范围内，其卫生防护与地表水水厂生产区要求相同。卫生防护带建立以后要做经常性的检查，发现问题要及时解决。对水源卫生防护带以外的周围地区，包括地下水含水层补给区、环境保护、卫生部门和供水单位等，应经常观察工业废水和生活污水排放及污水灌溉农田、传染病发病和事故污染等情况。如发现可能污染水源时，应报地方机关，由有关单位采取必要措施，防护水源水质。为确保水质安全，除必须满足上述水源卫生防护各项要求外，还必须遵照《中华人民共和国水污染防治法》（1984年5月公布）的规定，才能有效防止水源污染。此外，还要建地表水和地下水的水质监测网，进行水体污染秒查。地表水源要在影响其水质范围内建立一定数量的监测网点，地下水源要结合地下水动态，进行水质变化观测。建立水体监测网点的目的是实时掌握水体污染状况和各种有害物质的分布动态，便于及时采取措施，防止对水源地及水源的污染。水体污染调查要查明污染来源、污染途径、有害形质成分、污染范围、污染程度、危害情况与发展尾势，以便提出有效的解决方法。

（3）流域水源卫生防护要求

在我国，很多小城镇都依水而建，相邻小城镇往往以同一条河流为水源，进行取水。在这种情况下，就要从一个地区、一个流域出发进行规划，建立流域水资源保护区，从更高的层次来做好水源地的保护工作。具体来说，应做到统筹安排河流两岸工业，对农田污染进行流域性控制，协调上下游取水量，进行流域统一规划，从区域的角度来解决污染问题，以保证整个流域小城镇的水源质量。其中，山区小城镇群水源流域保护和平原小城镇群水源流域保护工作重点又各有侧重。山区的经济活动一般是资源开发型的，对山区的水源保护主要是防止水土流失、矿产开采中的资源流失和其他污染途径造成的水资源污染。平原地区的经济活动一般是生产型和加工型的，工农业生产的废水和城镇生活污水是造成该区水域污染的主要原因。目前，国内外很多实例都已证明，流域水资源保护确实是一种行之有效的水源保护措施。

10.2.5.2 水道的治理与保护

（1）小城镇水道现状及存在问题

一般说来，城镇水道的水质基础都比较好，除发挥灌溉、排涝、行洪、航运等功能外，所有的河道基本上都可以开发用来养鱼。但是从20世纪70年代后期开始，随着乡镇工业的蓬勃兴起，水体污染逐渐严重并逐步从流域性带状分布发展到面状分布，引起了更大区域的水体污染。如今一些污染特别严重的河道，鱼虾已几乎绝迹。而池塘养鱼因河水侵入，养殖作用也受影响。除上述水道存在的两个主要问题以外，小城镇水道还面临着其他很多问题，如源水补给量不足，水流缓慢，水不活，河道狭窄，驳岸破损严重，荒废水面未得到合理利用等。所以对小城镇水道进行整治和保护工作已经迫在眉睫。

(2) 小城镇水道整治的基本对策

在国内外的建设经验中，无论是西方发达国家还是发展中国家的城镇建设都很重视对河流及陆域环境的综合整治。这种综合整治是涉及多方利益和价值观的工作，在规划中单纯的水利部门或规划、园林设计部门都不能解决问题。在整治工作的开始，建立包括水利、规划、园林、景观和生态学专家在内的联合小组，并在随后的工作中相互协调配合是整治成功的基石。在小城镇水道整治工作中，水道、河流的整治是基础，而陆域整治应与水域治理通盘考虑，齐头并进。

水道的整治有两个基本思想：一是全线环境综合整治，从区域的角度治理水道，提高整条河流的水质和排水泄洪能力；清疏河床，使航道达到设计标准。二是分段重点治理，即在明确每个河段功能定位的基础上，按照不同的整治要求进行分步分段治理。总的说来，河流起着供水、交通运输、灌溉和水产养殖、军事防御、排水泄洪、调蓄洪水、躲避风浪、造园绿化和水上娱乐、改善小城镇环境等10个方面的作用。但水道的功能主次应有所区分，往往是结合小城镇发展方向及小城镇发展的特定阶段来合理定位的。规模相似而功能不同的水道，整治的具体要求也不同，如南方多雨地带的河流往往是泄洪水道，因此更应保持其通畅，应定期疏通河道；而北方小城镇的一些河道中保留了自然形态的沙洲，可减少河水的蒸发量，对缺水地区意义重大。

① 治理污染，改善水质

水资源的严重污染已成为众多小城镇水道的突出问题。它不仅使水生生物遭殃，而且导致农田土壤受污染，影响农作物的生长和农产品质量，影响饮用水的质量，危及百万人民健康，也影响小城镇经济建设。因此，治水先治污，已成当务之急。具体措施为：

a. 要通过上级环保部门的宏观监控，促使作为主要污染源的小城镇工业区增加污水处理措施，使其工业废水和生活污水得到集中处理。严格禁止镇区的工业废水向镇域河道直接排放。

b. 建立乡镇企业污水排放的申报管理制度，控制污水的排放总量、排放标准和排放地点。污染企业比较集中的镇区，应联合建设相应规模的污水处理厂。对于排污严重、造成水资源破坏的企业，必须限期整顿，依法处理。

c. 在干道河流的上游段设置污水生物处理工程，放养有吸污功能的水生植物，加速水体净化。

d. 逐步对镇域内的河道进行全面疏浚，挖除污染严重的底泥，提高水体的生态自净能力。

e. 加强宣传，严格执法。对化工、印染、农药等污染大的工业项目，要合理布局，重点控制。严禁在水源保护区建立有害工业或有生活污染的旅游点。有污染的项目应限期治理或搬迁。

② 疏浚河道，提高功能

城镇河道系统担负着航运、泄洪、排水、生态等多种功能，但目前很多水道因年久失修，已不堪重负。如1991年太湖特大洪水，无锡地区全面受淹，灾害严重。由此促使国家投资对望虞河进行全面疏浚整治，以提高其泄洪能力。同样，苏锡常地区的其他主要干流及其支流，也都需要进行全面的整治。需要注意的是，水道整治应在充分考虑和分析水利改造如筑坝蓄水、修筑防洪堤以及河道变线等对自然生态、文化和景观的影响之后，由联合专家小组共同确定水道改造方案，以避免水利部门从单纯的防洪、清淤等目的出发制定河道整治方案，粗暴地破坏城镇滨河地带复合生态系统的完整性，导致不可逆转的生态、文化和景观上的损失。另外需要特别指出的是，北方小城镇因季节性河流的特点，往往有河道蓄水的要求，河道蓄水方案一定要保留有常年水流的"蓝道"，蓄水水面不能占满整个河床，防止破坏河流的生态走廊的作用。

(3) 保护和恢复自然水道

自然状态的河床和河岸，体现了许多力的结果。回曲的河道和不规则边缘的形成及发展，实现许多重要的功能，包括土壤的保持、地面径流与侵蚀的抑止和洪水的控制。它们也提供了不太明显的功能，如水分的吸收、渗透、蒸发，以及为水中的其他生命形式提供食物和掩蔽等。因此在整治小城镇水道工作中应特别注意保护自然水道，尽可能地减少整治工作对生态系统的影响。事实上，以前已完工的水道整治工程大都是分成水利整治和绿化整治两个独立的部分，没有在整治工作一开始就实行各部门专业人员配合共同确定整治方案的方法，而是仅从单一的水利部门出发进行水利整治工程，采用截弯取直、用混凝土加固河岸等传统工程手段，产生了如下许多消极后果。

首先，严重改变了天然河流的水文规律和河床地貌。截弯取直使得流量、流速及泥沙量增加，洪水压力转嫁到下游。由此形成的整齐划一的直线式岸线使河道丧失了以往自然的自由岸线的美感。

其次，大规模的防洪排洪工程设施的修筑直接破坏了河岸赖以生存的基础。水文环境的变化加速了河岸植物群落向水生植物或旱生植物演替，在河岸栖息或捕食的生物生存也受到威胁。此外，固化的驳岸阻止了河道与河畔植被的水汽循环，不仅使许多陆上的植物丧失了生存空间，还使一些水生动物失去了生存、避难地，易被洪水冲走。对于这些已被大规模防洪排水工程破坏了的水道，国外很多国家已经充分认识到上述的弊病和隐患，开始大力推广自然水道恢复，实行生态治理与工程措施的结合。水道恢复的措施已比较成熟，包括重建深潭和浅滩，恢复被截直河段，束窄过宽的河槽，拆除混凝土驳岸及涵洞等。同样，在我国小城镇水道整治工作中也应注意水道的自然恢复。当然由于资金和历史原因，这项工作还是个长期的过程。

(4) 大力推广生态驳岸

生态驳岸是指恢复后的自然河岸成具有自然河岸"可渗透性"的人工驳岸。它可以充分保证河岸与河流水体之间的水分交换和调节功能，同时具有一定的抗洪强度。生态驳岸除护堤抗洪的基本功能以外，对河流水文过程、生物过程还有如下促进功能：

①滞洪补枯，调节水位。生态驳岸采用自然材料，形成一种"可渗性"的界面。丰水期，河水向堤岸外的地下水层渗透储存，缓解洪灾；枯水期，地下水通过堤岸反渗入河，起着滞水补枯，调节水位的作用。另外，生态驳岸上的大量植被也有涵蓄水分的作用。

②增强水体的自净作用。河流生态系统通过食物链过程削减有机污染物，从而增强水体自净作用，改善河流水质。另外，生态河堤修建的各种鱼巢、鱼道，造成不同的流速带，形成水的紊流，使空气中的氧溶入水中，促进水体净化。

③生态驳岸对于河流内的生物同样起到了重要作用。生态驳岸把滨水区植被与堤内植被连成一体，构成一个完整的河流生态系统。生态驳岸的坡脚护堤具有高孔隙率，多鱼类巢穴，多生物生长带，多流速变化，为鱼类等水生动物和两栖动物提供了觅食、繁衍、避难的好场所。

目前使用得较多的生态驳岸一般为以下三种：①自然原型驳岸（图10-9），主要采用植被保护河堤，以保护自然堤岸特性。如种植柳树、水杨、芦苇等喜水植物，由它们生长舒展的发达根系来稳固堤岸，加之柳枝柔韧顺应水流，可增加其抗洪、保护河堤的能力。②自然型驳岸（图10-10）。不仅种植植被，还采用天然石材、木材护底，以增强堤岸抗洪能力。这类驳岸类型在我国传统园林理水中有着许多优秀范例。③多种人工自然型驳岸（图10-11）。在自然型护堤的基础上再用钢筋混凝土等材料，确保更大的抗洪能力。

(5) 建立河流绿色走廊

结合治河工程，沿河流两岸控制足够宽度的绿带，建立完整的河流绿色走廊。在此控制带内严禁修建任何永久性的大体量建筑，从而保证河流作为生物过程的廊道功能。绿化植被应选择本地河岸自然植被，尽量采用自然化设计。植物的搭配——地被、花草、低矮灌丛与高大树木的层次和组合，也应尽量符合当地水滨自然植被群落的结构，避免采用几何式的造园绿化方式。

图 10-9　自然原型驳岸

（资料来源：nars. 上善若水：水景设计. http://www. nars. cn/narsdesign/disign3. htm, 2008-7-26.）

图 10-10　自然型驳岸

（资料来源：作者自摄）

图 10-11　人工自然型驳岸

（资料来源：无锡新闻传媒. 江阴新闻. http://www. wxrb. com/pub/wxxcm/2008jyxw/200807/t20080714_277715. htm, 2008-7-24.）

积极开发利用荒水。所谓荒水，是指在不影响灌溉、排涝、泄洪和航运功能的前提下。可利用但未利用的水面，以及曾经利用过，后来因环境变化而荒废了的水面。对于这些荒水，应有计划、有步骤地进行开发利用，进行水产养殖，为小城镇创造更多的经济效益。

总之，小城镇的水道整治，是一项难度大，涉及面广，耗资甚高的事业，功在当代，利在千秋。在这项工作的具体实施过程中，一定要贯彻保护生态，尊重自然过程的原则，体现生态规划的思想，从而为小城镇的生产和生活创造良好的水环境，实现小城镇可持续发展。

10.2.6　小城镇用地与生态环境的设计方法

如前所述，通过用地评价和土地生态适宜度的分析，对土地和生态环境进行控制，并建立生态廊道和维育区。再用生态网络系统的理论将其连成一个有机整体。同时结合水系网络来完成，形成了以城镇非建设用地为底而城镇建设用地为图的图底关系中的"底"的设计方法。尤其确定这些"底"中不可破坏和打扰的区域。在其他不可动摇的"底"以外的用地作为城镇居民的建设用地，把这些建设用地进行用地适应性评价，取其优良地段进行城镇建设用地。这些便是小城镇规划设计中的生态化方法。

10.2.6.1　耦合方式与边缘效应

城镇非建设用地与建设用地的耦合有环绕方式、嵌合方式、核心方式和带形相接等多种方式，具体的耦合方式确定需要符合地域的生态过程特色。不仅需要考虑其生态功能的正常发挥，还应关注地域生态过程并凸显特色，同时通过控制城镇非建设用地周边的建设用地使用，降低周边开发地带对其生态效用的影响，使这种耦合状态在综合效益最大化的框架内趋向合理。

城镇非建设用地与城镇建设用地的关联耦

小城镇详细规划中的生态规划设计　283

合方式需要根据城镇现状自然条件、城镇历史文化因素、城镇社会经济发展状况等因素综合考虑，不可"一厢情愿"地违背城镇合理的发展轨迹。

城镇非建设用地与城镇建设用地直接相接，因此当前对于城镇非建设用地的环境敏感性直接评估，而没有评估其周边城镇建设用地对其影响的评价是不甚全面的。城镇非建设用地对于建设用地而言，对其周边环境具有高度的敏感性，其生态稳定性相对于城镇建设用地较脆弱，易受到破坏和损毁。需对其周边的城镇建设用地的相关项目进行环境敏感性评估，控制其周边土地开发利用，以保证城镇的生态安全。

10.2.6.2 图底关系与生态健康

城镇非建设用地与城镇建设用地相互作用共同构成了城镇的空间形态和结构，是城镇生态健康的基础、城镇景观多样的保证，是城镇生态健康和安全的承担者，也是城镇正常社会经济发展的空间承载体。其多重价值及功能属性决定了其概念内涵需要整合地域特色经济、社会、文化等条件。

但随着社会的发展，在许多城镇之中，原先以城镇非建设用地为底而城镇建设用地为图的关系已经反转，城镇非建设用地已然成为了城镇建设用地的附属，城镇的生态健康岌岌可危。

小城镇的生态健康与安全不仅仅取决于小城镇非建设用地的数量，小城镇非建设用地的类型及其格局所承担的小城镇生态过程才是小城镇生态健康的根本。在以往的小城镇规划过程中，往往以小城镇非建设用地为底，基于小城镇的经济发展，在小城镇非建设用地上进行小城镇建设用地的部署，结合小城镇建设用地结构，在其中布置或配备相应的小城镇非建设用地。其优点是能够保证小城镇建设用地的布局及结构合理，使小城镇非建设用地能够承担居民休闲娱乐的功能，但缺乏对于小城镇非建设用地的生态过程特性的关注。

小城镇生态健康的关键在于生态过程的良性可持续发展。在小城镇快速发展过程中，由于对生态过程的忽视而不科学地占用了小城镇非建设用地，使小城镇生态过程遭受破坏，影响了小城镇的生态健康和安全。

随着经济、社会的发展，小城镇的生态健康成为了城镇规划需要首先考虑的问题之一。小城镇非建设用地作为城镇生态安全的保证，应对其优先考虑，即将小城镇非建设用地为图，以生态优先的思想为指导，对其进行功能上的部署以及结构上的保护。

10.2.6.3 生态恢复及生态补偿

生态系统具有很强的自我恢复能力和逆向演替机制，在遭受如山洪、火山爆发、海啸、地震和暴风雨等自然灾害的危害后，一般能通过演替过程恢复到原来的生物量、群落结构甚至类似的种类组成。即使在植被完全破坏的情况下，生态系统都有可能恢复。然而，当生态格局中关键的基质、斑块或廊道遭受破坏时，生态过程就易于遭受毁灭性的不可恢复的破坏。城镇非建设用地的生态恢复就是建立在对地域生态过程的清醒的认识基础上，通过对其格局中关键的基质、斑块和廊道进行生态恢复设计，以保证城镇的生态健康和安全。生态系统具有多种服务功能，而且都可以通过适当的方法估算这些服务功能的价值。广义的生态补偿概念就是指特定的社会经济系统对其所消费（消耗）的生态服务功能的成本予以弥补或偿还的行为。

小城镇非建设用地既然作为小城镇经济、社会发展的基础，其部分转化为城镇建设用地的过程是不可避免的。但是，当前小城镇非建设用地往往缘于总体规划的一笔绿色带过，使小城镇非建设用地转化的主观性太强而科学性不足，威胁到小城镇的生态健康与安全。

这里所指的"生态补偿"即对于占用城镇非建设用地的城镇建设用地提出使用要求与补偿条件，使城镇非建设用地的生态损失效益得到补偿。

例如要求使用者保留一定宽度的生态廊道，利用绿化率、建筑密度、人口密度等指标进行控制，或出资开辟新的生态廊道或斑块。

城镇非建设用地应形成连通的网络式格局。其中，水系也是生态网络功能良好发挥的重要因素，水系的生态健康和安全是城镇生态健康和安全的基础，所以，城镇非建设用地格局的架构必须考虑水的影响。在基础构架中，对斑块、廊道进行分级设计并提出满足最低限度的功能需求尺度。针对格局中的重要因素提出管制措施和建议，才能够保证城镇生态过程良性运行。同时对已破坏的部分斑块或廊道，应进行生态恢复和生态补偿，使城镇非建设用地的生态损失效益得到补偿。

10.2.6.4 城镇非建设用地格局构建逻辑框架

城镇规划的管理控制包括应该建设什么，可以建设什么和不能建设什么。而城镇非建设用地规划正是为了保证城镇人地关系和谐的生态底线，从根本上保障城镇的生态健康，先确定不能建设什么，进而再确定可以建设什么和应该建设什么。

当前，城镇非建设用地保护形势严峻，由土地利用生态紊乱带来的一系列问题日益凸显。在城镇规划技术层面上，其主要原因是当前基于规模预测的城镇规划方法、城镇非建设用地规划的单一价值观和城镇非建设用地"量"与"质"的失调。要解决现状存在的上述问题，就必须构建一个城乡生态环境和社会经济协调发展的城镇非建设用地格局。

针对上文所提城镇非建设用地现状问题的原因，其格局的构建过程必须要回答以下几个问题：

①城镇非建设用地生态过程是怎样运作的？
②如何保护城镇的生态安全？
③城镇非建设用地格局可以发生那些改变？
④城镇非建设用地改变的条件？
⑤城镇能否承载这些改变？

上述五个问题可以通过生态表述、过程分析、格局构建、弹性转化、转化条件、影响评价和决策等七个构建过程予以回应（图10-12）。对于各个问题并不能单纯依赖于某个过程的解释，需在过程中进行阐述及分析。各个过程的进程也不是单向进行的，而是需要不断地反馈进行，如果某些因素发生改变，则需返回并重新进行评价。

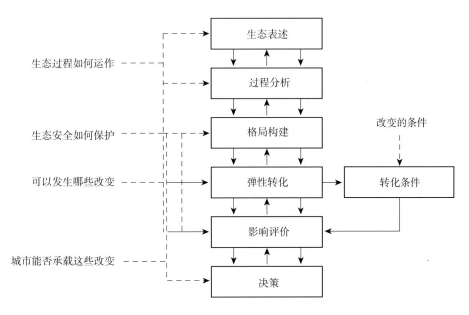

图 10-12　城市非建设用地格局构建逻辑框架

（资料来源：李晓西. 城市非建设用地格局构建研究——以苏州市为例［D］. 苏州：苏州科技学院，2008.）

10.2.6.5 基于生态优先的小城镇用地基础格局

小城镇的生态健康与安全是小城镇存在和发展的必要条件，由此可以确定小城镇用地的生态价值是其核心价值，其格局确定也必须以生态优先为基础。

生态优先的小城镇用地格局构建以不可替代格局和安全格局为基础，以最优格局为目标。按照景观生态学的理论与方法，构成小城镇用地格局要素的空间表现形式包括斑块、廊道和边缘三种。三个要素连成整体，在空间上表现为网络状格局，其优势度、连接度、多样性等指数就是其是否能够保证生态健康的表现。由斑块、廊道和边缘构成的小城镇用地格局中，用地的生态服务功能不是均质的。按照其生态服务功能的强度，可以进行等级划分，不同等级的用地在不同程度上满足小城镇建设用地发展的不同要求。所以，在格局构建过程中要从斑块、廊道和边缘三个方面予以量化和优化，以保证小城镇的生态效应能够最大化发挥。

10.3 修建性详细规划阶段的小城镇生态规划设计

10.3.1 小城镇生态建筑设计

10.3.1.1 生态建筑的含义及特点

所谓生态建筑，是根据当地的自然生态环境，运用生态学、建筑技术科学的基本原理和现代科学技术手段等，合理安排并组织建筑与其他相关因素之间的关系，使建筑和环境之间成为一个有机的结合体，同时具有良好的室内气候条件和较强的生物气候调节能力，以满足人们居住生活的环境舒适，使人、建筑与自然生态环境之间形成一个良性循环系统。

生态建筑是顺应可持续发展和环境保护的要求而产生的，其内容十分丰富。主要包括场地选址、环境环保、节水节能、材料和部件的重复利用、太阳能等洁净可再生能源的使用、室内环境的质量等。按照生态建筑标准建设的住宅，不仅可以让入住者享受更舒适、方便、健康的生活条件，而且有利于保护生态环境，有利于节约能源。因此，生态建筑也必定是节能建筑。

生态建筑所包含的生态观、有机结合观、地域与本土观、回归自然观等等，都是可持续发展建筑的理论建构部分，也是环境价值观的重要组成部分。因此，生态建筑其实也是绿色建筑，生态技术手段也属于绿色技术的范畴。

生态绿色建筑的主要特点是：①建筑物坐落的地理条件，要求土壤中无有毒的物质，地温相宜，地下水纯净，地磁场适中，无灾害性地质条件。②生态绿色建筑完全采用天然材料，如木材、树皮、毛竹、石头、石灰来建造，对这些建材还必须经过检验处理，以确保其无毒无害，并具有隔热功能，有利于供暖、供热一体化，以提高热效率和节能，在炎热季节还可降低户外高温向户内传递和辐射。③生态绿色建筑根据所处的环境设置太阳能装置或风力装置等，以充分利用天然、再生资源，达到既减少污染又节能环保的目的。④生态绿色建筑内要尽量减少废物的排放。

10.3.1.2 生态建筑的使用技术策略

从世界范围来看，生态建筑还处于前期发展阶段。从技术上来讲，新的材料、新的技术、新的思路正在不断地出现，但到目前为止，生态建筑还没有一个固定的技术套路。生态建筑要实现它的基本目标，必须要有现代技术的支持。国内外现今，对什么是生态技术，有什么样的定义，哪些内容，认识上还很不一致。日本建筑中心在《建筑要项》一书中提出生态技术有55种，环境共生的建筑与技术77种。1978年在加拿大召开绿色挑战会议上提出的生态技术更是五花八门。到现在为止，大家对生态环境包含的内容的认识并不统一。从比较宽泛的角度说，节约资源、保护环境目前来讲都被认为是生态技术。

对生态建筑和使用技术的要求可以用三点来判断：首先，技术本身的功能与生态环保功能是一致；第二，要求采用的技术和制造的产品有利于资源能源的节约；第三，采用的技术和产品有利于人的健康。从这个意义上来讲，目前生态建筑技术应该说还是非常广的，包括门窗节能技术、屋顶节能技术等等。所谓生态技术，包括两种情况：一种情况在传统的技术基础上，按照资源和环境两个要求，共同改造重组所做成的新技术；第二种把其他领域的新技术，包括信息技术、电子技术等，按照生态要求移植过来。从技术层次性来讲，可以把生态技术分为简单技术、常规技术、高新技术。一般来讲，简单技术和常规技术属于普及推广型技术，高新技术属于研究开发型技术。从我国实践来看，应该以常规技术为主体。

在应用生态建筑技术过程当中，技术选择是非常重要的问题。第一是经济性。由于生态建筑采用哪个层次的技术，不是一个单纯的技术问题，要受到经济的制约。在我国普遍采用高新技术是非常困难的，我们经常碰到环保、生态利益和经济利益不完全一致的情况。在这个取舍当中，经济性就是非常关键的。目前在欧洲，特别是德国、英国、法国，生态建筑是以高新技术为主体。在2000年健康建筑住宅会议曾提出过高生态就是高技术的口号，所以这是在战略基础上建造生态的建筑。目前，我国把整个生态技术发展建立在高新技术的基础上比较困难，一个原因是经济发展水平，另外一个原因是技术和材料不太完善。第二是因地制宜的原则。各个地方的气候不一样，自然资源不一样，选择什么样的技术应该根据本地的条件和特点来进行。我国北方地区主要冬季采暖，能耗非常大，对自然环境污染非常严重，因此首先要解决采暖问题。我国南方比较炎热、潮湿，通风、降温是夏季的主要问题，因此在南方生态建筑设计当中应注重遮阳和自然通风，降低夏天空调的能源消耗。

生态建筑在材料再利用、新能源开发等很多问题上都不应该停留在个体建筑这个尺度上，应该把它放到整个城镇或者一个区域内通盘考虑。也可以把生态建筑认为是一个技术的集成体。许多技术问题，比如能源优化问题、污水处理问题、太阳能的采用和处理问题，并不是建筑专业范围内的问题，需要建筑师和各个专业的工程师共同合作。从技术层面上来讲，应规划选址合理，减少环境污染，资源高效循环利用，降低能源消耗，采用太阳能、风能等等。从过程上来讲，应提高建筑的保温隔热性能，实现建筑防晒、自然采光照明等。这些就是生态建筑采用的技术策略。

10.3.1.3 小城镇生态建筑设计的原则

对生态建筑的理解及衡量标准是随时间的变化而不断发展的，但其设计的基本原则应始终遵循其在人类、自然界之间的中介地位。通过分析归纳小城镇的生态建筑设计主要着眼于以下几方面：

（1）尊重自然环境，优化设计，节约资源，提高建筑的环境物理条件

①调研设计地段的各种气候条件，例如温度、相对湿度、日照强度、风力和风向等地域因素。

②充分考虑建筑场地，如朝向、定位、地势地貌、布局；评价阴影范围，引导空气流动；顺应自然环境及保护环境。

③利用自然能源、再生资源，如太阳能、天然冷源、风能、水能等；可在屋面架设太阳能集热器、风力微型发电机。

（2）建筑本土化

建筑与城镇设计必须充分结合地域气候特征、地形地貌特征，延续地方文化和风俗，充分利用地方材料，并从中探索现代高新技术与地方适用技术的结合。保护土地和植被，注意建筑地域的生态环境，确保一定的绿化覆盖率，在建筑内外创造田园般的舒适环境。尽可能利用当地技术、环境材料，形成当代乡土建筑（图10–13）。

（3）增强自然环境与使用者的联系

建筑物作为联系使用者与自然环境的中介，应尽可能多地将自然的元素引入使用者身边。这

图 10-13 乡土生态建筑

(资料来源：傅雁. 中国乡土生态建筑环境观的当代价值. http://static.chinavisual.com/storage/contents/2006/10/16/14500T20061016021211_1.shtml，2006-10-16.)

是生态设计原则的一个重要体现。

① 尽可能增加自然采光系数，建立高品质的自然采光系统；

② 创造良好的通风对流环境，建立自然空气循环系统；

③ 创造开敞的空间环境，使使用者能更加方便地接近自然环境。

(4) 给未来留有足够的弹性

可持续发展是一种动态的思想和观念。这种思维方式体现在生态建筑中，就是建筑应具有足够的弹性，以适应未来的发展，体现人与自然的和谐。随着时间的推移，人类对建筑的需求特征可能发生数量和质量上的变化，应节约资源，减少建筑以及建筑废弃物对环境的影响，使建筑随着科学技术的发展，有足够的面积以备将来发展。再生能源的利用包括沼气、水循环系统、垃圾资源化。建筑的再利用比起拆除新建，既可大量减少建筑垃圾，又可减少资源的浪费。

(5) 体现对使用者的关心

人的一生有 70% 的时间在室内度过，良好的室内环境本身就意味着生活质量的提高。室内环境因子包括所呼吸的空气、室内光照、音质以及电器设备产生的电磁场等，都会影响人们的健康、舒适以及家庭归属感。不管建筑如何进行设计、处理，最终都应满足建筑功能的要求。作为人类每日起居、生活、工作的微观环境，建筑环境的品质直接关系到人们的生活与工作质量。生态建筑在注重环境的同时还应对使用者有足够的关心，如建立立体的多层次绿化系统，净化小环境，改善小气候，利用自然的方法创造适宜的温度、湿度、安静环境，保证舒适感。

10.3.2 小城镇广场的生态化设计

当前各地小城镇的广场建设普遍存在贪大求多的问题，造成小城镇土地资源、建设投资的浪费，也往往形成广场用地拆迁矛盾。绿化面积小，废气、废水的排放量高，水资源枯竭等等，这些都是城镇居民所面对的巨大难题，所以广场的生态化设计就愈显重要。广场的生态化设计实际上就是将广场的各组成部分合理地纳入一个大的生态系统中，并将这个人工的系统转化为一个自然的可循环发展的生态系统。这个系统中的各部分就是这个生物链的各环节，具有自我净化、自我完善的功能，从而降低日常的维护费用，使系统进入一个良性循环，达到可持续发展的目的。

10.3.2.1 小城镇广场的生态化设计思想

小城镇的引人之处在于接近民情风俗的宽松自然的环境。小城镇在城镇规模、结构、形态、经济基础、群众意识等很多方面与城市有很大区别。因此，小城镇应该依照城镇居民的生活需求，结合本地实际情况，因地制宜地建成地方特色的生态化广场。盲目模仿某些大城市流行的"大草坪"广场模式，只会占用大面积土地却无法充分发挥小城镇广场的使用价值，这种中看不中用的设计是极不合理的。

我们认为，除经济实用外，有地域特色、注重文脉、尊重自然是小城镇广场生态化设计的基本理念。生态环境与人们的健康有着极为密切的关系，小城镇的广场设计应贯彻生态第一、景观第二的设计理念。注重生态性有两方面的含义：一方面，广场建设应考虑当地的气候，我国大部分地区夏季长且气温高，日照强，这使得遮阳成为广场设计中应充分考虑的问题，种植适合当地的乔木是一种较好的解决方法；另一方面，广场设计应通过融合、嵌入等园林设计手法，引入小城镇自然的山体、水面，使人们充分领略大自然的清新愉悦。我国小城镇广场的建设虽然起步较晚，但建设量正在迅速增加，因此对其进行分析研究具有重要的现实意义。有地方识别性、有文化品位、自然生态的广场才是真正属于小城镇的，真正属于小城镇居民的。

10.3.2.2　小城镇广场的生态化设计原则

(1) 尊重原地形、地貌

设计结合自然。在广场建设时，应认真调查原场地的地形、水分、土壤、植物、坡度、坡向、景观等自然因素，分析其存在的各种信息，在综合信息的基础上，得出与之相适合的设计方案。只有这样的方案，人工环境和自然环境才能有机结合，才能不破坏当地的生态环境，才能表现出与自然具有良好的亲和性。在某些城市广场建设中，大伐树木，过度平整场地，建成时再移植树木，不仅提高了造价，丧失了自然之趣，更严重的是破坏了当地的生态效益，实在是得不偿失。

(2) 可持续发展的生态原则

人是自然的一部分，亲近自然是人类的天性。然而，随着人类文明的发展和进步，人类运用各种材料，通过各种技术手段将自己与大自然隔离开来。城市化所带来的人口激增，人类对自然环境物质的拼命掠夺使人与自然之间的矛盾日益激化了。面对遭遇破坏的生态环境，人类不得不重新审视并反思自身与环境之间的关系，并越来越意识到坚持可持续发展生态原则的重要性，即遵守生态经济规律，体现尊重自然，再现自然，合理布局，扬长避短的宗旨。

具体到小城镇广场来说，过去的广场只注重硬质景观效果，大而空，植物仅仅作为点缀、装饰，疏远了人与自然的关系，缺少与自然生态的紧密结合。因此，现代小城镇广场的设计应从生态环境的整体出发。一方面，其设计的绿地、花草树木应当与当地特定的生态条件和景观生态特点相吻合，尊重自然；另一方面，广场设计要充分考虑本身的生态合理性，诸如树木、水面、花草与人的活动需要等，奉行可持续发展的生态原则。

由于广场的生态效益主要取决于植物与水体的质与量，因而在广场布局中应着意于全面安排园林绿地的内部构成与种植结构，力求提高植物覆盖率；注重体现生物多样性原则，扩大植物种类选择的范围，突出景观生态型植物配置形式，强调文化、生态、景观、功能相结合；并对一些植物的抗污能力作大量研究，以获得最大的环境效益和生态效益（图10-14）。此外，为了获得良好的广场生态空间，在建筑材料的选择上也应考虑经济性，少用高档和过度加工的材料，多用地方性生态型自然材料，再现自然。在水资源缺乏和蒸发量大的城市应尽可能减少消耗型的水景，尽量利用地形采用自然水景。

图10-14　生态广场一角

（资料来源：云天鹤舞．大学校园风光集——四川师范大学．
http://www.kaoyan.edu.cn/landscape_1836/20060323/
t20060323_137810.shtml，2005-08-31.）

另外，奉行可持续发展的生态原则还体现在要在小城镇居民加强生态意识的宣传，让居民深深地意识到讲究公德，保护生态环境是每个公民应尽的职责，从而自觉地讲究公共卫生，爱护花草树木和各项环境设施。这样，广场环境空间中即使没有专门的人员去管理，它也将是永远年轻，生机无限的。

10.3.3 小城镇停车场的生态化处理

10.3.3.1 生态停车场概述

目前，美国、德国等国的城市，不少已推广露天生态停车场。近年来我国许多地方也出现了生态停车场，如南京有一种新型停车场，用草坪作停车位，行道树将一个个车位隔离开来，树隙停车，树荫遮阳，草坪上的草还能用作鱼饲料，就这样形成一个良性循环；江宁陆郎的生态停车场，行道树的树冠长成后就会像一把撑开的天然绿伞，停在这里的车辆再也不怕阳光暴晒了；为了方便市民停车，进一步完善配套，白云山北门新建的停车场将会在近期启用，这也是广州市区首个生态停车场。这个停车场占地2万多m^2，260多个车位。之所以说它是生态停车场，是因为这里的车位不单宽阔、方便停靠，而且几乎每个车位都有树荫遮蔽。北京、天津等也在着手建设露天生态停车场，北京计划到2010年所有具备绿化条件的停车场都要绿化。同时，上海推广露天生态停车场也是大势所趋。夏希纳指出，有关部门在规划时不能"短视"，不能留"缺口气"的遗憾——要有足够的绿化，要有透水地面，更要关注土地的集约规划，用好现有资源。一个思路是，只要力所能及，园林绿化空间应"身兼二职"，"兼任"专用停车空间。同时，对原有的露天停车场逐个排摸，分门别类就地改造，实现"生态化"。

10.3.3.2 生态停车场的含义

所谓生态停车场，就是在地面适当种植绿化用草皮，并在停车场种植或移植树木，利用树木作为车位与车位之间的隔离手段，最终达到"树下停车，车下有草，车上有树"的环保效果（图10-15）。陈泰泉建议，政府以及相关职能部门应从政策上加以引导，媒体加大宣传，对于生态停车场的建设进行推动，使更多国民认识到，即使在停车场建设上也应体现环保思想和生态意识。我国大部分地区在夏天气温比较高，地面停车场上车内温度上升很快。对此，很多车主深有体会，如果能将车辆停放在树下，将是一个不错的选择。

图10-15 生态停车场
（资料来源：百度图片网. http://image.baidu.com.）

对于生态停车场，现在都是流行这样说法，无非是铺上一些草坪砖，四周种上些绿化植物。而真正意义上的生态停车场应该主要考虑到车的因素，夏天遮阴、挡雨，冬天能减少落雪。钻进汽车，冬天好比进了电冰箱，夏天好比进了电烤箱——有车一族十有八九都体会过露天停车场的"冰火两重天"。如果有了露天生态停车场，感觉就会好得多。调查表明，夏季高温日，在普通露天停车场上，下午2时无遮阴地面是42.4℃，一辆黑色汽车的车内温度是58℃；而在露天生态型停车场，相同汽车的车内温度只有25℃。温差之所以这么大，关键因素是在生态型停车场内，天生"抗性强"的乡土阔叶乔木能降温、吸尘、降噪。停车场地面告别了混凝土，"生态型"透水地面能让雨水回渗地下，降低了热岛效应，也能为绿化灌溉"开源"。

10.3.3.3 小城镇停车场生态化设计原则方法

停车场是小城镇道路交通系统的一个重要组成部分，停车场规划设计在小城镇道路交通规划设计工作中占有重要地位。由于现代小城镇交通的发展，原有旧城可供车辆停放的静态空间越来越少，停车在街巷挤占人行道甚至车行道，造成交通混乱的现象屡见不鲜。尤其是沿路布置的市场，由于缺乏统一的规划，没有配建的停车场地，汽车、三轮车、板车、自行车乱停乱放，占路停靠，带来事故隐患。交通站场少。许多小城镇没有专门的车站、维修站等场地，公交、小巴、出租车等沿路停放待客，争抢客源，造成交通秩序混乱；门店式的维修点更是占路经营，待修的车辆沿路摆放，严重阻碍交通。

另外，从现代小城镇环境景观方面的角度出发，在停车场规划设计中，考虑形式新颖、功能完善并与环境协调的设计思想已引起人们的广泛重视。因为，城市建设需要大量土地，城市绿化同时也需要大量土地。如果能够修建生态停车场，就可以缓解停车场建设与环境保护、绿化的用地矛盾。不但能缓解停车难的问题，而且还能提供一个良好的停车环境。

（1）小城镇生态停车场的选址原则

①在调查研究和科学预测基础上选址，并做出可行性调查报告，做到选址合理布局合理、适用性强，结合小城镇的地理环境，因地制宜。切忌盲目选址，建成后成为空壳停车场，白白浪费国家资金。

②应选在车站近地、物资集散中心和高速公路两旁出口，城镇闹区、商品经济比较发达地段，或集、商贸市场附近，车主、旅客进出方便的地段。

③乡镇停车场的选址应选在省公路两旁、人员较密集的地段、小型商集贸中心。加宽路基，建立路边生态停车场，这样做即节省资金，又便于运作。

④选址应与老旧城镇改造结合起来，城镇建设规划部门在老城改造规划过程中，应把城镇停车场规划出来，以解决城镇建设停车场地滞后的问题。

（2）小城镇停车场生态化设计的方法

小城镇停车场地表铺设生态草砖（图10-16），兼有草坪作用，这样可以使雨水渗透到草坪地下，缓和城镇的热岛效应。结合周围的绿化环境，以当地的乡土大乔木作为绿化骨干，周边铺以灌木绿化，体现地方特色。考虑到小城镇的停车场与城市停车场的区别，根据其规模，对于大、中型车辆每三个车位栽有三颗大树，小型车辆每三个车位栽有二棵大树。这不但可以解决酷暑季节车辆的遮阴问题，还可以遮雨、吸尘、降噪、抵挡冬天的落雪，还能起到调节小范围内外生态环境的功能。停车场内的绿化植物和树木可在吸收汽车尾气的基础上，使附近供氧量增加一倍。与此同时，停车场周围树木下设置的休闲坐凳，还可以方便游客候车时进行休息。

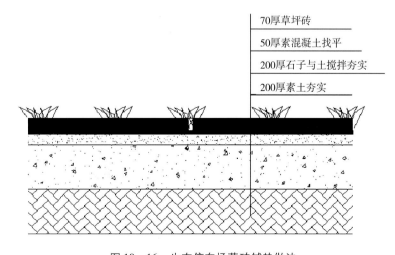

图10-16 生态停车场草砖铺垫做法

（资料来源：新疆西域建筑勘察设计院. 阿凡提民俗园, 2008.）

10.3.4 小城镇生态工业规划设计

10.3.4.1 工业生态学的含义

1984年，弗罗歇（Frosch）和加罗普莱斯（Gallopoulos）在《Scoemtofic American》杂志上发表了题为"可持续工业发展战略"一文，被认为是工业生态学（Industrial Ecology）诞生的标志。近年来，工业生态学的理论研究和实践得到了很大的发展，生态工业园（Eco-Industrial Parks, EIP）是其极富活力和发展较快的领域，它寻求社会经济、环境和人类需求三者之间的平衡，对工业的可持续发展具有很重要的意义。

关于工业生态学，不同学者提出了很多不同的定义。据加拿大 Dalhousie 大学 Cote 的统计，有关工业生态学的不同定义达 20 种之多。弗罗歇认为工业生态学是一个相对于生物生态学的类似概念，用生物有机体代谢的一些理论来理解和分析工业活动的能流、物流及信息流等，而且很难用确切的文字加以描述和限定。

10.3.4.2 工业生态学的三大要素

尽管对工业生态学的定义尚未形成定论，但学者们至少认同了工业生态学的三大基本要素：①工业生态学是一个关于工业体系的所有组成部分及其同生物圈的关系问题的全面的、一体化的分析视角；②工业生态学的观点是主要运用非物质化的价值单位（或称功能经济）来考察经济效益；③科技的动力，有利于把现有的工业体系转换为可持续发展的体系。一般说来，工业生态学可以概括为是研究工业体系中减少原料消耗，改进生产程序，缓和对环境的影响和废物资源化综合性的应用生态学分支学科。从工业生态学的基本要素可以看出，工业生态学与传统的工业观点不同，它不是把工业体系看作是与生物圈相对立的体系，而是把工业体系当作一个特殊的生态系统。此外，工业生态学的研究对象是整个工业生态系统的可持续发展问题，而绝不仅仅是环境问题。

10.3.4.3 生态工业对小城镇发展的作用

我国有数量众多的小城镇，构成了城镇体系的最基本单元，成为农村经济发展和社会进步的重要载体，其发展对推动我国城镇化进程有特殊意义。近年来，我国小城镇的发展十分迅速，特别是小城镇工业发展更是日新月异，但小城镇工业发展中也存在不少问题。一是结构问题突出。产业结构层次低，支柱产业不突出，产业集中度低，高科技产业比重低；产品结构档次低，高技术和高附加值产品、精深加工产品、名优特新产品、畅销紧俏产品、出口创汇产品等所占比重低；技术结构水平较低，技术创新能力较差；企业规模结构不尽合理，大中型企业偏少；所有制结构集体经济比重较高，改制有待进一步深化。二是企业整体素质和竞争力较弱。小城镇工业企业绝大多数规模小、技术落后、产品档次低。缺乏名牌产品和优势企业，特别是缺乏具备较强核心竞争力、在国内外影响大、市场占有率高的大企业集团。中小企业特色不够，大多也没能形成企业集群，市场占有率普遍较低。三是乡镇工业企业布局分散，资源破坏和浪费现象普遍，环境污染严重。四是土地利用集约程度低，乱占耕地，浪费严重等等。发展循环经济和生态工业，建设特色生态工业园区是促进小城镇工业健康发展及生态环境保护和建设的更为积极的途径，是协调小城镇环境与发展的一条关键纽带。通过生态工业链的设计和生态工业园区的规划建设，特别是结合特色工业园区发展特色生态工业园区，能够促进小城镇经济社会发展和带动生态环境的保护与建设，实现工业经济发展与生态环境建设双赢。

10.3.4.4 小城镇发展生态工业的主要内容

（1）小城镇生态工业链的设计

根据小城镇经济发展，特别是工业发展现状分析，确定小城镇生态工业发展的主导行业和骨干企业及其发展规划，根据物流、能流、信息流等的集成分析（定性和定量），设计小城镇生态工业链的总体结构，确定建设项目和支撑条件，并进行投资和效益分析。

（2）推行清洁生产，发展生态工业和循环经济

循环经济是把生态经济、资源综合利用、生态设计和可持续消费等融为一体，运用生态学规律来指导人类社会的新型经济，克服了经济发展与环境系统人为割裂的弊端，倡导的是一种与环境和谐的经济发展模式。它要求把经济活动组织成一个"资源—产品—再生资源"的反馈式流程，所有的资源和能源要能在这个不断进行的经济循环中得到合理和持久的利用，以使经济活动对自然环境的影响降低到尽可能小的程度，甚至是"零排放"（图10-17）。循环经济发展模式是实现经济和环境双赢的一种全新的经济发展理念，已成为国际社会的一大趋势，越来越受到世界各国的高度重视和大力推广。

图10-17 生态工业园一角

（资料来源：百度图片网. http://image.baidu.com.）

生态工业是循环经济的重要形态。清洁生产、生态工业和循环经济是当今环保战略的三个主要发展方向。三者有共同之处，又有各自明确的理论、实践和运行方式。生态工业和循环经济都是以清洁生产为前提的。这三者的共同点是提高环境保护对经济发展的指导作用，同时冲击和突破了传统工业模式和环境保护观念。联合国环境规划署将清洁生产定义为：对生产过程与产品采取防预性的环境策略，以减少其对人类及环境可能的危害。同时，联合国环境规划署从生产过程和产品两方面对这个定义进行了详细阐述。

由此可见，清洁生产是发展生态工业和循环经济的前提标志。清洁生产要求尽可能接近零排放的闭路循环方式，尽可能减少对能源和其他自然资源的消耗，建立极少产生废物或污染物的工业技术系统。清洁生产对工业生产的要求不再局限于"末端治理"，而是贯穿整个生产过程。从清洁生产的定义和内容不难看出，清洁生产实质上是一种"生态化"或"绿色化"的工业生产模式，它是生态工业的具体实现途径。

（3）结合特色工业园区建设小城镇特色生态工业园区

集聚是工业化的基本要求，分散的农村工业很难取得规模和集聚效益。而农村工业在小城镇工业园区的相对集中，不仅有利于企业在基础设施、生产专业化协作、技术创新和扩散、信息交流等方面的合作，使之成为农村经济发展的增长极，而且也将促进小城镇面貌的改观。特别是近年来全国各地小城镇特色工业园区的发展，对提升小城镇特色产业竞争力，促进工业结构调整，加快非公有制经济发展，推进城镇化进程，吸纳农村劳动力就业，壮大小城镇经济等方面具有重要作用。应结合特色工业园区建设，根据资源共享、可持续发展原则，以资源的可持续利用和建设良好的生态环境为基础，科学规划建设特色生态工业园区；充分发挥园区在基础设施联建共享方面的优势，走可持续发展的道路；坚持经济效益、社会效益和环境效益相统一，提高资源利用率。特色生态工业园区建设必须放在经济社会发展的全局中去考察，要服从和服务于小城镇建设总体规划。园区应成为城镇建设的重要组成部分，带动城镇发展。城镇建设的重点要为特色生态工业园区建设搞好基础设施等配套条件，创造良好的环境，促进园区发展，使园区和城镇建设互为依托，相互促进。

（4）实施工业企业绿色管理

实施工业企业绿色管理的本质，就是要求把工业经济系统的运行与发展转到严格按照生态经济规律办事的轨道上来。工业企业的经营管理活动不仅

要遵循市场经济规律的要求，而且要遵循生态规律的要求，由效益最大化原则向可持续发展转变。工业绿色管理须通过正确处理工业企业与自然环境、社会环境的关系，工业企业内部人与人、人与物、物与物的各种关系，使工业生产、技术、生态、经济、社会的各个方面都能够协调发展。

10.3.4.5 小城镇生态工业园建设的基本途径

小城镇生态工业园的建设不同于大都市的生态工业园建设，它立足于小城镇现有的企业和本地的资源特色及产业特色，以园区整体效益为目标，强调园区内企业间的合作和协调，从而实现园区的高效益和可持续发展。

（1）以农副产品加工为主的生态工业园

中国小城镇大都是在原有乡镇的基础上发展起来的，其周边地区均为乡村。小城镇的发展已成为周边乡村地区的商贸中心、交通运输中心、信息交流中心、文化教育中心和物质集散地，其对周边地区的辐射影响呈现以小城镇为中心的同心圆式的辐射结构。小城镇生态工业园的建设，应立足周边乡村地区的农副产品加工，这样既能实现农副产品的就地近距离加工转化增值，又能充分发挥资源优势，促进经济发展。小城镇生态工业园的建设中，应强调各类农副产品加工企业之间的物质、能量交换，最终实现园区的无污染、无废物生产。

（2）废弃物与副产品的"资源化"

固体废弃物的"资源化"，是采用工艺措施从固体废弃物中回收有用的物质或能源，或者直接利用固体废弃物作为其他工艺的原料。相对于自然资源来说，固体废弃物资源属于二次资源。资源和废物的概念是相对的，一个车间或部门的废物，可能正好是另一个车间或部门的资源或原材料。任何固体废弃物中所包含的元素或化合物，都可以成为人类社会实践活动的生产资料或原材料。废物"资源化"正是在这一观点的基础上所形成的处理固体废物的最有发展前景的处理方法。

通过各种方法（分拣、筛选、提取等工艺）从固体废弃物中回收或制取有价值的物质和能源，将废弃物转化为本部门或者其他产业部门的新生产要素，同时达到保护环境的目的。

目前，我国废物资源化已取得很大进展：①做工业原料。如从尾矿和废金属渣中回收金属元素。南京矿务局等利用含铝量高的煤矸石制作铝铵矾、三氧化二铝、聚合铝、二氧化硅等，从剩余滤液中提取锗、铀、钒、钼等稀有金属。废旧金属、废塑料、废纸、废橡胶的回收利用更是非常普遍。②回收能源。如用煤矸石作沸腾炉燃料用于发电，每年可节约大量优质煤；用煤矸石也可制造煤气；垃圾焚烧发电及有机废物分解回收燃料油、沼气等。③作为土壤改良剂或肥料。如粉煤灰可改良黏质、酸性土壤，钢渣可作磷肥等。④直接利用。如各种包装材料、玻璃瓶等均可直接回收利用。⑤作建筑材料。利用矿渣、炉渣和粉煤灰可制作水泥、砖、保温材料、道路或地基的垫料等。

小城镇的现有企业中也不乏建材、冶金、轻工等行业的乡镇企业，这类企业在生产过程中所形成的废弃物，也成为污染农村生态环境的重要因素之一。在小城镇生态工业园建设中，通过科学论证和规划，合理构建企业间的物流关系，实现企业间废弃物和副产品的资源化，不仅是降低生产成本的重要途径，也是改善区域环境的重要措施。

（3）合理规划"边际产业"

在小城镇现有企业中，其生产过程中所形成的废弃物或副产品，本身就可以形成一个新的产业，这类产业可以称之为边际产业（Margin Industry）。边际产业类似于生态学上的空闲生态位，是对生态工业园中空闲生产资源的利用。通过利用闲置生产资源的边际产业开发，既可以实现废弃物的减量化和资源化，又可以提高生态工业园的整体效益。小城镇生态工业园的建设，要重视边际产业的利用，在对现有企业生产过程全面调查的基础上，分析实际存在的闲置资源的数量和质量特征，并设计出相应的边际产业，再通过小城镇生态工业园区的合理规划，针对不同的边际产业筹建相应的新兴企业，改善小城镇生态工业园的内部结构，提高园区的整体效益。

边际产业企业生产所带来的实际效益，以及原生企业因污染物处理费用降低而带来的间接收益，构成小城镇生态工业园区的新增效益。其间的利益分配应在市场机制运作模式下，适度介入小城镇生态工业园区管理部门协调和统一管理，以充分保护和均衡各企业实体的利益，促进园区的可持续发展。

10.3.5 小城镇滨水区的生态化处理

近年来，国内不少城市对滨水（滨海、滨江、滨湖、滨河）地区的规划和开发十分活跃。有些滨水区的开发已形成规模，并以此带动了整个城市的发展，如上海浦东的陆家嘴地区、厦门的筼筜湖周边地区。对滨水地区的开发，不仅在大城市是热点，在小城镇同样是开发建设的热点。如江苏省昆山市巴城镇便充分利用阳澄湖（图10-18）这一宝贵旅游资源，积极配合做好湖滨开发规划和建设工作，为巴城镇经济发展注入了新的活力，成为城镇经济发展新的增长点。

图10-18 巴城镇阳澄湖畔别墅景观

（资料来源：搜房网．阳澄湖畔别墅景观．http：//suzbbs.soufun.com/1822048053~-1~163/1793359_1793359_1.htm，204-3-26.）

中国传统上选择城址就有"靠山傍水扎大营"的古训，风水中也有所谓"朱雀、玄武、青龙、白虎"的选址要素，把近水（"青龙"）作为重要因素。古代建城（古代城的规模约等于当代的小城镇）之所以要靠近水体，主要是出于人类生活对水的依赖。无论中外，此理相通。因此，临水地区往往是一个城镇发展最早的地区。但今天，对滨水地区的开发建设却已超越了为人类生存需求的层次，大多数小城镇开发滨水地区的目的是为了促进、拉动全镇经济的发展。

10.3.5.1 滨水区的概念及其范围

城镇依水系而发展，无论是中外，滨水地区往往是一个城市发展最早的地区。滨水区商业贸易繁荣，人们聚集、交往、贸易、停驻等各种活动相当频繁，因此滨水区逐渐成为城市的诞生地、文明的起源点。

滨水区，意为水边、海滨、湖边，作为城镇与江、河、湖、海接壤的区域（图10-19）。它既是陆的边沿，也是水的边缘。其空间范围包括200~300m的水域空间及与之相邻的城镇陆域空间，其对人的诱致距离为1~2km，相当于步行15~30分钟的距离范围，并且在城镇中具有自然山水的景观情趣和公共活动集中、历史文化因素丰富的特点，也具有导向明确、渗透性强的空间特质，是自然生态系统与人工建设系统交融的城镇公共开敞空间。

图10-19 沿江滨水区生态景观

（资料来源：景观中国网．http：//www.landscape.cn/photo/detail.asp？id=17530&User=&ClassID=12&isplant=0&IsDetaile=0，2008-7-26.）

10.3.5.2 小城镇滨水区开发的分类

小城镇滨水区是指小城镇范围内陆地与水域相接的一定范围内的区域，其特点是水与陆地共同构成环境的主导因素。滨水区因其优越的地理位置、交通环境等独特功能和社会经济文化吸引力，一般均经过较长历史时期的发展演变和建设积淀，形成了丰富的综合资源。对滨水区开发建设的实质，是在小城镇规划严格控制引导下对滨水区既有资源的再开发，以求达到最佳经济效益、社会效益、生态效益。

滨水区按开发对象可分为两类：一为土地资源再开发，主要指根据滨水区用地现状和特色，结合小城镇总体规划区位布局，对现有用地、基础设施及环境景观等资源进行功能调整和优化配置的过程；二是房屋建筑改善，是指对滨水地区现有各类房屋建筑进行维修改造、更新扩建或拆除重建等建设活动。

滨水区具体开发方式又可分为重建性开发、整建性开发、维护性开发、环境特色开发四种：第一，重建性开发，指对某一块旧城土地进行拆除管理后，重新规划设计，变更土地原有使用性质或建筑规模标准，如对滨水堤滩进行综合整治。第二，整建性开发，指对滨水旧城区内建筑物视需要分别采取改建、扩建、维修，或部分拆除重建，并使历史建筑内部功能设备现代化、公共设施完善化，但仍保留镇区原有历史风貌。此方法应是滨水地区开发改造的主要方式。第三，维护性开发，是指对具有重要保留价值的旧城保护区加强土地使用管理和房屋维修保养，通过改善区内公共设施、产业经营方式、增加就业机会和促进经济发展等方法，恢复滨水地区吸引力和利用价值，如对标志性建筑及特色环境景观的维护与利用。第四，环境特色开发，是指为恢复滨水历史街区原有特色环境而进行的再开发活动，如江南古镇滨河商业步行街环境特色创造恢复工程。

10.3.5.3 小城镇滨水区开发存在的主要问题

滨水区开发利用保护是一项长期、渐进式的更新过程。我们对国内外滨水地区开发利用特色保护的经验和教训进行了比较研究认为，以下五类共性问题必须高度重视，并应采取有效措施妥善解决。

①用地不合理状况需要优化。由于滨水地区一般是城镇中发展较早的地区，因而用地功能复杂而分散，有居住用地、商业用地、办公用地等多种种类，用地结构很不合理，须调整优化。尽管滨水区土地使用权和建筑产权分属不同部门和个人，但这些单位和个人都应以大局为重，牺牲部分个人利益，以换取整个滨水区的繁荣。

②历史建筑及特色风貌破坏严重。一方面，历史街区建筑使用保护法规未得到严格执行；另一方面，乱搭乱建及随意变更装修情况较为普遍。更有甚者，借维修改造之名，行破坏景观之实。

③防洪规划与开放空间的矛盾突出。小城镇滨水区本应是开放空间，为镇区人民共享，但由于高筑防水墙和部分码头的封闭管理，造成了广大镇民"临河、临江不见水"的尴尬境况。

④规划决策及实施社会参与度低。小城镇滨水区的开发与规划，常常因为经济性和可操作性的缺陷而难以实施。如沿河、沿江地段交通设施落后，垂直交通不畅，仅靠镇政府一家出钱拆迁修路困难很大。因此，应制定合理的鼓励优惠或补偿政策来争取社会参与，鼓励开发企业与建筑业主来投资建设。同时也应建立决策过程公众参与和开发建设投资社会保障机制。

⑤缺乏项目决策评价原则方法。开发资金缺乏是影响滨水地区开发利用项目实施的"瓶颈"。滨水区具有小城镇公共开敞空间的社会功能，必然涉及社会效用影响、公共环境长期收益、提高地区吸引力等折算评价方法。否则开发项目会因短期经济测算无利或亏损而无法实施。但若进行合理经济规划和招商，必可吸引众多投资者，关

键在于对此类社会效用极强且成本费用较大的滨水区开发保护利用项目，应制定切合实际的投资法律保障与决策评价方法。

10.3.5.4　小城镇滨水区的设计和景观特色

滨水区是城镇形成景观特色的最重要地段，在城镇设计上大有文章可做。从规划原则上看，最主要是应将滨水地区的景观特色放在整个滨水区乃至全镇的层面上来考虑。根据各地实际，力求特色景观的生成，反对只从单体建筑物的角度出发做设计，尤其反对只顾单体建筑的视野开阔，而阻挡城镇通向水边的视线走廊。

从整个滨水区的层面上看，滨水区的城市设计、环境设计应注重整体性和系统性。建筑与建筑间应有着紧密的联系，和谐统一，延续传统街道那种连续、统一而又有变化的风格（图10-20）。此外，设计中应特别突出近水的特点，利用滨水环境大做文章，从水上住宅和水上旅馆，再到水上公园、水上平台以及各种水上体育活动，使水成为贯穿整个滨水区的主题。从而使滨水区成为小城镇空间序列中的一个有特色的结点——水面开敞空间，给人提供一个从较远距离、大视角来完整观赏小城镇的场所，使其成为展现城镇风貌的场所。特别需要指出的是：不能因为盲目追求经济效益而进行过高密度的开发，应限制滨水区的建筑密度、层高；否则，密密麻麻的高大建筑如铁桶般紧紧箍住水体，严重压迫水滨绿地空间，很多原本自然的滨水区会被人工铺装环境所替代，对于景观和水滨生态系统来说都无疑是毁灭性破坏。

从全镇的层面上看，要将滨水区的景观特色与小城镇特色统一起来，保持原有的城镇肌理，延续城镇的历史文脉和人文文脉。此外，虽说滨水区开发要带动经济发展，但也不能片面地以追求最高经济利润为目标进行大规模的商业性开发，而是应从追求经济效益、社会效益和环境效益的统一出发，将滨水区的开发与小城镇的整体发展联系在一起，使之成为小城镇的有机组成部分。

图10-20　沿江滨水区景观

（资料来源：景观中国网．http：//www.landscape.cn/photo/detail.asp？id=18362&ClassID=12，2008-7-26.）

否则，如果滨水区建筑过于商业化，类似游乐场，这种"布景"式的建筑也许能吸引游客，但从全镇来看，是历史的失落。

10.3.5.5　滨水区生态化设计的原则

滨水地区的生态化设计同时也涉及交通、园林绿化和人工景观设计等诸多方面，因此也是一个由园林师、城市规划师、景观设计师和生态学专家等多方配合及协调的过程。需要强调的是，这一阶段同时也需要水利专家的参与，以保证滨水区开发与水道水利工程整治方案的协调互动。因此，对于滨水区生态化设计应遵循以下及点原则：

（1）自然优先

在对滨水区生态发开发利用时应贯彻自然生态优先原则，既要划定、预留完整的滨河自然生态发展空间，阻止城镇滨河生态环境的丧失和片段化，保护城镇滨河生物多样性，同时又要在充分考虑小城镇滨水区自然承载力的基础上，布置满足不同需求的居民活动空间及设施，创造人与生物共生的滨河开放空间。在具体建设中，应尽量减少对生态系统的破坏，大量增加绿化用地。滨水的绿化应尽量采用自然化设计，按生态学理论把乔木、灌木、藤蔓、草本、水生植物合理配植在一个群落中。滨水区中的自然岸线、湿地等景观生态区是小城镇的财富。生态脆弱地带和群落类型的代表性样本，如洪泛区、冲积滩涂等等，在促进生物多样性，提供生态景观方面也具有特殊的潜力。所以在规划中应尽量保留此类用地，反对以水泥、彩砖和大面积进口草皮等代替。

（2）注重空间整合

在滨水区设计时，必须采用城市设计的手法，构建完整的滨水空间，完善整个小城镇的公共空间体系。这也就是说在滨水区设计时，要防止其孤立地自成一体，而和城镇内部分隔。"水滨公有"，"亲水为公共权益"，滨水区设计要时时想到整个城镇，把城镇区内的活动引向水边，以开敞的绿化系统、便捷的公交系统将市区和滨水区连接起来。这里所要强调的是滨水区与小城镇内部空间相互渗透，强调视觉的通透性。就滨水区建筑单体方面，在考虑小城镇天际线的同时，滨水区的建筑密度一定要降低，将滨水建筑的一、二层架空，使得滨水区向城镇内部空间渗透。同时，调整滨水区的建筑、道路的布局方向，形成风道引入水滨的水陆风。根据交通量和盛行风向使道路两侧的建筑上部逐渐后退以扩大风道，不能让滨水建筑独自享有水滨的水陆风。在建筑单体的形式上主张采用塔式、点式建筑，尽量不采用板式、条式建筑。另外，在滨水区设计中既要考虑空间整合，也要注意滨水区和市区功能的整合。

（3）以人为本的原则

在小城镇滨水区设计中，体现"人性化"的设计尺度和环境品质，提倡以人为本。首先，要注重人文方面的设计。滨水区除了有独特的自然景观之外，还有人文景观。在滨水区的设计中只有华丽的景观环境是不够的，也是不成功的。重要的是小城镇滨水区设计应深刻理解滨水区历史文化内涵，挖掘滨水区潜在资源，保护现有的文化遗迹，延续城市文脉（图10-21）。滨水区中的人工构筑物应作为滨水区自然景致的点睛之笔，是深刻反映文化意蕴，升华自然水景的手工艺品。

其次，滨水区在可接近性方面，要合理组织

图 10-21　以人为本的滨湖景观

（资料来源：刘月琴，林选泉. 城市滨水带游憩规划设计——以上海浦东张家浜为例. http://www.jgslw.com/Paper/bs/2006/10/6338753.html, 2006-10-8.）

和解决小城镇滨水区的交通。为简化交通，一般采用将过境交通与滨水地区的内部交通分开布置的方法。滨水区作为吸引大量人流的地带，停车场的位置、规模是又一重要的交通组织问题。在滨水区空间中必须要有完善的步行系统，滨水区必须要有滨水步行活动场所，让人们在观水、近水、亲水、傍水的同时少受干扰。

另外，滨水区的水体边缘、滨水步行活动场所和滨水绿化的具体设计中必须体现"人性化"的设计尺度。

10.4　小城镇生态化管理

10.4.1　生态管理的内涵

传统管理的观念是建立在以人为中心基础上的，认为管理的目的是为了人获得更多的利益和更高的价值。用这种思想方法去指导人们的管理活动，去管理城镇，其缺陷是显而易见的。而生态化的管理是指把人放到更大系统（人—自然系统）中去，以人—自然的和谐作为目标，人的利益不再具有原来系统（社会系统）的唯一性，而是把人—自然系统的整体利益放在首位，其次才是人类及其他部分的利益。

现代生态管理始于20世纪60~70年代以末端治理为特征的对环境污染和生态破坏的应急环境管理。70年代末到80年代兴起的清洁生产促进了环境污染管理向工艺流程管理的过渡，力图通过对污染物最小排放的环境管理减轻环境的源头压力。90年代发展起来的产品生命周期分析和产业生态管理将不同部门和地区之间的资源开发、加工、流通、消费和废弃物再生过程进行系统组合，优化系统结构和资源利用的生态效率。90年代末兴起的系统生态管理旨在动员全社会的力量优化系统功能，变企业产品价值导向为社会服务功能导向，化环境行为为企业、政府和民众的联合行为，将内部的技术、体制、文化与外部的资源、环境、政策融为一体，使资源得以高效利用，人与自然高度和谐，社会经济持续发展。生态管理将为解决国家、地区及部门重大生态环境问题提供决策支持、科学依据和管理方法。

生态管理的"生态"有三层含义：一是作为管理工具的生态学理念、方法、技术，包括生态动力学、生态控制论和生态系统学；二是作为管理主体的人与其环境（物理、化学、生物、经济、社会、文化）间的共轭生态关系（生产、流通、消费、还原、进化）；三是作为管理客体的各类生态因子（水质、土壤、大气、生物、矿藏）和生态系统（如森林、草原、湿地、海洋、农田、海洋）的功能状态。生态管理不同于传统环境管理，不着眼于单个环境因子和环境问题的管理，更强调整合性、共轭性、进化性和自组织性。

生态管理科学是要运用系统工程的手段和人类生态学原理，去探讨这类复合生态系统的动力学机制和控制论方法，协调人与自然、经济与环境、局部与整体间在时间、空间、数量、结构、序理上复杂的系统耦合关系，促进物质、能量、信息的高效利用，技术和自然的充分融合，使人的创造力和生产力得到最大限度的发挥，生态系统功能和居民身心健康得到最大限度的保护，经济、自然和文化得以持续、健康的发展。

10.4.2 小城镇建设存在的问题

各地在加快小城镇建设和发展步伐的同时，由于"重建设，轻保护"等传统发展观念的影响，也带来了一些环境问题，生态环境恶化趋势加重。这些问题的产生与生态小城镇建设中必要的生态环境管理手段跟不上有很大的关系。小城镇生态环境质量的好坏不仅关系到城镇居民生活质量的高低，而且关系到小城镇的健康和可持续发展。

目前小城镇建设的现状从生态角度分析，形势不容乐观，主要包括以下方面：

① 建设指导思想模式盲目仿效大城市，小城镇建设过程中片面求大、求宽、求洋、求高、求快，结果是城镇建设或者杂乱无章，或者整齐单调，缺乏有个性的城镇形态与生活精神，无法形成小城镇的独特个性优势。

② 规划观念照搬大城市，在功能区的划分、交通布局方面参照大城市的机动车交通模式，使一些规模不大的小城镇很快浓缩了各种源自于机动车的环境公害，如公路干线穿城而过，造成严重的噪声和尾气污染，同时给城镇居民的人身安全带来很大的威胁。

③ 基础设施建设中环境意识落后，缺乏体现都市生活精神的清洁燃料使用、生活垃圾和工业固体废弃物收集和无害化以及城镇污水收集和处理的必要的城镇环境设施，形成垃圾的随意堆放，占用宝贵土地，并污染环境；生活污水通常不经任何处理而随意排放，工业污水的处理率极低，散发臭气的简陋排水明沟或暗沟直接连接农田河道，造成水体和城镇周围农田土壤环境的污染。它们还有一个共同后果，即造成严重视觉污染和嗅觉污染，给小城镇的形象带来严重的负面影响。

④ 环抱城镇的乡村景观在城镇环境中的重要价值被忽视，城镇建设割裂城乡之间在景观、居民活动空间方面的联系，使得居民和外来者失去对小城镇关键性生活价值追求的体验。

⑤ 自然山水的价值被忽略，城镇周围任意开山取石，自然河道任意裁弯取直，河流水面堤岸随意固化，一些具有重要生态价值的山体、湿地被夷平或者填平，连接城乡的一些天然绿色通道因人为开发不当而破坏，失去了作为永久生物栖

息地和城镇中残遗的自然保护地的功能和价值。

⑥本地生物被遗忘，当地乡村和自然山水中的动物种类数量减少。与乡村生活情趣融为一体的百鸟唱和、蝶飞燕舞、喜鹊报喜、鱼游蛙鸣、萤火虫点灯等景象本来完全可以保留在小城镇中，但却由于我们对残留在城市中的动物栖息地和联系城乡景观通道的保护不够而丧失。动物活动形成的流动景观的丧失，其直接原因是可以作为生物栖息地的大树、林带、野地和水体（池塘、溪流）与这些动物赖以生存的本地植被被破坏，以及在小城镇建设中大量使用外来观赏植物、人工草坪等，这些外来的植物种群缺乏与当地动物之间的生物关系，而人为的管理活动如除草、施肥、剪草、喷药等都在破坏它们的生存条件。

⑦肆意破坏当地重要的人文-自然历史景观要素，这些人文-自然景观要素不仅包括全部的文物保护单位、重要历史遗迹，如古栈道、石拱桥，还包括农耕灌溉留下的人工或自然水系、农田防护林系统，以及由水系和林带共同形成的特殊纹理、残留在城镇中的大树、反映当地城镇不同发展阶段的典型建筑等等。在小城镇的规划建设过程中应该设法使这些人文—自然历史景观要素展现在城镇人群面前，尤其让外来者能够有机会"阅读"这些历史素材。

归纳起来，目前的小城镇建设模式正在使我们失去具有生物学或者生活意义的城镇概念，这应该受到城市建设者的高度重视。

10.4.3 小城镇生态化管理的目的

小城镇生态管理的根本目的是在生态系统承载能力范围内，运用生态经济学原理和系统工程方法去改变人们的生产和消费方式、决策和管理方法，挖掘区域内外一切可以利用的资源潜力，建设一种经济高效、社会和谐、生态安全的可持续发展社区。小城镇生态管理的技术途径，是从技术革新、体制改革和行为诱导入手，调节系统的结构与功能，促进区域社会、经济、自然的协调发展，物质、能量、信息的高效利用，技术和自然充分融合，使人的创造力和生产力得到最大限度的发挥，生命支持系统功能和居民的身心健康得到最大限度的保护，经济、生态和文化得以持续、健康的发展，促进资源的综合利用，环境的综合整治及人的综合发展。

随着小城镇化水平的提高和可持续发展观念的普遍确立，现代城镇中的生态管理也日益成为城镇发展与管理的突出主题。在城镇经济、社会、文化和生态等系统要素的协调发展中，城镇生态也成为面向未来发展战略中最令人关注的协调要素。国内学者王如松、叶南客等从生态规划、生态维护和生态再造等多个层面深入地探讨了当代城市生态管理中的若干问题。

10.4.4 小城镇生态化管理的内容

10.4.4.1 基于可持续发展观的城镇生态规划

城镇作为一个开放性的区域系统，它和周边的农村集镇以及其他城镇构成了一个更大范围的互动辐射城镇圈层或城镇地带。对城镇生态的管理当然也绝非仅仅是中心城区的单一管理，而必须从整个城镇圈区域进行规划管理。同时，在城镇生态系统循环中，生态发展的管理也不能仅限于对环境要素的单一管理，而必须将环境循环圈和人口、资源以及经济循环圈作协调统一的整合控制。因此，一个完整科学的城镇生态管理，必然是在较广泛意义上进行的城镇圈和生物圈双重规划管理，这是我们的全新管理理念。

一个城镇能否称之为可持续城镇，主要是看其在自然环境、经济和社会发展等方面是否具有可持续性。而小城镇的可持续性，关键是保护小城镇的生态环境，提高小城镇自然和环境的承载能力，并通过加强需求管理，采取经济、行政和法律手段，限制和防止需求的过度增长，以使供给与需求保持适度的平衡。

10.4.4.2 以城镇容貌整治与更新为主的城镇生态维护

随着小城镇人口不断增长，工业不断发展，小城镇建筑对环境的改变，人类活动对大自然的影响和对生态环境的破坏，使公害日益严重，严重威胁着人类的生存，威胁着人类的未来。人类在改造自然中不断受到自然的报复和惩罚后，越来越感到保护环境和生态平衡的重要性的同时也逐步认识到要创造一个清洁、优美、宁静、生态平衡的城市环境，除了要及时调整生态规划，加强生态管理之外，同时还须全面进行小城镇容貌的整治与更新，通过绿化建设、环境清理、调整道路、建筑布局等方式，加强小城镇保护和改善生态环境，如净化空气、消除尘埃、杀灭细菌、减低噪声、调节气候的综合载体功能。在重新设计、改善小城镇人民生产、生活环境中，促进小城镇文明形象的提升。

小城镇容貌的清洁亮丽是城镇管理成效的最直观标志，同时也是城镇生态步入良性循环的基础性环境。小城镇容貌管理的涉及面很广，有城镇建筑物管理、城镇道路管理、公共设施管理、园林绿化管理、公共场所管理、各种贸易市场管理、环境卫生管理、广告及标志管理等等。这些内容可分为两类：一类可以称为小城镇容貌管理中的"硬件"，如城镇建筑物、道路、公共设施的管理等；一类可以称为小城镇容貌管理中的"软件"，如园林绿化、广告、标志管理等"软件"管理，即园林绿化管理，其投资少但对小城镇容貌的改观及环境污染问题的改善有较大影响。小城镇容貌管理是城镇管理中的重要组成，而"整治"则是近年来提出的新目标。其实小城镇容貌整治也是一种管理，但它强调在动态的城镇发展中对已有的小城镇容貌进行重新整合治理，重点是针对部分城镇、部分地区的"脏乱差"现象进行治理整顿，旨在促进城镇各有形要素的更加协调有序。

10.4.4.3 以协调有序为理想目标的生态再造

在城镇生态系统的管理中，生态规划是基础，是龙头；生态整治与更新是可持续行动，是管理的主体；生态再造是生态保护的最终目标，是现代人孜孜以求的理想境界。通过科学合理的生态规划，对不同城镇生态问题进行整体治理和环境市容的更新，以达到再造良性循环的都市生态目标，进而建设成面向未来的可持续城镇、可持续乡镇等人类聚落系统，将是我们每个人及后代面临的神圣使命。

生态再造要求城镇容貌环境的清洁、整齐、宜人化，要求城镇景观的有序、优美、个性化，要求城镇生态系统恢复旧日与外界生态大系统的常态循环平衡和协调化。应该说，生态再造是城镇生态管理的理想目标，但它的内容要求又已远离了现有生态管理的职能范围。目前，世界各国城镇都在朝向生态再造的目标不懈努力，但谁也不敢断言评价自己的城镇已经实现了生态再造的理想。

10.4.5 小城镇生态化管理的政策

通过政策调控实现大多数城镇的可持续发展，关键在于设计、开发既能促进可持续发展，又能对特定政策和发展的可持续性进行评价的技术和方法。主要应考虑三个方面：第一，目前城镇中密集的人类活动对城镇将来的影响；第二，城镇良好的生态条件的保护；第三，提高城镇人口生活标准。

10.4.5.1 协作与联合

指在可持续城镇管理中同一城镇或不同城镇，在不同的组织或单位之间，进行建设项目的协作与联合。这是因为，通过多个组织或单位的合作就不再是单个组织或单位的事情，它涉及的方方面面就趋向于为更广泛的公众所接受。另外，与城镇可持续发展不相适应的许多问题的解决，也需要多个组织或单位的参与。一般地，这些工具主要由当地政府及其相应的管理部门进行操作。它包括以下基本途径。

（1）职业教育与专门培训

要达到城镇的可持续发展，城镇中居民生态环境意识的提高是至关重要的，而这一点则基本上有赖于通过职业教育和专门培训。其主要的方法有：①城镇可持续发展和系统生态学，应该作为职业教育和专门培训的主要课程之一。②根据人类的挑战和存在的问题，而不是从纯粹技术训练的角度来设计教学大纲。③在管理结构上打破技术方面的阻力。④把城镇可持续发展的问题作为城镇新上岗人员的入门课程。⑤在城镇就业和人员安置中，要重点考虑其是否具备较高的可持续发展的意识与素质。

（2）多学科的交叉与联合

当地政府或管理机构有必要按照多学科交叉和联合的原则对城镇居民进行重组。因为只有这样，才能正确处理、解决好各种各样的生态环境问题。

（3）伙伴关系与网络

多个机构或区域间建立的合作伙伴关系，在解决区域生态环境问题中起到了重要的作用。网络则作为多个机构或区域间合作的产物和具体的形式，在承担共同的促进城镇可持续发展的义务方面，起到了通信、教育和宣传的作用。

（4）共同协商与人人参与

城镇系统中的每个人和每个团体对城镇的可持续发展，都有相应的权利和义务。必须从政策或制度上促使公众参与决策过程。实践表明，在较小的尺度范围内，城镇可持续发展的内容可以通过社会过程加以确定。

（5）改革教育机制，提高全民意识

人人都有受教育的权利，而这种权利又应该与每位居民的生态环境保护的职责联系在一起。在这种意义上，城镇管理者必须通过多种途径和渠道，在教育机制上有所突破。通过突破，使城镇居民的生态环境意识有个大提高。

10.4.5.2 政策一体化

政策一体化主要涉及城镇可持续发展中环境政策的制定与落实问题。其最大特点是同时对城镇经济、社会和环境问题进行深层次的考虑，并贯穿于城镇管理的整个过程。

（1）城镇生态环境陈述与许可

当地政府有关城镇环境价值和目标的总体陈述，能够起到多方面的作用。首先，它为各团体和阶层建立了一个具有远见的议事议程；其次，它为不同功能区环境政策的建立提供了证据和基础；其三，它为政府部门和各团体识别非环境行动所造成的环境效应提供了判断标治；最后，启动、革拟、赞同和采纳这样一个陈述，将涉及许多人，这有助于这些参与者提高他们的生态环境意识，促使他们采用这一环境陈述。

在城镇生态环境陈述和许可建立的过程中，必须特别注意以下几个方面的问题：①在开始的时候，并不要求详细的环境影响陈述和许可，因为必须留有对其进行修改的余地。②生态环境影响陈述和许可，必须得到政府各个机关和部门的支持，并在其把目标转化为实践的过程中发挥作用。③生态环境影响的实用性和可用性，必须通过监测和反馈加以评价。④必须考虑与其他生态环境管理过程相接轨。

（2）城镇环境战略或行动计划

把环境义务的陈述转化为具体的行动，需要依据城镇生态系统原理，设计、建立含有明确的政策目标的战略方案或行动计划。这种环境战略方案的制订，通常包括对当地环境条件的考察以及对现时政策的生态影响评价。其目的是使行动不偏离总体的生态环境目标并把各种环境调控措施纳入政策的框架。

（3）城镇可持续发展21世纪议程

从本质上来讲，城镇可持续发展的21世纪议程是一个鼓动、调控城镇可持续发展的行动方案。

这一议程的制定、管理和实施，需要各种技能。政府在制定其21世纪议程时，首先要考虑改善自己的环境行为。在此基础上，再把可持续发展的目标与当地政府的政策和活动相统一。对于各社会团或组织来说，主要的措施包括：

①通过教育提高城镇居民的生态环境意识；

②向普通百姓咨询；

③建立合作与伙伴关系；

④对城镇可持续发展的进展进行测定、监测、评估和报告；

⑤生态预算。

财务会计制度和预算管理技术有助于城镇管理其生态"财产"、"收入"和"开支"。例如，可以让某些社会团体建立污染的年容许水平、资源开发和开阔空间开发的预算以及与之有关的生态监测和调控活动。生态预算应该每年都是收支平衡的。也就是说，政府每年在规划其行动时，必须保证没有生态预算的账目是超消费的。与此同时，有必要对其状况进行监测、报告。在这种意义上，生态预算并不试图使生态代价和生态效益具有货币的性质，而是把财务会计学应用于非财政的库存和物流。因此，生态预算是管理的工具，而不是财政的工具。

（4）生态管理系统

通过生态管理系统，可以提供生态战略制定和实施的标准化方法。这就是说，社会团体必须做：

①采用相同的生态政策；

②识别不可忽略的生态影响；

③执行的行动项目必须符合城镇生态学原理；

④项目进展的监测和报告必须清楚明了；

⑤根据监测结果修订政策和建设项目。

生态管理系统包括有关最佳实践的工作要求、人类活动所有可见的生态效应以及行动方案的修改说明等，因此应该看作是帮助城镇管理部门实施可持续发展的义务，而不是作为这种义务的一个组成部分。它有助于保证生态环境陈述或许可的实施，而其生态效益的获得，则主要取决于许可的内容。

（5）环境影响评价

在局部范围内，城镇对自然环境的影响主要通过对自然生境的污染、拥挤甚至破坏的方式而表现出来。城镇发展的重要方面，是寻求最大限度地不发生大气和水的污染，寻求有效的废弃物处理方式以及对材料、生物种和环境的保护。为此，对城镇发展尤其是新上的建设项目进行环境影响评价是重要的。

（6）战略环境评价

对政策、项目和计划也应该进行环境影响的评价。战略性的环境影响评价，应该作为政策设计过程的一个重要组成部分。环境影响评价是对新的项目或人类活动对城镇生态环境构成的影响的评价。

10.4.5.3 市场机制

为了实现促进市场机制的使用与可持续城镇的要求相协调，市场机制的内容主要包括：

（1）当地的环境税收

这是生态税收的改革。政府在征税时，不仅仅只局限于企业或个人收入等社会因素，还应该考虑企业或个人的能源使用量和废弃物的产生量等环境因素。

（2）价格结构

在我国，价格结构往往起不到刺激城镇可持续发展的作用。究其原因，主要是因为价格结构在形成时，没有考虑城镇可持续发展的各种因素。城镇生活废弃物或其他垃圾的收集和处理更是与税收无关。这种局面应该改变，也就是说，国家在制定价格时，还应该考虑以下两个方面的问题。①使用任何资源都应该征税，而且税收还应根据资源使用数量的增加而增加；②高水平的消费应该有高"标准"的税收。

（3）投资评估

传统的投资评估方法，是与城镇的可持续发展背道而驰的。而"终身财产管理"的评估方法，其依据是财产整个使用期效益与代价的最佳比例，因此可以克服传统投资评估方法的缺点，从而达到对资本财产（建筑物、设备等）的使用更为耐久、适应性更广和资源有效性更高的设计。然而，政府在采用"终身财产管理"的评估方法时，应注意评估标准和资金使用方式的改变。

（4）预算中照顾环境

在预算和项目评估过程中，不要只考虑其本身具有的生态效益和生态代价两个方面的因素，而应注意到更为广泛的环境和社会意义。

（5）买卖与投标中照顾环境

作为货物和服务的大宗消费者，政府各部门有着相当大的买卖权。当政府各部门在通过商业条约或招标过程购买货物和获得服务时，应该把环境标准包括在其中。然而，把环境标准引入到买卖和招标政策中，应该通过法律上的授权。

10.4.5.4 信息管理及系统

生态信息系统是一种获得数据的正式的方法，在促进城镇可持续发展中起着重要的作用。特别是随着信息产业的发展，由于更为先进的机制不断涌现，其发挥的作用越来越重要。

一般地，信息的管理包括资料的收集、数据的获得以及这些数据资料的管理。信息的管理在城镇、地方、区域、国家等几个不同的水平层次上进行，管理中必须注意以下几个方面的问题：

①信息的制作应该为人们所理解，这样才可能被广泛传播。

②应注意使用信息的人的年龄、性别、教育和收入，达到有的放矢。

③强化城镇生态环境管理者的市场和公共关系，应该给提供城镇可持续发展信息的人员支付报酬。

10.4.5.5 可持续监测与测定

某一城镇是否可持续发展，必须通过必要的测定甚至是长期的监测才能知道。不过，问题的另一方面，却是如何对可持续城镇进行判断。因此，这涉及城镇可持续发展的指标的选择，这不仅是个技术问题，而且不可避免地涉及政策选择的问题。实践表明，可持续发展指标具有多方向的应用价值和优点。

首先，它指导信息的收集并使之容易为决策者和广大公众所理解；其次，根据提供的定量资料做出决策；第三，允许进行时间和空间的比较以及效益的测定和过程的评价；第四，使得不能直接测定的环境组分的评价成为可能；最后，它对生态条件、变化、性能、行动、活动和态度都可以进行监测。当它与政府的环境政策有关时，城镇可持续发展指标可以根据计划和战略中的目标进行定位。目前，城镇可持续发展指标主要有以下两种类型：

（1）环境指标

从广义上讲，环境指标包括环境质量指标和环境性能指标。环境质量指标常常用于测定关键的环境特征，因而被作为主要指标。例如，CO_2和SO_2等气体的释放、水中的化学需氧量、废弃物产生量等，就是环境质量指标。环境性能指标并不直接对环境的条件进行测定，而是对城镇中人类活动的生态效应做出衡量。例如，经济活动的水平、公众观点、保护区的数量、能量产生的数量，都是环境性能指标。环境性能指标是监测政策、决策后果的工具。此外，环境胁迫指标目前也在研究之中。可以预料，它将成为城镇可持续发展的一个很好的定量指标体系。

（2）生活质量指标

在城镇可持续性的分类中，第二个主要的类型是城镇居民的生活质量。尽管生活质量这一概念是相当含糊的，但它作为描述可持续发展对普通百姓影响的手段却无疑是十分有用的。在这一点上，生活质量指标并不总是与环境指标不同，而是把"技术性"的环境指标转化为可见的、富有情感的指标，从而把城镇系统中实实在在的人包括在其中。在城镇可持续发展21世纪议程中，城镇居民对生活质量指标更感兴趣。生活质量指标包括激发指标和可持续生活方式指标。顾名思义，激发指标是指通过与人有关的环境因子的解释激发其思想和对生态环境问题的焦虑，即通过激发反应产生积极的变化。这些问题包括开敞空间、城镇形态、健康、舒适感、噪声、安全和通信。可持续生活方式指标试图对城镇可持续发展更为定性的要素进行测定，这些因子包括个人成长、教育、美学、运动、体闲、娱乐、创造力和想象力等。

小城镇的生态管理是一个复杂的问题，它不仅仅关系到技术问题，还涉及社会、经济、政策等多个方面的问题。要在经济稳步发展的前提下，追求社会效益和环境效益的协调发展，这就需要树立可持续发展、循环经济、保护生态环境等理念，依靠先进的科学技术，进行环境保护规划和合理的城镇功能区布局，健全环境保护法制，进行科学环境管理，在建设小城镇的同时，不以牺牲环境为代价，而是通过环境管理与科学技术，改善小城镇的生态环境，达到经济与环境协调持续发展的目的。

参考文献

一、专著、论文

[1] （丹麦）杨·盖尔．交往与空间［M］．何人可译．北京：中国建筑工业出版社，1992．

[2] 蔡博峰．利用3S技术进行小城镇生态功能区划——以北京市怀柔区北房镇为例［J］．环境保护，2006（2）．

[3] 曹传新，董黎明．我国小城镇发展演化特征、问题及规划调控类型体系［J］．农业经济问题，2005（3）．

[4] 陈泓．城市街道景观设计研究［J］．时代建筑，1999（2）．

[5] 陈家骆．小城镇建设管理手册［M］．北京：中国建筑工业出版社，2002．

[6] 陈爽，张皓．国外现代城市规划理论中的绿色思考［J］．规划师，2003（4）．

[7] 单德启．小城镇公共建筑与住区设计［M］．北京：中国建筑工业出版社，2004．

[8] 单霁翔．城市化发展与文化遗产保护［M］．天津：天津大学出版社，2006．

[9] 单晓菲．城市生态网络的存在与作用研究［J］．同济大学学报，2002（1）．

[10] 张建，宛素春，李海琳．地域、文化、自然——兼议小城镇广场的设计取向［J］．建筑学报，2006（5）．

[11] 段汉明．城市详细规划设计［M］．北京：科学出版社，2006．

[12] 高春．浅析小城市街景规划［J］．华中建筑，2004（3）．

[13] 高琦等．城市园林街景设计浅析［J］．沈阳农业大学学报，2006（6）．

[14] 高文杰，邢天河，王海乾．新世纪小城镇发展与规划［M］．北京：中国建筑工业出版社，2004．

[15] 高文杰．新世纪小城镇发展与规划［M］．北京：中国建筑出版社，2004．

[16] 郭红雨．城市滨水景观设计研究［J］．华中建筑，1998（6）．

[17] 郭永毅．关于小城镇广场建设的几点思考［J］．甘肃科技，2005（12）．

[18] 何礼平，李南，张叶田．城市带状休闲空间与动态景观的创造——丽水市大溪江滨江景观带的创作思路［J］．华中建筑，2004（5）．

[19] 侯爱敏，袁中金，涂志华．小城镇生态建设面临的问题与对策［J］．城市问题，2007（3）．

[20] 侯万浩．小城镇道路交通特征浅析［J］．知识经济，2008（6）．

[21] 华颖．对城市广场生态建设的思考［J］．黑龙江科技信息，2007（3）．

[22] 华中科技大学建筑城规学院等．小城镇规划资料集第三分册小城镇规划［M］．北京：中国建筑工业出版社，2005．

[23] 黄光宇，陈勇．生态城市理论与规划设计方法［M］．北京：科学出版社，2003．

[24] 黄金华．浅谈城市滨水区设计［J］．山西建筑，2005（8）．

[25] 江苏省城市规划设计研究院．城市规划资料集［M］．北京：中国建筑工业出版社，2002．

[26] 江苏省城市规划设计研究院．城市规划资料集［M］．北京：中国建筑工业出版社，2002．

[27] 焦燕，林建平．小城镇住区建设中的地方和传统特色［J］．小城镇建设，2006（8）．

[28] 金兆森，张晖．村镇规划［M］．南京：东南大学出版社，2005．

[29] 金兆森．城镇规划与设计［M］．北京：中国农业出版社，2005．

[30] 孔德智．小城镇中心区小城镇设计理论方法及控制导则研究［D］．浙江大学硕士学位论文，2006．

[31] 冷御寒．小城镇规划与建设管理［M］．北京：中国建筑工业出版社，2005．

[32] 李宝泉，高延本．对中小城镇停车场选址、建设和管理的浅析［J］．辽宁交通科技，1997（10）．

[33] 李德华．城市规划原理（第三版）［M］．北京：中国建筑工业出版社，2001．

［34］李迪华，李小凌．小城镇建设的生态学途径［J］．小城镇建设，2002（6）．

［35］李荻．小城镇公共中心环境设计［D］．郑州大学硕士学位论文，2004．

［36］李浩．控制性详细规划的调整与适应［M］．北京：中国建筑工业出版社，2007．

［37］李小西．城市非建设用地格局构建研究——以苏州市为例［D］．苏州科技学院硕士学位论文，2008．

［38］李铮生．城市园林绿地规划与设计［M］．北京：中国建筑工业出版社，2006．

［39］刘亚臣，汤铭谭．小城镇规划管理与法规政策［M］．北京：中国建筑工业出版社，2004．

［40］刘玉龙．生态补偿与流域生态共建共享［M］．北京：中国水利水电出版社，2007．

［41］刘元海，陶阳．生态化小城镇建设环境管理对策初探［J］．环境科学与管理，2007（6）．

［42］芦原义信．外部空间设计［M］．尹培桐译．北京：中国建筑工业出版社，1992．

［43］骆中钊．小城镇规划与建设管理［M］．北京：化学工业出版社，2005．

［44］马青等．以人为本的城市街道设施规划研究［J］．沈阳建筑工程学院学报（自然科学版），2001（4）．

［45］马志宇．基于景观生态学原理的城市生态网络构建研究——以常州市为例［D］．苏州科技学院硕士毕业论文，2007．

［46］潘雄伟．生态建筑的实践与理论［J］．宁波大学学报（理工版），2001（3）．

［47］潘宜等．小城镇规划编制的理论与方法［M］．北京：中国建筑工业出版社，2007．

［48］曲格平．循环经济与环境保护［N］．光明日报，2000-11-20．

［49］曲格平．环境科学词典［M］．上海：上海辞书出版社，1994．

［50］沈青基．城市生态与城市环境［M］．上海：同济大学出版社，2004．

［51］汤铭谭．小城镇规划建设与管理［M］．北京：中国建筑出版社，2005．

［52］汤铭谭．小城镇发展与规划概论［M］．北京：中国建筑工业出版社，2004．

［53］汤铭谭．小城镇规划技术指标体系与建设方略［M］．北京：中国建筑工业出版社，2006．

［54］陶波兰．亚热带区域城市广场生态设计初探［J］．中南林学院学报，2003（6）．

［55］唐新华，王立中等．古城丽江．昆明：云南省邮政公司．2002．

［56］王敬华．小城镇生态规划理论研究［D］．河北农业大学硕士学位毕业论文，2001．

［57］王珂．城市广场设计［M］．南京：东南大学出版社，1999．

［58］王如松．中小城镇可持续发展的生态整合方法［M］．北京：气象出版社，2001．

［59］王士兰．小城镇城市设计［M］．北京：中国建筑出版社，2005．

［60］王欣，梅洪元．滨水城市天际线浅析［J］．哈尔滨建筑大学学报，1998（4）．

［61］文增．城市广场设计［M］．沈阳：辽宁美术出版社，2004．

［62］邬建国．景观生态学——格局、过程、尺度与等级［M］．北京：高等教育出版社，2000．

［63］夏健．试论苏南水乡小城镇中心的小城镇设计原则［J］．小城镇规划会刊，2001（1）．

［64］徐文辉．城市园林绿地系统规划［M］．武汉：华中科技出版社，2007．

［65］许金泉．对城市广场设计的探讨［J］．交通标准化，2006（6）．

［66］阳建强，吴明伟．现代城市更新［M］．南京：东南大学出版社，1999．

［67］杨迅周，蔡建霞，魏艳．小城镇生态工业发展研究［J］．地域研究与开发，2004（8）．

［68］杨迅周，蔡建霞．产业群理论与小城镇特色产业园区建设［J］．地域研究与开发，2003（2）．

［69］姚丽萍．放远眼光建生态停车场［N］．新民晚报，2008-01-29．

［70］叶南客，李芸．战略与目标——城市管理系统与操作新论［M］．南京：东南大学出版社，2000．

［71］俞孔坚，李迪华．城乡与区域规划的景观生态模式［J］．国外城市规划，1997．

［72］俞孔坚．生物保护与景观安全格局［J］．生态学报，1999（3）．

［73］袁镔．生态建筑设计的技术套路［J］．房材与应用，2003（2）．

［74］袁中金等．小城镇生态规划［M］．南京：东南大学

出版社，2003.
[75] 臧道萍. 小城镇街景规划设计浅析［J］. 村镇建设，1999（5）.
[76] 张庆费. 城市绿色网络及其构建框架［J］. 城市规划汇刊，2002（1）.
[77] 张瑜. 生态城市规划中的用地评定方法与途径——苏州市生态敏感性和用地适宜度模型构建［D］. 苏州科技学院硕士论文，2007.
[78] 赵仁广. 广场的标志性研究. 哈尔滨工业大学学位论文，2004.
[79] 赵勇，骆中钊，张韵等. 历史文化村镇的保护与发展［M］. 北京：化学工业出版社/环境科学与工程出版中心，2005.
[80] 赵运林，邹冬生. 城市生态学［M］. 北京：科学出版社，2005.
[81] 赵之枫，张建，骆中钊. 小城镇街道和广场设计［M］. 北京：化学工业出版社，2005.
[82] 郑宏. 广场设计［M］. 北京：中国林业出版社，1999.
[83] 中国城市规划设计研究院. 小城镇规划标准研究［M］. 北京：中国建筑工业出版社，2002.
[84] 中国环境与发展/中国环境与发展国际合作委员会，中共中央党校国际战略研究所. 世纪挑战与战略抉择［M］. 北京：中国环境科学出版社，2007.
[85] 仲琳洁. 小城镇居住小区环境规划研究［D］. 河北农业大学硕士学位论文，2006.
[86] 周华春. 浅谈人文景观在风景名胜区规划中的作用［J］. 天津农学院学报，2002（6）.
[87] 周岚等. 快速现代化进程中的南京老城保护与更新［M］. 南京：东南大学出版社，2004.
[88] 朱建达. 小城镇住宅区规划与居住环境设计［M］. 南京：东南大学出版社，2001.
[89] 张桐勝. 丽江古城［M］. 北京：中国摄影出版社，2000.
[90] 邹兵. 我国小城镇产业发展中的困境与展望［J］. 城市规划汇刊，1999（3）.
[91] 彭科. 近代以来苏州城市住宅形态演化研究［D］. 苏州科技学院硕士论文，2008.

二、实际工程项目

[1] 广西建筑综合设计研究院. 梧州市骑楼城规划设计，2005.
[2] 湖州市城市规划设计研究院. 南浔历史文化保护区保护规划，2004.
[3] 昆明理工大学建筑学系. 澄江县老城区详细设计，2002.
[4] 上海同济城市规划设计研究院. 河南省安阳市城市中心区设计，2001.
[5] 上海同济城市规划设计研究院. 乐清市翁垟镇东街沿线规划设计，1999.
[6] 上海同济城市规划设计研究院. 上海朱家角镇景观规划设计，2004.
[7] 上海同济大学城市规划研究院. 中山市坦洲镇行政中心城市设计，2003.
[8] 苏州科大城市规划设计研究院. 黄耀志，黄勇，张康生等. 四川乐山市沙湾区景观规划设计，2004.
[9] 苏州科大城市规划设计研究院. 黄耀志，钟晖，肖凤等. 米易县北部新区修建性详细规划，2004.
[10] 苏州科大城市规划设计研究院. 黄耀志，钟晖，肖凤等. 米易县北部新区修建性详细规划，2004.
[11] 苏州科大城市规划设计研究院. 黄耀志，邓春凤，李晓西等. 四川省乐山市峨边彝族自治县东风片区控制性详细规划，2007.
[12] 苏州科大城市规划设计研究院. 黄耀志，范凌云等. 犍为县罗城镇历史文化名镇修建性详细规划，2005.
[13] 苏州科大城市规划设计研究院. 黄耀志，黄勇，洪亘伟等. 云南玉溪市北城镇旧城改造规划，2004.
[14] 苏州科大城市规划设计研究院. 黄耀志，黄勇，洪亘伟等. 云南玉溪市江川县小马沟控制性详细规划，2004.
[15] 苏州科大城市规划设计研究院. 黄耀志，刘翱，肖凤等. 犍为县城市总体规划，2004.
[16] 苏州科大城市规划设计研究院. 黄耀志，刘翱，张瑜等. 四川乐山市犍为新区控制性详细规划，2003.
[17] 苏州科大城市规划设计研究院. 黄耀志，卢一沙等. 江苏省江阴市望江精品商业步行街，2007.
[18] 苏州科大城市规划设计研究院. 黄耀志，肖凤，洪亘伟等. 江川县小马沟、冯家湾旅游示范村修建性详细规划，2003.
[19] 苏州科大城市规划设计研究院. 黄耀志，郑皓等. 岳阳洞庭湖沿湖风光带北段修建性详细规划，2004.
[20] 苏州科大城市规划设计研究院. 黄勇文等. 江苏省昆山市锦溪生态产业区控制性详细规划，2008.

[21] 苏州科大城市规划设计研究院. 西山镇怡园别墅区修建性详细规划, 2006.

[22] 苏州科大城市规划设计研究院. 张家港苏华新村修建性详细规划, 2005.

[23] 同济城市规划与设计研究院. 黄耀志, 彭科, 费一鸣等. 四川峨边彝族自治县东风片区修建性详细规划, 2006.

[24] 中国美术学院风景建筑设计研究院现代设计研究所. 俞坚, 黄耀志, 钟晖等. 浙江嘉善丰前街——花园路地块修建性详细规划设计方案, 2003.

[25] 重庆大学城市规划与设计研究院. 黄光宇, 刘晓辉, 王立等. 长沙市黄兴南路商业步行街规划设计, 2001.

[26] 重庆大学城市规划与设计研究院. 黄耀志, 魏皓严等. 秀山文化公园片区修建性详细规划, 2001.

[27] 重庆大学城市规划与设计研究院. 黄耀志, 应文, 肖风等. 丰都新县城人民公园规划设计, 2001.

[28] 重庆建筑大学城市规划与设计研究院. 黄光宇, 应文等. 长江三峡风景名胜区——神女溪景区保护与旅游开发规划, 2003.

[29] 重庆建筑大学城市规划与设计研究院. 江油市西山公园详细规划, 2000.

[30] 重庆建筑大学城市规划与设计研究院. 重庆市现代生态农业示范园详细规划设计, 2001.

尊敬的读者：

感谢您选购我社图书！建工版图书按图书销售分类在卖场上架，共设22个一级分类及43个二级分类，根据图书销售分类选购建筑类图书会节省您的大量时间。现将建工版图书销售分类及与我社联系方式介绍给您，欢迎随时与我们联系。

★建工版图书销售分类表（见下表）。

★欢迎登陆中国建筑工业出版社网站www.cabp.com.cn，本网站为您提供建工版图书信息查询、网上留言、购书服务，并邀请您加入网上读者俱乐部。

★中国建筑工业出版社总编室　　电　话：010—58934845　　传　真：010—68321361

★中国建筑工业出版社发行部　　电　话：010—58933865　　传　真：010—68325420
　　　　　　　　　　　　　　　E-mail：hbw@cabp.com.cn

建工版图书销售分类表

一级分类名称（代码）	二级分类名称（代码）	一级分类名称（代码）	二级分类名称（代码）
建筑学（A）	建筑历史与理论（A10）	园林景观（G）	园林史与园林景观理论（G10）
	建筑设计（A20）		园林景观规划与设计（G20）
	建筑技术（A30）		环境艺术设计（G30）
	建筑表现·建筑制图（A40）		园林景观施工（G40）
	建筑艺术（A50）		园林植物与应用（G50）
建筑设备·建筑材料（F）	暖通空调（F10）	城乡建设·市政工程·环境工程（B）	城镇与乡（村）建设（B10）
	建筑给水排水（F20）		道路桥梁工程（B20）
	建筑电气与建筑智能化技术（F30）		市政给水排水工程（B30）
	建筑节能·建筑防火（F40）		市政供热、供燃气工程（B40）
	建筑材料（F50）		环境工程（B50）
城市规划·城市设计（P）	城市史与城市规划理论（P10）	建筑结构与岩土工程（S）	建筑结构（S10）
	城市规划与城市设计（P20）		岩土工程（S20）
室内设计·装饰装修（D）	室内设计与表现（D10）	建筑施工·设备安装技术（C）	施工技术（C10）
	家具与装饰（D20）		设备安装技术（C20）
	装修材料与施工（D30）		工程质量与安全（C30）
建筑工程经济与管理（M）	施工管理（M10）	房地产开发管理（E）	房地产开发与经营（E10）
	工程管理（M20）		物业管理（E20）
	工程监理（M30）	辞典·连续出版物（Z）	辞典（Z10）
	工程经济与造价（M40）		连续出版物（Z20）
艺术·设计（K）	艺术（K10）	旅游·其他（Q）	旅游（Q10）
	工业设计（K20）		其他（Q20）
	平面设计（K30）	土木建筑计算机应用系列（J）	
执业资格考试用书（R）		法律法规与标准规范单行本（T）	
高校教材（V）		法律法规与标准规范汇编/大全（U）	
高职高专教材（X）		培训教材（Y）	
中职中专教材（W）		电子出版物（H）	

注：建工版图书销售分类已标注于图书封底。